Software Testing Technique

软件测试技术

原理、工具和项目案例

吕云翔 况金荣 朱涛 杨颖 张禄◎编著

清華大學出版社
北京

内容简介

本书较为全面、系统地阐述了当前软件测试领域的理论和实践知识，介绍了当前最新的软件测试理论、标准、技术和工具。全书共三部分16章。第一部分(第1～7章)包括软件测试概述、软件测试模型、软件测试方法、软件测试过程、软件测试管理、敏捷项目测试、面向对象软件测试；第二部分(第8～13章)包括软件测试自动化、缺陷跟踪管理、JUnit单元测试、接口测试工具、LoadRunner性能测试、基于Python的自动化测试；第三部分(第14～16章)包括网上书店系统测试、生活小工具微服务测试和手机视频播放App测试。每章均有实际案例作为补充，以加深读者对软件测试技术和过程的理解，做到理论与实践相结合。

本书可作为高等院校计算机、软件工程、软件测试等相关专业软件测试相关课程的教材或教学参考书，也可供从事计算机应用开发的各类技术人员参考。

图书在版编目(CIP)数据

软件测试技术：原理、工具和项目案例/吕云翔等编著. —北京：清华大学出版社，2021.7(2024.8重印)
(清华科技大讲堂丛书)
ISBN 978-7-302-57372-2

Ⅰ. ①软…　Ⅱ. ①吕…　Ⅲ. ①软件－测试　Ⅳ. ①TP311.55

中国版本图书馆CIP数据核字(2021)第017874号

策划编辑：魏江江
责任编辑：王冰飞　吴彤云
封面设计：刘　键
责任校对：胡伟民
责任印制：宋　林

出版发行：清华大学出版社
网　　址：https://www.tup.com.cn，https://www.wqxuetang.com
地　　址：北京清华大学学研大厦A座　　**邮　　编**：100084
社 总 机：010-83470000　　**邮　　购**：010-62786544
投稿与读者服务：010-62776969，c-service@tup.tsinghua.edu.cn
质量反馈：010-62772015，zhiliang@tup.tsinghua.edu.cn
课件下载：https://www.tup.com.cn，010-83470236
印 装 者：三河市铭诚印务有限公司
经　　销：全国新华书店
开　　本：185mm×260mm　　**印　　张**：26　　**字　　数**：635千字
版　　次：2021年7月第1版　　**印　　次**：2024年8月第7次印刷
印　　数：11001～13000
定　　价：59.80元

产品编号：089214-01

前言

党的二十大报告指出：教育、科技、人才是全面建设社会主义现代化国家的基础性、战略性支撑。必须坚持科技是第一生产力、人才是第一资源、创新是第一动力，深入实施科教兴国战略、人才强国战略、创新驱动发展战略，开辟发展新领域新赛道，不断塑造发展新动能新优势。高等教育与经济社会发展紧密相连，对促进就业创业、助力经济社会发展、增进人民福祉具有重要意义。

近年来，国家针对软件和互联网行业出台了很多鼓励政策，软件和互联网相关行业在我国得到了飞速的发展，一大批软件企业及互联网公司也在国际中占据了一定的地位。不过我们依然发现，有些公司在重视代码开发的同时，却没有同时注重代码的质量，忽略了测试在整个软件项目工程中的重要意义。

软件中的错误是不可避免的，人们只能根据需要尽可能地减少软件中的错误。而软件测试正是发现软件缺陷、提高软件可信度的重要手段。目前，软件测试已经受到许多软件开发和互联网公司的重视，越来越多的软件开发人员投入到了软件测试的行业中。如何保证软件测试的质量，如何适应软件测试行业的技术需求，软件开发人员如何快速加入软件测试行业，这些都是我们关心的问题。

本书结合实际案例，介绍了软件测试的相关概念、技术、方法和工具等。全书分为 3 个部分：理论基础、工具应用和案例实践。

理论基础部分(第 1～7 章)主要介绍软件测试的基础知识。

第 1 章介绍软件测试的背景、基本概念、目的和原则、分类以及发展状况等。

第 2 章介绍软件测试相关的模型方法等。

第 3 章介绍软件测试的基础方法，包括静态测试和动态测试、白盒测试和黑盒测试等。

第 4 章介绍软件测试的整体过程，从单元测试到集成测试，再到系统测试和验收测试，在需求发生变更后，还要辅以回归测试等。

第 5 章介绍软件测试活动的组织与管理，包括计划制订、人员管理、过程控制等整个测试项目的管理。

第 6 章介绍敏捷项目的管理、敏捷测试以及基于 Scrum 的敏捷测试流程等。

第 7 章介绍在与面向对象技术结合后，软件测试在各个方面有哪些新的特点和技术等。

工具应用部分(第 8～13 章)主要介绍自动化测试的概念、方法以及常用的自动化测试工具和使用方法。

第 8 章介绍软件测试自动化的相关概念以及如何开展自动化测试、相关方案的选择和工具使用等。

第 9 章介绍如何开展软件测试中重要的缺陷跟踪环节，并以业界广泛使用的 Redmine、

Bugzilla、JIRA 等工具为例介绍缺陷的跟踪和管理。

第 10 章介绍如何利用 JUnit 进行单元测试，以及时下比较流行的测试驱动开发等。

第 11 章介绍如何进行中后台服务接口的测试，包括可以使用到的工具等。

第 12 章介绍如何利用 LoadRunner 进行软件系统的性能测试。

第 13 章介绍基于 Python 的 Web 自动化测试。

案例实践部分(第 14～16 章)主要介绍 Web 网站测试、微服务测试以及移动端 App 测试。

第 14 章介绍一个完整的 Web 网站系统的全面测试，包括功能、性能、安全性测试等。

第 15 章介绍一个完整的后台微服务接口的测试，包括功能覆盖和性能负载等。

第 16 章介绍一个完整的移动端 App 的测试，包括不同终端环境下的测试等。

此外，每章的开始部分有本章要点，列出了本章重要内容，方便读者自学和教学选择；每章的结尾部分附有习题。

除章末列出的习题外，作者还提供了在线练习题，供读者检验学习成果。

本书附录中包含几十个实验项目，通过实验项目的学习，能够更好地理解本书前面章节中的理论知识，并可以深入理解和认识软件测试工具和软件测试框架，从而更好地帮助学习者积累实战经验。

本书重视实践能力和操作能力的培养，在基础方法的介绍中结合具体的实例进行讲解，在案例实践部分的讲述过程中穿插相关的基础知识和基本理论介绍，做到理论与实践相结合，方法与应用相结合。

相比于软件测试的同类教材，本书具有以下特点。

(1) 循序渐进。本书将内容分为理论基础、工具应用和案例实践 3 个部分，层次分明，通过循序渐进的讲述，便于读者学习与理解。

(2) 实用性强。本书介绍理论的时候均结合相关案例进行讲解，对不同的测试方法和技术选用不同的案例，做到有所针对，这也使基础知识更加具体形象，同时也更容易被理解和应用。

(3) 实时性强。本书所选案例均是近年来的真实案例，可以代表当代技术特征和需求环境，尤其是在移动互联网浪潮下重点介绍了手机视频播放 App 测试。本书介绍的工具均是当前常见的软件测试工具，测试方法也是时下流行的测试方法。其中，面向对象测试的内容更是符合软件测试技术的发展方向。

本书配套资源丰富，包括教学大纲、教学课件、电子教案、程序源码、习题答案、在线作业，编者还为本书的部分知识点和实验精心录制了视频。

资源下载提示

课件等资源：扫描封底的"课件下载"二维码，在公众号"书圈"下载。

素材(源码)等资源：扫描目录上方的二维码下载。

在线作业：扫描封底的作业系统二维码，登录网站在线做题及查看答案。

视频等资源：扫描封底的文泉云盘防盗码，再扫描书中相应章节中的二维码，可以在线学习。

本书可作为高等院校计算机、软件工程、软件测试等相关专业软件测试相关课程的教材或教学参考书，也可以供从事计算机应用开发的各类技术人员参考。

本书的编者为吕云翔、况金荣、朱涛、杨颖、张禄，曾洪立进行了部分内容的编写以及素材整理和配套资源制作等。本书的部分实验选自作者在“软件工程基础”课程教学过程中指导学生完成的作业。在此感谢胡湘鹏团队、许珑女团队、石远翔团队、任明团队、周海涛团队、崔绍锞团队、李子源团队、关怀民团队、蒋博文团队、凌书诣团队、龙文瑞团队、汤力伟团队侯博团队、高进团队、陈奕铭团队、寇书瑞团队、景子昊团队、赵正阳团队、张蕴韬团队、郑明宇团队、张凡团队、扶星辰团队，以及其他为此书做出贡献的教师和学生。感谢张中基在其生产和实习中提供的帮助。

由于编者能力和水平有限，书中难免存在疏漏之处，恳请各位同仁和广大读者批评指正，也希望各位读者能将教学和学习过程中的经验和心得与我们交流分享。

编 者

目录

素材下载

第一部分　理论基础

第二部分 工具应用

第一部分　理论基础

本书的第一部分为“理论基础”，将介绍软件测试的基本概念、相关模型、基础方法、执行过程、组织管理等。该部分还将介绍整个软件测试生命周期中各个环节执行操作的理论支撑，以及在面向对象软件开发过程中如何开展测试活动。本部分内容比较简略，很多内容没有进行详细的阐述和展开，需要读者在阅读时首先对软件测试和相关知识有一个大概的了解，然后在接下来的章节中结合各个案例进行更深入全面的理解和实践。

第1章

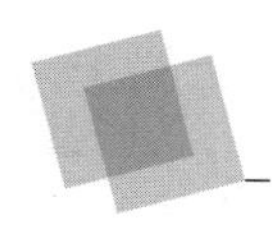

软件测试概述

软件测试是伴随着软件的产生而产生的，为了保证所提交的软件产品能够满足客户的需求以及在使用中的可靠性，就必须对所开发的软件产品进行系统而全面的测试。软件测试是按照测试方案和流程对产品进行功能和非功能性测试，根据需求编写不同的测试工具，设计和维护测试系统，对测试方案可能出现的问题进行分析和评估。软件测试是软件开发中不可缺少的一个重要步骤，随着软件日益复杂，软件测试也越来越重要。

本章要点

- 软件定义和软件的分类
- 软件质量要素内容
- 软件缺陷的概念和出现原因
- 软件测试的定义和目的
- 软件测试原则
- 软件测试分类

1.1 软件测试的背景介绍

作为软件工程的一个重要组成部分，软件测试是保证软件质量的一个关键步骤。要了解软件测试，首先要了解其所在的背景和所针对的对象。因此，本节首先介绍几个著名的软件错误案例，然后对软件、软件工程和软件质量做一个简单的介绍。

1.1.1 著名软件错误案例

1947年，计算机还是由机械式继电器和真空管驱动的和房间一样庞大的机器。体现当时技术水平的Mark Ⅱ，是由哈佛大学制造的一个庞然大物。正在进行整机运行时，它突然停止了工作。技术人员爬上去找原因，发现这台巨大的计算机内部一组继电器的触点之间有一只小虫(Bug),显然这只小虫受到光和热的吸引,飞到了触点上,然后被高压电击死。计算机的缺陷找到了,虽然最后该缺陷被消除了,但我们从此认识了它。而这只小虫也正是计算机中用 Bug 表示故障,用 Debug(捉小虫)表示调试程序的由来。

软件已经深入渗透到我们的日常生活中,无处不在。然而,软件是人写的——所以无法保证完美,下面会用实例来说明。

1) 迪士尼的狮子王动画故事书

1994 年秋天,迪士尼公司发布了第一个面向儿童的多媒体光盘游戏——狮子王动画故事书(The Lion King Animated Storybook)。尽管已经有许多其他公司在儿童游戏市场上运作多年,当时是迪士尼公司首次进军这个市场,所以进行了大量促销宣传。这个游戏成为孩子们那年节假日的"必买游戏",销售额非常可观。然而后来却飞来横祸。12 月 26 日,圣诞节的后一天,迪士尼公司的客户支持电话开始响个不停。很快,电话支持技术员们就淹没在来自愤怒的家长并伴随着玩不成游戏的孩子们哭叫的电话之中。报纸和电视新闻对此进行了大量的报道。

后来证实,迪士尼公司未能对市面上投入使用的许多不同机型的计算机进行广泛的测试。软件在极少数系统中工作正常(如在迪士尼程序员用来开发游戏的系统中),但在大多数公众使用的系统中却不能运行。

2) 美国航天局"火星极地登陆者"号探测器

1999 年 12 月 3 日,美国航天局的"火星极地登陆者"号探测器试图在火星表面着陆时失踪。一个故障评估委员会(Failure Review Board,FRB)调查了故障,认定出现故障的原因极可能是一个数据位被意外置位。最令人警醒的问题是为什么没有在内部测试时发现呢?

从理论上看,着陆的计划是这样的:当探测器向火星表面降落时,它将打开降落伞从而减速;降落伞打开几秒后,探测器的 3 条腿将迅速撑开,并锁定位置,准备着陆;当探测器离地面 1800m 时,它将丢弃降落伞,点燃着陆推进器,缓缓地降落到地面。

美国航天局为了省钱,简化了确定何时关闭着陆推进器的装置。他们使用一个廉价的触点开关,在计算机中设置数据位控制触点开关关闭燃料。很简单,探测器的发动机需要一直点火工作,直到脚"着地"为止。遗憾的是,故障评估委员会在测试中发现触点开关在很多情况下都可能被触发。设想探测器开始着陆时,计算机极有可能关闭着陆推进器,这样探测器就会在下坠 1800m 后冲向地面,撞成粉碎。

结果是灾难性的,但背后的原因却很简单。登陆探测器经过了多个小组测试,其中一个小组测试飞船的脚折叠过程,另一个小组测试后续的着陆过程。前一个小组不关注着地数据位是否置位——这不是他们负责的范畴;后一个小组总是在开始测试前复位计算机、清除数据位。双方独立工作都做得很好,但合在一起就不是这样了。

3) 北京奥运会票务系统

2007 年 10 月 30 日,北京奥运会门票面向境内公众第二阶段预售正式启动。由于销售采取"先到先得,售完为止"的政策,上午 9 点,预售一开始,公众提交申请空前踊跃。北京奥运会官方票务网站的浏览量在第一个小时达到 800 万次,每秒从网上提交的门票申请超过 20 万张,而这远远超过了系统此次所提供的 100 万次/小时的流量。由于瞬间访问数量过大,技术系统应对不畅,造成票务系统在运行不久后瘫痪。为此,北京奥组委票务中心宣布奥运门票暂停销售 5 天,完善技术方案,提高系统处理能力,改善系统运行状况。

1.1.2　软件的定义及分类方法

1. 软件的定义

人们通常把各种不同功能的程序，包括系统程序、应用程序、用户自己编写的程序等称为软件。然而，当计算机应用日益普及，软件日益复杂，规模日益增大，人们意识到软件并不仅仅等于程序。程序是人们为了完成特定的功能而编制的一组指令集，它由计算机的语言描述，并且能在计算机系统上执行。而软件不仅包括程序，还包括程序的处理对象——数据，以及与程序开发、维护和使用有关的图文资料（文档）。Roger S. Pressman 对软件给出了这样的定义：计算机软件是由专业人员开发并长期维护的软件产品。完整的软件产品包括在各种不同容量和体系结构计算机上的可执行的程序、运行过程中产生的各种结果，以及以硬复制和电子表格等多种方式存在的软件文档。

软件具有以下 8 个特点。

（1）软件是一种逻辑实体，而不是具体的物理实体，因而它具有抽象性。

（2）软件的生产与硬件不同，它没有明显的制造过程。要提高软件的质量，必须在软件开发方面下功夫。

（3）在软件的运行和使用期间，不会出现硬件中所出现的机械磨损、老化等问题。然而它存在退化问题，必须要对其进行多次修改与维护。

（4）计算机的开发与运行常常受到计算机系统的制约，它对计算机系统有着不同程度的依赖性。为了解除这种依赖性，在软件开发中提出了软件移植的问题。

（5）软件开发至今尚未完全摆脱人工的开发方式。

（6）软件本身是复杂的。软件的复杂性可能来自它所反映的实际问题的复杂性，也可能来自程序逻辑结构的复杂性。

（7）软件成本相当昂贵。软件的研制工作需要投入大量的、复杂的、高强度的脑力劳动，它的成本是比较高的。

（8）相当多的软件工作涉及社会因素。许多软件的开发和运行涉及机构、体制及管理方式等问题，它们直接决定项目的成败。

2. 软件的分类方法

可以按照不同的角度对软件进行分类。

按照在计算机系统中所处的应用层次的不同，软件可以分为系统软件、支撑软件和应用软件 3 类。系统软件是位于计算机系统中最靠近硬件的一层，为其他程序提供底层的系统服务，如编译程序和操作系统等；支撑软件以系统软件为基础，以提高系统性能为主要目标，支撑应用软件开发与运行，主要包括环境数据库、各种接口软件和工具组；应用软件是提供特定应用服务的软件，如字处理程序等。

按照软件本身规模的不同，软件可以划分为微型、小型、中型、大型和超大型软件。一般情况下，微型软件只需要一名开发人员，在 4 周内完成开发，并且代码量不超过 500 行；小型软件开发周期可以持续到半年，代码量一般控制在 5000 行以内；中型软件的开发人员控制在 10 人以内，要求在 2 年以内开发 5000～50 000 行代码；大型软件是由 10～100 名开发人员在 1～3 年的时间内开发的，具有 50 000～100 000 行代码的软件产品；超大型软件往往涉及上百名甚至上千名成员以上的开发团队，开发周期可以持续到 3 年以上，甚至 5 年。

按照软件运行平台的不同，软件可以分为个人计算机软件、嵌入式软件、基于 Web 的软件等。个人计算机软件运行在个人计算机（Personal Computer，PC）上，为使用者提供各种应用，包括字处理、电子表格、计算机图形、多媒体、娱乐等；嵌入式软件驻留在嵌入式设备的只读内存中，用于控制智能产品和系统，相对来说功能简单，规模较小，要求有很高的系统性能；基于 Web 的软件以整个网络环境为应用平台，依托浏览器和各类网络协议，结合可执行指令和数据，实际上，它们将网络看作一台大的计算机，提供了几乎是无限的、可被任何人通过浏览器访问的软件资源。

1.1.3 软件工程

20 世纪 60 年代，计算机软件的开发、维护和应用过程中普遍出现了一些严重的问题。例如，开发出来的软件产品不能满足用户的需求；相比越来越廉价的硬件，软件代价过高；软件质量难以得到保证，且难以发挥硬件潜能；难以准确估计软件开发、维护的费用以及开发周期，往往开发软件产品不能在预算范围之内按照计划完成开发；难以控制开发风险，开发速度赶不上市场变化；软件产品修改与维护困难，集成遗留系统更困难等。人们将其称为“软件危机”。

这些问题严重影响了软件产业的发展，制约着计算机应用。人们通过对导致“软件危机”的各种因素进行分析，发现软件在需求分析、开发过程、文档撰写、人员交流、测试、软件维护等很多方面都存在严重的不足。为了解决“软件危机”，人们开始尝试用工程化的思想去指导软件开发，于是软件工程诞生了。

电气和电子工程师协会（Institute of Electrical and Electronics Engineers，IEEE）对软件工程的定义为：(1)将系统化、严格约束的、可量化的方法应用于软件的开发、运行和维护，即将工程化应用于软件；(2)对(1)中所述方法的研究。具体地，软件工程是以借鉴传统工程的原则、方法，以提高质量、降低成本为目的指导计算机软件开发和维护的工程学科。软件工程层次如图 1-1 所示。

在图 1-1 中，软件质量被放在了最基础的位置，是整个软件开发过程和开发方法所关注的核心内容，围绕着如何提高质量，对软件过程、软件方法研究和相应软件工程辅助工具的开发也成了人们不断探索的话题。

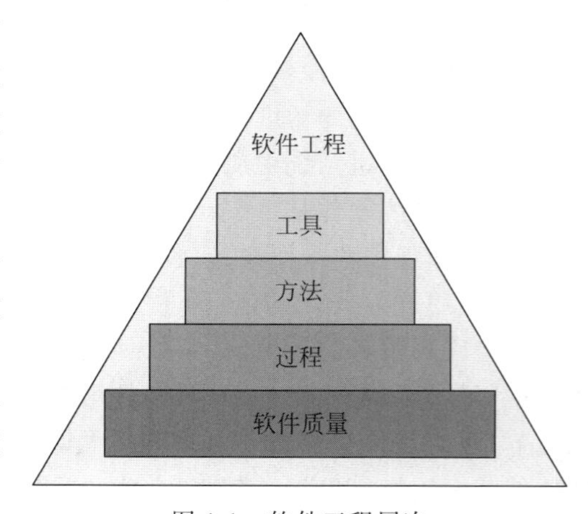

图 1-1 软件工程层次

软件测试在软件工程过程中一直占据着核心活动的地位，下面将以在传统软件工程过程中流行的“瀑布模型”为例进行说明。

“瀑布模型”定义了开发一个软件的基本活动和它们的执行流程。图 1-2 给出了瀑布模型示意图，各阶段介绍如下。

(1) 需求分析阶段产生软件的运行特征

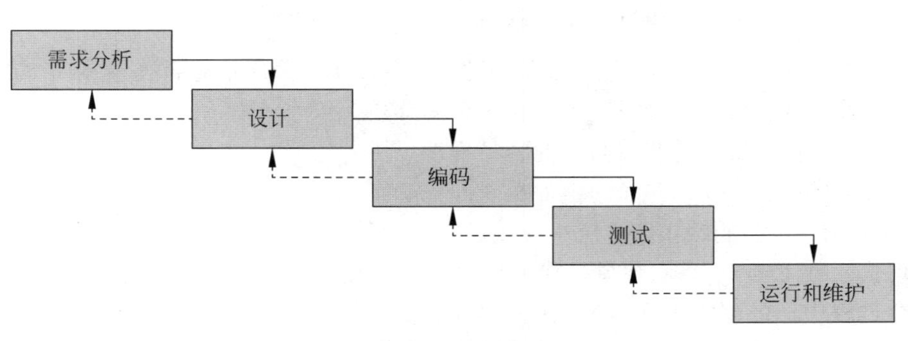

图 1-2 瀑布模型

(功能、数据和行为)的规约,指明软件和其他系统元素的接口并建立软件必须满足的约束。

(2) 设计阶段把软件需求描述转换为软件表示,包括数据设计、体系结构设计、接口设计和构件设计。

(3) 编码阶段将设计阶段产生的解题逻辑转换为可以执行的机器代码。

(4) 测试阶段是动态验证软件的过程,包括内部测试和外部测试。对内部实现逻辑测试,以发现程序错误;对外部实现功能测试,以确保所有输入都能生成与需求一致的实际输出。

(5) 运行和维护阶段是将软件交付用户使用并改正软件错误或满足用户新的需求而进行修改。

在瀑布模型中,软件测试作为一个重要步骤被执行,并花费整个软件开发近40%的时间和工作量。可以说在早期的软件工程活动中,软件质量主要是通过测试活动保证的。

随着软件工程的发展,之后又出现了增量开发模型、演化开发模型、螺旋模型、统一过程模型、敏捷开发模型等,每种模型的不同主要集中在活动之间的组织关系和执行顺序上,而作为活动本身的构成,基本没有太大的变化,测试作为核心活动之一,始终扮演着重要的角色。

1.1.4 软件质量

软件工程的目标是生产出高质量的软件。而对于软件质量本身的定义,却是一件十分困难的事情。Roger S. Pressman 对软件质量的定义为:软件要符合显式声明的功能和性能需求、显式文档化的开发标准以及专业人员开发的软件所应具有的所有隐含特性。

事实上,当我们在现实软件开发中评价软件的质量时,经常是从多个方面来考查,称为软件的质量属性。按其在运行时是否可见又分为:运行时可观察到的属性,包括正确性、性能、安全性、可用性、易用性;运行时不可观察到的属性,包括可修改性、可移植性、可测试性、可集成性、可重用性等。

(1) 正确性:软件能够做正确的事情,并且能够正确地运行。

(2) 性能:系统的响应时间和硬件资源的占用率。

(3) 安全性:在对合法用户提供服务的同时,阻止未授权用户的使用企图。

(4) 可用性:能长时间正确地运行并快速地从错误状态恢复到正确状态。

(5) 易用性：最终用户容易使用和学习。

(6) 可修改性：系统很容易被修改从而适应新的需求或采用新的算法、数据结构的能力。

(7) 可移植性：软件可以很简单地在平台间移植。

(8) 可测试性：软件能够被测试的容易程度。

(9) 可集成性：让分别开发的组件在一起正确工作。

(10) 可重用性：能够在新系统中应用已有的组件。

在现代软件工程中，将软件质量保证作为一个单独的活动执行，以确保软件质量在软件开发的全过程中都受到重视和验证，称为软件质量保证活动(Software Quality Assurance, SQA)。SQA 包含：一种质量管理方法；有效的软件工程技术；在整个软件过程中采用的正式技术评审；一种多层次的测试策略；对软件文档及其修改的控制；保证软件遵从软件开发标准的规程、度量和报告机制。软件质量保证的重要工作是通过预防、检查和改进来保证软件质量。

软件测试是对开发过程的产物——开发文档和源代码进行走查，运行软件，找出问题，报告质量。软件测试活动和软件质量保证活动相互补充和协作，共同促进软件质量的改善和提高。

近年来，敏捷模式中，软件测试不再是一个独立的阶段，而是将软件质量保证和软件测试相结合，融入软件开发过程，发生在每次迭代中；也包含所有类型的测试，如单元测试、集成测试、系统测试、验收测试等；测试人员和开发人员工作更紧密，非正式的直接沟通成为一种常态；测试以最终用户为准，辅以用户场景和用户故事作为测试的依据；测试追求快速高效，自动化测试在测试中扮演了极其重要的角色，敏捷测试人员辅以探索式测试跟踪核心业务场景；敏捷测试拥抱变化，测试计划比较灵活，按业务价值交付顺序执行。有关敏捷测试的内容将在后续章节详细介绍。

1.2 软件测试的基本概念

软件缺陷即软件产品中潜在的缺陷和错误。本节将介绍软件缺陷以及软件缺陷出现的原因，也将介绍软件测试的概念以及软件测试的意义。读者在阅读和学习时，应注意思考这些概念和知识能够带给软件测试的指导和启示。

1.2.1 软件缺陷的定义

软件缺陷常常又称为 Bug。所谓软件缺陷，即为计算机软件或程序中存在的某种破坏正常运行能力的问题、错误或隐藏的功能缺陷。缺陷的存在会导致软件产品在某种程度上不能满足用户的需要。IEEE 对缺陷有一个标准的定义：从产品内部看，缺陷是软件产品开发或维护过程中存在的错误、毛病等各种问题；从产品外部看，缺陷是系统所需要实现的某种功能的失效或违背。在软件开发生命周期的后期，修复检测到的软件错误的成本较高。

Ron Patton 在定义软件缺陷之前首先介绍了产品说明书(Product Specification)。产品说明书有时又简称为说明或产品说明，是软件开发小组的一个协定。它对开发的产品进行定义，给出产品的细节、如何做、做什么、不能做什么。这种协定从简单的口头说明到正式的书面文档，有多种形式。而软件缺陷则至少满足下列5个规则之一。

(1) 软件未实现产品说明所要求的功能。

(2) 软件中出现了产品说明指明不应该出现的错误。

(3) 软件实现了产品说明未提到的功能。

(4) 软件未实现产品说明虽未明确提及但应该实现的目标。

(5) 软件难以理解，不容易使用，运行缓慢，或从测试员的角度看，最终用户会认为不好。

为了更好地理解每条规则，下面以计算器为例进行解释。

计算器的产品说明阐述此产品能够准确无误地进行加、减、乘、除运算。软件测试员对该计算器进行测试，按下加(+)键，若没有任何反应，根据第1条规则，这是一个缺陷；若计算结果出错，根据第1条规则，这同样是一个缺陷。

产品说明书可能阐述此计算器永远不会崩溃、锁死或停止反应。如果连续频繁敲击键盘导致计算器停止接受输入，根据第2条规则，这是一个缺陷。

对计算器测试，发现除了加、减、乘、除之外还可以求平方根，但是产品说明书中没有提及这一功能，雄心勃勃的程序员只因为觉得这是一项了不起的功能而把它加入。这不是要求的功能，根据第3条规则，这是软件缺陷。软件实现了产品说明书中未提及的功能。这些预料不到的操作，虽然有了更好，但会增加测试的工作，甚至带来更多的缺陷。

第4条规则中的双重否定让人感觉有些奇怪，但其目的是捕获产品说明书中的遗漏之处。在测试计算器时，若发现电池没电会导致计算不正确，没有人会考虑到这种情况下计算器会如何反应，而是想当然地假定电池一直都有电。测试要考虑到让计算器持续工作直到电池完全没电，或者至少用到出现电力不足的提醒。电力不足时无法正确计算，但产品说明书未指出这个问题。根据第4条规则，这是一个缺陷。

软件测试员是第1个真正使用软件的人，软件测试员要从用户的角度发现不合适的地方。例如，在计算器例子中，按键太小或太大；"="键布置的位置不容易按下；在亮光下看不清显示屏等，根据第5条规则，这些都是缺陷。

虽然软件缺陷的定义涉及面甚广，但是使用以上5条规则有助于在软件测试中区分不同类型的问题。

1.2.2 软件缺陷出现的原因

现在我们知道了软件缺陷是什么，但它们为什么会出现呢？令人感到惊讶的是我们发现大多数软件缺陷并非源自编程错误。对众多从小到大的项目进行研究而得出的结论往往是一致的，导致软件缺陷最大的原因是产品说明书，如图1-3所示。

产品说明书成为造成软件缺陷的罪魁祸首有不少原因。在许多情况下，没有写说明书；其他原因可能是说明书不够全面、经常更改，或者整个开发小组没有很好地沟通。为软件做计划是极其重要的，如果没做好计划，软件缺陷就会出现。

软件缺陷的第二大来源是设计。这是程序员规划软件的过程，类似于建筑师为建筑物绘制设计图。这里产生软件缺陷的原因与产品说明书是一样的——随意、易变、沟通不足。

程序员对编码错误太熟悉了。通常，编码错误可以归咎于软件的复杂性、文档不足(特别是升级或修订过代码的文档)、进度压力或普通的低级错误。一定要注意，许多看上去是

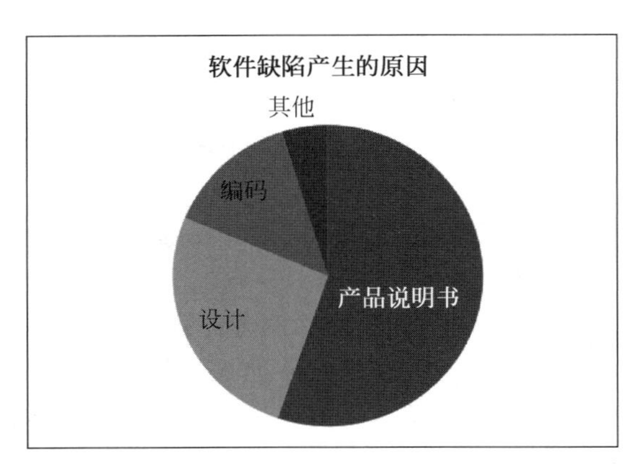

图 1-3　软件缺陷产生的原因

编程错误的软件缺陷实际上是由产品说明书和设计方案造成的。我们经常听到程序员说："这是按要求做的。如果有人早告诉我，我就不会这样编写程序了。"

剩下的原因可归为一类。某些缺陷产生的原因是把误解（即把本来正确的）当成缺陷。还有可能缺陷多处反复出现，实际上是由一个原因引起的。一些缺陷可以归咎于测试错误。不过说到底，此类软件缺陷只占极小的比例，不必担心。

1.2.3　软件测试的定义

软件测试是为了发现错误而执行程序的过程。或者说，软件测试是根据软件开发各阶段的规格说明和程序的内部结构，而精心设计一批测试用例，并利用这些测试用例去执行程序，以发现程序错误的过程。IEEE 对软件测试的定义为：使用人工和自动手段运行或测试某个系统的过程，其目的在于检测它是否满足规定的需求或弄清预期结果与实际结果之间的差别。

结合前面对软件的理解可以看到，所谓的软件测试，绝不仅仅是针对程序的测试。需求规格说明、概要设计规格说明、详细设计规格说明、程序等都是软件测试的对象。而实际的统计数据表明，属于程序编写的缺陷所占比例很小。可以把软件测试简单地理解成如图 1-4 所示的过程。

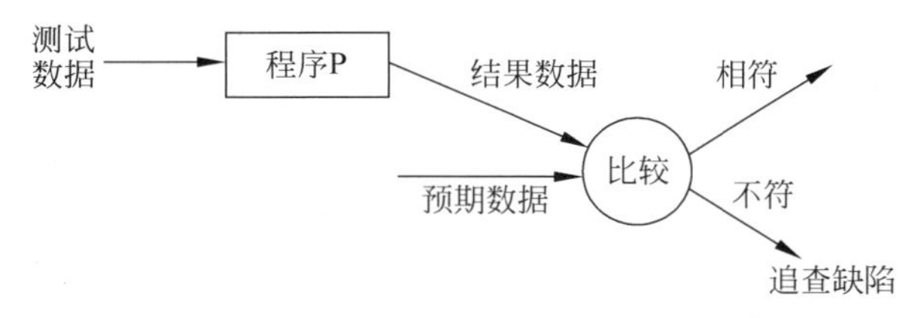

图 1-4　软件测试概念抽象

1.3　软件测试的目的和原则

通过 1.2 节的学习，读者可以理解什么是软件缺陷、软件测试以及软件缺陷出现的原因，本节将介绍软件测试的目的和原则，从而加深读者对软件测试的了解。

1.3.1　软件测试的目的

软件危机导致了软件工程的产生，而软件质量是软件工程最关注的目标。软件在开发的过程中，可能会由于软件错误而导致各种软件缺陷，原因包括：开发人员之间、开发人员与用户之间缺乏有效的沟通；软件复杂度过高；编码错误；不断变更的需求；时间压力；缺乏文档描述；没有合适的软件开发工具等。软件缺陷可能在软件开发的各个阶段被引入，如果没能及时发现和纠正，就会传递到软件开发的下一阶段，如图 1-5 所示。

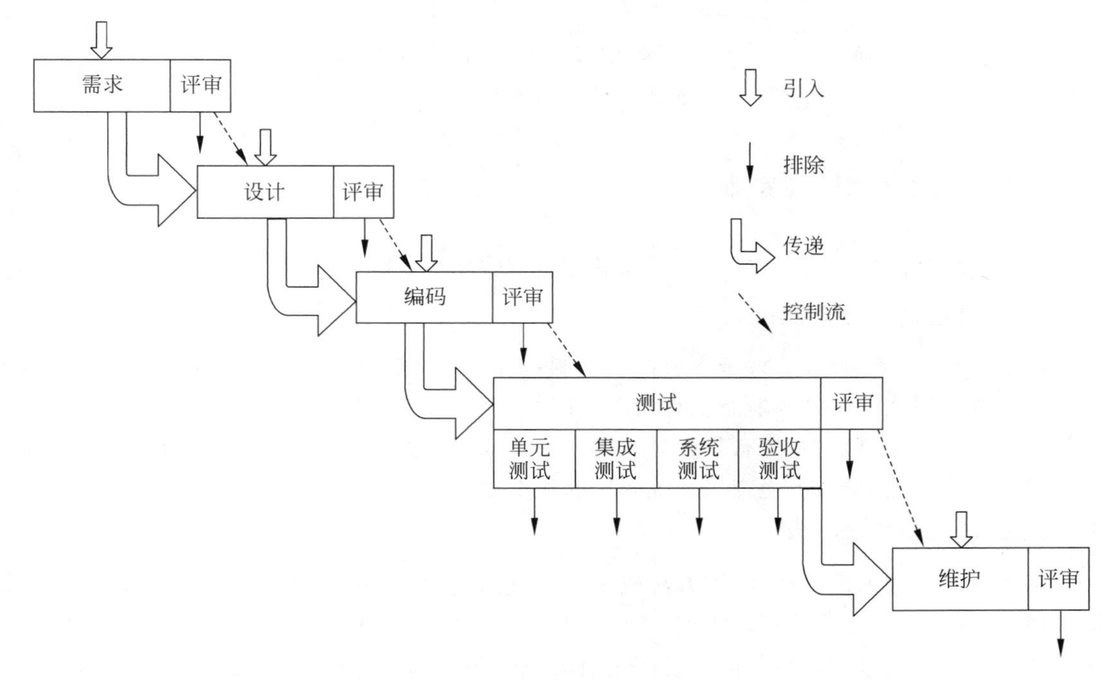

图 1-5　软件缺陷引入和传递

随着软件缺陷的传递，会带来更多的问题，也会增加缺陷改正的难度和成本。图 1-6 展示了 IBM 公司给出的其对软件缺陷改正成本的研究成果。假设在分析阶段发现的错误的修正成本为 1 个货币单位，则在测试之前发现一个错误的修正成本约为 6.5 个货币单位；在测试时发现一个错误的修正成本为 15 个货币单位；而在发布阶段发现一个错误的修正成本则为 60～100 个货币单位。该比例也适合于发现一个错误需要的时间代价。

软件测试的目的，就是要发现软件中存在的缺陷和系统不足，定义系统的能力和局限性，提供组件、工作产品和系统的质量信息；提供预防或减少可能错误的信息，在过程中尽早检测错误以防止错误传递到下一阶段，提前确认问题和识别风险；最终获取系统在可接受风险范围内可用的信息，确认系统在非正常情况下的功能和性能，保证一个工作产品是完整的并且是可用的或可被集成的。

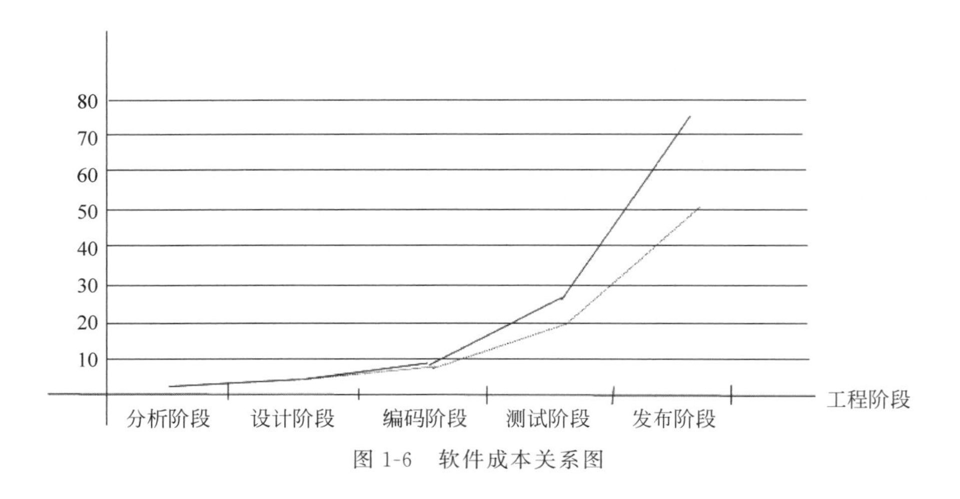

图 1-6 软件成本关系图

1.3.2 软件测试的原则

要达到软件测试的目的，就要了解和遵守以下软件测试原则。

1. 不可能进行完全测试

由于时间、人员、资金或设备等方面的限制，不可能对软件产品进行完全的测试，即不可能考虑或测试到软件产品的所有执行情况或路径。而对于程序本身，在很多情况下，由于其运算复杂性和逻辑复杂性，在有限的时间内穷举测试也是不可能的。所以在测试过程中，应该采用具有代表性、最有可能查出系统问题的测试用例。

2. 测试中有风险存在

基于所使用的测试工具、测试方法或测试用例的局限性，在某些情况下，软件缺陷不会被发现。因此，正确地设计测试用例，并保证其满足一定的覆盖率是十分重要的，而不同方法设计的测试用例也应该用于同一被测试对象，从而避免某一种测试方法带来的局限性。

3. 软件测试只能表明缺陷的存在，而不能证明产品已经没有缺陷

软件测试只是查找软件缺陷的过程，即使测试人员使用了大量的测试用例，不同的测试方法对软件产品进行测试，测试成功后也不能说明软件产品已经准确无误，完全符合用户的需求了，也就是人们常说的“软件测试只能说明错误，不能说明正确”。

4. 软件产品中存在的缺陷数与已发现的缺陷数成正比

软件测试所发现的缺陷越多，说明软件产品中存在的缺陷越多。一般情况下，潜在的缺陷数与发现的缺陷数存在正比关系。而且，软件缺陷的发生具有一定的群聚现象，在发现软件缺陷的地方，往往还存在其他软件缺陷。

5. 要避免软件测试的杀虫剂现象

所谓杀虫剂现象，是指如果长期使用某种药物，那么生物就会对这种药物产生抗药性。同理，如果同一个软件产品总是由特定的测试人员去测试的话，那么由于这个测试人员思维方式、测试方法的局限性，有些缺陷是很难被发现的。所以，在软件测试的过程中，最好有不

同的测试人员参与到测试工作中。

6. 及早和不断地进行软件测试

根据软件缺陷的传递性和软件缺陷改正成本的递增性，及早进行软件测试，可以及时发现和修改在开发软件某一阶段引入的缺陷，从而避免其传递到下一阶段中，降低缺陷改正成本。开发过程应该始终伴随着测试过程。

7. 进行回归测试

程序员在编写程序时经常有这样的经验：通过调试发现了一个程序 Bug 并进行了修改，而重新调试时，发现由于上一个改动而导致了更多 Bug 的出现。同样地，软件测试发现缺陷并被改正后，很可能引入新的软件缺陷，往往是因为程序之间的关联性，或者缺陷的表现和缺陷的原因不在同一个地方等。因此，任何一次软件缺陷的改正并提交后，都要进行回归测试以确保修改后没有引入新的软件缺陷。

8. 软件测试应该有计划、有组织地进行

作为软件开发中的重要活动，软件测试应该有软件测试计划进行指导，成立合适的软件测试团队，妥善保存一切软件测试过程的文档，并建立有效的软件缺陷发现、上报、改正、跟踪、统计机制，避免软件测试过程中的盲目性、随意性和重复劳动。

1.4　软件测试的分类

1.4.1　按测试阶段分类

按照测试阶段可以将软件测试分为单元测试、集成测试、确认测试、系统测试和验收测试。

1. 单元测试

单元测试是对软件设计中最小的单位——程序模块进行的测试，它着重检查程序单元是否符合软件详细设计规约中对于模块功能、性能、接口和设计约束等方面的要求，发现各模块内部可能存在的各种错误。由于程序模块间应该具有低耦合、高内聚的特性，所以单元测试一般是可以并行进行的。

2. 集成测试

集成测试是在单元测试的基础上，将已通过单元测试的各个模块有序地、递增地进行测试，它着重发现各模块接口之间的关系和相互协作中是否存在错误。在很多情况下，已通过单元测试的模块集成到系统中往往还存在问题，就是由于它没能正确地与其他模块协作，或者出现了接口错误。集成测试依据的标准是软件概要设计规约。

3. 确认测试

确认测试是通过检验和提供客观证据，验证软件是否满足特定预期用途的需求。它依据软件需求规格说明书，包括用户对软件的功能、性能和某些特性的要求。如果说前两种测试主要是验证软件是否在“正确地做事”，那么确认测试主要是验证软件是否在“做正确的事”。

4. 系统测试

系统测试是将通过已确认测试的软件作为整个基于计算机系统的一个元素，与计算机硬件、外部设备、网络和系统软件、某些支持软件、数据和人员等其他系统元素结合在一起，在实际的运行环境下，检测其是否能够进行正确的配置、连接，满足用户需求。系统测试一般依据系统需求规格说明书进行。

5. 验收测试

验收测试是指按照项目说明书、合同、软件供需双方约定的验收依据文档等进行的对整个系统的测试和评审，决定是否接受系统。

这也是传统软件测试采用的过程，如图 1-7 所示。有时也把确认测试和系统测试归为一个过程，统称为系统测试。

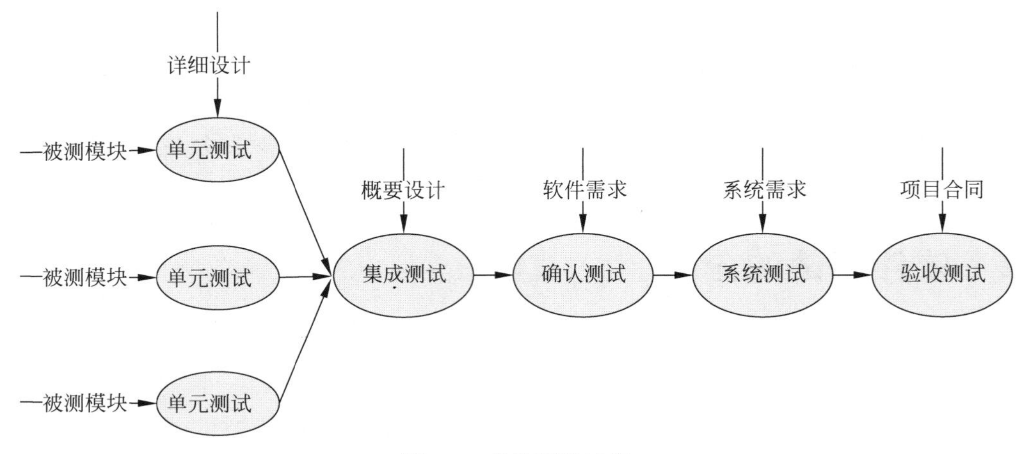

图 1-7 软件测试过程

1.4.2 按是否需要执行被测试软件分类

按照是否需要执行被测软件可以将软件测试分为静态测试和动态测试。

1. 静态测试

静态测试又称为静态分析，不实际运行被测软件，而是直接分析软件的形式和结构，查找缺陷，主要包括对源代码、程序界面和各类文档及中间产品（如产品说明书、技术设计文档等）所做的测试。

1）对于源代码

静态测试主要是看源代码是否符合相应的标准和规范，如可读性、可维护性等，其工作过程类似一个编译器，随着语法分析的进行做特定工作，如分析模块调用图和程序的控制流图等图表、度量软件的代码质量等。一般各公司内部都有自己相应的编码规范，如 C/C++/Java 编码规范等，应按照规范中所列出的条目逐条测试。

源代码中含有大量原设计信息以及程序异常的信息。利用静态测试，不仅可以发现程序中明显的缺陷，还可以帮助程序员重点关注那些可能存在缺陷的高风险模块，如多出口的情况、程序复杂度过高的情况、接口过多的情况等。

当然，对源代码进行静态测试并非易事，可以借助一些自动化的静态分析工具降低测试人员的劳动强度。目前市面上已有很多静态分析工具，如 Telelogic 公司的 Logiscope、Parasoft 公司的 C++ Test 等。这些静态分析工具一般由 4 部分组成：语言程序预处理器、数据库、错误分析器和报告生成器。

2）对于程序界面

静态测试主要查看软件的实际操作和运行界面是否符合需求中的相关说明。

3）对于文档

静态测试主要检查用户手册与需求说明是否真正符合用户的实际要求。

程序界面和文档的静态测试相对容易一些，但要求测试人员应充分熟悉用户需求，且比较细心。从实际情况来说，界面和文档的测试常常是不受重视的。

静态测试是采用走查、同行评审、会审等方法查找错误或收集所需度量数据的。它不需要运行程序，所以相对动态测试，可以更早地进行。

静态分析的查错和分析功能是其他方法所不能替代的，静态分析能发现文档中的问题（也只能通过静态测试发现），通过文档中的问题或其他软件评审发现的问题找出需求分析、软件设计等问题，而且能有效地检查代码是否具有可读性、可维护性，是否遵守编程规范，包括代码风格、变量/对象/类的命名、注释行等。静态测试已被当作一种主要的自动化代码校验方法。

2. 动态测试

动态测试又称为动态分析，是指需要实际运行被测软件，通过观察程序运行时所表现出来的状态、行为等发现软件缺陷，包括在程序运行时，通过有效的测试用例（对应的输入、输出关系）分析被测程序的运行情况或进行跟踪对比，发现程序所表现的行为与设计规格或客户需求不一致的地方。

动态测试是一种经常进行的测试方法，无论在单元测试、集成测试，还是在系统测试、验收测试中，它都是一种有效的测试方法。但它也存在很多局限性，主要体现在以下 3 个方面。

（1）动态测试往往需要借助测试用例完成，即通过执行测试用例、分析测试用例对被测软件重点考查，以期发现缺陷。相比静态测试，动态测试增加了测试用例的设计、执行和分析，以及由测试用例所带来的用例组织与管理等一系列活动。

（2）需要搭建软件特定的运行环境，增加了有关测试环境的配置、维护和管理的工作量。

（3）不能发现文档问题，必须等程序代码完成后进行，发现问题相对迟得多。

3. 静态测试与动态测试的比较

表 1-1 所示为静态测试和动态测试的简单比较。读者不妨思考一下，是不是静态测试的成本更低？是否可以用静态测试替代动态测试呢？

表 1-1 静态测试与动态测试的比较

测试方法	是否需要运行软件	是否需要测试用例	是否可以直接定位缺陷	测试实现难易程度
静态测试	否	否	是	容易
动态测试	是	是	否	困难

静态测试与动态测试之间既具有一定的协同性，同时又具有相对的独立性。静态测试的目标不是证明程序完全正确，而是作为动态测试的补充，在程序运行前尽可能多地发现代码中隐含的缺陷。静态测试是不能完全代替动态测试的。

1）协同性

静态测试和动态测试在各自的优缺点上具有互补性。静态测试是保守和健壮的，其测试结果离我们的期望值可能还有距离，但它保证了将来的执行。而动态测试是有效和精确的，它不需要大量的分析过程，尽管它确实需要测试用例的设计、执行和结果分析。动态测试给出了高度精确的结果。

2）独立性

静态测试需要建立程序的状态模型（如函数调用图、控制流图等），在此基础上确定程序对该状态的反应（如通过各种图表分析，找出多入口多出口的模块、高层控制模块等）。由于系统可能执行的状态有很多，测试必须跟踪多个不同的状态，通常经过大量细致的分析后也不一定能考虑到所有的系统状态。因此，静态分析通常采用程序状态的抽象模型，并需要较长时间的等待。而动态测试过程中不存在近似和抽象的概念，它直接执行程序段，检查实时的行为，在控制流程路径中几乎不存在不确定因素。

1.4.3 按是否需要查看代码分类

按照是否需要查看代码可以将软件测试分为白盒测试、黑盒测试和灰盒测试。

1. 白盒测试

白盒测试是指已知软件产品的内部工作过程，通过验证每种内部操作是否符合设计规格的要求进行测试。在白盒测试中，测试人员需要了解被测程序的内部结构和工作原理，对测试人员要求较高，并具有相对较高的测试成本。

2. 黑盒测试

黑盒测试是指已知软件产品的功能设计规格，测试每个实现了的功能是否满足要求。黑盒测试把程序看作一个黑盒子，不考虑其程序内部结构和处理过程，只是在程序接口进行测试，验证某类输入是否可以得到预期的输出、特定的事件是否能够得到预期的响应和处理等。

3. 灰盒测试

灰盒测试是介于白盒测试和黑盒测试之间的测试，是对两种测试的一种折中。灰盒测试关注输出对于输入的正确性；同时也关注内部表现，但这种关注不像白盒测试那样详细、完整，只是通过一些表征性的现象、事件、标志判断内部的运行状态。

白盒测试和黑盒测试从不同的角度看待被测试软件，关注不同的内容，并各有优缺点。在实际的测试过程中往往是针对不同的测试阶段和测试对象进行选择或结合使用。白盒测试和黑盒测试的过程分别如图 1-8 和图 1-9 所示。

1.4.4 按测试执行时是否需要人工干预分类

按照测试执行时是否需要人工干预可以将软件测试分为手工测试和自动化测试。

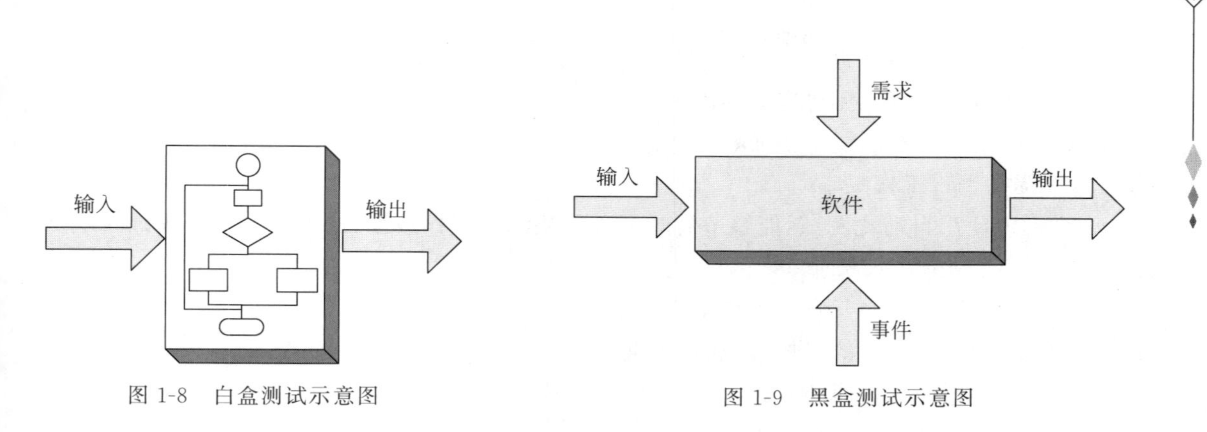

图 1-8 白盒测试示意图

图 1-9 黑盒测试示意图

1. 手工测试

手工测试完全由人工完成测试工作，包括测试计划的制订、测试用例的设计和执行，以及测试结果的检查和分析。传统的测试工作都是由人工完成的。

2. 自动化测试

自动化测试是指把以人为驱动的测试转化为机器执行的一种过程。作为软件测试的一个重要组成部分，自动化测试能够完成很多手工测试难以胜任的工作。正确、合适地引入软件测试自动化，能够节省软件测试的成本和资源，提高软件测试的效率和效果，从而改进软件质量。

使用自动化测试可以改进所有的测试领域，包括测试程序开发、测试执行、测试结果分析、故障分析和测试报告生成。它还支持所有的测试阶段，包括单元测试、集成测试、系统测试、验收测试和回归测试等。

对于给定的需求，测试人员必须评估在项目中实施自动化测试是否合适。通常情况下，与手工测试相比，自动化测试可以提供很多好处。

1）产生可靠的系统

软件测试如果只采用手工测试，能找到的软件缺陷在质与量上都是有限的，但是通过自动化测试则可以完成以下任务。

（1）改进需求定义。

（2）改进性能测试。

（3）改进负载和压力测试。

（4）实现高质量测量与测试的最佳化。

（5）改进系统开发生命周期。

（6）增加软件信任度。

2）改进测试工作质量

通过使用自动化测试，可以增加测试的深度与广度，从而改进测试工作质量，具体优点如下。

（1）改进多平台兼容性测试。

（2）改进软件兼容性测试。

（3）改进普通测试执行。

(4) 更好地利用资源。

(5) 执行手工测试无法完成的测试。

(6) 重现软件缺陷能力很强。

3) 提高测试工作效率

合理地使用自动化测试,能够节省时间并加快测试工作进度,这也是自动化测试的主要优点,主要体现在以下方面。

(1) 减少测试程序开发的工作量。

(2) 减少测试执行的工作量,加快进度。

(3) 更方便地进行回归测试,加快回归测试速度。

(4) 减少测试结果分析的工作量。

(5) 减少错误状态监视的工作量。

(6) 减少测试报告生成的工作量。

但是,软件测试自动化是不能完全代替手工测试的,原因如下。

(1) 并非所有的测试都可以通过使用自动化测试实现,如使用性测试,需要人通过实际使用才能够感知。

(2) 自动化测试没有创造性,它只能执行测试程序的指令,而不会去发掘其他缺陷存在的可能性;而软件测试是一门艺术,需要测试人员用智慧去探索系统中可能出现的问题,而且需要在测试过程中使用不同的测试方法、测试数据和测试策略发现更多问题。

(3) 测试用例中的很多异常操作很难使用程序进行模拟,若要完全实现自动化测试模拟会带来极大的技术难度挑战。

(4) 自动化测试可能会受到项目资源的限制,如时间和人力的限制、资金预算的限制、培训和人员技术的限制等。

1.4.5 按测试实施组织分类

按照测试实施组织可以将软件测试分为开发方测试、用户测试和第三方测试。

1. 开发方测试

开发方测试也称为 α 测试,是指在软件开发环境下,由开发方提供检测和提供客观证据,验证软件是否满足规定的要求。

2. 用户测试

用户测试是指在用户的应用环境下,由用户通过运行和使用软件,验证软件是否满足自己预期的需求。β 测试是一种经常使用的用户测试方法,软件开发商把产品有计划地免费投放到目标市场,由用户进行使用和评价,开发方通过收集用户的反馈信息,对软件进行修改和改进。在软件发布前进行 β 测试,有助于改进软件功能和性能,降低软件发布风险,并起到一定的宣传作用。

3. 第三方测试

第三方测试也称为独立测试,是指介于软件开发者和软件用户之间的测试组织对软件进行的测试。第三方测试在信息系统工程不完善、软件供需双方存在严重信息量不对称的情况下,扮演着十分重要的角色。

1.4.6　其他测试类型

其他重要的测试类型包括冒烟测试、随机测试等。

1. 冒烟测试

冒烟测试是在软件开发过程中的一种针对软件版本包的快速基本功能验证策略,是对软件基本功能进行确认验证的手段,并非对软件版本包的深入测试。冒烟测试也是对软件版本包进行详细测试之前的预测试,如果冒烟测试的测试用例不能通过,则不必做进一步的测试。

冒烟测试可以手动执行,也可以自动化执行。稳定的系统适合自动化冒烟测试,集成过程中的系统适合手工冒烟测试。

在敏捷开发团队中,软件冒烟测试有着非常大的帮助,它穿插在整个项目流程的各个阶段,从而在项目周期中把控产品质量。

2. 随机测试

随机测试是根据测试说明书执行样例测试的重要补充手段,是保证测试覆盖完整性的有效方式和过程。随机测试主要是针对被测软件的一些重要功能进行复测,也包括测试那些当前的测试样例没有覆盖到的部分。另外,对于软件更新和新增加的功能要重点测试。尤其对以前测试发现的重大缺陷,进行再次测试,可以结合回归测试一起进行。

此外,软件测试还可以按照测试目的的不同划分为功能测试、健壮性测试、性能测试、压力测试、用户界面测试、可靠性测试、安全性测试、文档测试、恢复测试、兼容性测试等。在这里不再展开叙述。

1.5　软件测试行业的发展

1.5.1　软件测试的历史回顾

自从计算机作为强大的计算工具在20世纪出现以来,程序的编写与程序的测试课题就同时出现在人们面前。不过早期的计算机运行可靠性差,当时使用计算机的突出矛盾是元器件质量不高,工作不稳定。不幸的是这一情况又和运行有问题的程序交织在一起,令人十分为难。计算程序得不到正确结果、不容易分辨,可能是计算机本身的问题,也可能是程序编写的问题。然而,这两者的性质毕竟是完全不同的,必须分别加以研究解决。后来的实践表明,元器件的质量在若干年后有了很大的提高,而程序测试问题的解决相比之下显得远不能令人满意。

早在20世纪50年代,英国著名的计算机科学家图灵就曾给出软件测试的原始定义。他认为,测试是程序正确性证明的一种极端实验形式。自然,初期的测试都是针对机器语言程序或汇编语言程序的。测试的主要方式是给出特定的输入或测试用例,运行被测程序,再检查程序的输出是否与预期的结果一致。测试用例的选取方法是在随机选取的基础上,吸取测试者的经验或是凭直觉判断,突出某些重点测试区域。20 世纪 50 年代以后,随着高级语言的诞生和广泛使用,测试工作自然把重心逐渐转移到用高级语言编写的程序系统了。尽管随机选取测试数据的方法一直是低效的,然而测试在程序的开发过程中仍然没有受到应有的重视。测试方法和理论研究发展缓慢。一些实际应用项目中,除去非常关键的程序系统以外,一般程序系统所经历的测试大都是很不完善的。在开发工作结束以后,含有各种大小错误的程序投入运行。如果运行中那些隐藏的缺陷并未暴露出来,也只不过是一时的幸运。无论如何,这些隐患毕竟是不可靠因素,一旦暴露出来,就会给用户和维护者带来不同程度的严重后果。本书一开始提到的几个著名的软件错误案例已然成为人们谈论测试的笑柄。

测试工作在当时考虑不足的另一个原因是人们的心理因素。从软件系统开发者的角度看,研制工作的目标是使其可以运转起来,这是富有刺激性和创造性的任务,当付出相当的精力逐渐变为成果时,他们往往充满信心。他们不愿做那些后续的既麻烦又可能否定自己成果的测试工作,也不愿意让别人给自己开发的软件挑毛病。正如 Myers 所说的那样,人们把软件测试看成是设法从程序中找错的破坏性过程。成功的测试就是力图让程序执行失败。测试人员和开发人员的这一对抗心理在一段时间内成为测试工作取得成绩的障碍,极大地影响着测试技术的发展。20 世纪 70 年代以来,由于加深了对测试工作的认识,测试的重要意义逐渐被人们理解,加之一些测试工具陆续出现,上述矛盾得到了缓解。

即使存在上述矛盾,软件开发项目仍然必须进行基本的测试活动,以便向开发人员自己和别人表明软件系统的正确性。开发项目的实践成为发展测试技术的基础,尽管所用的测试方法并非都是高效的。另外,测试技术的研究开始受到重视,也取得了一些初步的成果。1982 年 6 月在美国北卡罗来纳大学召开了首次软件测试的正式技术会议,这次会议成为软件测试技术发展中的一个重要里程碑。

会议之后,软件测试的研究更加活跃,有关软件测试技术的论文如雨后春笋般出现。软件测试在研制大系统中的重要意义在著名的《人月神话》一书中被阐明;美籍华人学者 J. C. Huang(黄荣昌)教授首次全面地论述测试准则、测试过程、路径谓词、测试数据及其生成等软件测试的有关问题;*Program Test Methods* 一书综述了测试方法以及各种自动测试工具,成为专题论述软件测试的第一本著作。

20 世纪 70 年代中期,软件测试技术的研究达到高潮。而在软件测试理论迅速发展的同时,程序插装、符号测试方法、耦联效应假设、域测试方法等各种高级的软件测试方法也将软件测试技术提高到了初期的原始方法无法比拟的高度。

1.5.2 我国软件测试的现状

近年来,随着软件市场的成熟以及软件产业的蓬勃发展,软件行业的竞争越来越激烈,从而对软件质量的要求越来越高,软件测试也越来越被软件企业所重视。从目前来看,可主要从以下 4 个方面分析我国软件测试行业的现状。

1. 软件测试重要性不断提高

随着软件外包行业的逐渐兴起和人们对软件质量保障意识的加强,我国软件企业已开始认识到，软件测试的广度和深度决定了企业的前途命运。软件企业对软件测试已有较高的认可度和重视度。企业测试人员与开发人员大部分保持在 1∶3 的比例。比例在 1∶7 以上的近年来有所下降。这种转变说明多数企业的测试理念已经发生改变，对专业测试的重视程度逐步加强。

2. 从手工向自动化测试方式的转变

随着软件业的发展，加上测试过程越来越智能化，软件测试由原来的人工测试向自动化测试方向发展，不仅可以大大地提高测试效率，还能使测试人员从反复枯燥的测试工作中解放出来，从而提高测试人员的积极性，使测试人员可以把精力放到系统测试的大局上。正确、合理地实施自动化测试，能够快速地对软件进行测试，从而提高软件质量，节省经费，缩短产品发布周期。

3. 测试人员需求逐步增大，素质不断提高

近年来，几乎所有的软件企业均存在不同程度的测试人才缺口，软件测试工程师已成为亟待补充的关键技术工种之一。产生这种现象的原因主要有两个方面。

(1) 软件测试在未来 5～10 年内发展会很快，由于软件企业要靠产品占领市场，要把产品开发出来，需要软件开发部门和软件测试部门的合作才能完成，开发部门开发的软件符不符合客户的需求，能不能实现所需诉求，都需要测试人员去保障。

(2) 软件测试发展越来越快，人才缺口很大，但是对测试人员的技能要求也越来越高。一方面，测试人员不仅应掌握相关计算机背景知识、软件工程基本知识、测试基本理论和方法，具备编程能力，熟悉项目技术架构；另一方面，测试人员要有很好的沟通协调能力、独立分析能力和团队精神。

4. 软件测试人员的培养来源

目前，国内软件测试工程师主要有 3 个来源：一是以前专业做软件开发的人员后来转行做软件测试，二是从大学招聘的学生，三是通过培训机构招聘的专业学员。国内软件测试培训教育机构主要分为两类：一类是专门的软件测试培训机构，这些机构只做软件测试方面的培训，如中国软件测评中心、北大测试、北京惠灵科技、赛宝软件测试中心、上海心力教育、上海博为峰、国家软件测评中心培训部等；另一类是社会上的 IT 教育培训机构，它们推出的课程比较多，软件测试培训是其中一个培训项目，如中科院计算所培训中心、新东方职业教育中心、渥瑞达北美 IT 培训中心、深圳优迈科技等。

1.5.3　软件测试的前景

软件测试的前景是读者关心的问题之一，下面我们来具体谈一下。

1. 软件测试学科

软件测试是一门非常崭新的学科，目前仍然处在研究探索阶段，还没有完全上升到理论层面。软件测试需要什么样的专业基础还没有定论，而且目前还没有一种很好的标准来衡量测试人员。但毋庸置疑，软件测试越来越受到软件企业的重视，软件测试工程师的作用也逐渐被人们所认可。

2. 软件测试工程师需求

1）企业的需求

几乎每个大中型IT企业的软件产品在发布前都需要大量的质量控制、测试和文档工作，而这些工作必须依靠拥有娴熟技术的专业软件人才完成，软件测试工程师担任的就是这样一个企业重要角色。

2）许多IT企业没有专职的测试机制

软件产品的质量控制与管理越来越受到重视，并逐渐成为企业生产与发展的核心。在许多IT企业中，软件测试并非只担任“挑错”的角色，没有专职的测试机构。越来越多的IT企业已逐渐意识到测试环节在软件产品研发中的重要性。此类软件质量控制工作均需要拥有娴熟技术的专业软件测试人才来协作完成，软件测试工程师作为一个重头角色正成为IT企业招聘的热点，其中软件测试工程师成为IT就业市场的最新风向标。

软件测试是一项需要具备较强专业技术的工作。一名合格的软件测试工程师必须经过严格的系统化职业教育培训，作为产品正式出厂前的把关人，没有专业的技术水准、高度的工作责任心和自信心是根本无法胜任的。企业对软件测试人才有大量需求，但苦于找不到合适的人，很多应聘者却因为缺乏相关技能而被用人单位拒之门外，面临“有人没活干，有活没人干”的尴尬局面。

3）网络测试的需求量

包括微软在内的公司对基于网络的测试也没有一套完整的体系，网络测试仍处于探索中。网络测试是一个全新的、富有挑战性的工作，软件测试工程师的职业之路充满希望。

3. 软件测试工程师未来的发展空间

软件测试工程师未来的职业发展方向如下。

（1）走技术路线，成长为资深软件测试工程师、测试专家、测试架构师。

（2）向管理方向发展，做测试部门经理、项目管理。

（3）由于熟悉产品，了解用户需求，也可转行做产品经理。

（4）做开发人员。

1.5.4 软件测试技术的发展趋势

软件测试技术随着软件开发技术的发展而不断发展，软件测试也变得更加专业化和精细化，下面总结一些软件测试技术的发展趋势。

1. 大数据测试

随着信息化程度的提高，人们日常积累的数据越来越多。大数据测试指对高速产生的海量信息数据进行测试，在测试过程中，测试人员对服务器集群以及支持类型的组件，要验证TB级数据，测试重点是性能和功能。此外，还有一个非常重要的关注点是数据的质量，确认数据的有效性、完整性等。与传统软件相比，很多大数据场景中的输出是无法直接确定的，同时数据又具有多样性，需要测试人员具备更多的发散思维；面对爆炸式的数据服务，测试时需要搭建可扩展伸缩的测试平台模拟大量的测试客户端。而面对大数据中很多场景下程序输出的不确定性、大数据结构多样化、定位数据因果关系困难等问题为测试工程师带来了新的挑战。

2. 云技术和容器化使测试成本下降

与传统软件测试的环境相比,基于云计算测试平台和计算技术的云测试具有效率高、通用性强、处理能力强等优势,是未来的发展的主要趋势,云技术的发展可推动软件测试成本的大幅降低。

利用容器可以提升测试环境的稳定性,提供隔离的测试环境,还可以批量快速地启动多个测试环境并行测试,提高测试的效率。

3. DevOps 越来越流行

DevOps(Development and Operations)的含义是开发运维质量保证的融合。当代软件企业或团队的主要目标是按时交付符合质量要求的软件产品,人们逐渐认识到开发、测试、交付的深度融合有助于实现组织的目标。DevOps 重视软件开发人员与运维人员的沟通合作,通过自动化流程使软件构建、测试、发布更加快捷、频繁和可靠。DevOps 强化了测试先行(测试驱动开发),测试和开发同步进行,持续开发,持续测试,持续交付,是一种软件开发文化的转变。随着容器和微服务时代的到来,配置基于 CI/CD 的 DevOps 流程成为测试人员必备的技能。

4. 人工智能测试

近年来,人工智能(Artificial Intelligence,AI)被越来越多地应用在 IT 行业、智能汽车、智能家居和机器人等领域。人工智能是一个新的领域,对于人工智能本身的测试方案和测试工具还有待完善。

利用人工智能还可以优化测试工具,将软件测试的上下文和测试用例结合起来,选择最优的测试用例集进行测试。

1.6 本章小结

本章从著名的软件错误案例谈起,介绍了软件、软件工程和软件质量,从而引出软件缺陷的定义、出现原因和软件测试的定义、目的、原则,并介绍了软件测试分类及软件测试中的一个重要概念——测试用例及其相关内容。本章还介绍了软件测试行业的历史、现状、前景以及测试技术的发展趋势。

软件测试按照不同的视角,有不同的分类方法。按照测试阶段,可分为单元测试、集成测试、确认测试、系统测试和验收测试;按照是否需要执行被测软件,可分为静态测试和动态测试;按照是否需要查看代码,可分为白盒测试、黑盒测试和灰盒测试;按照测试执行时是否需要人工干预,可分为手工测试和自动测试;按照测试实施组织不同,可分为开发方测试、用户测试和第三方测试。

习题 1

（1）什么是软件？软件具有什么特点？

（2）软件危机的具体体现是什么？为什么会出现软件工程？

（3）软件缺陷和软件测试的概念分别是什么？

（4）为什么要进行软件测试？

（5）软件测试需要遵守哪些原则？

（6）有哪些常见的软件测试分类方式？分别包括哪些内容？

拓展练习

第2章

软件测试模型

通过第1章的学习，读者已经了解了软件测试的一些基本概念和内容。本章将从软件工程项目的角度，介绍软件测试在软件工程项目中的位置与意义。模型是所研究的系统、过程、事物或概念的一种表达形式，人们常常在创造一个实物之前先建立一个简单的模型，来模拟展示它的关键部位，以了解它的本质，帮助找出实物建造过程中的问题的解决方案。软件测试是保障软件质量的关键，为了指导选择、改进测试过程，人们建立了各种不同的测试模型。本章还将对经典的、比较成功的测试过程模型和测试过程改进模型进行介绍。

本章要点

- 软件开发的基本过程及其内容
- 软件测试基本流程
- 软件测试过程模型的概念
- 常用的软件测试过程模型
- 软件测试过程改进的模型种类

2.1 软件开发过程模型

软件工程的核心就是过程，软件产品、人员、技术通过过程关联起来。软件工程过程能够将软件生命周期内涉及的各种要素集成在一起，从而使软件的开发能够以一种合理而有序的方式进行。随着软件行业的发展，很多过程渐渐固定下来，形成了相应的模型。

2.1.1 软件开发基本过程

无论软件开发过程的组织形式如何变化，软件开发所包含的核心工作并没有改变，仍然是需求分析、设计、编码和测试。此外，还有为了保证开发过程顺利实施的软件项目管理、配置管理、质量保证、验证与确认等支持活动。合理计划并执行这些活动，才能保障软件开发的成功。

1. 需求分析

需求是任何软件开发项目的基础。软件需求表达了需要和置于软件产品之上的约束，这些产品用来解决现实世界中某个或某些问题。

需求工作的主要目标是：与客户和其他涉众在系统的工作内容方面达成并保持一致，使系统开发人员能够更清楚地了解系统需求，定义系统边界，为软件实施计划提供基础，为估算开发系统所需要的成本和时间提供基础，定义系统用户的需要和目标。

在需求中会存在大量的错误，这些错误若未及时发现和更正，会引起软件开发费用增加、软件质量降低，严重时会造成软件开发的失败。在对以往失败的软件工程项目进行失败原因分析和统计的过程中发现，因为需求不完整而导致失败的项目占 13.1%，缺少用户参与导致项目失败的占 12.4%，需求和需求规格说明书更改的占 8.7%。可见，约 1/3 的项目失败都与需求有关。要尽量避免需求中出现的错误，就要进行详细而深入的需求分析。所以，需求分析是一个非常重要的过程，其完成的好坏直接影响了后续软件开发的质量。

一般情况下，用户并不熟悉计算机的相关知识，而软件开发人员对相关的业务领域也不甚了解，用户与开发人员之间对同一问题理解的差异和习惯用语的不同往往会为需求分析带来很大的困难。所以，开发人员和用户之间充分和有效的沟通在需求分析的过程中至关重要。

有效的需求分析通常都具有一定的难度，这一方面是由交流障碍引起的，另一方面是由于用户通常对需求的陈述不完备、不准确和不全面，并且还可能在不断变化。所以，开发人员不仅需要在用户的帮助下抽象现有的需求，还需要挖掘隐藏的需求。此外，把各项需求抽象为目标系统的高层逻辑模型对日后的开发工作也至关重要。合理的高层逻辑模型是系统设计的前提。

在需求分析的过程中应该遵守一些原则。

首先，需求分析是一个过程，它应该贯穿于系统的整个生存周期中，而不是仅属于软件生存周期早期的一项工作。

其次，需求分析应该是一个迭代的过程。由于市场环境的易变性以及用户本身对于新系统要求的模糊性，需求往往很难一步到位。通常情况下，需求是随着项目的深入而不断变化的。所以，需求分析的过程还应该是一个迭代的过程。

此外，为了方便评审和后续的设计，需求的表述应该具体、清晰，并且是可测量的、可实现的。最好能够对需求进行适当的量化，如系统的响应时间应该低于 0.5s、系统在同一时刻最多能支持 30 000 个用户。

需求分析主要有两个任务。首先是需求分析的建模阶段，即在充分了解需求的基础上，要建立起系统的分析模型。其次是需求分析的描述阶段，就是把需求文档化，用软件需求规格说明书的方式把需求表达出来。

软件需求规格说明书是需求分析阶段的输出，它全面、清晰地描述了用户需求，因此是开发人员进行后续软件设计的重要依据。软件需求规格说明书应该具有清晰性、无二义性、一致性和准确性等特点。同时，它还需要通过严格的需求验证、反复修改的过程才能最终确定。

2. 设计

软件设计的目标是构建解决方案，设计的过程是把对软件的需求描述转换为软件表示，这种表示能在编码开始以前对其质量做出评价。通俗来讲，软件设计就是要把需求规格说明书里归纳的需求转换为可行的解决方案，并把解决方案反映到设计说明书中。需求分析回答软件系统能“做什么”的问题，而软件设计就是要解决“怎么做”的问题。可以说，软件设计在软件开发中处于核心地位。

软件设计的关键是对软件体系结构、数据结构、过程细节以及接口性质这 4 种程序属性的确定。对于一般小型或成熟模型的软件，可直接进入模块/对象的（详细）设计，甚至简单的用户界面可直接转入编码工作。但对一般软件而言，设计要经历概要设计和详细设计两个阶段。

为了保证软件设计的质量，达到软件设计的目标，在进行软件设计的过程中应该遵循一系列的原则。

1）模块化

模块是数据说明、可执行语句等程序对象的集合，它被单独命名并且可以通过名字访问。宏、过程、函数和子程序等都可以作为模块。可以说，模块是构成程序的基本构件。

模块化就是把系统或程序划分成独立命名并且可以独立访问的模块，每个模块完成一个子功能，把这些模块集成起来就可以构成一个整体，完成指定的功能，进而满足用户需求。

在划分模块时，要注意模块的可分解性、可理解性以及保护性。可分解性就是指把一个大问题分解为多个子问题的系统化机制。可理解性是指一个模块可以被作为一个独立单元来理解，以便于构造和修改。保护性是说当一个模块内部出现异常时，它的负面影响应该局限在该模块内部，从而保护其他模块不受影响。

此外，还要注意模块的规模要适中。模块中所含语句的数量可以用来衡量模块规模的大小。如果模块的规模过大，那么模块内部的复杂度就会较大，也就加大了日后测试和维护工作的难度。如果模块的规模过小，那么势必模块的数目会较多，增大了模块之间相互调用关系的复杂度，同时也增大了花费在模块调用上的开销。虽然并没有统一的标准来规范模块的规模，但是一般认为，程序的行数在 50～100 范围内比较合适。采用模块化，不仅降低了问题的复杂度，而且可以实现系统的并行开发，加快了开发进度。

2）抽象化

抽象是人们认识复杂的客观世界时所使用的一种思维工具。在客观世界中，一定的事物、现象、状态或过程之间总存在着一些相似性，如果能忽略它们之间非本质性的差异，而把其相似性进行概括或集中，那么这种求同存异的思维方式就可以被看作是抽象。

毕竟现实世界中的很多问题是非常复杂的，而人类的思维能力是有限的。只有运用抽象的思维方法，人们才能有效地解决问题。

通常，在软件项目的开发过程中，人们运用不同层次的抽象。一个庞大、复杂的系统可以先用一些高级的宏观的概念构造和理解，然后这些概念又可以用一些较微观较细节的概念构造和理解，如此进行，直到最低层次的元素。

此外，在软件的生存周期中，从可行性研究到系统实现，每步的进展也可以看作是一种抽象，这种抽象是对解决方案的抽象层次的一次精化。在可行性研究阶段，目标系统被看成是一个完整的元素。在需求分析阶段，人们通常用特定问题环境下的常用术语描述目标系统不同方面、不同模块的需求。从概要设计到详细设计的过渡过程中，抽象化的程度也逐渐降低。而当编码完全实现后，就达到了抽象的最底层。

3）逐步求精

逐步求精与抽象化的概念是密切相关的。抽象化程度逐渐降低的过程，也是开发人员对系统的认识逐步求精的过程。

在面对一个新问题时，开发人员应该首先集中精力解决主要问题，暂不考虑非本质的问题细节，这种思想就是逐步求精。按照逐步求精的思想，程序的体系结构是按照层次结构，逐步精化过程细节而开发出来的。可见，求精就是细化，它与抽象是互补的概念。

4）信息隐藏

信息隐藏与模块化的概念相关。当一个系统被分解为多个模块时，这些模块之间应该尽量独立。也就是说，一个模块的具体实现细节对于其他不相关的模块应该是不可见的，即模块内部的特定信息被隐藏起来，而不能被其他不相关的模块访问。

信息隐藏提供了对模块内部的实现细节施加访问限制的机制，这种机制有利于后续的软件测试工作和维护工作，因为一个模块的局部错误不会影响到系统的其他模块。

通常，模块的信息隐藏可以通过接口实现，而把模块的具体实现细节（如数据结构、算法等内部信息）隐藏起来。一般来说，一个模块具有有限个接口，外部模块通过调用相应的接口实现对目标模块的操作。

3. 编码

软件编码也称为软件构建，就是用某种编程语言编写程序或以界面工具构造出应用界面。编码的过程就是要把软件设计的成果转化为可以在计算机上运行的软件产品的过程。设计构建了可以执行的解题逻辑，编码构建了机器代码。其阶段目标是形成完整并经验证的程序组件集。如果设计做得足够细致，编码可以机械地完成。

编码和测试工作历来都是密不可分的。通常情况下，模块的编码和单元测试交替进行，也就是所说的“一边编码，一边测试”。这也有助于程序员形成“步步为营”的风格，从而避免了“一大块编完了，发现错误，找源头”所花费的大量时间。一般来说，模块编码完成，模块的单元测试基本上也就完成了，提交的程序基本上就是正确的。

软件一旦构造出来，应及时纳入配置管理，将构造出的新模块/对象和重用的模块/对象组成一个版本，以便有任何改变需重新测试时方便处理。

在编码过程中，选择合适的程序设计语言是关键。可以说，程序设计语言是人和计算机之间交互的基本工具，它定义了一组计算机的语法规则，可以把人类的意识、思想等行为转化为计算机可以理解的指令，进而让计算机帮助人类完成某些任务或操作。软件开发人员通过使用程序设计语言，来实现目标系统的功能。

程序设计语言经历了漫长的发展和演变，它的发展阶段如图 2-1 所示。

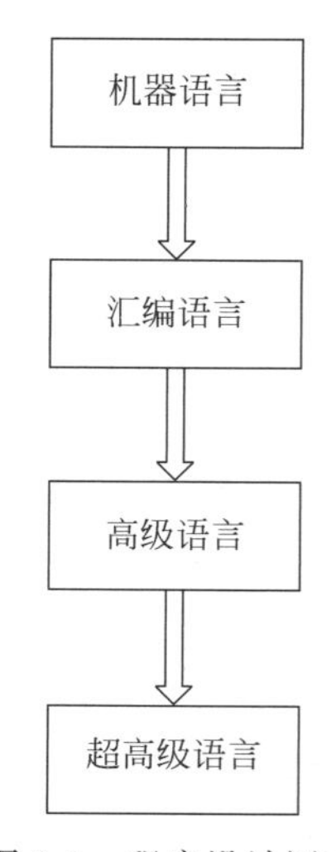

图 2-1　程序设计语言的发展阶段

机器语言是计算机可以直接识别、执行的指令代码，它是计算机发展早期的语言。由于机器指令直接操纵计算机硬件的执行，所以不同结构的计算机有不同的机器语言。用机器语言编码时必须考虑机器的实现细节，所以它的编程效率极低，而且很难掌握。

汇编语言用一组助记符代替机器语言中晦涩难懂的二进制代码，使代码比较直观，易于程序员理解。在执行时，汇编语言必须由特定的翻译程序转化为机器语言，才能由计算机执行。可以说，每种汇编语言都是支持这种语言的计算机独有的，所以它与机器语言一样都是"面向机器"的低级语言。由于汇编语言的抽象层次太低，所以程序员在使用时需要考虑大量的机器细节。

高级语言出现于20世纪50年代，它不仅在语义上更易于程序员理解，而且在实现上也不再依赖特定的计算机硬件。它为程序员的编码工作提供了方便，同时大大提高了软件的生产效率。

一些高级语言是面向过程的，如FORTRAN、COBOL、ALGOL和BASIC，这些语言基于结构化的思想，它们使用结构化的数据结构、控制结构、过程抽象等概念体现客观事物的结构和逻辑含义。

还有一些高级语言是面向对象的，以C++为典型代表，这类语言与面向过程的高级语言有着本质上的区别。它们将客观事物看作具有属性和行为的对象，并通过抽象把一组具有相似属性和行为的对象抽象为类。不同的类之间还可以通过继承、多态等机制实现代码的复用。面向对象的高级语言可以更直观地描述客观世界中存在的事物及它们之间的相互关系。总之，高级语言的出现是计算机编程语言发展的一个飞跃。

第4代语言是超高级语言，它是对数据处理和过程描述的更高级的抽象，一般由特定的知识库和方法库支持，如与数据库应用相关的查询语言、描述数据结构和处理过程的图形语言等，它们的目的在于直接实现各种应用系统。

4. 测试

测试就是执行产品所提供的功能的过程。软件测试的目的是发现软件产品中存在的软件缺陷，进而保证软件产品的质量。软件测试是软件开发过程中的一个重要阶段。在软件产品正式投入使用之前，软件开发人员需要保证软件产品正确地实现了用户的需求，并满足稳定性、安全性、一致性、完全性等各个方面的要求，从而通过软件测试来保证产品的质量。

所谓的软件缺陷是指软件产品中所存在的问题，表现为用户所需的功能没有实现，无法满足用户需求。在实际的项目开发过程中，缺陷的产生是不可避免的。开发人员之间交流不畅、系统设计上的失误以及编码中产生的问题等都会造成软件缺陷，从而为修复这些缺陷带来巨大的成本损失。为了尽早地揭示这些软件缺陷，提高软件产品的质量，降低软件开发的成本，软件测试是必需的。软件测试是本书的重点，将在后面的章节详细论述。

5. 项目管理

软件项目管理是为了使软件项目能够按照预定的成本、进度、质量顺利完成，而对人员(People)、产品(Product)、过程(Process)和项目(Project)进行分析和管理的活动。

软件工程与软件项目管理都是围绕软件产品开发的管理。软件工程是软件开发方法论，是关于如何开发出好的软件产品；软件项目管理是软件产品的生产管理形式，项目目标是项目的绩效。软件工程对于任何软件项目具有指导性，而软件项目管理是落实软件工程思想的载体。

软件项目管理的根本目的是让软件项目尤其是大型项目的整个软件生存周期(从分析、设计、编码到测试、维护全过程)都能在管理者的控制之下，以预定成本按期、按质完成软件并交付用户使用。而研究软件项目管理是为了从已有的成功或失败的案例中总结出能够指导今后开发的通用原则、方法,同时避免前人的失误。

软件项目管理包含 5 大过程。

(1) 启动过程:确定一个项目或某阶段可以开始,并要求着手实行。

(2) 计划过程:进行(或改进)计划,并且保持(或选择)一份有效的、可控的计划安排,确保实现项目的既定目标。

(3) 执行过程:协调人力和其他资源,并执行计划。

(4) 控制过程:通过监督和检测过程确保项目目标的实现,必要时采取一些纠正措施。

(5) 收尾过程:取得项目或阶段的正式认可,并且有序地结束该项目或阶段。

同时,软件项目管理涉及 9 个知识领域,包括整体管理、范围管理、时间管理、成本管理、质量管理、人力资源管理、沟通管理、风险管理和采购管理。

2.1.2 常见软件开发过程模型

根据过程模型提出的时间不同,可以把软件过程模型分为传统软件工程过程模型和现代软件工程过程模型。

传统软件工程过程模型的主要代表有编码修正模型、瀑布模型、增量模型、演化模型和螺旋模型;现代软件工程过程模型的主要代表有软件统一过程(Rational Unified Process, RUP)、敏捷过程(Agile Process,AP)和微软解决方案框架(Microsoft Solution Framework, MSF)等。下面重点介绍几种典型的软件开发过程模型。

1. 编码修正模型

编码修正模型是所有模型中最古老也是最简单的模型,如图 2-2 所示。该模型将软件开发过程分为编码和测试两项活动。在编码前几乎不做任何预先计划的工作,该模型的使用者很快就进入所开发产品的编码阶段。典型情况是,完成大量的编码后测试产品并纠正所发现的错误。编码和测试工作一直持续到产品开发工作全部完成并将产品交付给客户。

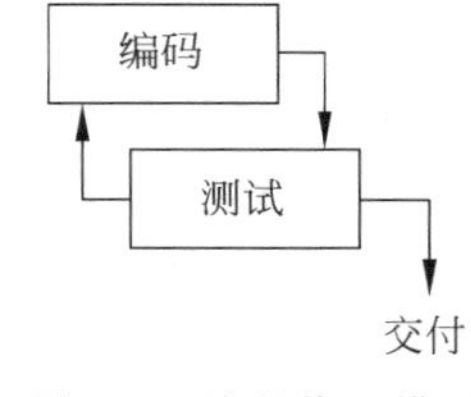

图 2-2 编码修正模型

该模型的主要特点如下。

(1) 最适用于很小且很简单的项目。编码修正模型是从一个大致想法开始工作,然后经过非正规的设计、编码、调试和测试过程,最后完成工作。

(2) 成本可能很低,经过少量设计就进入编码阶段。

(3) 易于使用,程序员只需要很少的专业知识,写过程序的人都可以用。

(4) 对于一些非常小的、开发完成后就会很快丢弃的软件可以采用。

(5) 对于规模稍大的项目,采用这种模型是很危险的,由于缺乏预先的计划并且通常伴随着不正规的开发方式,容易导致代码碎片,交付的产品质量也很难保证。而且因为设计没有很好地文档化,代码维护困难。

2. 瀑布模型

瀑布模型是典型的软硬件开发模型,如图 2-3 所示,它包括需求分析、设计、编码、测试、运维几个阶段。在每阶段提交以下产品：软件需求规格说明书、系统设计说明书、实际代码和测试用例、最终产品、产品升级等。工作产品流经“正向”开发的基本步骤路径。“反向”的步骤流表示对前一个可提交产品的重复变更。由于所有开发活动的非确定性，因此是否需要重复变更，这仅在下一阶段或更后的阶段才能认识到。这种“返工”不仅在以前阶段的某个地方需要，而且当前正在进行的工作也同样需要。

该模型的主要特点如下。

（1）每阶段都以验证/确认活动作为结束，其目的是尽可能多地消除本阶段产品中存在的问题。

（2）在随后的阶段中，尽可能对前面阶段的产品进行迭代。

3. 增量模型

增量模型是由瀑布模型演变而来的第1个模型，它是对瀑布模型的精化。该模型有一个假设，即需求可以分段，成为一系列增量产品，对每个增量可以分别开发，如图2-4所示。

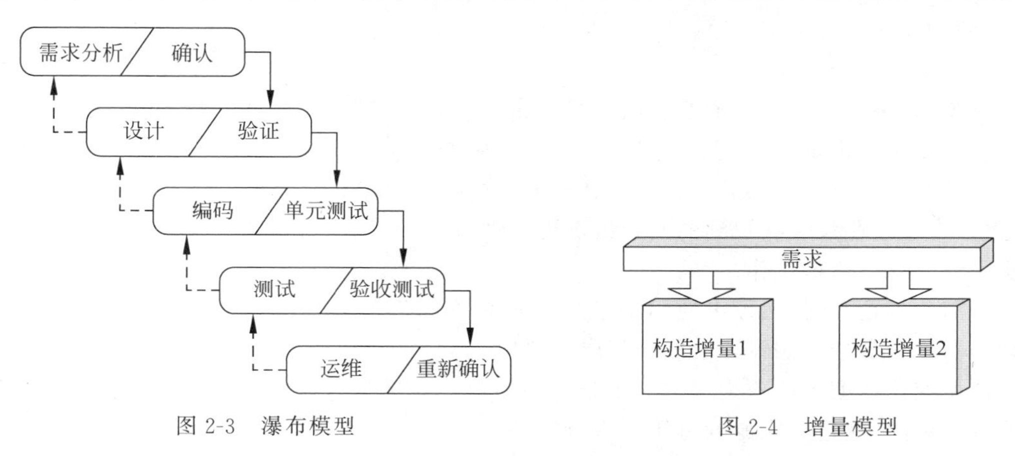

图2-3　瀑布模型　　图2-4　增量模型

在开始开发时，需求就很明确，并且产品还可以被适当地分解为一些独立的、可交付的软件，称为构造增量。在开发中，期望尽快提交其中的一些增量产品。在一些情况下，通常采用增量模型，如一个数据库系统要求通过不同的用户界面，为不同类型的用户提供不同的功能。在这种情况下，首先实现完整的数据库设计，并把一组具有高优先级的用户功能和界面作为一个增量；之后，陆续构造其他类型用户所需求的增量。在一些业务系统的开发过程中，也是按照功能模块进行交付，并非一次性交付整个系统，因为业务方也希望实时感受到开发进度。

如果一个增量不需要交付给客户，那么这样的增量提出称为一个“构造”；如果增量需要被交付，那么它们就被认为是发布版本。在编写软件开发计划时，无论是正式的还是非正式的，都要注意使用客户期望的术语，其表达要与合同和工作陈述保持一致。

增量模型作为瀑布模型的一个变体，具有瀑布模型的所有优点，此外，还具有以下优点。

（1）第1个可交付版本所需要的成本较低和时间较短。

（2）开发由增量表示的小系统所承担的风险不大。

（3）由于很快发布了第1个版本，因此可以减少用户需求的变更。

（4）允许增量投资，即在项目开始时，可以仅对一个或两个增量投资。

然而,如果增量模型不适于某些项目或使用有误,则具有以下缺点。

(1) 如果没有对用户的变更要求进行规划,那么产生的初始增量可能会造成后来增量的不稳定。

(2) 如果需求不像早期考虑到的那样稳定和完整,那么一些增量就可能需要重新开发、重新发布。

(3) 管理发生的成本、进度和配置的复杂性,可能会超出组织的能力。

当需要以增量方式开发一个具有已知需求和定义的产品时,可以使用增量模型。优点是产品的各模块在很大程度上可以彼此并行开发,从而可以在开发周期内尽早地证明操作代码的正确性而降低产品的技术风险。注意在项目中并行执行的活动数量提高,管理项目的复杂度就会加大。

4. 演化模型

演化模型是显式地把增量模型扩展到需求阶段。从图 2-5 可以看出,为了第 2 个构造增量,使用了第 1 个构造增量精化需求。这一精化可以有多个来源和路径。

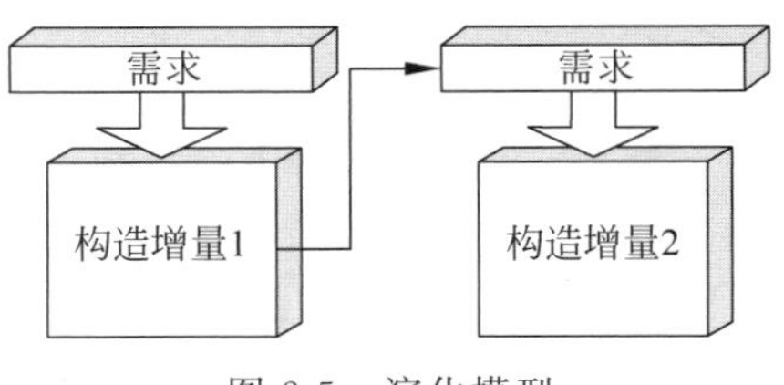

图 2-5 演化模型

首先,如果一个早期的增量已向用户发布,那么用户会以变更要求的方式提出反馈,以支持以后增量的需求开发。其次,通过实实在在地开发一个构造增量,为以前还没有认识到的问题提供可见性,以便实际开始这一增量工作。

在演化模型中,仍然可以使用瀑布模型管理每个演化增量。一旦理解了需求,就可以像实现瀑布模型那样开始设计阶段和编码阶段。

使用演化模型不能成为弱化需求分析的借口。在项目开始时,应考虑所有需求来源的重要性和风险,对这些来源的可用性进行评估。只有采用这一方法,才能识别和界定不确定需求,并识别第 1 个增量中所包含的需求。此外,合同条款应该反映所采用的开发模型。例如,对每个增量的开发和交付,双方应该按照合同进行协商,包括下一个增量的人力成本和费用的选择。

同样,成本计算、进度控制、状态跟踪和配置管理活动必须能够支持这一模型。由于演化的增量具有明确的顺序,因此与增量模型相比,演化模型面临的挑战通常是较弱的,但应认识到,一定程度的并发总是存在的,因此系统必须允许某一层次的并行开发。

演化模型的优缺点与增量模型类似,其优点如下。

(1) 在需求不能予以规范时,可以使用演化模型。

(2) 用户可以通过运行系统的实践,对需求进行改进。

(3) 与瀑布模型相比,需要更多用户/获取方的参与。

演化模型的缺点如下。

(1) 演化模型的使用仍然处于初步探索阶段,因此具有较大的风险,必须有效地管理。

(2) 该模型的使用很容易成为不编写需求或设计文档的借口,即使需求或设计可以得到很清晰的描述。

(3) 用户/获取方不理解该方法的自然属性,因此当结果不够理想时,可能产生抱怨。

当需求和产品定义没有被很好地理解,以及需要更快地开发和创建一个能展示产品外

貌和功能的最初版本时，特别适合使用演化模型，这些早期的增量能够帮助用户确认和调整需求及帮助他们寻找相应的产品定义。

演化模型与增量模型具有很多相同的优点，而且还具有能适应产品需求变更的显著优点，它还引进了附加的过程复杂性和潜在的更长的产品周期。

5. 螺旋模型

螺旋模型是另一种过程模型，如图 2-6 所示。在这个模型中，开发工作是迭代进行的，即只要完成了开发的一个迭代过程，另一个迭代过程就开始了。

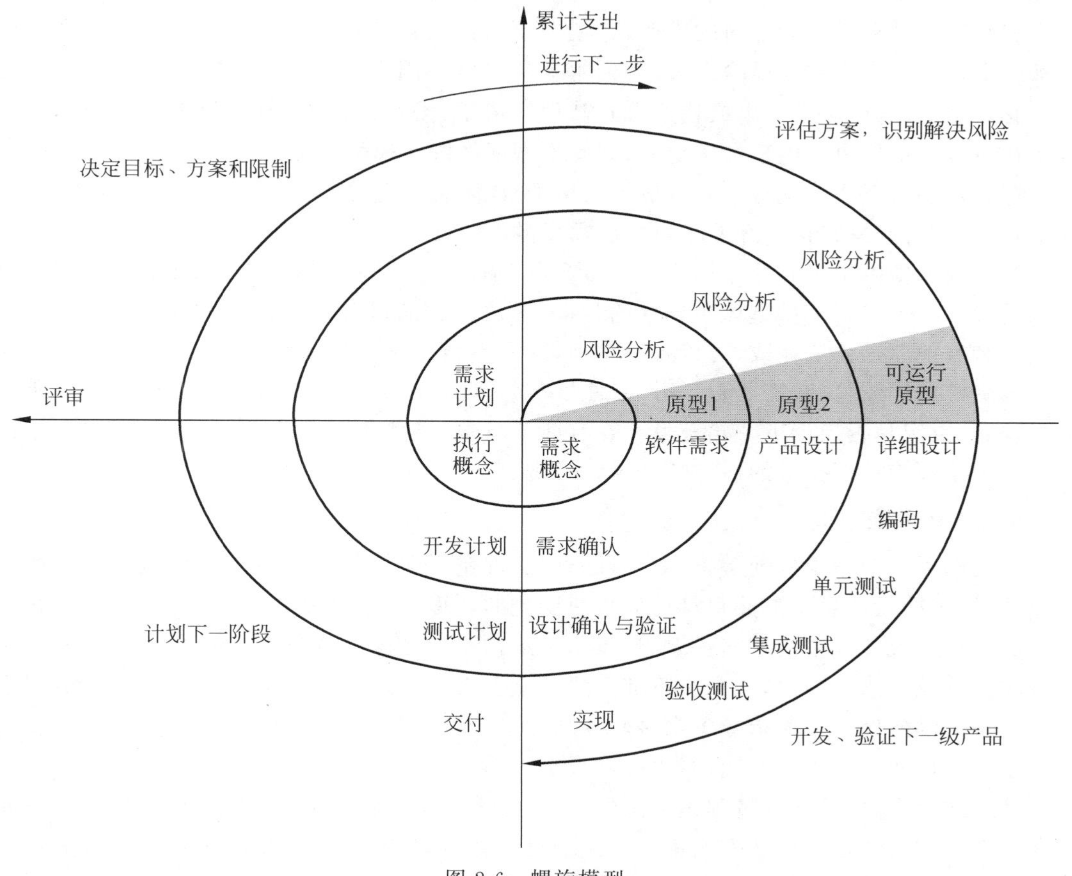

图 2-6　螺旋模型

螺旋模型关注解决问题的基本步骤，由此可以标识问题，标识一些可选方案，选择一个最佳方案，遵循动作步骤，并实施后续工作。尽管螺旋模型和一些迭代模型在框架和全局体系结构上是等同的，但它们所关注的阶段及活动是不同的。

开发人员和客户使用螺旋模型可以完成以下工作。

(1) 确定目标、方案和约束。

(2) 识别风险和效益的可选路线，选择最优方案。

(3) 开发本次迭代可供交付的内容。

(4) 评估完成情况，规划下一个迭代过程。

(5) 交付给下一步，开始新的迭代过程。

螺旋模型扩展了增量模型的管理任务范围，因为增量模型基于以下假设：需求是最基本的，并且是唯一的风险。在螺旋模型中，决策和降低风险的空间是相当广泛的。

螺旋模型的另外一个特征是：实际上只有一个迭代过程真正开发可交付的软件。如果项目的开发风险很大，或客户不能确定系统需求，螺旋模型就是一个好的生存周期模型。

螺旋模型强调了原型构造。需要注意的是，螺旋模型不必要求原型构造，但原型比较适合这一过程模型。

在螺旋模型中，把瀑布模型作为一个嵌入的过程。即分析、设计、编码和交付的瀑布过程，是螺旋一周的组成部分。

螺旋模型是以风险为导向的模型，它把一个软件项目分解成一个个小项目。每个小项目都标识一个或多个主要风险因素，直到所有主要风险因素都被确认。"风险"的概念在这里是有外延的，它可以是需求或构架没有被理解清楚、潜在的性能问题、根本性的技术问题等。在所有的主要风险因素被确定后，螺旋模型就像瀑布模型一样终止。

螺旋模型最重要的优势是随着成本的增加，风险程度随之降低。时间和资金花得越多，风险越小，这恰好是在快速开发项目中所需要的。

螺旋模型提供至少和瀑布模型一样多或更多的管理控制。该模型在每个迭代过程结束前都设置了检查点。模型是风险导向的，对于无法逾越的风险是可以预知的。如果项目因为技术和其他原因无法完成，可以及早发现，这并不会使成本增加太多。

螺旋模型比较复杂，需要责任心、专注度和管理方面的知识，通过确定目标和可以验证的里程碑，决定是否启动下一轮开发。在有些项目中，产品开发的目标明确、风险适度，就没有必要采用螺旋模型提供的适应性和风险管理。

6. RUP 模型

早期的瀑布模型很好地解决了当时的开发"混乱"问题，但是随着软件承载的应用的日趋复杂，简单的线性思维显然很难适应快速变化的环境，于是出现了螺旋模型。该模型很好地刻画了在系统开发中使用迭代思想，展示了从构想到可运行系统的演化过程，明确提出了影响软件开发的诸多因素，每个决策都需要在众多因素和系统目标间取得权衡，其螺旋式上升的处理问题的理念一直指导着众多软件从业者。但在具体应用中，因其过于复杂，使实际过程难以掌握而影响了其作用的发挥。

从形式上看，软件开发过程是一个任务框架，其本质是时间经验的集合，目标是提升质量和效率。如果能把上述 3 方面集成在一个自动化的过程定义中，将给项目有关各方参与者带来明显的效益。如图 2-7 所示，RUP 模型就是在这样的期盼下诞生的。

RUP 吸取了已有模型的优点，克服了瀑布模型过分强调序列化和螺旋模型过于抽象的不足，总结了多年来软件开发的最佳经验，具体如下。

(1) 迭代开发，提前认知风险。

(2) 需求管理，及早达成共识。

(3) 基于构建，搭建弹性框架。

(4) 可视化建模，打破沟通壁垒。

(5) 持续验证质量，降低缺陷代价。

(6) 管理变更，有序积累资产。

RUP 在此基础之上，通过过程模型提供了一系列工具、方法论和指南，为软件开发提供

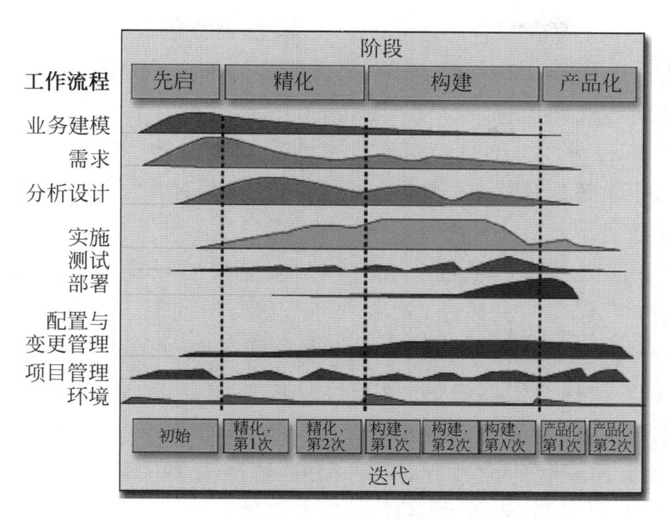

图 2-7　RUP 模型

了可操作性指导，其主要特点是以用例驱动、以构架为中心、风险驱动的迭代和增量的开发过程。

7. MSF 应用开发过程模型

2000 年，微软公司在其解决方案框架（MSF）中提出了自己的应用开发过程模型。该模型综合了瀑布模型和螺旋模型的优点。

MSF 应用开发过程模型的启发导出基于里程碑的过程，加强了阶段评审，增强了项目的可预见性；参照螺旋模型组织过程，保持了迭代的灵活性，有利于创造；简化了螺旋次数，以发布为中心做一次回环，将传统的开发活动大部分压缩到一个子过程中，子过程内部活动可以迭代。如图 2-8 所示，各子过程要做的工作如下。

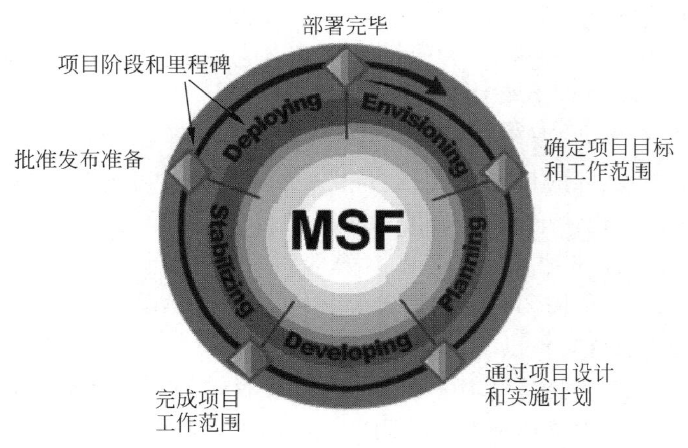

图 2-8　MSF 应用开发过程模型

在构思（Envisioning）阶段，项目小组和客户一起定义业务需求和项目的总目标，即一次发布要达到什么目标，以前景认可里程碑为其终结，表明小组和客户已就项目的总目标达成一致。

在计划(Planning)阶段,项目小组与客户一起定义小组要做什么,以及什么时候怎么做。以项目计划认可里程碑作为终结,表明项目的客户和项目关键的当事人已就项目要交付的产品及交付时间达成共识。

在开发(Developing)阶段,项目小组实现了所有的交付物,并已按项目预计的范围完成工作。以范围完成里程碑为其终结,表明本项目软件的所有特征均已开发完成,产品成型并就绪于外部测试和定型。

在稳定化(Stabilizing)阶段,项目小组不再做大量新的开发工作,而是消除所有已发现的问题。以项目发布里程碑为其终结,此后产品可移交给使用方的运营小组。

在部署(Deploying)阶段,项目小组工作的重心是在生产环境中向客户提交一个稳定的解决方案,把运营和支持移交给客户,项目满足了成功准则,结束项目。该阶段分为核心组件部署、站点部署以及站点部署完成和部署稳定 3 个中间里程碑,结束于部署完成里程碑。

请注意,本模型突出了稳定化过程,这是 MSF 解决方案的特点。一般项目开发不太注重稳定化,只注重解决大问题,带着小毛病就急于交付。这十分容易损害客户关系和公司形象,同时也不利于下一版本的开发。

本模型的另一特点是里程碑驱动。计划里程碑及其交付物为项目树立了明晰的工作目标。里程碑是评审的同步点,不是冻结点,使小组能评估进展并做适度的调整。交付物是小组达到里程碑的物证。

8. 敏捷开发过程模型

简单来说,敏捷开发是一种以人为核心,迭代、循序渐进的开发方法。在敏捷开发中,软件项目的构建被切分成多个子项目,各个子项目的成果都经过测试,具备集成和可运行的特征。换言之,就是把一个大项目分为多个相互联系,但也可独立运行的小项目,并分别完成,在此过程中软件一直处于可使用状态。

敏捷建模(Agile Modeling,AM)定义了一系列的核心原则和辅助原则,它们为软件开发项目中的建模实践奠定了基石。其中一些原则是从极限编程(Extreme Programming)借鉴而来,在 *Extreme Programming Explained* 中有它们的详细描述。而极限编程中的一些原则又是源于众所周知的软件工程学。

首先,对于软件开发,它要经历的几个步骤(软件开发生命周期)是不能少的。所谓敏捷,只不过是改变某些步骤的作业方式,通过更“有效”而又“简约”的方式获取或记录信息(知识)。至于具体的简化情况,要视项目具体情况而定——这里把“项目具体情况”称作项目的“生态环境”,它包含进度、质量、范围、预算等因素,可能还包含用户的文化和历史背景。例如,日本的外包项目一般需要很好的设计等文档记录,而欧美就没有那么严格。但是敏捷的最低要求应该是使项目具备以下基本条件。

(1) 可追溯性:无论业务需求还是技术方案,或者是架构设计等知识都应该是可追溯的。也就是说,通过某种手段使项目中的问题或答案可以被引证。

(2) 可理解性:可理解性就是使项目中涉及的知识(技术的非技术的)可以被很好地理解——无论是项目开发过程中还是在后期的维护过程中。在开发过程中一般体现为项目组人员可以通过非口头的方式获得对项目的最朴素的理解,加之口头传递基本可以理解项目;在后期的维护过程中主要体现为维护人员可以通过必要的较简单的手段理解项目,找到他的关注点。

(3) 可验证、可度量性：不管用什么开发手段，制品的质量属性一定是可验证的、可度量的，更不能因为敏捷而回避质量问题，敏捷的最终目的就是提高客户的综合满意度。

(4) 其他“开发时质量要求”。

2.2 软件项目中的测试流程

不论采用什么技术方法，软件中仍然会出错。采用新的语言、先进的开发方式、完善的开发过程，可以减少错误的引入，但是不可能完全杜绝软件中的错误，这些引入的错误需要通过测试来发现，软件中的错误密度也需要通过测试来估计。测试是所有工程学科的基本组成单元，更是软件开发的重要部分。统计表明，在典型的软件开发项目中，软件测试工作量往往占到软件开发总工作量的40%以上。而在软件开发的总成本中，用在测试上的开销要占到30%～50%。

2.2.1 软件生命周期中的测试

20世纪70年代中期，形成了软件开发生命周期的概念。这对软件产品的质量保障以及组织好软件开发工具有着重要的意义。首先，由于能够把整个开发工作明确地划分成若干个开发步骤，复杂的问题就能按阶段分别加以解决。这就使对于问题的认识与分析、解决方案与方法以及具体实现的步骤，在各个阶段都有着明确的目标。其次，把软件开发划分阶段，提供了对中间产品进行检验的依据。各阶段完成的软件文档成为检验软件质量的主要对象。很显然，程序代码中的错误并不一定是由编码环节所引起的。因此，即使针对源程序进行测试，所发现的问题的根源也可能在开发前期的各个阶段。解决问题、纠正错误也必须追溯到前期的工作。

从软件工程的角度看，软件生命周期一般分为4个活动时期：软件分析时期、软件设计时期、编码和测试时期、软件运维时期。软件测试横跨其中两个阶段，在进行编码的同时，也进行着单元测试。在编码结束后，还有对整个系统的综合测试，这时主要测试模块接口的正确性和整个系统的功能。

图2-9所示为一个关于软件开发阶段和测试阶段的一般解释及二者之间的关系。实际上，正如前面提到的，这两个阶段应该作为一个整体看待和处理。图中的花纹显示了不同阶段的关系。例如，系统测试是检查产品是否满足开发开始时定义的需求；大部分集成测试是检查开发的设计阶段所做的逻辑设计。

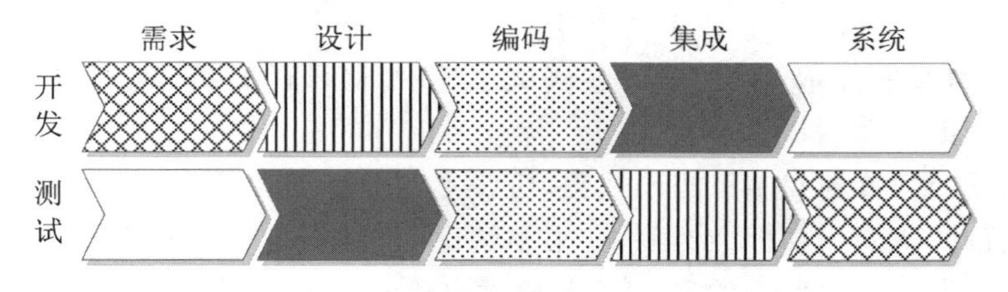

图2-9 测试阶段与开发阶段的关系

2.2.2 软件测试的基本流程

测试需求分析阶段：阅读需求，理解需求，分析需求点，参与需求评审会议。

测试计划阶段：参考软件需求规格说明书和项目总体计划，编写测试计划，内容包括测试范围、进度安排、人力资源分配、整体测试策略的制订、测试时间的评估。

测试设计阶段：参考需求文档、概要设计、详细设计等文档，编写设计测试用例，用例编写完成进行评审。

测试执行阶段：搭建环境，执行冒烟测试（预测试），通过后进入正式测试，Bug 管理直到测试结束。

测试评估阶段：出测试报告，确认是否可以上线。

通常程序输入数据的可能值的个数很多，再加上程序内部结构的复杂性，要彻底地测试一个程序是不可能的。我们只能执行有限个测试用例，并尽可能多地发现一些错误。能尽可能多地发现错误的测试用例被称为“高产的”。

2.2.3 软件测试的组织

对每个软件项目而言，在测试开始时就会存在固有的利害关系冲突。要求开发软件的人员对该软件进行测试，这本身似乎是没有恶意的。毕竟，没有人比开发人员更加了解程序本身。遗憾的是，通常开发人员感兴趣的是急于显示他们所开发的程序是无错误的，是按照客户需求开发的，而且能按照预期的进度和预算完成。这些利害关系会影响到软件的充分测试。

从心理学的观点来看，软件分析、设计和编码是建设性的任务。软件工程师分析、建模，然后编写计算机程序及其文档。与其他任何建设者一样，软件工程师也为自己建设的“大厦”而感到骄傲，而蔑视企图拆掉大厦的任何人。当测试开始时，有一种微妙的但确实存在的企图，试图摧毁软件工程师所建设的“大厦”。从开发者的观点来看，可以认为心理学上测试是破坏性的。因此，开发者精心地设计和执行测试，试图证明其程序的正确性，而不是注意发现错误。但遗憾的是，错误是存在的，而且，即使软件工程师没有找到错误，客户也可能会发现。

软件开发人员总是要负责程序各个单元的测试，确保每个单元完成自己的功能或展示所设计的行为。在多数情况下，开发者也进行集成测试。集成测试是一个测试步骤，它将给出整个软件体系结构的构造。只有在软件体系结构完成后，独立测试组才开始介入。

独立测试组（Independent Test Group，ITG）的作用是为了避免开发人员进行测试所引发的固有问题，独立测试可以消除利益冲突。然而，在整个软件项目中，开发人员和测试组要密切配合，以确保进行充分的测试。在测试过程中，必须随时可以找到开发人员，以便及时修改发现的错误。

从分析和设计到策划和制订测试规程，ITG 参与整个项目过程。从这种意义上讲，ITG 是软件开发项目团队的一部分。然而，在很多情况下，ITG 直接向软件质量保证组织报告，由此获得一定程度的独立性。如果 ITG 是软件过程组织的一部分，这种独立性将是不可能获取的。

2.3 软件测试过程模型

软件测试过程模型是对软件测试过程的一种抽象，用于定义和描述软件测试的流程和方法。软件测试过程模型的发展伴随着人们对软件工程和软件测试理解的深入和发展。以下是一些有代表性的测试过程模型。

2.3.1 V模型

V模型是最具代表性的软件测试过程模型，最早由Paul Rook在20世纪80年代提出。在此之前，人们通常把软件测试看作是在软件需求分析、设计和编码实现活动完成后的一个阶段，作为一个软件项目的收尾活动，而不是主要过程。V模型的提出反映了软件测试与需求分析和设计活动的关系，描述了基本开发过程和测试行为，以及它们之间的对应关系。V模型如图2-10所示，图中箭头代表时间方向，左边下降部分是开发过程的各阶段，与此对应的是右边上升部分的测试阶段。

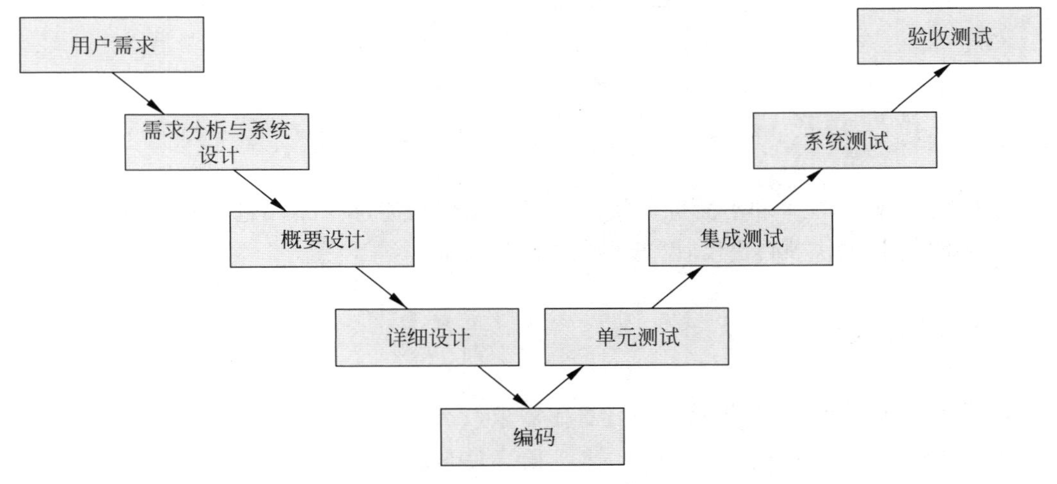

图2-10 软件测试V模型

在V模型中，单元测试和集成测试验证程序的设计，检测程序的执行是否满足软件设计的要求；系统测试验证系统设计，验证系统功能、性能的质量特性是否达到系统设计的指标；验收测试验证软件需求，确定软件的实现是否满足用户需求或合同的要求。但是，V模型没有明确说明早期的测试，不能体现“及早和不断进行软件测试”的原则，因此前期各开发阶段隐藏的错误，需要完成该阶段对应的测试活动才能发现。

2.3.2 W模型

W模型由Evolutif公司提出，强调测试活动伴随着整个软件开发周期，而且测试对象不仅仅是程序，需求、设计等活动同样需要测试。也就是说，测试与开发是同步进行的。W模型可以说是V模型自然而然的发展，在W模型中，测试和开发是同步进行的，只要相应的开发活动完成，就可以执行其对应的测试活动，有利于及时发现和解决问题。开发活动形成一个V，测试活动形成另一个V。W模型有利于尽早全面地发现问题。例如，需求分析完成后，测试人员就应该参与到对需求的验证和确认活动中，以尽早地找出缺陷所在。同时，对需求的测试也有利于及时了解项目难度和测试风险，及早制订应对措施。W模型如图2-11所示。

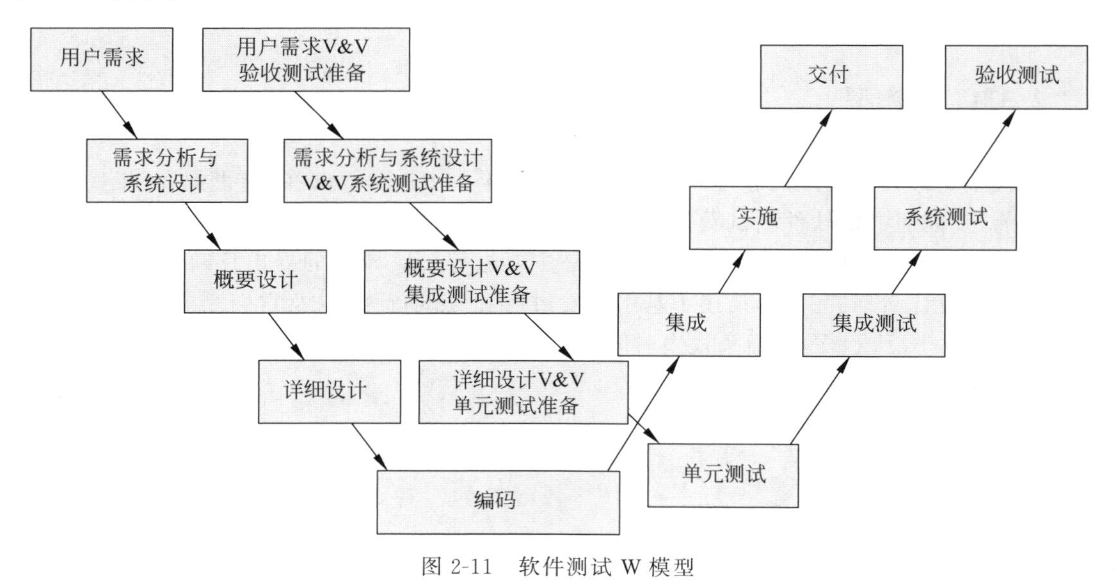

图 2-11　软件测试 W 模型

W模型体现了“及早和不断进行软件测试”的原则，能够帮助改进项目的内部质量，减少总体测试时间，加快项目进度，降低测试和修改成本。

2.3.3　H模型

W模型与V模型一样，将软件开发看作需求、设计、编码等一系列串行的活动，软件开发和测试活动保持一种线性前后关系，上一阶段完全结束后才可以开始下一阶段的活动。而在实际的开发和测试过程中，都不存在严格的次序关系，很可能还存在迭代、触发和增量等关系，这些是W模型和V模型均无法支持的。

为了解决上述问题，人们提出了H模型，它将测试活动完全独立出来，形成一个独立的流程，将测试准备活动和测试执行活动清晰地体现出来。H模型如图2-12所示。它演示了在整个软件生命周期中某个层次上的一次测试“微循环”。图2-12中“其他流程”可以是任意的开发流程，如设计流程或编码流程，也可以是非开发流程，如SQA流程，甚至可以是测试流程自身。

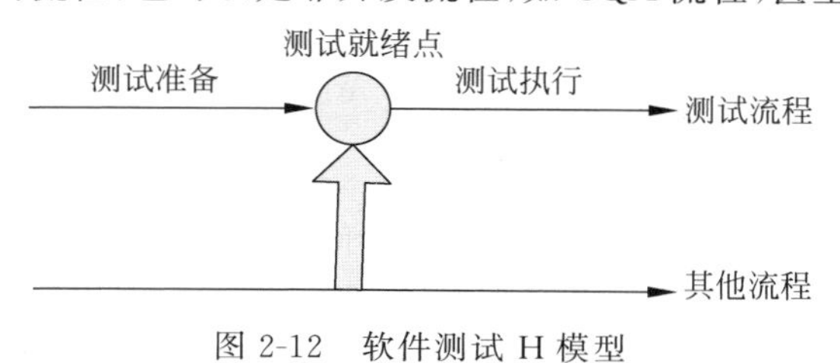

图 2-12　软件测试 H 模型

H 模型体现了测试活动的独立性，它存在于整个软件生命周期并与其他流程并发进行，体现了“及早和不断进行软件测试”的原则。不同的测试活动可以按照某个次序先后进行，也可以支持反复和迭代过程。只要某个测试达到测试就绪点，测试活动就可以进行。

2.3.4　X 模型

X 模型也是对 V 模型和 W 模型的改进。X 模型提出针对单独的程序片段进行相互分离的编码和测试，此后通过频繁的交接与集成，最终合成为可执行的程序。X 模型如图 2-13 所示。

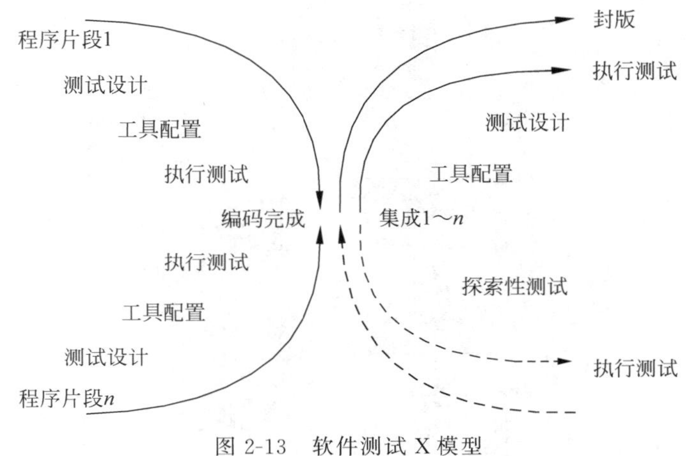

图 2-13　软件测试 X 模型

X 模型的基本思想是由 Marick 提出的，Marick 对 V 模型的主要质疑在于 V 模型必须基于一个严格排序的开发步骤，而这种情况很多时候与实际不符。因为在实践过程中，很多项目是缺乏足够的需求的，而 V 模型还是从需求处理开始。Marick 认为一个模型不应该规定那些和当前所公认的实践不一致的行为。他还认为一个模型必须能处理开发的所有方面，包括交接、频繁重复的集成以及需求文档的缺乏等。但是，Marick 不建议建立一个 V 模型的替代模型。Robin F. Goldsmith 引用了 Marick 的一些想法，并重新组织形成了 X 模型。

X 模型左边描述的是对单独程序片段所进行的分离的编码和测试，此后将通过频繁的交接最终集成为一个可执行的程序，这些在图 2-13 的右上方体现。图 2-13 的右下方还规定了探索性测试，这是不进行事先计划的特殊类型的测试，如“我这样测试一下，结果会怎么样”，这一方式往往能帮助有经验的测试人员在测试计划之外发现更多的软件错误。

Marick 也质疑了单元测试和集成测试的区别，因为在某些场合，人们可能会跳过单元测试而热衷于直接进行集成测试。Marick 担心人们盲目地跟随“学院派的 V 模型”，按照模型所指导的步骤进行工作，而实际上某些做法并不切实际。X 模型并不要求在进行作为创建可执行程序的一个组成部分的集成测试之前，对每个程序片段都进行单元测试。但 X 模型未提供是否要跳过单元测试的判断准则。

2.3.5 前置测试模型

前置测试模型是由 Robin F. Goldsmith 等提出的，是一个将测试和开发紧密结合的模型，该模型提供了轻松的方式，可以使项目加快速度。前置测试模型如图 2-14 所示。

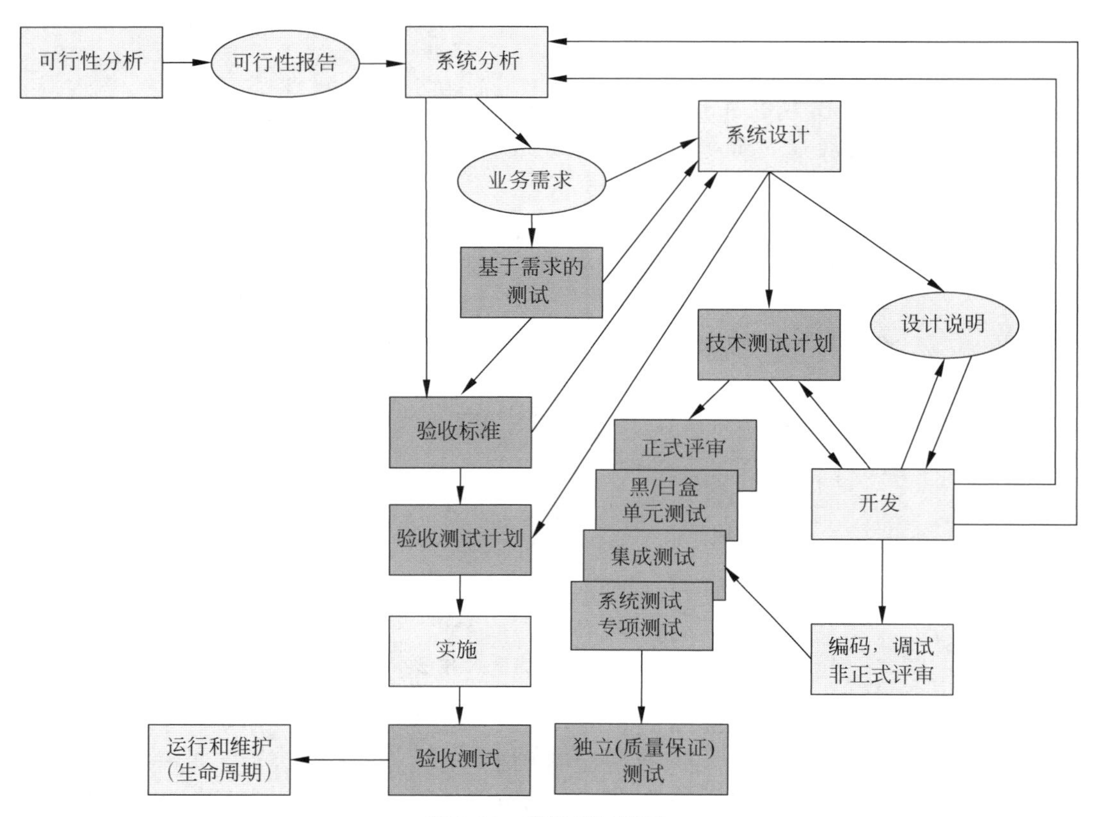

图 2-14　前置测试模型

前置测试模型的特点如下。

1）开发和测试相结合

前置测试模型将开发和测试生命周期整合在一起，标识了项目生命周期从开始到结束的关键行为，并且标识了这些行为在项目周期中的价值所在。如果其中有些行为没有得到很好的执行，那么项目成功的可能性就会因此而有所降低。例如，如果定义了业务需求，则系统开发过程将比未定义需求时更有效率。而且在没有业务需求的情况下开发一个有意义的系统是不可能的。此外，业务需求在设计和开发之前就被正确定义会比之后定义更有利于系统的开发。

2）对每个交付内容进行测试

每个交付的开发结果都必须通过一定的方式进行测试。源程序代码并不是唯一需要测试的内容。图 2-14 中的椭圆框表示了其他一些要测试的对象，包括可行性报告、业务需求和系统设计文档等。这与 V 模型中开发和测试的对应关系是一致的，并且在其基础上有所扩展，变得更加明确。

3）在设计阶段进行测试计划和测试设计

设计阶段是进行测试计划和测试设计的最好时机。很多组织要么根本不做测试计划和测试设计，要么在即将开始执行测试之前才飞快地完成测试计划和测试设计。在这种情况下，测试只是验证了程序的正确性，而不是验证整个系统本该实现的东西。

4）融合测试和开发

前置测试将测试执行和开发结合在一起，并在开发阶段以编码-测试、编码-测试的方式体现。也就是说，程序片段一旦编写完成，就会立即进行测试。一般情况下，先进行的测试是单元测试，因为开发人员认为通过测试发现错误是最经济的方式。但也可参考 X 模型，即一个程序片段也需要相关的集成测试，甚至有时还需要一些特殊测试。对于一个特定的程序片段，其测试的顺序可以按照 V 模型的规定，但其中还会交织一些程序片段的开发，而不是按阶段完全地隔离。

5）让验收测试和技术测试保持相对独立

验收测试应该独立于技术测试，这样可以提供双重保险，以保证设计及程序编码能够符合最终用户的要求。验收测试既可以在实施的第 1 步执行，也可以在开发阶段的最后一步执行。前置测试模型提倡验收测试和技术测试沿两条不同的路线进行，每条路线分别验证系统是否能够如预期设想的那样正常工作。这样，当单独设计好的验收测试完成了系统的验证时，即可确信这是一个正确的系统。

6）迭代的开发和测试

在项目中从很多方面可以看到变更的发生，如需要重新访问前一阶段的内容，或者跟踪并纠正以前提交的内容、修复错误、排除多余的成分，以及增加新发现的功能等。开发和测试需要一起反复交替地执行。模型并没有明确指出参与的系统部分的大小。这一点和 V 模型中所提供的内容相似。不同的是，前置测试模型对反复和交替进行了非常明确的描述。

7）发现内在的价值

前置测试能为需要使用测试技术的开发人员、测试人员、项目经理和用户等带来很多不同于传统方法的内在的价值。与以前的方法中仅划分优先级、用较低的成本及早发现错误或强调测试对确保系统的高质量的重要意义有所不同，前置测试代表了整个对测试的新的不同观念。在整个开发过程中，反复使用各种测试技术，开发人员、经理和用户可以节省时间，简化工作。

2.4 软件测试过程改进模型

1984 年，美国国防部资助建立了卡内基梅隆大学软件工程研究所（Software Engineering Institute，SEI）。1987 年，SEI 发布第 1 份技术报告，介绍软件能力成熟度模型（Capability Maturity Model，CMM）及作为评价国防合同承包方过程成熟度的方法论。1991 年，SEI 发表 1.0 版软件 CMM（SW-CMM）。CMM 自 1987 年开始实施认证，现已逐渐成为评估软件开发过程的管理以及工程能力的标准。

后来，为了解决在项目开发中需要用到多个 CMM 模型的问题，SEI 又提出了能力成熟度模型集成（Capability Maturity Model Integration，CMMI），将各种 CMM 模型融合到一个统一的改进框架内，为组织提供了在企业范围内进行过程改进的模型。

但是,CMMI 没有提及软件测试成熟度的概念,没有明确如何改进测试过程。因此,人们又提出了许多用于改进测试过程的模型,下面介绍其中一些有代表性的模型。

2.4.1 测试成熟度模型

1996 年,Ilene Burnstein、C. Robert Carlson 和 Taratip Suwannasart 参照 CMM 提出了测试成熟度模型(Testing Maturity Model,TMM),TMM 是一个采用分级方法确定软件测试能力成熟度的模型,它描述了测试过程的管理,为软件测试过程提供了一个可操作框架。

TMM 将软件测试过程成熟度分为 5 个递增等级——初始级、定义级、集成级、管理和度量级以及优化级。每级成熟度包含若干成熟度目标,每个成熟度目标包含若干成熟度子目标。要达到更高的等级,必须完全实现前一个等级的目标。这些目标根据软件企业实施的活动和任务进行定义,并由测试过程的主要参与者共同实现。

1. 初始级(Initial)

在初始级中,测试过程是混乱无序的,几乎没有妥善定义。这一等级还没有明确区分调试和测试。测试往往作为调试的一部分,编码完成后才进行测试工作。由于测试人员没有参与需求调研和系统设计阶段,对系统需求和设计不能很好地理解,所以测试只是用来证明系统和软件能够工作。这一等级的测试过程缺乏测试资源,软件产品通常在不保证质量的情况下发布,往往不能满足用户对该产品的需求。初始级的软件测试过程没有定义成熟度目标。

2. 定义级(Phase Definition)

在定义级中,测试过程已被定义,测试和调试已被明确区分开。这一等级已将测试过程制度化,开始编制测试计划,并根据系统需求编写测试用例,开始使用一些基本的测试技术和方法。这时测试被定义为软件生命周期中的一部分,紧随编码阶段之后。定义级要实现 3 个成熟度目标:明确测试目标、启动测试计划过程、制度化基本的测试技术和方法。

3. 集成级(Integration)

在集成级中,测试不再只是软件生命周期中紧随编码阶段之后的一个阶段,而是贯穿在整个软件生命周期中。测试活动遵循软件生命周期的 V 模型。测试人员在需求分析阶段便开始着手制订测试计划,设计测试用例。这一阶段具有独立的测试部门,关键的测试活动具有相应的测试工具支持,但是没有正式的评审程序,没有建立质量过程和产品属性的测试度量。集成级要实现 4 个成熟度目标:建立软件测试组织、制订技术培训计划、测试贯穿整个软件生命周期、控制和监视测试过程。

4. 管理和度量级(Management and Measurement)

在管理和度量级,测试已被彻底定义并成为一个度量和质量控制过程。前 3 个成熟度等级主要集中在明确测试过程的区分与建立上,而这一等级明确提出了量化度量。在这一级中,测试活动除测试被测程序外,还包括软件生命周期中各个阶段的评审、审查和追查,使测试活动涵盖了软件验证和软件确认活动。根据管理和度量级的要求,软件工作产品以及与测试相关的工作产品,如测试计划、测试设计和测试步骤都要经过评审。为了度量测试过程,测试人员需要采用数据库管理测试用例,记录缺陷并按缺陷的严重程度划分等级。但这一等级还没有建立起缺陷预防机制，且缺乏自动收集和分析测试相关数据的手段。管理和度量级有 3 个要实现的成熟度目标：建立组织范围内的评审程序、建立测试过程的度量程序、软件质量评价。

5. 优化级(Optimization)

在优化级中，测试过程是可重复、已定义、已管理和已度量的，已经建立起规范的测试过程，因此能够对测试过程不断优化。根据测试积累的过程数据，对软件质量进行控制，对缺陷进行有效的预防。这一等级中测试自动化程度高，选择和评估测试工具存在既定的流程，能够自动收集和分析缺陷信息。优化级有 3 个要实现的成熟度目标：应用过程数据预防缺陷、质量控制、优化测试过程。

2.4.2　TPI 模型

TPI 模型的建立是以测试管理方法(Test Management Approach，TMap)为基础的。TMap 是一种结构化的、基于风险策略的测试方法体系，目的是能更早地发现缺陷，以最小的成本有效地、彻底地完成测试任务，以减少软件发布后的支持成本。

TMap 模型由 4 个基础部分组成，包括测试活动生命周期(Life Cycle，L)、管理和控制测试过程的组织(Organizational，O)、测试基础设施(Infrastructure，I)、测试过程中采用的各种各样的技术(Techniques，T)，其结构如图 2-15 所示。

(1) 测试活动生命周期是从软件产品研发开始，到发布为止，分为 5 个阶段：计划和控制阶段、准备阶段、说明阶段、执行阶段、完成阶段。

(2) 管理和控制测试过程的组织是指对测试的开发管理、操作执行、硬件软件安排、数据库管理等必要的控制和实施。它强调测试小组必须融入项目组织中，每个测试人员必须被分配任务和承担责任。

(3) 测试基础设施包括测试环境、测试工具和办公环境这 3 个方面，它涵盖了测试工作中必要的外部和内部环境。

(4) 测试过程中采用的各种各样的技术用来完成和完善测试工作。

TPI 模型以 TMap 的 4 个基础部分为基础，根据实际的需要将其扩展为 20 个关键域，通过对关键域的评估，明确测试过程的优缺点。

TPI 模型包括 5 个部分：关键域、成熟度级别、检查点、测试成熟度矩阵和改进建议，其构成如图 2-16 所示。

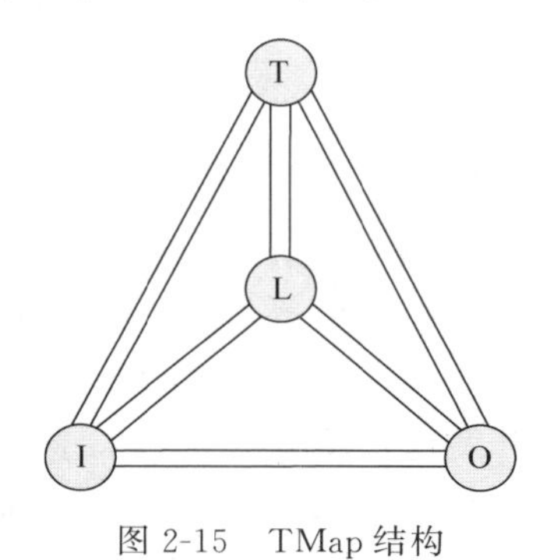

图 2-15　TMap 结构

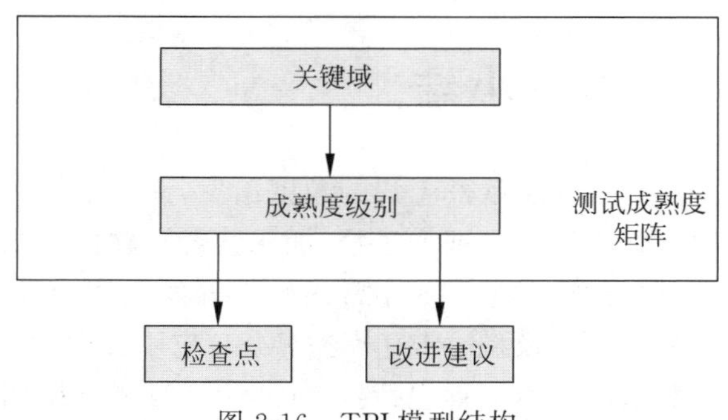

图 2-16　TPI 模型结构

2.4.3 其他测试过程改进模型

除了上述两种测试过程改进模型外，还有关键测试过程(Critical Test Process，CTP)评估模型、系统化测试和评估过程(Systematic Test and Evaluation Process，STEP)等模型。这里只对这两个模型进行简要介绍。

CTP通过对现有测试过程的评估，识别过程的优劣，并结合测试组织的需要提供改进建议。它通过有价值的信息和服务直接影响一个测试团队发现问题和减少风险的能力。

CTP模型将测试过程分为4个关键过程：计划(Plan)、准备(Prepare)、执行(Perform)和完善(Perfect)。这4个关键过程还可进一步细分为如下12个子关键过程。

(1) 测试。

(2) 建立环境。

(3) 质量风险分析。

(4) 测试评估。

(5) 测试计划。

(6) 测试团队开发。

(7) 测试系统开发。

(8) 测试发布管理。

(9) 测试执行。

(10) 错误报告。

(11) 结果报告。

(12) 变更管理。

详细内容可以参考Rex Black著的*Critical Testing Processes*一书。

STEP认定测试是一个生命周期活动，提倡测试在项目开始的早期介入，而不是作为编码结束之后的一个阶段，以确保能及早发现需求和设计中的缺陷，并设计相应测试用例。STEP与CTP比较类似，而不像TMM和TPI，并不要求测试过程的改进需要遵循特定的顺序。STEP的实现途径是使用基于需求的测试方针以保证在设计和编码之前已经设计了测试用例以验证需求。

详细内容可以参考Rick Craig和Stefan P. Jaski著的*Systematic Software Testing*一书(有中文译本《系统的软件测试》)。

2.5 本章小结

本章首先从软件工程的角度出发，介绍了软件开发包含的需求分析、设计、编码、测试以及项目管理这5个基本过程，加深读者对软件测试在软件工程项目中的位置与意义等内容的理解。然后介绍了8个常用软件开发过程模型：编码修正模型、瀑布模型、增量模型、演化模型和螺旋模型、RUP模型、MSF应用开发过程模型和敏捷开发过程模型。

测试的基本流程包括：(1)设计一组测试用例，每个测试用例由输入数据、执行条件和预期输出结果组成；(2)用各个测试用例的输入数据在执行条件下实际运行被测试程序；

(3)检查实际输出结果与预期的输出结果是否一致，若不一致，则认为程序有错。

本章还介绍了常用的测试过程模型：V模型、W模型、H模型、X模型和前置测试模型，并详细介绍了用于改进测试过程的模型：TMM模型和TPI模型，最后大致介绍了CTP模型和STEP模型。

习题2

拓展练习

(1) 软件开发的基本过程有哪些？各自的主要内容有哪些？
(2) 目前流行的软件开发生命周期模型有哪些？请简要概述。
(3) 敏捷模型的“敏捷”之处体现在哪里？
(4) 软件测试的基本流程是什么？
(5) 简述软件测试与软件开发过程的关系。
(6) 对比V模型、W模型、H模型、X模型和前置测试模型，简述它们各自的特点。
(7) 简述TMM模型定义的测试过程成熟度分级。

第3章

软件测试方法

按测试过程是否在实际应用环境中运行分类，可以将传统的测试技术分为静态测试和动态测试。静态测试技术是单元测试中的重要手段之一，测试对象可以是需求文件、设计文件或源程序等，适用于新开发的和重用的代码，通常在代码完成并无错误地通过编译或汇编后进行。动态测试是指通过运行程序发现错误，通过观察代码运行过程获取系统的各方面信息，并从中发现缺陷。所有的黑盒测试和绝大多数的白盒测试都可以算作动态测试。

本章要点

- 静态测试的内容及方法
- 动态测试的内容及方法
- 主动测试与被动测试
- 白盒测试的内容及方法
- 黑盒测试的内容及方法
- 不同黑盒测试方法的优缺点和应用场合
- 白盒测试与黑盒测试的对比

3.1　静态测试

静态测试不执行被分析的程序，而是通过对模块源代码进行研读，找出其中的错误或可疑之处，收集一些度量数据。静态测试包括对软件产品的需求和设计规格说明书的评审、对程序代码的复审等。静态测试的查错和分析功能是其他方法所不能替代的，可以采用人工或计算机辅助静态测试手段进行检测。

人工检测指的是完全靠人工审查或评审软件，偏重于编码风格、质量的检验。除了审查编码，还要对各阶段的软件产品进行检验。这种方法可以有效地发现逻辑设计和编码错误，发现计算机辅助静态测试不易发现的问题。

计算机辅助静态测试是利用静态测试工具对被测程序进行特性分析，从程序中提取一些信息，以便检查程序逻辑的各种缺陷和可疑的程序构造，如用错的局部变量和全局变量、不匹配的参数、潜在的死循环等。静态测试中还可以用符号代替数值求得程序结果，以便对程序进行运算规律的检验。

3.1.1　代码检查

代码检查包括桌面检查、代码审查和走查等。它主要检查代码和设计的一致性、代码对标准的遵循、可读性、代码逻辑表达正确性、代码结构合理性等方面；发现程序中不安全、不明确和模糊部分，找出程序中不可移植部分；发现违背程序编写风格问题。代码检查包括变量检查、命名和类型审查、程序逻辑审查、程序语法检查和程序结构检查等内容。

代码检查应该在编译和动态测试之前进行。在检查前，应准备好需求描述文档、程序设计文档、程序的源代码清单、代码编写标准和代码错误检查表等。

在实际使用中，代码检查法能快速找到缺陷，发现30%～70%的逻辑设计和编码缺陷，而且代码检查法看到的是问题本身而非征兆。但是，代码检查法非常耗费时间，并且需要经验和知识的积累。

代码检查法可以使用测试软件进行自动化测试，以提高测试效率，降低劳动强度；或者使用人工进行测试，以充分发挥人力的逻辑思维能力。

1. 桌面检查

桌面检查是一种传统的检查方法，由程序员自己检查编写的程序。程序员在程序通过编译之后，对源程序代码进行分析、检验并补充相关文档，目的是发现程序中的错误。

由于程序员熟悉自己的程序和程序设计风格，程序员自己进行桌面检查可以节省很多检查时间，但应避免主观片面性，因为人们一般不能有效地测试自己编写的程序。桌面检查需要首先运行拼写检查器、语法检查器、句法检查器等进行字面检查，现在大多数集成开发环境集成了这些相应的工具，帮助程序员在编写代码的同时就注意这些可能存在的缺陷。然后，程序员就可以慢慢地复审文档，寻找文档中的不一致、不完全和漏掉信息的地方。在这个过程中所检测到的问题，应该由程序员自己直接修改，这当中可能会需要项目管理者或项目中其他专家提供建议。一旦所有的改正工作完成，就应该重新运行前面所说的桌面检查，发现并修改所有由于修改内容而引起的新的拼写、语法、标点错误。

图3-1所示为一段未经桌面检查的源代码，由集成开发环境进行了初步的检查，并指出了基本的拼写、语法、标点错误。

(1) 第28行：返回数据类型应该为int，写成了Int。

(2) 第33行：缺少标点符号“;”。

(3) 第37行：返回的关键字“return”拼写错误，写成了“returm”。

(4) 第41行：关键字“this”写成了“that”。

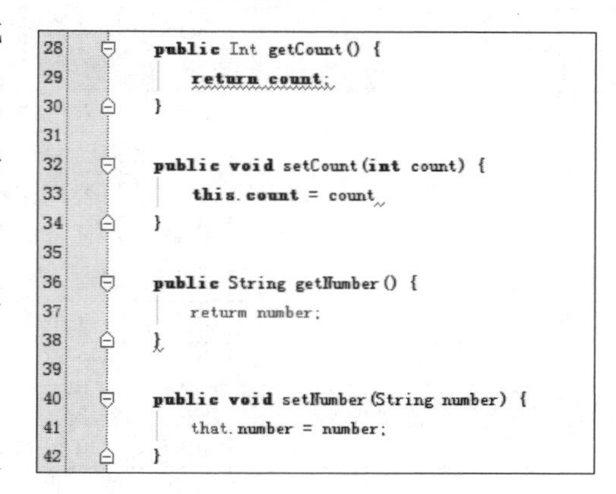

```
28  public Int getCount() {
29      return count;
30  }
31
32  public void setCount(int count) {
33      this.count = count
34  }
35
36  public String getNumber() {
37      returm number;
38  }
39
40  public void setNumber(String number) {
41      that.number = number;
42  }
```

图3-1　桌面检查案例

在利用集成开发环境进行编码测试时，大多数工具都会提供桌面检查的工具，若使用文本编辑器进行代码编辑，那么就需要开发人员仔细检查自己编写的代码。

2. 代码审查

代码审查是由若干程序员和测试人员组成一个审查小组，通过阅读、讨论和争议，对程序进行静态分析的过程。代码审查分为以下两步。

(1) 小组负责人提前把设计规格说明书、控制流程图、程序文本以及有关要求、规范等分发给小组成员，作为审查的依据。

(2) 小组成员在充分阅读这些材料后，召开程序审查会，在会上首先由程序员逐行讲解程序逻辑，在此过程中，程序员或其他小组成员可以提出问题展开讨论，审查错误是否存在。

实践表明，程序员在讲解过程中能够发现许多自己以前没有发现的错误，而讨论和争议则促进问题暴露。

在会前应该给每个小组成员准备一份常见错误清单，把以往发现的常见错误罗列出来，供与会者对照检查，以提高审查效率。这份常见错误清单也称为检查表，它把程序中可能出现的各种错误进行分类，对每类列举出尽可能多的典型错误，然后把它们列成表格，供再审查时使用。

表 3-1 所示为一张常规的 Java 代码审查检查表，测试小组人员根据该表格中的激活项逐一审查被测程序，并可根据级别对被测代码进行评审。

表 3-1 Java 代码审查检查表

重要性	激活	结果	检　查　项
总计			
命名			
重要			命名规则是否与所采用的规范保持一致
			是否遵循了最小长度最多信息原则
重要			has/can/is 前缀的函数是否返回布尔型
注释			
重要			注释是否较清晰且必要
重要	Y		复杂的分支流程是否已经被注释
			距离较远的}是否已经被注释
			非通用变量是否全部被注释
重要	Y		函数是否已经有文档注释(功能、输入、返回及其他可选)
			特殊用法是否被注释
声明、空白、缩进			
			每行是否只声明了一个变量(特别是那些可能出错的类型)
重要			变量是否已经在定义的同时初始化
重要			类属性是否都执行了初始化
			代码段落是否被合适地以空行分隔
	Y		是否合理地使用了空格使程序更清晰
			代码行长度是否在要求之内
			折行是否恰当
语句/功能的分布/规模			
			包含复合语句的{}是否成对出现并符合规范
			是否给单个的循环、条件语句也加了{}

续表

重要性	激活	结果	检　查　项
			if/if-else/if-else if-else/do-while/switch-case 语句的格式是否符合规范
			单个变量是否只作单个用途
重要			单行是否只有单个功能(不要使用;进行多行合并)
重要			单个函数是否执行了单个功能并与其命名相符
	Y		++和--操作符的应用是否复合规范
规模			
重要			单个函数不超过规定行数
重要			缩进层数是否不超过规定
重要			是否已经消除了所有警告
重要	Y		常数变量是否声明为 final
重要			对象使用前是否进行了检查
重要			局部对象变量使用后是否被复位为 NULL
重要			对数组的访问是不是安全的(合法的 index 取值为[0,MAX_SIZE-1])
重要			是否确认没有同名变量局部重复定义问题
			程序中是否只使用了简单的表达式
重要	Y		是否已经用()使操作符优先级明确化
重要	Y		所有判断是否都使用了(常量==变量)的形式
			是否消除了流程悬挂
重要			是否每个 if-else if-else 语句都有最后一个 else 以确保处理了全集
重要			是否每个 switch-case 语句都有最后一个 default 以确保处理了全集
			for 循环是否都使用了包含下限不包含上限的形式(k=0; k<MAX)
重要			XML 标记书写是否完整,字符串的拼写是否正确
			对于流操作代码的异常捕获是否有 finally 操作以关闭流对象
			退出代码段时是否对临时对象做了释放处理
重要			对浮点数值的相等判断是否是恰当的(严禁使用==直接判断)
可靠性(函数)			
重要	Y		入口对象是否都被判断不为空
重要	Y		入口数据的合法范围是否都被判断(尤其是数组)
重要	Y		是否对有异常抛出的方法都执行了 try…catch 保护
重要	Y		是否函数的所有分支都有返回值
重要			int 的返回值是否合理(负值为失败,非负值成功)
			对于反复进行的 int 返回值判断,是否定义了函数来处理
			关键代码是否做了捕获异常处理
重要			是否确保函数返回 CORBA 对象的任何一个属性都不能为 NULL
重要			是否对方法返回值对象做了 NULL 检查,该返回值定义时是否被初始化
重要			是否对同步对象的遍历访问做了代码同步
重要			是否确认在对 Map 对象使用迭代遍历过程中没有做增减元素操作
重要			线程处理函数循环内部是否有异常捕获处理,防止线程抛出异常而退出
			原子操作代码异常中断,使用的相关外部变量是否恢复先前状态
重要			函数对错误的处理是恰当的

续表

重要性	激活	结果	检 查 项
可维护性			
重要			实现代码中是否消除了直接常量(用于计数起点的简单常数例外)
			是否消除了导致结构模糊的连续赋值(如 a=(b=d+c))
			是否每个 return 前都要有日志记录
			是否有冗余判断语句(如 if(b)return true; else return false;)
			是否把方法中的重复代码抽象成私有函数

3. 走查

走查与代码审查基本相同,其过程分为以下两步。

(1) 把材料先发给走查小组的每个成员,认真研究程序,然后开会。

(2) 开会的程序与代码审查不同,不是简单地读程序和对照错误检查表进行检查,而是让与会者充当计算机,即首先由测试组成员为所测程序准备一批有代表性的测试用例,提交给走查小组,走查小组开会扮演计算机角色,让测试用例沿程序逻辑运行一遍,随时记录程序的跟踪,供分析和讨论用。

与会者借助测试用例媒介的作用,对程序逻辑和功能提出各种疑问,结合问题展开讨论和争议,能够发现更多问题。

以 Java 代码的走查与审查为例,以下常见错误需要在走查和审查中多加注意。

1) 多次复制字符串

测试所不能发现的一个错误是生成不可变(Immutable)对象的多份副本。不可变对象是不可改变的,因此不需要复制它。最常用的不可变对象是 String。如果必须改变一个 String 对象的内容,应该使用 StringBuffer。下面的代码可以正常工作。

```
String s = new String ("Text here");
```

但是,这段代码性能差,而且没有必要这么复杂。可以用以下方式重写代码。

```
String temp = "Text here";
String s = new String (temp);
```

但是,这段代码包含额外的 String。更好的代码为

```
String s = "Text here";
```

2) 没有复制返回的对象

封装(Encapsulation)是面向对象编程的重要概念。但是 Java 为打破这种封装提供了方便——Java 允许返回私有数据的引用(Reference)。下面的代码揭示了这一点。

```
import java.awt.Dimension;
/***Example class.The x and y values should never*be negative.*/
public class Example{
     private Dimension d = new Dimension (0, 0);
```

```
        public Example (){ }
        /*** Set height and width. Both height and width must be
        nonnegative * or an exception is thrown.*/
        public synchronized void setValues (int height,int width)
        throws IllegalArgumentException{
               if (height < 0 || width < 0)
                      throw new IllegalArgumentException();
               d.height = height;
               d.width = width;
        }
        public synchronized Dimension getValues(){
               // Ooops! Breaks encapsulation
               return d;
        }
}
```

Example类保证了它所存储的height和width值永远为非负数,试图使用setValues()方法设置负值会触发异常。然而,getValues()方法返回d的引用,而不是d的副本,可以编写以下破坏性代码。

```
Example ex = new Example();
Dimension d = ex.getValues();
d.height = -5;
d.width = -10;
```

现在,Example对象拥有负值。如果getValues()方法的调用者永远也不设置返回的Dimension对象的width和height值,那么仅凭测试是不可能检测到这类错误的。随着时间的推移,客户代码可能会改变返回的Dimension对象的值,这时,追寻错误的根源是一件枯燥且费时的事情,尤其是在多线程环境中。更好的方式是让getValues()方法返回副本,代码如下。

```
public synchronized Dimension getValues(){
       return new Dimension (d.x, d.y);
}
```

现在,Example对象的内部状态就安全了。调用者可以根据需要改变它所得到的副本的状态,但是要修改Example对象的内部状态,必须通过setValues()方法才可以。

3) 不必要的复制

我们知道,get()方法应该返回内部数据对象的副本,而不是引用。但是也有例外的情况。

```
/*** Example class.The value should never * be negative.*/
public class Example{
     private Integer i = new Integer (0);
     public Example (){ }

     /*** Set x. x must be nonnegative* or an exception will be thrown*/
     public synchronized void setValues (int x) throws
     IllegalArgumentException{
          if (x < 0)
               throw new IllegalArgumentException();
          i = new Integer (x);
     }
```

```
    public synchronized Integer getValue(){
        // We can't clone Integers so we makea copy this way.
        return new Integer (i.intValue());
    }
}
```

上面这段代码是安全的,但是做了多余的工作。Integer 对象就像 String 对象,一旦被创建就是不可变的。因此,返回内部 Integer 对象,而不是它的副本,也是安全的。getValue()方法应该写为

```
public synchronized Integer getValue(){
      return i;
}
```

4）自编代码复制数组

Java 允许复制数组,但是开发者通常会自己编写以下代码。

```
public class Example{
    private int[] copy;
    /*** Save a copy of 'data'. 'data' cannot be null.*/
    public void saveCopy (int[] data){
        copy = new int[data.length];
        for (int i = 0; i < copy.length; ++i)
          copy[i] = data[i];
    }
}
```

这段代码是正确的,却引入了不必要的复杂性。saveCopy()方法的一个更好的实现如下。

```
void saveCopy (int[] data){
  try{
      copy = (int[])data.clone();
  }catch (CloneNotSupportedException e){
      // Can't get here.
  }
}
```

5）复制错误的数据

有时候程序员知道必须返回一个副本,却不小心复制了错误的数据。由于仅做了部分的数据复制工作,下面的代码与程序员的意图有偏差。

```
import java.awt.Dimension;
/*** Example class. The height and width values should never * be negative. */
public class Example{
      static final public int TOTAL_VALUES = 10;
      private Dimension[] d = new Dimension[TOTAL_VALUES];
      public Example (){ }

      /*** Set height and width. Both height and width must be
      nonnegative * or an exception will be thrown. */
      public synchronized void setValues (int index, int height, int
      width) throws IllegalArgumentException{
            if (height < 0 || width < 0)
                  throw new IllegalArgumentException();
            if (d[index] == null)
            d[index] = new Dimension();
```

```
            d[index].height = height;
            d[index].width = width;
        }
        public synchronized Dimension[] getValues()
        throws CloneNotSupportedException{
            return (Dimension[])d.clone();
        }
}
```

这里的问题在于 getValues()方法仅复制了数组，而没有复制数组中包含的 Dimension 对象，因此，虽然调用者无法改变内部的数组使其元素指向不同的 Dimension 对象，但是调用者却可以改变内部的数组元素(也就是 Dimension 对象)的内容。getValues()方法的更好版本为

```
public synchronized Dimension[] getValues() throws CloneNotSupportedException{
        Dimension[] copy = (Dimension[])d.clone();
        for (int i = 0; i < copy.length; ++i){
                // NOTE: Dimension isn't cloneable.
                if (d != null) copy[i] = new Dimension (d[i].height, d[i].width);
        }
        return copy;
}
```

6) 检查 new 操作的结果是否为 NULL

Java 编程新手有时候会检查 new 操作的结果是否为 NULL。可能的检查代码为

```
Integer i = new Integer (400);
if (i == null) throw new NullPointerException();
```

检查虽然没有错误，却没有必要。C/C++程序员在开始写 Java 程序的时候常常会这么做，这是由于检查 C/C++中 malloc()函数的返回结果是必要的，不这样做就可能产生错误。但在 Java 中，new 操作不允许返回 NULL，如果真的返回 NULL，很可能是虚拟机崩溃了，这时即便检查返回结果也无济于事。

7) 用==替代 equals()方法

在 Java 中，有两种方式检查两个数据是否相等：使用==操作符或使用所有对象都实现的 equals()方法。原子类型(int、float、char 等)不是对象，因此它们只能使用==操作符，如下所示。

```
int x = 4;
int y = 5;
if (x == y) System.out.println ("Hi");
// This 'if' test won't compile.
if (x.equals (y)) System.out.println ("Hi");
```

对象更复杂些，==操作符检查两个引用是否指向同一个对象，而 equals()方法则实现更专门的相等性检查。而 java. lang. Object 所提供的默认的 equals()方法的实现使用==简单地判断被比较的两个对象是否为同一个。许多类覆盖了默认的 equals()方法，如 String 类，它的 equals()方法检查两个 String 对象是否包含同样的字符串，而 Integer 类的 equals()方法检查所包含的 int 值是否相等。大部分时候，在检查两个对象是否相等时应该使用 equals()方法，而对于原子类型的数据，则应该使用==操作符。

8）混淆原子操作和非原子操作

Java 保证读和写 32 位数或更小的值是原子操作，也就是说可以一步完成，因而不可能被打断，因此这样的读和写不需要同步。以下代码是线程安全的。

```
public class Example{
        private int value; // More code here...
        public void set (int x){
                // NOTE: No synchronized keyword
                this.value = x;
        }
}
```

不过，这个保证仅限于读和写。以下代码不是线程安全的。

```
public void increment (){
        // This is effectively two or three instructions:
        // 1) Read current setting of 'value'.
        // 2) Increment that setting.
        // 3) Write the new setting back.
        ++this.value;
}
```

在测试的时候，可能不会捕获到这个错误。首先，测试与线程有关的错误是很难的，而且很耗时间。其次，在有些机器上，这些代码可能会被翻译成一条指令，因此工作正常，只有在其他虚拟机上测试时这个错误才可能显现。因此，最好在开始时就正确地同步代码。

```
public synchronized void increment (){
        ++this.value;
}
```

9）在 catch 块中做清除工作

一段在 catch 块中做清除工作的代码如下所示。

```
OutputStream os = null;
try{
        os = new OutputStream ();
        // Do something with os here.
        os.close();
}catch (Exception e){
        if (os != null)
        os.close();
}
```

尽管这段代码在几个方面都是有问题的，但是在测试中很容易漏掉这个错误。下面列出了这段代码存在的 3 个问题：(1)os. close()语句在两处出现，多此一举，而且会带来维护方面的麻烦；(2)上述代码仅处理了 Exception，而没有涉及 Error，但是当 try 块运行出现了 Error，流也应该被关闭；(3)close()方法可能会抛出异常。上述代码的一个更优版本为

```
OutputStream os = null;
try{
        os = new OutputStream ();
        // Do something with os here.
}finally{
        if (os != null)
```

```
        os.close();
}
```

这个版本消除了上面所提到的两个问题：代码不再重复，Error也可以被正确处理了，但是没有很好地处理第3个问题。最好的方法是把close()语句单独放在一个try/catch块中。

10）增加不必要的catch块

一些开发者听到try/catch块这个名字后，就会想当然地以为所有的try块必须要有与之匹配的catch块。C/C++程序员尤其会这样想，因为在C/C++中不存在finally块的概念，而且try块存在的唯一理由只不过是为了与catch块相配对。增加不必要的catch块的代码就会出现以下情况，捕获到的异常又立即被抛出。

```
try{
        // Nifty code here
}catch(Exception e){
        throw e;
}finally{
        // Cleanup code here
}
```

不必要的catch块被删除后，代码就缩短为

```
try{
        // Nifty code here
}finally{
        // Cleanup code here
}
```

11）没有正确实现equals()、hashCode()或clone()等方法

equals()、hashCode()和clone()方法是由java.lang.Object提供的默认实现。但是，这些默认实现在大部分时候毫无用处，因此许多类覆盖其中的若干个方法以提供更有用的功能。而当继承一个覆盖了若干个这些方法的父类时，子类通常也需要覆盖这些方法。在进行代码审查时，应该确保如果父类实现了equals()、hashCode()或clone()等方法，那么子类也必须正确地实现这些方法。

4. 代码检查常用检查项

通过代码检查法可以获得软件组成的重要基本因素，如变量标识符、过程标识符、常量等，组合这些基本因素就可以得到软件的基本信息。

(1) 标号交叉引用表：列出在各模块出现的全部标号，在表中标出标号的属性，包括已说明、未说明、已使用、未使用，表中还包括在模块以外的全局标号、计算标号等。

(2) 变量交叉引用表：在表中应标明各变量的属性，包括已说明、未说明、隐式说明、类型及使用情况，进一步还可以区分是否出现在赋值语句的右边，以及是否属于普通变量、全局变量或特权变量等。

(3) 子程序、宏和函数表：在表中列出各个子程序、宏和函数的属性，包括已定义、未定义和定义类型。

(4) 参数表：输入参数个数、顺序、类型，输出参数个数、顺序、类型，已引用、未引用、引用次数等。

(5) 等价表：列出在等价语句或等值语句中出现的全部变量和符号。

(6) 常数表：列出全部数字常数和字符常数，并指出它们在哪些语句中首先被定义。

通过这些软件的基本信息可以实现以下功能。

(1) 直接从表中查出说明和使用错误，如循环层次表、标号交叉引用表和变量交叉引用表。

(2) 为用户提供辅助信息，如子程序、宏和函数表、等价表和常数表。

(3) 用来做错误预测和程序复杂度的计算，如操作符合操作数表等。

代码检查项目包括检查变量的交叉引用表，检查标号的交叉引用表，检查子程序、宏和函数表，等价性检查，标准检查，风格检查，比较控制流，选择、激活路径，对照程序说明，充分文档等。

(1) 检查变量的交叉引用表重点检查未说明变量和违反了类型规定的变量，还要对照源程序，逐个检查变量的引用、变量的使用序列、临时变量在某条路径上的重写情况，局部变量、全局变量与特权变量的使用。

(2) 检查标号的交叉引用表验证所有标号的正确性，检查所有标号的命名是否正确，转向指定位置的标号是否正确。

(3) 检查子程序、宏和函数表，调用每次调用和所调用位置是否正确，确定每次调用的子程序、宏和函数是否存在，检验调用序列中调用方式与参数顺序、个数、类型上的一致性。

(4) 等价性检查，检查所有等价变量类型的一致性，解释所包含的类型差异。

(5) 标准检查，用标准检查工具软件或手工检查程序中违反标准的问题。

(6) 风格检查，检查发现程序在设计风格方面的问题。

(7) 比较控制流，比较由程序员设计的控制流图和由程序生成的实际控制流图，寻找和解释每个差异，修改文档并修正错误。

(8) 选择、激活路径，在程序员设计的控制流图上选择路径，再到实际控制流图上激活这条路径，如果选择的路径在实际控制流图上不能被激活，则源程序可能存在错误。

(9) 对照程序说明，阅读程序源代码，逐行进行分析思考，比较实际的代码和期望的代码，从它们的差异中发现程序的错误和问题。

(10) 充分文档，代码检查的文档是一种过渡性文档，不是公开的正式文档，通过编写文档，也是对程序的一种下意识的检查和测试，可以帮助程序员发现更多的错误，管理部门也可以通过检查文档，了解模块质量、完全性、测试方法和程序员能力。

3.1.2 静态结构分析

静态结构分析主要是以图的形式表现程序的内部结构，供测试人员对程序结构进行分析。程序结构形式是白盒测试的主要依据。研究表明，程序员 38%的时间花费在理解软件系统上，因为代码以文本格式被写入多重文件中，这是很难阅读理解的，需要其他一些东西帮助人们阅读理解，如各种图表等，而静态结构分析满足了这样的需求。

静态结构分析是一种对代码机械性的、程式化的特性进行分析的方法。在静态结构分析中，测试者通过使用测试工具分析程序源代码的系统结构、数据接口、内部控制逻辑等内部结构，生成函数调用关系图、模块控制流图、内部文件调用关系图、子程序表、宏和函数参数表等各类图形图表，可以清晰地标识整个软件系统的组成结构，使其便于阅读和理解，然后可以通过分析这些图表，检查软件有没有存在缺陷或错误。静态结构分析包括控制流分析、数据流分析、信息流分析、接口分析、表达式分析等。

常用的关系图主要有函数调用关系图和模块控制流图。

函数调用关系图列出所有函数，用连线表示调用关系，通过应用程序各函数之间的调用关系展示系统的结构。利用函数调用关系图可以检查函数的调用关系是否正确，是否存在孤立的函数而没有被调用，明确函数被调用的频繁度，对调用频繁的函数可以重点检查。通过查看函数调用关系图，可以发现系统是否存在结构缺陷，发现哪些函数是重要的，哪些是次要的，需要使用什么级别的覆盖要求等。

模块控制流图是由许多节点和连接节点的边组成的图形，其中每个节点代表一条或多条语句，边表示控制流向，模块控制流图可以直观地反映出一个函数的内部结构，通过检查这些模块控制流图可以很快地发现软件错误与缺陷。

模块控制流图图元符号如图 3-2 所示。

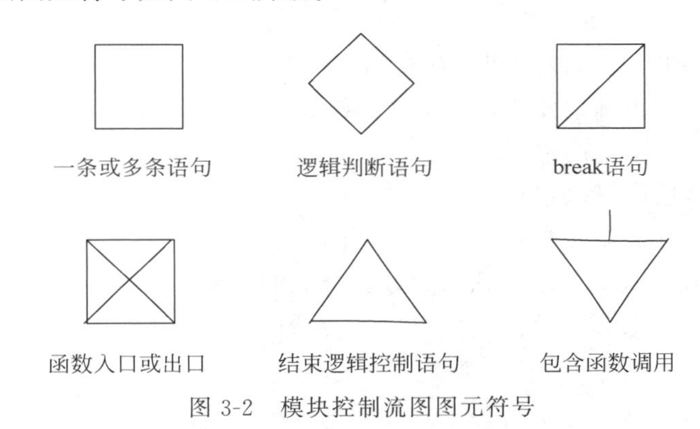

图 3-2 模块控制流图图元符号

用模块控制流图表示的基本程序结构如图 3-3 所示。

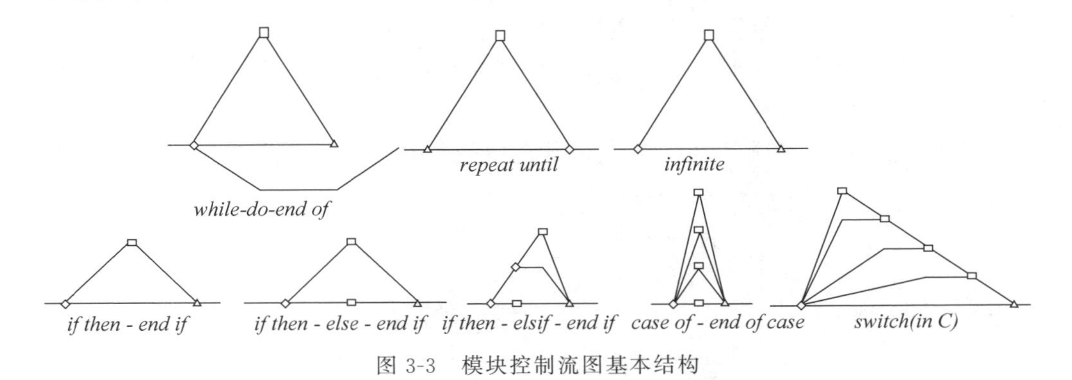

图 3-3 模块控制流图基本结构

静态错误分析用于确认源程序中是否存在某类错误的危险结构，有以下几种形式。

1. 类型和单元分析

为了强化在源程序中数据类型的检查，在程序设计语言中扩展了一些新的数据类型，如仅能在数组中使用的下标类型和在循环语句中当作控制变量使用的计数器类型，这样就可以静态预处理程序，分析程序中的类型错误。

2. 引用分析

在静态错误分析中，最广泛使用的技术就是发现引用异常。如果沿着程序的控制路径，变量在赋值以前被引用，或变量在赋值以后未被引用，这时就发生引用异常。

为了检测引用异常，需要检查通过程序的每条路径。通常采用类似深度优先的方法遍历程序流程图的每条路径，也可以建立引用异常的探测工具，这类工具包含两个表：定义表和未引用表。每张表都包含一组变量表。未引用表包含已被赋值但未必引用的一些变量。

当扫描达到一个出度大于1的节点V时，深度优先探测算法要求先检查最左分支的那部分程序流程图，然后再检查其他分支。在最左分支检查完之前，应把定义表和未引用表的当前内容用一个栈暂时存储起来，当最左分支检查完之后，算法控制返回到节点V，从栈中恢复该节点的定义表和未引用表的旧的副表，然后再去遍历该节点的下一个分支，这个过程要持续到全部分支检查完为止。

3. 表达式分析

对表达式进行分析，以发现和纠正在表达式中出现的错误，包括：

(1) 在表达式中不正确地使用括号造成的错误；

(2) 数组下标越界造成的错误；

(3) 除数为零造成的错误；

(4) 对负数开平方或对 π 求正切造成的错误。

最复杂的一类表达式分析是对浮点数计算造成的误差的检查。由于使用二进制数不能精确地表示十进制浮点数，常常使计算结果出乎意料。

4. 接口分析

接口分析是程序的静态错误分析和设计分析共同研究的问题。接口一致性的设计可以分析检查模块之间接口的一致性和外部数据库之间接口的一致性。

程序关于接口的静态错误分析检查过程与实参在类型、函数过程接口之间具有一致性，因此要检查形参与实参在类型、数量、维数、顺序、使用上的一致性；以及检查全局变量和公共数据区在使用上的一致性。

在“猜数字游戏”案例项目中，导出其函数调用关系图，如图3-4所示。

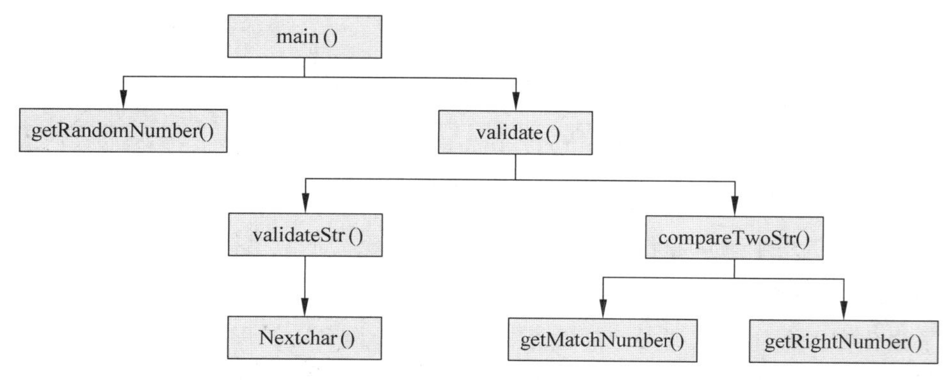

图3-4 函数调用关系图

从该函数调用关系图中可以得到以下信息。

(1) 函数之间的调用关系符合设计规格说明书的要求；

(2) 不存在递归调用；

(3) 调用层次最深为 4 层；

(4) 不存在独立的和没有被调用的函数；

(5) 比较重要的函数有 validate()、compareTwoStr()、validateStr()等。

也可以对每个函数使用模块控制流图，考查每个函数的结构是否合理、是否存在错误等。

3.2　动态测试

动态测试是软件测试中使用最普遍的方法，通过运行程序发现错误，通过观察代码运行过程获取系统行为、变量实时结果、内存、堆栈、线程以及测试覆盖率等各方面的信息，从而判断系统是否存在问题，或者通过有效的测试用例、对应的输入输出关系分析被测程序的运行情况，从中发现缺陷。

3.2.1　主动测试

在软件测试中，比较常见的是主动测试方法，测试人员主动向被测试对象发送请求，或借助数据、事件驱动被测试对象的行为，验证被测试对象的反应或输出结果。如图 3-5(a)所示，在主动测试中，测试人员和被测试对象之间发生直接相互作用，而且被测试对象完全受测试人员的控制，被测试对象处于测试状态，而不是实际工作状态。

3.2.2　被动测试

由于主动测试中被测试对象受人为因素影响较大，而且一般是在测试环境中进行，而非软件产品的实际运行环境，所以主动测试不适用于产品的在线测试。为了实现产品在线测试，这就需要用到被动测试。在被动测试中，软件产品在实际环境中运行，测试人员被动地监控产品的运行，通过一定的机制获取系统运行的数据，包括输入、输出数据，如图 3-5(b)所示。被动测试适合性能测试和在线监控，在嵌入式系统测试中常常采用被动测试方法。另外，大规模复杂系统的性能测试，为了节省成本，可以采用这种方法。

在主动测试中，测试人员需要设计测试用例、设法输入各种数据；而在被动测试中，系统运行过程中的各种数据自然生成，测试人员不需要设计测试用例，只要设法获取系统运行的各种数据，但是数据的完整性得不到保证。被动测试的关键是建立监控程序，并通过数据分析掌握系统的状态。

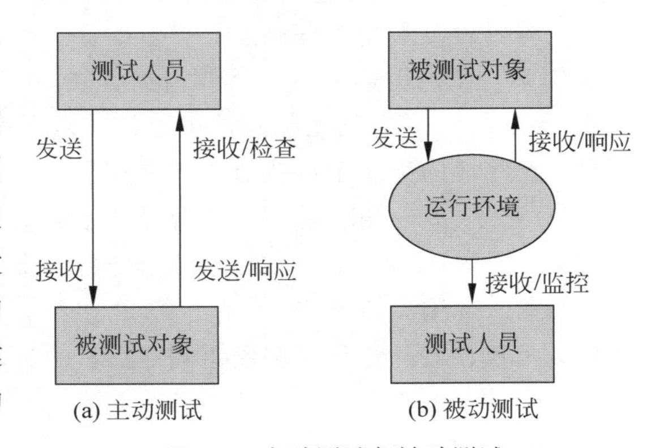

图 3-5　主动测试与被动测试

3.3 白盒测试

白盒测试,有时也称为玻璃盒测试、结构化测试、逻辑驱动测试等,它关注软件产品的内部细节和逻辑结构,即把被测的程序看作一个透明的盒子。白盒测试利用构件层设计的一部分描述的控制结构生成测试用例,需要对系统内部结构和工作原理有一个清楚的了解。白盒测试的准备时间较长,如果要完成覆盖全部程序语句、分支的测试,一般要花费比编程更长的时间。白盒测试对技术的要求较高,测试成本也比较高。

白盒测试的测试方法有程序插桩法、逻辑覆盖法、基本路径法等。

3.3.1 程序插桩法

在调试程序时,常常需要插入一些打印语句,在执行程序时能够打印有关信息,进一步通过这些信息了解程序执行时的一些动态特性,如程序的执行路径或特定变量在特定时刻的取值。这一思想发展出来的程序插桩技术在软件动态测试中作为一种基本的测试手段,有着广泛的应用。

简单来说,程序插桩技术是借助向被测程序中插入操作实现测试目的的方法,即向源程序中添加一些语句,实现对程序语句的执行、变量的变化等情况进行检查。例如,想要了解一个程序在某次运行中所有可执行语句被覆盖的情况,或是每个语句的实际执行次数,就可以利用程序插桩技术。

通过插入的语句获取程序执行时的动态信息,这一做法如同在刚研制成机器的特定部位安装记录仪表一样。安装好以后启动机器试运行,除了可以对机器加工的成品进行检验得到机器的运行特性外,还可以通过记录了解其动态特性。这就相当于在运行程序以后,一方面可检测测试的结果数据,另一方面还可以借助插入的语句给出的信息了解程序的执行特性。由于这个原因,有时把插入的语句称为“探测器”,借以实现探测和监控的功能。

在程序的特定部位插入记录动态特性的语句,最终是为了把程序执行过程中发生的一些重要历史事件记录下来。设计插桩程序时需要考虑的问题如下。

(1) 需要探测哪些信息。

(2) 在程序的什么部分设置探测点。

(3) 需要设置多少个探测点。

其中第 1 个问题需要结合具体情况解决,并不能给出笼统的回答。

关于第 2 个问题,在实际测试中通常在以下一些部位设置探测点。

(1) 程序块的第 1 个可执行语句之前。

(2) for、do、do while、do until 等循环语句处。

(3) if、else if、else、end if 等条件语句各分支处。

(4) 输入或输出语句之后。

(5) 函数、过程、子程序调用语句之后。

(6) return 语句之后。

(7) goto 语句之后。

关于第3个问题，原则是需要考虑如何设置最少探测点的方案。一般情况下，在没有分支的程序段中只需要一个计数语句，如果出现了多种控制结构，使整个结构十分复杂，则需要针对程序的控制结构进行具体的分析。

在应用程序插桩技术时，可以在程序的某些部分插入某些用以判断变量特性的语句，使程序执行时这些语句得以证实，从而使程序运行特性得以证实，把这些插入的语句称为断言语句。这一方法是程序正确性证明的基本步骤，尽管算不上严格证明，但在实践中十分实用。有些编译系统支持表达式形式的断言语句识别。

在如下的简单代码中，从main()函数开始执行，main()函数创建对象A并通过调用对象A的Go()函数开始进入执行流程。main()函数和Go()函数代码如下所示。

```
void A::Go()
{
        cout << "input the file name:" << endl;
        cin >> inf;
        if(( psin = fopen( inf, "r")) == NULL)
        {
                cout << "can't open file." << endl;
                return;
        }
        cout << "input a file name:" << endl;
        cin >> outf;
        cout << "running" << endl;
        int error;
        error=judge();
        if(error)
                cout << "errors found when judging." << endl;
        else
        {
                psout=fopen(outf,"w");
                Create ();
                cout << "succeed. executing." << endl;
                Run();
                fclose(psout);
        }
        fclose(psin);
}

int main()
{
        A a;                                            //声明A类实例
        a.Go();                                         //运行实例

        //将程序暂停，查看结果
        cout<<"press any character to exit"<<endl;
        char mh;
        cin >> mh;
        return 0;
}
```

为了使程序在运行时更清晰地表现其运行状态，可以对上面两个函数插入一些打印语句。

在main()函数的入口插入如下语句，标识整个程序开始执行。

```
cout <<"主程序开始运行"<< endl;
```

在 Go()函数的入口插入如下语句,标识创建对象 A 成功并已开始运行 Go()函数。

```
cout <<"开始运行 A 程序"<< endl;
```

在 Go()函数的 judge()语句前插入如下语句。

```
cout <<"开始判断"<< endl;
```

并在 Go()函数的 judge ()语句后插入如下语句,标识判断部分的运行和返回状态。

```
cout <<"判断结束"<< endl;
```

在 Go()函数的 Create ()语句前插入如下语句。

```
cout <<"开始创建"<< endl;
```

并在 Go()函数的 Create()语句后插入如下语句,标识 Create ()函数的开始与结束执行。

```
cout <<"结束创建"<< endl;
```

在 Go()函数的 Run()语句前插入如下语句。

```
cout <<"开始运行"<< endl;
```

并在 Go()函数的 Run()语句后插入如下语句,标识 Run()函数的开始与结束执行。

```
cout <<"结束运行"<< endl;
```

在 main()函数的 a. Go()语句后插入如下语句,标识对象 A 的 Go()函数已经得到运行并返回。

```
cout <<"程序已运行结束"<< endl;
```

同样地,也可以为每个子程序和函数在入口处添加打印代码,在某些地方插入断言语句,在有循环语句的部分插入计数器统计循环语句的执行次数等。通过这些输出打印信息、计数器取值信息等表示程序的运行状态、函数的调用与返回、变量取值等,进行程序的追踪、调试与测试。

3.3.2 逻辑覆盖法

逻辑覆盖法也是常用的一类白盒动态测试方法,以程序内部逻辑结构为基础,通过对程序逻辑结构遍历实现程序测试的覆盖。逻辑覆盖法要求测试人员对程序的逻辑结构有清晰的了解。

逻辑覆盖法是一系列测试过程的总称,这组测试过程逐渐进行越来越完整的通路测试。

根据覆盖源程序语句的详尽程度，可以分为语句覆盖、判定覆盖、条件覆盖、条件判定覆盖、条件组合覆盖和路径覆盖。下面将一一介绍这些覆盖准则。

1. 语句覆盖

语句覆盖指的是代码中所有的语句都至少执行一遍，用于检查测试用例是否有遗漏，如果检查出存在没有执行到的语句，就需要增加测试用例将所有语句覆盖到。语句覆盖可以很直观地从源代码得到测试用例，无须细分每条判定表达式。该测试用例虽然覆盖了可执行语句，但是不能检查判断逻辑是否有问题，因此一般认为语句覆盖是很不充分的一种测试，是最弱的逻辑覆盖准则。语句覆盖可以通过测试覆盖率工具(如 TrueCoverage、PureCoverage 等)来检查。

语句覆盖率是指被执行的语句数占总语句数的百分比。原则上，单元测试中的语句覆盖率必须达到100%，尤其是对于一些对质量要求较高的软件，如航天航空软件、电信设备软件、医用设备软件等，就要求软件中的所有语句都必须执行到；对于质量要求不高的软件，根据实际项目情况，语句覆盖率一般也应该达到90%以上，否则单元测试的效果会大打折扣。

考虑下面的程序。

```
if (A>1 and B=0)
X=X/A;
if(A=2 or X>1)
X=X+1;
```

上述代码的程序流程图如图 3-6 所示。

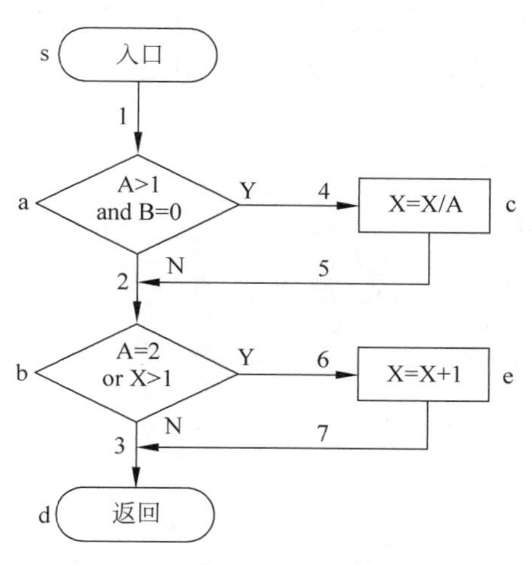

图 3-6　被测试模块的流程图

为了使每个语句都执行一次，程序的执行路径应该是 s-a-c-b-e-d。为此，只需要输入下面的测试数据(实际上 X 可以是任意实数)。

A=2，B=0，X=4

语句覆盖对程序的逻辑覆盖很少。在上面例子中两个判定条件都只测试了条件为真的情况，条件为假时处理有错误，显然不能发现。此外，语句覆盖只关心判定表达式的值，而没有分别测试判定表达式中每个条件取不同值时的情况。在上面的例子中，为了执行 s-a-c-be-d 路径，只需两个判定表达式(A>1)and(B=0)和(A=2)or(X>1)都取真值，因此使用上述一组测试数据就够了。但是，如果程序中把第 1 个判定表达式中的逻辑运算符 and 错写成 or，或把第 2 个判定表达式中的条件 X>1 错写成 X<1，使用上面的测试数据并不能查出这些错误。

综上所述，可以看出语句覆盖是很弱的逻辑覆盖标准。为了更充分地测试程序，可以采用下面的覆盖标准。

2. 判定覆盖

判定覆盖又称为判断覆盖、分支覆盖，是比语句覆盖稍强的覆盖标准。判定覆盖指的是设计足够的测试用例，使每个判断获得每种可能的结果至少一次，即对被测试模块中的每个判断要分别取真和假各一次进行测试。判定覆盖是单元测试中很常用的一类覆盖，利用判定覆盖可以检查测试用例的设计是否完整，但是判定覆盖准则依然不够严格。

对于上面的例子，能够分别覆盖路径 s-a-c-b-e-d 和 s-a-b-d 的两组测试数据，或者可以分别覆盖路径 s-a-c-b-d 和 s-a-b-e-d 的两组测试数据，都满足判定覆盖标准。例如，用下面两组测试数据就可做到完全的判定覆盖。

- A=3，B=0，X=3(覆盖 s-a-c-b-d)
- A=2，B=1，X=1(覆盖 s-a-b-e-d)

判定覆盖比语句覆盖强，但是对程序逻辑的覆盖程度仍然不高，如上述测试数据只覆盖了程序全部路径的一半。

3. 条件覆盖

条件覆盖是指程序中每个判断中的每个条件的所有可能取值至少要都执行一次，条件覆盖独立度量每个子表达式，并对控制流更敏感。但是完全的条件覆盖并不能满足完全地判定覆盖。

考虑下面的程序。

```
if (a && b) {
        return true;
}else {
        return false;
}
```

通过以下两个测试用例可以得到 100%的条件覆盖率。

- a=true，b=false
- a=false，b=true

但上述测试用例条件都不会使 if 的逻辑运算式成立，因此不符合判定覆盖的条件。

4. 条件判定覆盖

既然判定覆盖不一定包含条件覆盖，条件覆盖也不一定包含判定覆盖，自然会提出一种能同时满足这两种覆盖准则的逻辑覆盖，这就是条件判定覆盖。条件判定覆盖是判定覆盖和条件覆盖的组合，指的是设计足够的测试用例，使判定中每个条件的所有可能取值至少出现一次，并且每个判定取到的各种可能的结果也至少出现一次。条件判定覆盖具有两者的简单性并且没有两者的缺点，但是其没有考虑单个判定对整体结果的影响。

下面以一段代码为例，说明条件判定覆盖的测试用例的设计过程。

```
int x, y;
double z;
if(x>0 && y>0)
      z = z / x;
if(x>1 || z>1)
      z = z + 1;
z = y + z;
```

对其设计测试用例的第一步就是绘制出它的程序流程图，如图 3-7 所示。

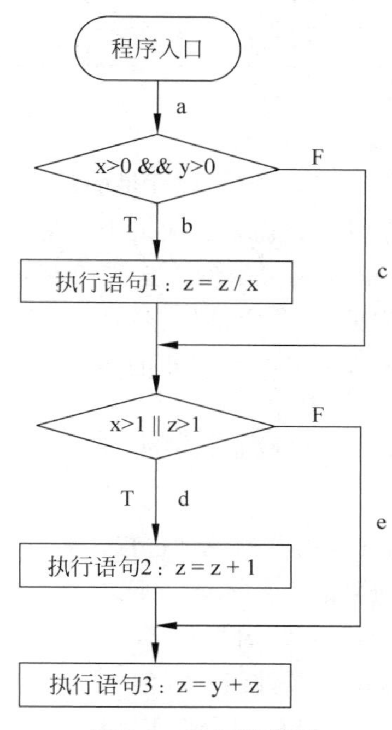

图 3-7　程序流程图

由于条件判定覆盖是条件覆盖与判定覆盖的组合，所以其测试用例取条件覆盖的用例和判定覆盖的用例的并集即可。

条件覆盖的思想是使每个判断的所有逻辑条件的每种可能取值至少执行一次。

对于判断语句 x>0 && y>0：条件 x>0 取真为 T1，取假为-T1；条件 y>0 取真为 T2，取假为-T2。

对于判断语句 x>1 || z>1：条件 x>1 取真为 T3，取假为-T3；条件 z>1 取真为 T4，取假为-T4。

设计测试用例如表 3-2 所示。

表 3-2　条件覆盖的测试用例

输　　入	通过路径	条件取值
x=7,y=1,z=3	a-b-d	T1,T2,T3,T4
x=－1,y=－3,z=0	a-c-e	-T1,-T2,-T3,-T4

判定覆盖的思想是使每个判断的取真分支和取假分支至少执行一次。

对于判断语句 x>0 && y>0：取真为 M；取假为-M。

对于判断语句 x>1 || z>1：取真为 N；取假为-N。

设计测试用例，如表 3-3 所示。

综合表 3-2 和表 3-3，条件判定覆盖的测试用例如表 3-4 所示。

表 3-3 判定覆盖的测试用例

输　　入	通过路径	判定取值
x=7,y=1,z=3	a-b-d	M,N
x=−1,y=−3,z=0	a-c-e	-M,-N

表 3-4 条件判定覆盖的测试用例

输　　入	通过路径
x=7,y=1,z=3	a-b-d
x=−1,y=−3,z=0	a-c-e

5. 条件组合覆盖

条件组合覆盖又称为多条件覆盖，指的是设计足够的测试用例，使判定条件中每个条件的可能组合至少出现一次。多条件覆盖需要的测试用例是用一个条件的逻辑操作符的真值表确定的。显然，满足多条件覆盖的测试用例一定满足判定覆盖、条件覆盖和条件判定覆盖。多条件覆盖是一个彻底的测试，但是它依然存在以下一些缺点。

(1) 它可能是非常冗长乏味的决定一个需要的测试用例的最小设置，特别是对于一些非常复杂的布尔表达式。

(2) 对于相似的复杂性的条件却需要非常大的变化。

(3) 可能会存在路径遗漏。

以上一段代码为例，给出其测试用例的设计过程。

对各判断语句的逻辑条件的取值组合标记如下。

(1) x>0,y>0，记作 T1、T2，条件组合取值 M。

(2) x>0,y<=0，记作 T1、-T2，条件组合取值-M。

(3) x<=0,y>0，记作-T1、T2，条件组合取值-M。

(4) x<=0,y<=0，记作-T1、-T2，条件组合取值-M。

(5) x>1,z>1，记作 T3、T4，条件组合取值 N。

(6) x>1,z<=1，记作 T3、-T4，条件组合取值 N。

(7) x<=1,z>1，记作-T3、T4，条件组合取值 N。

(8) x<=1,z<=1，记作-T3、-T4，条件组合取值-N。

设计测试用例如表 3-5 所示。

表 3-5 多条件覆盖的测试用例

输　　入	通 过 路 径	条 件 取 值	覆盖组合号
x=1,y=3,z=2	a-b-d	T1,T2,-T3,T4	1,7
x=2,y=0,z=8	a-c-d	T1,-T2,T3,T4	2,5
x=-1,y=1,z=1	a-c-e	-T1,T2,-T3,-T4	3,8
x=-2,y=-3,z=0	a-c-e	-T1,-T2,-T3,-T4	4,8
x=5,y=9,z=0	a-b-d	T1,T2,T3,-T4	1,6

6. 路径覆盖

路径覆盖是指测试用例中执行到的路径数量占被测试模块所有可能的执行路径的比例。在路径覆盖中，我们只需要考虑所有可能的执行路径，对于不可能执行的路径，是不需要考虑的。而且对于一些大型程序，其包含的路径总量是非常庞大的，如果要把所有路径都找出来去覆盖也是不现实的。因此，我们可以借助以下方法寻找程序中的路径。

1）单个判断语句的路径计算

单个判断语句中，路径只有两条，一条是判断条件为真，另一条是判断条件为假。在不考虑判断分支中的路径分支时，路径数与判断分支数相等。

2）单个循环语句中的路径计算

在循环语句中，通常循环的每次迭代都可以看作一条路径，但这样计算出的路径的测试工作量太大，所以通过以下方式简化循环中的路径计算。

(1) 当循环中条件一定会满足，循环内语句一定会执行时，循环语句中的可能执行的路径可看作一条。

例如下面的循环语句：

```
int i , sum;
for(i=1;i<=100;i++)
{
      sum+=i;
}
```

循环中的条件一定满足，循环语句 sum+=i 一定会被执行，直到 i=101 时循环结束。在这种情况下，整个循环语句可能的执行路径可看作只有一条。

(2) 当循环条件不一定满足，循环内的语句有可能被执行到，也可能不被执行时，循环语句中可能的执行路径可看作两条：一条路径循环被执行，另一条路径循环不被执行。

例如下面的循环语句：

```
int sum=0;
while  (x<100) {
      sum+=x;
      x++;
}
```

上面的循环中，当 $x \geqslant 100$ 时，循环不执行，因此可能的执行路径有两条。

(3) 当循环过程中有可能出现中断的情况。

例如下面的循环语句：

```
int GetSum(int maxnum){
      int sum=0;
      for(int i=0;i<50;i++){
            sum+=i;
            if(sum>=maxnum){
                  break;
            }
      }
      return sum;
}
```

上面这段程序，由于参数 maxnum 的不同，在循环的每次迭代都有两种可能，一种是满足判断条件，一种是不满足判断条件，所以可以认为路径的数量是 51 条，其中 50 条是 for 循环中 if 判断条件都满足的情况，另外一条是 for 循环中 if 判断条件没有被满足，break 语句没有被执行的情况。实际上，程序中可能执行的路径总数不多于输入参数的等价类的所有组合数量，上述代码中 GetSum()函数的输入参数实际上有 51 个等价类，可能的执行路径数量也是 51 条。

3）有嵌套判断或循环时的路径计算

下面是有嵌套判断语句的例子。

```
int GetMaxnum(int a,int b,int c){
        if(a>=b){
                if(a>=c)
                        return a;
                else
                        return c;
        }else{
                if(b>=c)
                        return b;
                else
                        return c;
        }
}
```

对上述程序的路径统计，先计算出第 1 个 if 中的路径为两条，再计算出 else 中的路径为两条，因此相乘得到总路径为 4 条，对于有嵌套判断或循环的程序，一般先从内层开始计算路径，然后通过相乘得到总的路径数。

3.3.3 基本路径法

基本路径法是在程序控制流图的基础上，通过分析控制构造的环路复杂性，导出基本可执行的路径集合，从而设计测试用例的方法。在基本路径测试中，设计出的测试用例要保证在测试中程序的每条可执行语句至少执行一次。在基本路径法中，需要使用程序的控制流图进行可视化表达。

程序的控制流图是描述程序控制流的一种图示方法。其中，圆圈称为控制流图的一个节点，表示一个或多个无分支的语句或源程序语句；箭头称为边或连接，代表控制流。在将程序流程图简化成控制流图时，应注意：

（1）在选择或多分支结构中，分支的汇聚处应有一个汇聚节点；

（2）边和节点圈定的区域叫作区域，当对区域计数时，图形外的区域也应记为一个区域。

控制流图如图 3-8 所示。

环路复杂度是一种为程序逻辑复杂性提供定量测度的软件度量，将该度量用于计算程序的基本的独立路径数目，为确保所有语句至少执行一次的测试数量的上界。独立路径必须包含一条在定义之前不曾用到的边。以下 3 种方法可用于计算环路复杂度。

（1）流图中区域的数量对应于环路的复杂度。

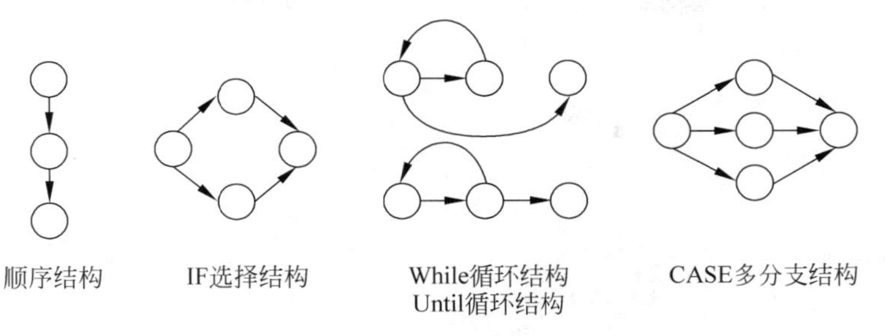

图 3-8　控制流图表示

(2) 给定流图 G 的环路复杂度 $V(G)$，定义为 $V(G)=E-N+2$，其中，E 为流图中边的数量，N 为流图中节点的数量。

(3) 给定流图 G 的环路复杂度 $V(G)$，定义为 $V(G)=P+1$，其中，P 为流图 G 中判定节点的数量。

基本路径测试法适用于模块的详细设计及源程序，其步骤如下。

(1) 以详细设计或源代码为基础，导出程序的控制流图。

(2) 计算控制流图 G 的环路复杂度 $V(G)$。

(3) 确定线性无关的路径的基本集。

(4) 生成测试用例，确保基本路径集中每条路径的执行。

每个测试用例执行后与预期结果进行比较，如果所有测试用例都执行完毕，则可以确信程序中所有可执行语句至少被执行了一次。但是必须注意，一些独立路径往往不是完全孤立的，有时它是程序正常控制流的一部分，这时对这些路径的测试可以是另一条测试路径的一部分。

下面将以一个具体实例为出发点，讲解使用基本路径法测试的细节。

对于下面的程序，假设输入的取值范围为 1000＜year＜2001，使用基本路径法为变量 year 设计测试用例，使其满足基本路径覆盖的要求。

```
int IsLeap(int year)
{
     if (year % 4 ==0)
     {
          if ( year % 100 ==0)
          {
               if ( year % 400 == 0)
               leap = 1;
               else
               leap =0;
          }
          else
               leap = 1;
     }
     else
        leap = 0;
     return leap;
}
```

根据源代码绘制程序的控制流图，如图 3-9 所示。

通过控制流图，计算环路复杂度 $V(G)$ = 区域数 = 4。

线性无关的路径集为：

(1) 1-3-8；

(2) 1-2-5-8；

(3) 1-2-4-7-8；

(4) 1-2-4-6-8。

设计测试用例如下。

路径 1：输入数据：year＝1999，预期结果：leap＝0；

路径 2：输入数据：year＝1996，预期结果：leap＝1；

路径 3：输入数据：year＝1800，预期结果：leap＝0；

路径 4：输入数据：year＝1600，预期结果：leap＝1。

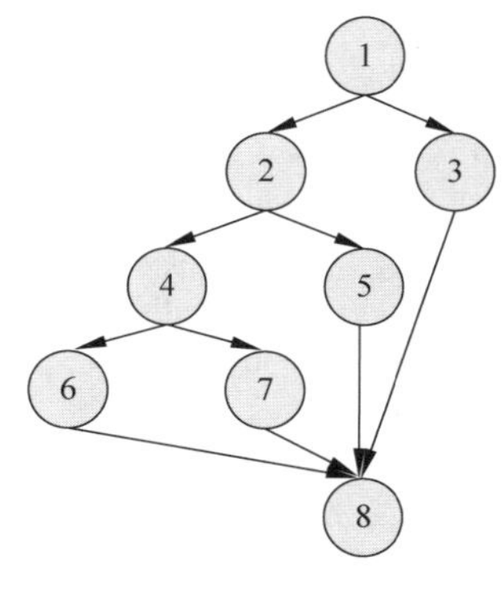

图 3-9 控制流图

3.3.4 白盒测试方法选择

白盒测试还有静态质量度量、域测试、Z 路径覆盖等方法，本书不再展开叙述。白盒测试的每种测试方法都有各自的优点和不足，需要测试人员根据实际软件特点、实际测试目标和测试阶段选择合适的方法设计测试用例，这样能有效地发现软件错误，提高测试效率和测试覆盖率。以下是选择方法的几条经验。

(1) 在测试中，可采取先静态再动态的组合方式，先进行代码检查和静态结构分析，再进行覆盖测试。

(2) 利用静态分析的结果作为引导，通过代码检查和动态测试的方式对静态分析的结果做进一步确认。

(3) 覆盖测试是白盒测试的重点，一般可使用基本路径测试法达到语句覆盖标准，对于软件的重点模块，应使用多种覆盖标准衡量测试的覆盖率。

(4) 不同的测试阶段，测试重点不同。在单元测试阶段，以代码检查、覆盖测试为主；在集成测试阶段，需要增加静态结构分析等；在系统测试阶段，应根据黑盒测试的结果，采用相应的白盒测试方法。

3.4 黑盒测试

黑盒测试又称为功能测试，它主要关注被测软件功能的实现，而不是其内部逻辑。在黑盒测试中，被测对象的内部结构、运作情况对测试人员是不可见的，测试人员把被测试的软件系统看作一个黑盒子，并不需要关心盒子的内部结构和内部特性，而只关注于软件产品的输入数据和输出结果，从而检查软件产品是否符合它的功能说明。黑盒测试有多种方法，如场景法、等价类划分、边界值分析、因果图法、决策表法等。

3.4.1 黑盒测试方法

1. 等价类划分法

根据软件测试原则可以知道，要做到穷举测试是不可能的，事实上也是不必要的。为了

减少测试工作量，需要对测试用例进行适当的选取。等价类划分法便提供了一种选取测试用例的方法。

等价类划分法是一种典型的黑盒测试方法，用这种方法设计测试用例完全不用考虑程序的内部结构，只根据对程序的要求和说明，即需求规格说明书。必须仔细分析和推敲说明书的各项内容，特别是功能需求，把说明中对输入的要求和输出的要求区别开来并加以分解。

等价类划分法把程序的输入域划分为若干部分，然后从每个部分中选取少数代表性数据当作测试用例。每类的代表性数据在测试中的作用等价于这一类中的其他值。也就是说，如果某一类中的一个用例发现了错误，这一类中的其他用例也能发现同样的错误；反之，如果某一类中的一个用例没有发现错误，则这一类中的其他用例也不会查出错误。

使用这一方法设计测试用例，首先必须在分析需求规格说明书的基础上划分等价类，列出等价类表。等价类划分有两种不同的情况：有效等价类和无效等价类。有效等价类是指对程序的规格说明是有意义的、合理的输入数据所构成的集合。无效等价类是指对程序的规格说明是无意义的、不合理的输入数据构成的集合。

在划分等价类时，有一些规则应该遵循。

(1) 如果输入条件规定了取值范围或个数，则可以确定一个有效等价类和两个无效等价类。例如，输入值是选课人数，为 0～100，那么有效等价类是 0≤学生人数≤100；无效等价类是学生人数<0 和学生人数>100。

(2) 如果输入条件规定了输入值的集合或是规定了“必须如何”的条件，则可以确定一个有效等价类和一个无效等价类。例如，输入值是日期类型的数据，那么有效等价类是日期类型的数据；无效等价类是非日期类型的数据。

(3) 如果输入是布尔表达式，可以分为一个有效等价类和一个无效等价类。例如，要求密码非空，则有效等价类为非空密码；无效等价类为空密码。

(4) 如果输入条件是一组值，且程序对不同的值有不同的处理方式，则每个允许的输入值对应一个有效等价类，所有不允许的输入值的集合为一个无效等价类。例如，输入条件“职称”的值是初级、中级或高级，那么有效等价类应该有 3 个：初级、中级和高级；无效等价类有一个：其他任何职称。

(5) 如果规定了输入数据必须遵循的规则，可以划分出一个有效等价类(符合规则)和若干个无效等价类(从不同的角度违反规则)。

划分好等价类后，就可以设计测试用例了。设计测试用例的步骤可以归结为 3 步。

(1) 对每个输入和外部条件进行等价类划分，画出等价类表，并为每个等价类进行编号。

(2) 设计一个测试用例，使其尽可能多地覆盖有效等价类，重复这一步，直到所有的有效等价类被覆盖。

(3) 为每个无效等价类设计一个测试用例。

下面将以一个测试 NextDate 函数的具体实例为出发点，讲解使用等价类划分法设计测试用例的过程。输入 3 个变量(年、月、日)，函数返回输入日期后面一天的日期：1≤月≤12，1≤日≤31，1812≤年≤2012。给出等价类划分表并设计测试用例。

划分等价类，得到等价类划分表，如表 3-6 所示。

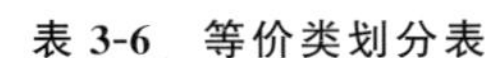

表 3-6 等价类划分表

输入及外部条件	有效等价类	等价类编号	无效等价类	等价类编号
日期的类型	数字字符	1	非数字字符	8
年	1812～2012	2	＜1812	9
			＞2012	10
月	1～12	3	＜1	11
			＞12	12
非闰年的 2 月	日为 1～28	4	＜1	13
			＞28	14
闰年的 2 月	日为 1～29	5	＜1	15
			＞29	16
月份为 1 月、3 月、5 月、7 月、8 月、10 月、12 月	日为 1～31	6	＜1	17
			＞31	18
月份为 4 月、6 月、9 月、11 月	日为 1～30	7	＜1	19
			＞30	20

为有效等价类设计测试用例，如表 3-7 所示。

表 3-7 有效等价类的测试用例

序号	输入数据			预期输出			覆盖范围（等价类编号）
	年	月	日	年	月	日	
1	2003	3	15	2003	3	16	1,2,3,6
2	2004	2	13	2004	2	14	1,2,3,5
3	1999	2	3	1999	2	4	1,2,3,4
4	1970	9	29	1970	9	30	1,2,3,7

为无效等价类设计测试用例，如表 3-8 所示。

表 3-8 无效等价类的测试用例

序号	输入数据			预期结果	覆盖范围（等价类编号）
	年	月	日		
1	xy	5	9	输入无效	8
2	1700	4	8	输入无效	9
3	2300	11	1	输入无效	10
4	2005	0	11	输入无效	11
5	2009	14	25	输入无效	12
6	1989	2	−1	输入无效	13
7	1977	2	30	输入无效	14
8	2000	2	−2	输入无效	15
9	2008	2	34	输入无效	16
10	1956	10	0	输入无效	17
11	1974	8	78	输入无效	18
12	2007	9	−3	输入无效	19
13	1866	12	35	输入无效	20

通过案例可以了解，等价类划分法可以作为一种有效的黑盒测试方法，设计测试用例能够覆盖程序功能，而又不存在冗余的测试用例。但是需要对程序规格说明书进行深入了解并合理地划分等价类。有些时候，规格说明书中可能没有定义对无效输入的预期输出应该是什么样子，因此测试人员需要花费大量时间来定义这些测试用例的预期输出。这也是等价类划分法存在的一个缺陷。

2. 边界值分析法

人们从长期的测试工作经验中得知，大量的错误往往发生在输入和输出范围的边界上，而不是范围的内部。因此，针对边界情况设计测试用例，能够更有效地发现错误。

边界值分析法是一种补充等价类划分法的黑盒测试方法，它不是选择等价类中的任意元素，而是选择等价类边界的测试用例。实践证明，这些测试用例往往能取得很好的测试效果。边界值分析法不仅重视输入范围边界，也从输出范围中导出测试用例。

通常情况下，软件测试所包含的边界条件有以下几种类型：数字、字符、位置、质量、大小、速度、方位、尺寸、空间等；边界值应该为最大/最小、首位/末位、上/下、最快/最慢、最高/最低、最短/最长、空/满等情况。

用边界值分析法设计测试用例时应当遵守以下几条原则。

（1）如果输入条件规定了取值范围，应以该范围的边界内及刚刚超范围的边界外的值作为测试用例。如以 a 和 b 作为输入条件，测试用例应当包括 a 和 b，以及略大于 a 和略小于 b 的值。

（2）若规定了值的个数，应分别以最大、最小个数和稍小于最小个数和稍大于最大个数作为测试用例。

（3）针对每个输出条件，也使用上面两条原则。

（4）如果程序规格说明书中提到的输入或输出范围是有序的集合，如顺序文件、表格等，应注意选取有序集的第 1 个和最后一个元素作为测试用例。

（5）分析规格说明，找出其他的可能边界条件。

边界值分析法利用输入变量的最小值、略大于最小值、输入范围内任意值、略小于最大值、最大值设计测试用例。如图 3-10 所示，对于 n 个变量，使除一个以外的所有变量都取正常值，使剩余的变量取上述 5 个值，对每个变量都重复进行。一个 n 变量函数的边界值有 $4n+1$ 个测试用例。

健壮性测试是边界值分析的一种简单扩展，除了使用 5 个边界值分析取值，还要采用一个略小于最小值和一个略大于最大值的取值。健壮性测试更关注例外情况如何处理。如图 3-11 所示，一个 n 变量函数的健壮性边界值有 $6n+1$ 个测试用例。

如果对于每个变量，首先取边界值的 5 个取值作为集合，然后对这些集合进行笛卡尔积运算生成测试用例，则称为最坏情况测试。一个 n 变量函数的最坏情况测试有 $5n$ 个测试用例。同理，可以进行健壮最坏情况测试。一个 n 变量函数的最坏情况测试有 $7n$ 个测试用例。可以看到，测试的完全度与测试复杂度是成正比的，在实际测试中选择哪种边界值分析法，要根据项目具体需要确定。

普通边界条件是很容易找到的，它们在规格说明书中有定义，或者在使用软件过程中确定。有些边界在软件内部，最终用户几乎看不到，但是软件测试仍有必要检查，这样的边界条件成为次边界条件。寻找这样的边界条件就需要测试人员了解软件大概的工作方式。边

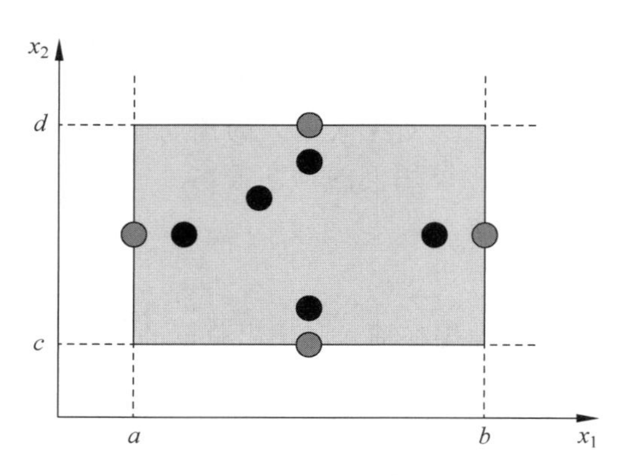

图 3-10 边界值分析测试用例示意图

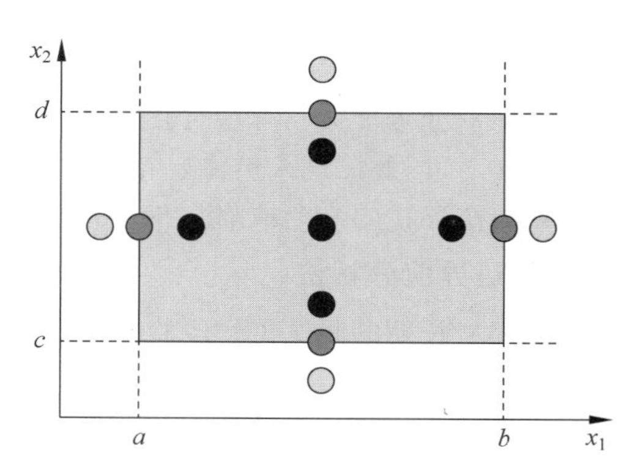

图 3-11 健壮性边界值测试用例示意图

界条件的确定有时也需要一定的领域知识。

以上面提到的 NextDate 函数为例，除了已经用等价类划分法设计出的测试用例外，还应该用边界值分析法再补充如表 3-9 所示的测试用例。

表 3-9 边界值分析法设计的测试用例

序号	边 界 值	输入数据			预期输出		
		年	月	日	年	月	日
1	使年刚好等于最小值	1812	3	15	1812	3	16
2	使年刚好等于最大值	2012	3	15	2012	3	16
3	使年刚刚小于最小值	1811	3	15	输入无效		
4	使年刚刚大于最大值	2013	3	15	输入无效		
5	使月刚好等于最小值	2000	1	15	2000	1	16
6	使月刚好等于最大值	2000	12	15	2000	12	16
7	使月刚刚小于最小值	2000	0	15	输入无效		
8	使月刚刚大于最大值	2000	13	15	输入无效		
9	使闰年的 2 月的日刚好等于最小值	2000	2	1	2000	2	2
10	使闰年的 2 月的日刚好等于最大值	2000	2	29	2000	3	1
11	使闰年的 2 月的日刚刚小于最小值	2000	2	0	输入无效		
12	使闰年的 2 月的日刚刚大于最大值	2000	2	30	输入无效		
13	使非闰年的 2 月的日刚好等于最小值	2001	2	1	2001	2	2
14	使非闰年的 2 月的日刚好等于最大值	2001	2	28	2001	3	1
15	使非闰年的 2 月的日刚刚小于最小值	2001	2	0	输入无效		
16	使非闰年的 2 月的日刚刚大于最大值	2001	2	29	输入无效		
17	使 1 月、3 月、5 月、7 月、8 月、10 月、12 月的日刚好等于最小值	2001	10	1	2001	10	2
18	使 1 月、3 月、5 月、7 月、8 月、10 月、12 月的日刚好等于最大值	2001	10	31	2001	11	1

续表

序号	边界值	输入数据			预期输出		
		年	月	日	年	月	日
19	使1月、3月、5月、7月、8月、10月、12月的日刚刚小于最小值	2001	10	0	输入无效		
20	使1月、3月、5月、7月、8月、10月、12月的日刚刚大于最大值	2001	10	32	输入无效		
21	使4月、6月、9月、11月的日刚好等于最小值	2001	6	1	2001	6	2
22	使4月、6月、9月、11月的日刚好等于最大值	2001	6	30	2001	7	1
23	使4月、6月、9月、11月的日刚刚小于最小值	2001	6	0	输入无效		
24	使4月、6月、9月、11月的日刚刚大于最大值	2001	6	31	输入无效		

3. 因果图法

等价类划分法和边界值分析法都主要考虑的是输入条件，而没有考虑输入条件的各种组合以及各个输入条件之间的相互制约关系。然而，如果在测试时考虑到输入条件的所有组合方式，可能其本身非常大甚至是个天文数字。因此，必须考虑描述多种条件的组合，相应地产生多个动作的形式，设计测试用例。这就需要利用因果图法。

因果图法是一种黑盒测试方法，它从自然语言书写的程序规格说明书中寻找因果关系，即输入条件与输出和程序状态的改变，通过因果图产生判定表。它能够帮助人们按照一定的步骤高效地选择测试用例，同时还能指出程序规格说明书中存在的问题。

在因果图中，用 C 表示原因，E 表示结果，各节点表示状态，取值为0表示某状态不出现，取值为1表示某状态出现。因果图有4种关系符号，如图3-12所示。

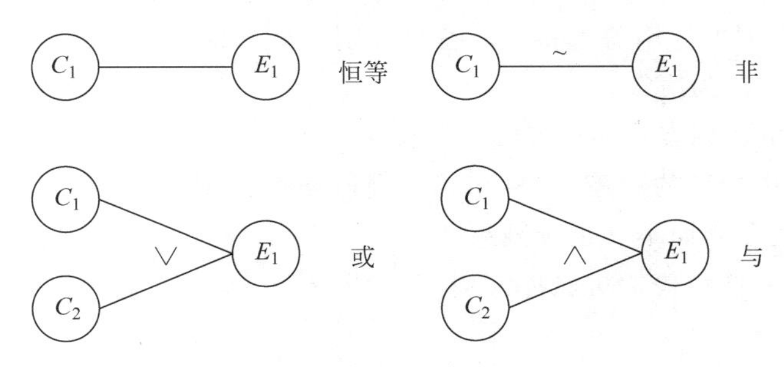

图3-12　因果图基本符号

(1) 恒等：若原因出现，则结果出现；若原因不出现，则结果不出现。

(2) 非(～)：若原因出现，则结果不出现；若原因不出现，则结果反而出现。

(3) 或(∨)：若几个原因中有一个出现，则结果出现；若几个原因都不出现，则结果不出现。

(4) 与(∧)：若几个原因都出现，结果才出现；若其中一个原因不出现，则结果不出现。

为了表示原因与原因之间、结果与结果之间可能存在的约束关系，在因果图中可以附加一些表示约束条件的符号，如图 3-13 所示。从输入考虑，有以下 4 种约束。

(1) E 约束(互斥)：表示 a 和 b 两个原因不会同时成立，最多有一个可以成立。

(2) I 约束(包含)：表示 a 和 b 两个原因至少有一个必须成立。

(3) O 约束(唯一)：表示 a 和 b 两个原因必须有且仅有一个成立。

(4) R 约束(要求)：表示 a 出现时，b 也必须出现。

从输出考虑，有一种约束。

M 约束(强制)：表示 a 为 1 时，b 必须为 0。

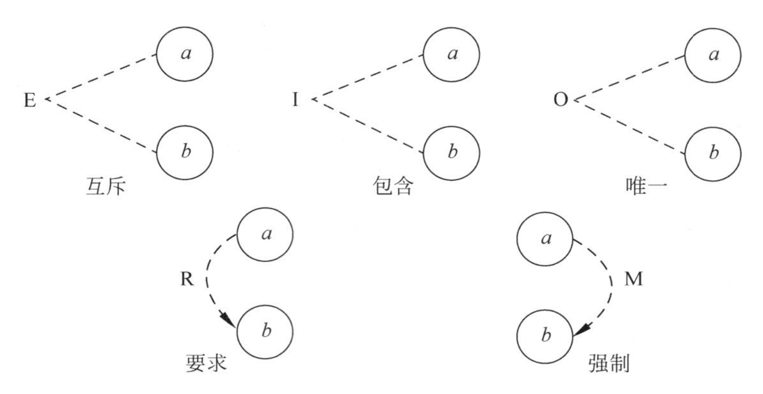

图 3-13 因果图约束符号

因果图法设计测试用例的步骤如下。

(1) 分析程序规格说明书的描述中，哪些是原因，哪些是结果。原因常常是输入条件或输入条件的等价类，而结果常常是输出条件。

(2) 分析程序规格说明书中描述的语义内容，并将其表示成连接各个原因与各个结果的因果图。

(3) 由于语法或环境的限制，有些原因和结果的组合情况是不可能出现的，为表明这些特定的情况，在因果图上使用若干特殊的符号标明约束条件。

(4) 把因果图转化为决策表。

(5) 为决策表中每列表示的情况设计测试用例。

后面两个步骤中提到的决策表，将在后续进行详细介绍。如果项目在设计阶段已存在决策表，则可以直接使用而不必再画因果图。

下面以一个自动饮料售货机软件为例，展示因果图分析方法。该自动饮料售货机软件的规格说明如下。

有一个处理单价为 1 元 5 角的盒装饮料的自动售货机软件。若投入 1 元 5 角硬币，按下“可乐”“雪碧”或“红茶”按钮，相应的饮料就送出来；若投入 2 元硬币，在送出饮料的同时退还 5 角硬币。

首先从软件规格说明中分析原因、结果以及中间状态。分析结果如表 3-10 所示。

表 3-10 自动饮料售货机软件分析结果

原因	C_1：投入1元5角硬币 C_2：投入2元硬币 C_3：按"可乐"按钮 C_4：按"雪碧"按钮 C_5：按"红茶"按钮	中间状态	11：已投币 12：已按钮	结果	E_1：退还5角硬币 E_2：送出可乐 E_3：送出雪碧 E_4：送出红茶

根据表 3-10 中的原因与结果，结合软件规格说明，连接成如图 3-14 所示的因果图。

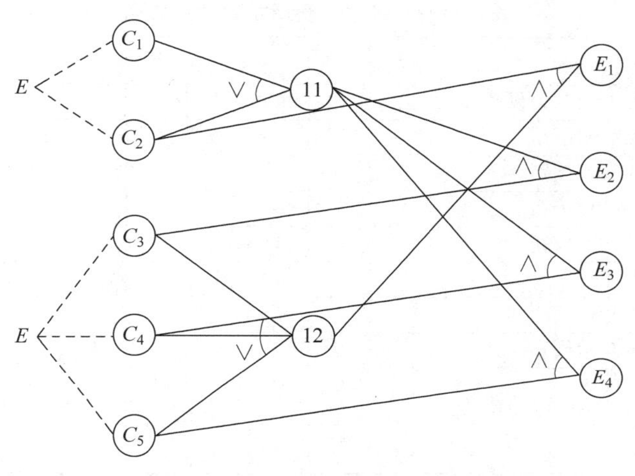

图 3-14 自动饮料售货机软件因果图

4. 决策表法

在一些数据处理问题中，某些操作是否实施依赖于多个逻辑条件的取值。在这些逻辑条件取值的组合所构成的多种情况下，分别执行不同的操作。处理这类问题的一个非常有力的工具就是决策表。

决策表是分析和表达多逻辑条件下执行不同操作的情况的工具，可以把复杂逻辑关系和多种条件组合的情况表达得比较明确。决策表通常由 4 部分组成，如图 3-15 所示。

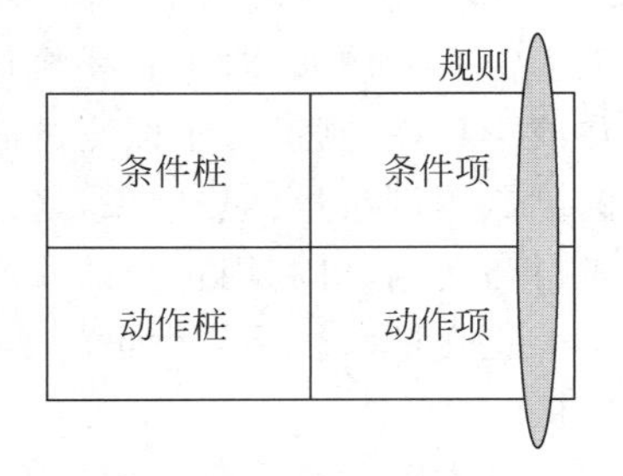

图 3-15 决策表组成

(1) 条件桩：列出问题的所有条件。

(2) 条件项：列出所列条件下的取值在所有可能情况下的真假值。

(3) 动作桩：列出问题规定可能采取的动作。

(4) 动作项：列出在条件项的各种取值情况下应采取的动作。

规则规定了任何一个条件组合的特定取值及其相应要执行的操作。在决策表中贯穿条件项和动作项的一列就是一条规则。有两条或多条规则具有相同的动作，并且其条件项之间存在着极为相似的关系的规则可以进行规则合并。

决策表的建立应当根据软件规格说明书，分为以下几个步骤。

(1) 确定规则个数。

（2）列出所有条件桩和动作桩。

（3）填入条件项。

（4）填入动作项，制订初始决策表。

（5）简化，合并相似规则或者相同动作。

在简化并得到最终决策表后，只要选择适当的输入，使决策表每列的输入条件得到满足即可生成测试用例。

将上面得到的自动饮料售货机软件因果图转换为决策表，如表 3-11 所示。

表 3-11 自动饮料售货机软件决策表

		1	2	3	4	5	6	7	8	9	10	11
条件	C_1：投入 1 元 5 角硬币	1	1	1	1	0	0	0	0	0	0	0
	C_2：投入 2 元硬币	0	0	0	0	1	1	1	1	0	0	0
	C_3：按“可乐”按钮	1	0	0	0	1	0	0	0	1	0	0
	C_4：按“雪碧”按钮	0	1	0	0	0	1	0	0	0	1	0
	C_5：按“红茶”按钮	0	0	1	0	0	0	1	0	0	0	1
中间状态	11：已投币	1	1	1	1	1	1	1	1	0	0	0
	12：已按钮	1	1	1	0	1	1	1	0	1	1	1
动作	E_1：退还 5 角硬币	0	0	0	0	1	1	1	0	0	0	0
	E_2：送出可乐	1	0	0	0	1	0	0	0	0	0	0
	E_3：送出雪碧	0	1	0	0	0	1	0	0	0	0	0
	E_4：送出红茶	0	0	1	0	0	0	1	0	0	0	0

可以根据上述决策表设计测试用例，从而验证适当的输入组合能否得到正确的输出。特别是在本案例中，利用因果图和决策表法能够很清晰地验证自动饮料售货机软件的功能完备性。

5. 正交试验法

在将因果图转换成决策表生成测试用例时，若要进行全面测试，其得到的测试用例数目大得惊人。例如，对于有 n 个原因导致一个结果的因果图，如果每个原因的取值有两种：存在或不存在，则进行全面测试需要为此设计 2^n 种测试用例，再考虑到其他因果图，最后得出的测试用例数量无法想象，这给软件测试带来了沉重的负担。为了有效、合理地减少测试的工时与费用，可利用正交试验法进行测试用例的设计。

正交试验法是从大量的实验数据中挑选适量的、有代表性的点，合理安排测试的设计方法。

日本著名统计学家田口玄一将正交试验选择的水平组合列成表格，称为正交表。例如，做一个 3 因素 3 水平的试验，按全面试验要求，须进行 $3^3=27$ 种组合的试验，且尚未考虑每种组合的重复数。若按 $L_9(3^3)$ 正交表安排试验，只需 9 次试验，按 $L_{18}(3^7)$ 正交表也只需 18 次试验，显然大大减少了工作量。因而正交试验设计在很多领域的研究中已经得到广泛应用。

正交表的形式为 $L_{行数}(水平数^{因素数})$。其中，行数表示正交表中的行的个数，即试验的次数，也是我们通过正交试验法设计的测试用例的个数；因素数是正交表中列的个数，即要测试的功能点；水平数是任何单个因素能够取得的值的最大个数。正交表中包含的值为从

0～(水平数－1)或从 1～水平数,即要测试功能点的输入条件。

正交表具有以下两项性质。

(1) 每列中,不同的数字出现的次数相等。例如,在 2 水平正交表中,任何一列都有数码 1 和 2,且任何一列中它们出现的次数是相等的;在 3 水平正交表中,任何一列都有数码 1、2 和 3,且在任何一列的出现数均相等。

(2) 任意两列中数字的排列方式齐全而且均衡。例如,在 2 水平正交表中,任何两列(同一行内)有序对共有 4 种:(1,1)、(1,2)、(2,1)、(2,2),每对出现次数相等;在 3 水平情况下,任何两列(同一行内)有序对共有 9 种:(1,1)、(1,2)、(1,3)、(2,1)、(2,2)、(2,3)、(3,1)、(3,2)、(3,3),且每对出现次数也相等。

以上两点充分地体现了正交表的两大优越性,即均匀分散性和整齐可比性。通俗地说,每个因素的每个水平与另一个因素的每个水平各碰一次,这就是正交性。

下面以一个用户注册功能为例,展示正交试验法设计测试用例的方法。该用户注册页面有 7 个输入框,分别是用户名、密码、确认密码、真实姓名、地址、手机号、电子邮箱。假设每个输入框只有填与不填两种状态,则可以设计 $L_8(2^7)$ 正交表,如表 3-12 所示。其中因素 C_1～C_7 分别表示上述 7 个输入框。表 3-12 中 1 表示填该输入框,0 表示不填。

根据表 3-12 可以得到 8 个测试用例,读者可以根据各因素代表的输入框含义自己生成测试用例。

表 3-12　$L_8(2^7)$正交表

因素 / 行号	C_1	C_2	C_3	C_4	C_5	C_6	C_7
1	1	1	1	1	1	1	1
2	1	1	1	0	0	0	0
3	1	0	0	1	1	0	0
4	1	0	0	0	0	1	1
5	0	1	0	1	0	1	0
6	0	1	0	0	1	0	1
7	0	0	1	1	0	0	1
8	0	0	1	0	1	1	0

6. 场景法

现在软件很多都是用事件触发控制流程,事件触发时的情形便形成场景,而同一事件不同的触发顺序和处理结果就形成了事件流。这种在软件设计中的思想也可以应用到软件测试中,可生动地描绘出事件触发时的情形,有利于测试者执行测试用例,同时测试用例也更容易理解和执行。

用例场景是通过描述流经用例的路径确定的过程,这个流经过程要从用例开始到结束遍历其中所有的基本流和备选流。

(1) 基本流:采用黑直线表示,是经过用例的最简单路径,表示无任何差错,程序从开始执行到结束。

(2) 备选流:采用不同颜色表示,一个备选流可以从基本流开始,在某个特定条件下执行，然后重新加入基本流，也可以起源于另一个备选流，或终止用例，不再加入基本流。

应用场景法进行黑盒测试的步骤如下。

(1) 根据规格说明，描述出程序的基本流和各个备选流。

(2) 根据基本流和各个备选流生成不同的场景。

(3) 对每个场景生成相应的测试用例。

(4) 对生成的所有测试用例进行复审，去掉多余的测试用例，对每个测试用例确定测试数据。

下面以一个经典的 ATM 机为例，介绍使用场景法设计测试用例的过程。ATM 机取款流程的场景分析如图 3-16 所示，其中灰色框构成的流程为基本流。

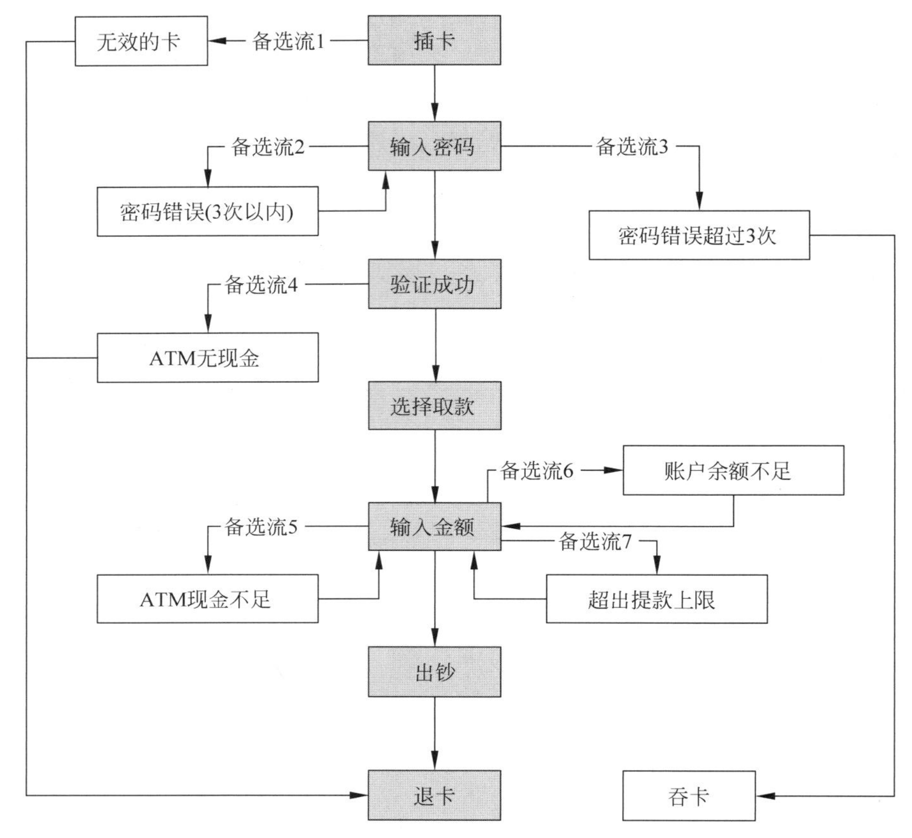

图 3-16　ATM 取款流程场景法分析图

该程序用例场景如表 3-13 所示。

表 3-13　用例场景

序　号	场　景	基本流	备选流
场景 1	成功提款	基本流	
场景 2	无效卡	基本流	备选流 1
场景 3	密码错误 3 次以内	基本流	备选流 2
场景 4	密码错误超过 3 次	基本流	备选流 3
场景 5	ATM 无现金	基本流	备选流 4

续表

序号	场景	基本流	备选流
场景 6	ATM 现金不足	基本流	备选流 5
场景 7	账户余额不足	基本流	备选流 6
场景 8	超出提款上限	基本流	备选流 7

接下来设计用例覆盖每个用例场景，如表 3-14 所示。

表 3-14 场景法测试用例

用例号	场景	账户	密码	操作	预期结果
1	场景 1	621226XXXXXXXXX3481	123456	插卡，取 500 元	成功取款 500 元
2	场景 2	—	—	插入一张无效卡	系统退卡，显示该卡无效
3	场景 3	621226XXXXXXXXX3481	123456	插卡，输入密码 111111	系统提示密码错误，请求重新输入
4	场景 4	621226XXXXXXXXX3481	123456	插卡，输入密码 111111 超过 3 次	系统提示密码输入错误超过 3 次，卡被吞掉
5	场景 5	621226XXXXXXXXX3481	123456	插卡，选择取款	系统提示 ATM 无现金，退卡
6	场景 6	621226XXXXXXXXX3481	123456	插卡，取款 2000 元	系统提示现金不足，返回输入金额界面
7	场景 7	621226XXXXXXXXX3481	123456	插卡，取款 3000 元	系统提示账户余额不足，返回输入金额界面
8	场景 8	621226XXXXXXXXX3481	123456	插卡，取款 3500 元	系统提示超出取款上限(3000 元)，返回输入金额界面

3.4.2 黑盒测试方法选择

此外，黑盒测试还有错误推测等方法，本书不再展开叙述。黑盒测试的每种测试方法都有各自的优缺点，需要测试人员根据实际项目特点和需要选择合适的方法设计测试用例。以下是选择黑盒测试方法的几条经验。

(1) 在任何情况下都必须选择边界值分析方法。经验表明用这种方法设计出的测试用例发现程序错误的能力最强。

(2) 必要时用等价类划分法补充一些测试用例。

(3) 用错误推测法再追加一些测试用例。

(4) 如果程序的功能说明中含有输入条件的组合情况，则可选用因果图法和决策表法。

选择合适的测试方法能够极大地提高黑盒测试的效率和效果。除了上述几条经验，还需要测试人员积累实际的测试经验，做出合适的选择。

3.4.3 白盒测试与黑盒测试的比较

白盒测试和黑盒测试是两类软件测试方法，传统的软件测试活动基本上都可以划分到这两类测试方法中。表3-15给出了两种方法的基本比较。

表 3-15 黑盒测试和白盒测试比较

黑盒测试	白盒测试
不涉及程序结构	考查程序逻辑结构
用软件规格说明书生成测试用例	用程序结构信息生成测试用例
适用于从单元测试到系统验收测试	主要适用于单元测试和集成测试
某些代码段得不到测试	对所有逻辑路径进行测试

白盒测试和黑盒测试各有侧重点，不能相互取代，在实际测试活动中，这两种测试方法不是截然分开的。通常在白盒测试中交叉着黑盒测试，黑盒测试中交叉着白盒测试。相对来说，白盒测试比黑盒测试成本要高得多，它需要测试在可以被计划前产生源代码，并且在确定合适数据和决定软件是否正确方面需要花费更多的工作量。

在实际测试活动中，应当尽可能使用可获得的软件规格从黑盒测试方法开始测试计划，白盒测试计划应当在黑盒测试计划已成功通过之后再开始，使用已经产生的流程图和路径判定。路径应当根据黑盒测试计划进行检查并且决定和使用额外需要的测试。

灰盒测试结合了白盒测试和黑盒测试的要素，考虑了用户端、特定的系统知识和操作环境。它在系统组件的协同性环境中评价应用软件的设计。可以认为集成测试就是一类灰盒测试。关于灰盒测试，本书不再展开叙述。

3.5 本章小结

本章主要介绍了静态测试、动态测试的定义与内容，以及静态测试、动态测试的分类及方法。

白盒测试关注软件产品的内部细节和逻辑结构，可以分为静态测试和动态测试。静态测试不通过执行程序进行测试，其关键是检查软件的表示与描述是否一致，是否存在冲突或歧义；动态测试需要执行程序，当程序在模拟的或真实的环境中执行之前、之中和之后，对程序行为分析，主要验证一个程序在检查状态下是否正确。本章介绍了白盒测试常用的方法，并着重介绍了程序插桩技术、逻辑覆盖法以及基本路径法，并对各个技术方法附以相关实例进行详细说明。

黑盒测试主要关注被测软件功能的实现，而不是其内部逻辑。本章重点介绍了常用的几种黑盒测试方法，并给出了相应的案例说明。

拓展练习

习题 3

(1) 代码检查法主要包括哪些主要内容？可以发现哪些问题？

(2) 试比较代码审查与走查的异同。

(3) 静态结构分析有哪几种形式？

(4) 动态测试可分为哪些方法？分类依据分别是什么？

(5) 什么是白盒测试？包括哪些技术？

(6) 利用基本路径测试技术为下面一段程序设计测试用例。

```
while(a > 0)
{
    a = a - 1;
    if(b < 0 || c >= 1)
    {
        c = c - b;
    }
    else
        c = c + b;
}
a = b + c;
```

(7) 什么是黑盒测试？有哪些主要方法？

(8) 给出白盒测试与黑盒测试的不同。

(9) 某程序功能说明书指出，该程序的输入数据为每个学生的学号。其中，学号由以下3部分构成：

- 入学年份：4位数字(1900～2999)；
- 专业编码：0或1开头的4位数字；
- 序号：两位数字。

试用等价类划分法设计测试用例。

(10) 对于一个需要输入姓名、身份证号码、手机号码的系统，按每个输入有两个状态(填与不填)设计一个最小行数的正交表。

第4章

软件测试过程

软件测试是贯穿软件整个生命周期的一个系统的过程，包括单元测试、集成测试、系统测试和验收测试等阶段。本章将对软件测试过程中的主要测试过程进行介绍。

本章要点

- 单元测试的内容及方法
- 集成测试的内容及方法
- 系统测试的内容及方法
- 验收测试的内容及方法

4.1 单元测试

单元测试又称为模块测试，主要用于检验软件设计中最小的单位——模块。一般来说，模块的内聚程度高，每个模块只能完成一种功能，因此，模块测试的程序规模小，易检查出错误。我们可以通过单元测试进行程序语法检查和程序逻辑检查，验证程序的正确性。单元测试非常重要，因为它的影响范围比较广，主要表现在如果一个单元模块的一个函数或参数出现问题，会造成后面很多问题的出现，而且如果单元测试做不好，会使集成测试以及后面的系统测试工作也做不好，因此，做好单元测试是一个重要而且基础性的工作。

4.1.1 单元测试的定义

编写一个函数，执行其功能，检查功能是否正常，有时还要输出一些数据辅助进行判断，如果弹出信息窗口，可以把这种单元测试称为临时单元测试。只进行了临时单元测试的软件，针对代码的测试很不充分，代码覆盖率要超过70%都很困难，未覆盖的代码可能遗留有大量细小的错误，而且这些错误还会相互影响。当Bug暴露出来的时候难以调试，大幅提高后期测试和维护成本，因此，进行充分的单元测试是提高软件质量、降低开发成本的必由

之路。

单元测试是开发者通过编写代码检验被测代码的某单元功能是否正确而进行的测试。通常而言，一个单元测试是用于判断某个特定条件（或场景）下某个特定函数的行为。例如，将一个很大的值放入一个有序表中，然后确认该值是否出现在表的尾部；或者从字符串中删除匹配某种模式的字符，然后确认字符串确实不再包含这些字符。

单元测试与其他测试不同，可以看作编码工作的一部分，是由程序员自己完成的，最终受益的也是程序员自己。可以这么说，程序员有责任编写功能代码，同时也就有责任为自己的代码进行单元测试。

单元测试是软件测试的基础，其效果会直接影响到软件后期的测试，最终在很大程度上影响软件质量。做好单元测试，能够在接下来的集成测试等活动中节省很多时间；发现很多集成测试和系统测试无法发现的深层次问题；降低定位问题和解决问题的成本；从整体上提高软件质量。

4.1.2　单元测试的原则

执行单元测试，就是为了证明这段代码的行为与我们期望的一致。经过了单元测试的代码才是已完成的代码，提交产品代码时也要同时提交测试代码。

在单元测试活动中，应该遵守一些规范和原则。

(1) 单元测试进行得越早越好，甚至可以"测试驱动开发"。

(2) 单元测试应该依据详细规格说明书进行。

(3) 单元测试应该按照单元测试计划和方案进行，排除测试随意性。

(4) 单元测试用例应该经过审核。

(5) 对全新的代码和修改过的代码都应该进行单元测试。

(6) 应当选择合适的被测单元的大小。

(7) 对被测试单元应达到一定的覆盖率要求。

(8) 测试内容应当包括正面测试和负面测试。

(9) 当测试用例的测试结果与设计规格说明不同时，测试人员应当如实记录测试结果。

(10) 注意使用单元测试工具。

4.1.3　单元测试的内容

单元测试侧重于模块的内部处理逻辑和数据结构，利用构件级设计描述作为指南，测试重要的控制路径以发现模块内的错误。测试的相对复杂度和这类测试发现的错误受到单元测试约束范围的限制，测试可以对多个构件并行执行。

图 4-1 概要描述了单元测试。测试模块接口是为了保证被测程序单元的信息能够正常地流入和流出；检查局部数据结构是为了确保临时存储的数据在算法的整个执行过程中能够维持其完整性；执行控制结构中的所有独立路径（基本路径）以确保模块中的所有语句至少执行一次；测试错误处理确保被测模块在工作中发生了错误能够做出有效的错误处理措施；测试边界条件确保模块在到达边界值的极限或受限处理的情形下仍能正确执行。

对模块接口的测试要检查进出模块单元的数据流是否正确，是单元测试的基础，应在其他测试之前进行。

在单元测试中，需要检测模块内部局部数据结构的完整性、正确性和相互之间的关系。

最主要的内容是对独立路径的测试，测试用例应该能够覆盖模块中每条独立执行路径，并检测计算错误、不正确判定或不正确的控制流。

测试错误处理应当检测模块在工作中发生了错误，是否能够做出有效的错误处理措施。

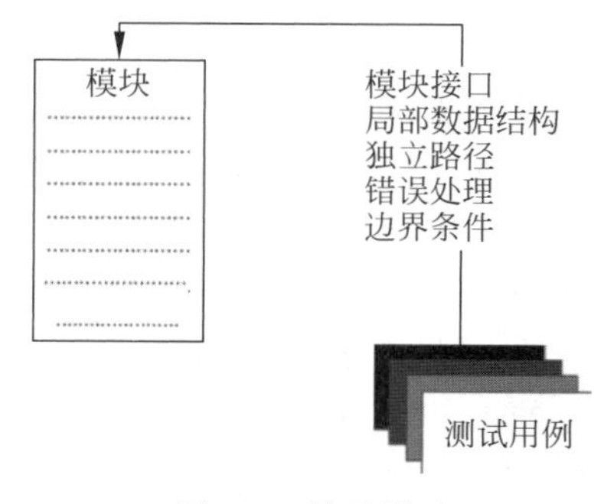

图 4-1 单元测试

一般情况下，单元测试在代码编写之后，就可以进行。测试用例设计应与复审工作结合，根据设计规约选取数据，增大发现各类错误的可能。

在进行单元测试时，被测试的单元本身不是独立的程序，需要为其开发驱动模块和桩模块。驱动模块是用来模拟待测试模块的上级模块。驱动模块在集成测试中接受测试数据，将相关的数据传送给待测模块，启动待测模块，并打印出相应的结果；桩模块也称为存根程序，用来模拟待测模块工作过程中所调用的模块。桩模块由待测模块调用，它们一般只进行很少的数据处理，如打印入口和返回，以便于检验待测模块与下级模块的接口。

驱动模块和桩模块都是额外的开销，属于必须开发但是又不能和最终软件一起提交的部分。如果驱动模块和桩模块相对简单，则额外开销相对较小；在比较复杂的情况下，完整的测试需要推迟到集成测试阶段完成。

单元测试环境如图 4-2 所示。

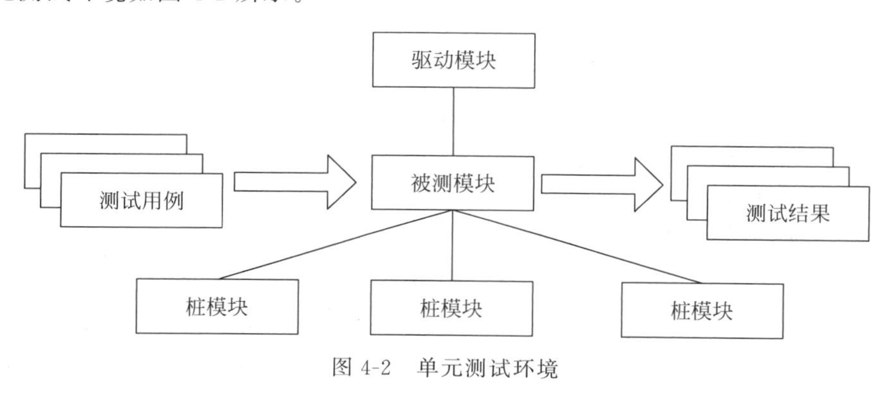

图 4-2 单元测试环境

代码审查是单元测试的第 1 步，保证代码算法的逻辑正确性、清晰性、规范性、一致性，具体将审查以下内容。

（1）命名规则检查，审查变量名、函数名等是否遵循命名规则。

（2）代码格式检查，审查是否遵循编码规范及代码格式。

（3）内存使用，审查程序是否读取了未初始化的内存、是否存在越界使用内存、指针使用是否正确以及是否释放已分配的内存。

（4）表达式判断，审查逻辑表达式是否正确、是否正确使用逻辑表达式中的变量、各判断分支是否都得到了处理等。

（5）可读性，审查缩进控制是否有效提高代码的可读性，注释是否准确、充分、有意义以及标号、程序(函数名)、变量名等是否有意义且准确。

(6) 程序多余物,审查是否存在执行不到的代码、是否存在垃圾语句以及声明的变量、常量、函数等是否使用。

然后使用测试工具进行静态分析,通过控制流程分析、数据流分析以及表达式分析尽可能发现代码中存在的错误;设计测试用例,达到一定的覆盖标准并执行测试用例,还要考虑边界值情况和单元运行的效率,包括运行时间、占用空间以及精度等参数;还可采用错误推测法,列举出程序中可能存在的和容易发生的错误,并根据测试经验,对这些错误进行重点测试。

单元测试一般由开发设计人员在开发组组长的监督下进行,由编写该单元代码的开发设计人员设计所需的测试用例和测试数据,测试该单元并修改发现的缺陷。开发组组长负责保证使用合适的测试技术,在合理的质量控制下进行充分的测试。

4.1.4 单元测试的过程

单元测试环境应包括测试的运行环境和经过认可的测试工具环境。测试的运行环境一般应符合软件测试合同(或项目计划)的要求,通常是开发环境或仿真环境。

单元测试的实施步骤如下。

(1) 测试准入,进入单元测试必须满足一定的条件,这些条件是测试实施的基础。

(2) 测试策划,在详细设计阶段完成单元测试计划。

(3) 测试设计,建立单元测试环境,完成测试设计和开发。

(4) 测试执行,执行单元测试用例,并详细记录测试结果。

(5) 测试总结,判定测试用例是否通过并提交测试文档。

4.1.5 单元测试中的覆盖率

在实际的单元测试中,不同的软件对覆盖率有不同的要求,除了白盒测试的逻辑覆盖法中介绍的语句覆盖、判定覆盖、条件覆盖、条件判定覆盖、条件组合覆盖以及路径覆盖,这里将介绍其余常用的5种覆盖准则。

1. 函数覆盖

函数覆盖主要是评估在进行测试时函数的执行比率,函数覆盖率用以下公式进行计算。

函数覆盖率=至少执行到一次的函数数量/被测试系统中的函数总数量

从上述公式可以看出,函数覆盖是一种比语句覆盖更简单的覆盖,主要用来检查哪些单元没有被执行,防止遗漏对某些单元的测试。

2. Z路径覆盖

Z路径覆盖是路径覆盖的一个变种,对路径进行了简化,主要是针对循环而言的。按Z路径覆盖的观点,一个循环无论其循环了多少次,被看作最多只有两条路径——执行和未执行两种情况。

按照此方法简化循环后,整个程序中的路径数目将大大减小,可以将整个程序的路径画成路径树，然后根据树上的叶节点得到程序的路径，从根节点到叶节点进行遍历，当所有叶节点被遍历完全后，就能得到所有的路径。这些路径称为 Z 路径，然后为所有路径生成测试用例进行测试，就做到了 Z 路径覆盖测试。

3. ESTCA 覆盖

ESTCA 覆盖是 K. A. Foster 受硬件领域测试方法的启发而提出的一种经验测试覆盖准则，其最核心的部分是一套错误敏感测试用例分析规则（Error Sensitive Test Cases Analysis，ESTCA），具体规则如下。

(1) 对于 A rel B(rel 可以是＜、＝或 ＞)型的分支谓词，应适当选取 A 与 B 的值，使测试执行到该分支语句时，A＜B、A＝B、A＞B 的情况分别出现一次。

(2) 对于 A rel1 C(rel1 可以是＜或＞，A 是变量，C 是常量)型的分支谓词，当 rel1 为＜时，应适当地选取 A 的值，使 A＝C－M。同理，当 rel1 为＞时，应适当地选取 A 的值，使 A＝C＋M。

(3) 对外部输入的变量赋值，使其在每个测试用例中均有不同的值与符号，并与同一组测试用例中其他变量的值与符号不一致。

规则(1)可以有效地检测逻辑符号是否写错，如将＞错写成＜。规则(2)主要用于检查程序中的差 1 型的错误。规则(3)主要用于检测变量赋值错误的情况，如将一个变量的值错误地赋给另外一个变量，能有效地发现软件变量初始化时的错误。

满足这几个规则的测试用例设计主要可以采用等价类分法和边界值法，各个等价类中的取值只要不重复即可满足规则(3)的要求。

4. LCSAJ 覆盖

线性代码序列与跳转（Linear Code Sequence and Jump，LCSAJ）覆盖是 Woodward 等提出的一套覆盖准则，实际上可看作路径覆盖的一个变型。

一个 LCSAJ 其实是一组顺序执行的代码，它以控制流跳转作为其结束点。起点由程序本身决定，可以是程序第 1 行（入口）或转移语句的入口点，也可以是控制流可跳转的点。一个 LCSAJ 可能结束于程序的出口，也可能结束于一个导致控制流跳转的点。

如果有几个 LCSAJ 首尾相接，且第 1 个 LCSAJ 起点为程序起点，最后一个 LCSAJ 终点为程序终点，这些 LCSAJ 串就组成了程序的一条路径（LCSAJ 路径）。一条 LCSAJ 路径可能是由两个、3 个或多个 LCSAJ 组成。

LCSAJ 覆盖准则是一个分层的覆盖准则，具体介绍如下。

第 1 层：语句覆盖。

第 2 层：分支覆盖。

第 3 层：LCSAJ 覆盖，即程序中的每个 LCSAJ 至少都在测试中经历过一次。

第 4 层：两两 LCSAJ 覆盖。程序中每两个首尾相连的 LCSAJ 组合起来在测试中都要经历一次。

…

第 n 层：每 n 个首尾相连的 LCSAJ 组合在测试中都经历一次。

LCSAJ 覆盖显然比判断覆盖复杂得多，但 LCSAJ 自动化相对来说比较容易。LCSAJ 覆盖的缺点在于当模块发生变化时，维护工作量非常大；优点在于 LCSAJ 覆盖的强度比判断覆盖的强度要高，因此达到 LCSAJ 的 100%覆盖标准要比达到 100%的判断覆盖发现更多的问题。

下面将举例说明，程序如下。

```
void DoWork(int x, int y, int z)
{
        int k=0, j=0;
        if((x>3)&&(z<10))
        {
                k=x*y-1;
                j=sqrt(k); //语句块1
        }
        if((x= =4)||(y>5))
        {
                j=x*y+10; //语句块2
        }
        j=j%3; //语句块3
}
```

程序的流程如图 4-3 所示，在本段程序中共有以下 5 个 LCSAJ。

(1) int k=0,j=0; if ((x>3)&&(z<10))

(2) k=x * y−1; j=sqrt(k); if ((x= =4)||(y>5))

(3) if ((x= =4)||(y>5))

(4) j=x * y+10; j=j%3

(5) j=j%3

分析得到 4 条 LCSAJ 路径：

(1)-(2)-(4)　　(1)-(2)-(5)

(1)-(3)-(4)　　(1)-(3)-(5)

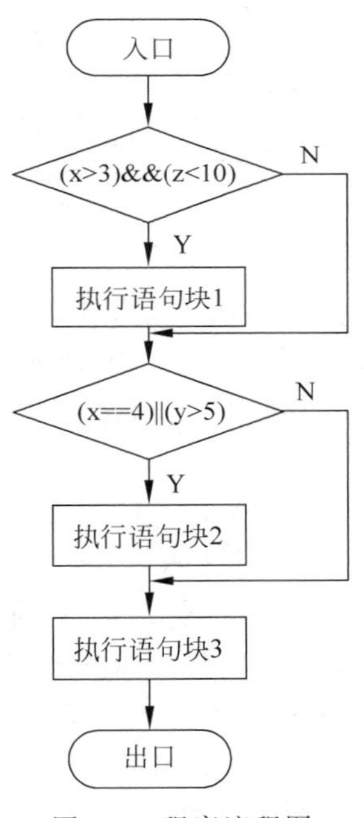

图 4-3　程序流程图

5. MC/DC 覆盖

近年来，很多测试大型项目验收将修改的条件/判定覆盖(Modified Condition/Decision Coverage，MC/DC)作为一项重要的指标。MC/DC 是在 DO-178B(美军标)中首次提出的，开始是为了提高航空软件测试中的覆盖率水平。在 DO-178B 中阐明 MC/DC 的意义：对于关键性的实时程序，超过半数的可执行代码可能都与布尔运算表达式有关，表达式的复杂性应得到关注。因此，通过使用 MC/DC 覆盖，可以使用尽量少的测试用例覆盖尽可能多的代码运行轨迹，尽可能全面地检测代码中的每个可能的布尔运算表达式的组合。

在 DO-178B 标准中，对 MC/DC 有如下要求。

(1) 判定中每个条件的所有可能结果至少出现一次。

(2) 每个判定本身的所有可能结果也至少出现一次。

(3) 每个入口点和出口点至少要执行一次。

(4) 每个条件都能单独影响判定结果。

这里提到的条件是指不含任何逻辑操作符的布尔表达式，由关系操作符构成。判定是指包含逻辑操作符的布尔表达式。如果同一个布尔表达式在一个判定中出现了多次，那么该表达式应算作多个条件。例如,(A or B) and (C or D)中有 4 个条件,条件 A 能单独影响判定结果是指判定中的其他条件取值都不变时,条件 A 取值的改变会引起判定结果的改变。

下面将举例说明,程序如下。

```
bool GetDecision(bool A,bool B,bool C,bool D)
{
        if((A||B)&&(C||D))
                return true;
        else
                return false;
}
```

这个判定有 4 个条件,那么条件组合有 16 个,执行 5 个测试用例所能达到的 MC/DC 覆盖率如表 4-1 所示。

表 4-1 测试用例及其 MC/DC 覆盖率

序号	输入 A	输入 B	输入 C	输入 D	MC/DC 覆盖率
1	0	0	0	1	0
2	0	1	0	1	25%
3	0	1	0	0	50%
4	0	1	1	0	75%
5	1	0	0	1	100%

执行用例 1 和用例 2 以后,条件 B 能独立影响判定的取值,被覆盖。执行用例 3～用例 5 后,条件 D、C 和 A 分别能独立影响判定的取值,MC/DC 覆盖率逐渐增加。

MC/DC 发现的主要软件问题如下。

(1) Operator Reference Faults(ORF),如“与”被误写成“或”。

(2) Variable Negation Faults(VNF),一个变量被误写成了它的否定。

(3) Expression Negation Faults(ENF),一个表达式被误写成了它的否定。

在实际测试中,采用 MC/DC 覆盖可能得到两种截然不同的结果。一种结果是测试人员首先要对条件语句进行详细的分析,然后再确定 MC/DC 所需的真值对,最后才能针对这些真值对设计测试用例,如果运行后发现变量的数值与期望不符,还要再次修改用例,再次测试,此过程不断重复,直至测试结果达到预期数值。这种情况下,达到 MC/DC 覆盖要求的工作量可能超过分支覆盖的工作量的总和,且效果不好。例如,将 A or B 的条件写成了 A and B,使用 MC/DC 覆盖虽能发现错误,但是如果在测试过程中对需求不了解,按照需求文档设计的功能测试用例不足,短期内可能无法及时发现这个逻辑符的错误,因此必须努力避免此结果。

另一种结果是在完成 MC/DC 覆盖要求过程中,测试人员设计了各种输入情况下的测试用例,在达到 MC/DC 覆盖要求的过程中,实现了非常充分的测试,应尽力争取达到这样的结果。

4.1.6 单元测试相关案例

下面利用一个实际的单元测试案例“俄罗斯方块游戏排行榜”的测试计划制订串讲本节

的内容。

1. 目的

俄罗斯方块游戏排行榜功能经过编码后，在与其他模块进行集成之前，需要经过单元测试，测试其功能点的正确性和有效性，以免在后续的集成工作中引入更多的问题。

2. 背景

俄罗斯方块(Tetris)是一款风靡全球的电视游戏机和掌上游戏机游戏，它由俄罗斯人阿列克谢·帕基特诺夫发明，故得此名。俄罗斯方块的基本规则是移动、旋转和摆放游戏自动输出的各种方块，使之排列成完整的一行或多行并且消除得分。由于其上手简单、老少皆宜，从而家喻户晓，风靡世界。

排行榜功能是俄罗斯方块游戏中不可或缺的一部分，用以将当前用户的得分与历史得分记录进行比较并重新排序。主要涉及的功能点有历史记录文件的读取、分数排名的计算与排序、新记录文件的保存、新记录的显示等。这些功能将在一局游戏结束，并获取到该局游戏的得分后启动。

3. 待测源代码

```
private void _gameOver(int _score)                                  //游戏结束
{
  // Display game over.
  string s = "您的得分为:";
  string a1="";
  char[] A ={ };
  int i=1;
  _blockSurface.FontStyle = new Font(FontFace, BigFont);      //设置基本格式
  _blockSurface.FontFormat.Alignment = StringAlignment.Near;
  _blockSurface.DisplayText = "GAME OVER !!";
  string sc = Convert.ToString(_score);                        //得到当前玩家的分数
  //write into file;
  string path = "D:\\test1.txt";                               //文件路径
  try
  {
    FileStream fs = new FileStream(path, FileMode.OpenOrCreate, FileAccess.ReadWrite);
    StreamReader strmreader = new StreamReader(fs);            //建立读文件流
    String[] str=new String[5];
    String[] split=new String[5];
    while (strmreader.Peek()!=-1)                              //从文件中读取数据不为空时
    {
      for (i = 0; i < 5; i++)
      {
        str[i] = strmreader.ReadLine();                        //以行为单位进行读取，赋予数组str[i]
        split[i] = str[i].Split(':')[1];                       //按照":" 将文字分开，赋予数组split[i]
      }
    }
    person1 = Convert.ToInt32(split[0]);                       // split[0]的值赋予第1名
    person2 = Convert.ToInt32(split[1]);                       // split[1]的值赋予第2名
    person3 = Convert.ToInt32(split[2]);                       // split[2]的值赋予第3名
    person4 = Convert.ToInt32(split[3]);                       // split[3]的值赋予第4名
    person5 = Convert.ToInt32(split[4]);                       // split[4]的值赋予第5名
    strmreader.Close();                                        //关闭流
    fs.Close();
    FileStream ffs = new FileStream(path, FileMode.OpenOrCreate, FileAccess.ReadWrite);
    StreamWriter sw = new StreamWriter(ffs);                   //建立写文件流
    if (_score > person1)                                      //如果当前分数大于第1名 ，排序
    { person5 = person4; person4 = person3; person3 = person2; person2 = person1; person1 = _score; }
    else if (_score > person2)                                 //如果当前分数大于第2名 ，排序
    {person5 = person4; person4 = person3; person3 = person2;person2 = _score; }
    else if (_score > person3)                                 //如果当前分数大于第3名 ，排序
```

```
    { person5 = person4; person4 = person3;person3 = _score; }
    else if (_score > person4)                              //如果当前分数大于第4名 ，排序
    { person5 = person4; person4 = _score; }
    else if (_score > person5)                              //如果当前分数大于第5名 ，排序
    { person5 = _score; }

    //在文件中的文件内容
    string pp1 = "第一名: "+Convert.ToString(person1);
    string pp2 = "第二名: "+Convert.ToString(person2);
    string pp3 = "第三名: "+Convert.ToString(person3);
    string pp4 = "第四名: "+Convert.ToString(person4);
    string pp5 = "第五名: "+Convert.ToString(person5);
    string ppR = pp1 + "\r\n" + pp2 + "\r\n" + pp3 + "\r\n" + pp4 + "\r\n" + pp5 + "\r\n";
    byte[] info = new UTF8Encoding(true).GetBytes(ppR);
    sw.Write(ppR);                                          //将内容写入文件
    sw.Close();
    ffs.Close();
  }
  catch (Exception ex)                                      //异常处理
  {
    Console.WriteLine(ex.ToString());
  }
  s=s+" "+ sc;
  //Draw surface to display text.
  //Draw();
  MessageBox.Show(s);                                       //在界面中显示排行榜内容
}
```

4. 代码走查

首先，利用代码走查方法检查一下该模块的代码，对代码质量进行初步的评估，具体实现如表 4-2 所示。

表 4-2　排行榜模块代码走查情况记录

序号	项　　目	发现的问题
1	程序结构	1. 代码的结构清晰，具有良好的结构外观和整齐 2. 函数定义清晰 3. 结构设计能够满足机能变更 4. 整个函数组合合理 5. 所有主要的数据构造描述清楚、合理 6. 模块中所有的数据结构都定义为局部的 7. 为外部定义了良好的函数接口
2	函数组织	8. 函数都有一个标准的函数头声明 9. 函数组织：头、函数名、参数、函数体 10. 函数都能够在最多两页纸内打印 11. 所有的变量声明每行只声明一个 12. 函数名小于 64 字符
3	代码结构	13. 每行代码都小于 80 字符 14. 所有的变量名都小于 32 字符 15. 每行最多只有一句代码或一个表达式 16. 复杂的表达式具备可读性 17. 续行缩进 18. 括号在合适的位置 19. 注释在代码上方，注释的位置不太好

续表

序号	项　　目	发现的问题
4	函数	20. 函数头清楚地描述函数和它的功能 21. 代码中几乎没有相关注释 22. 函数的名字清晰地定义了它的目标以及函数所做的事情 23. 函数的功能清晰定义 24. 函数高内聚，只做一件事情，并做好 25. 参数遵循一个明显的顺序 26. 所有的参数都被调用 27. 函数的参数个数小于 7 个 28. 使用的算法说明清楚
5	数据类型与变量	29. 数据类型不存在数据类型解释 30. 数据结构简单以便降低复杂性 31. 每种变量没有明确分配正确的长度、类型和存储空间 32. 每个变量都已初始化，但并不是每个变量都在接近使用它的地方才初始化 33. 每个变量都在最开始的时候初始化 34. 变量的命名不能完全、明确地描述该变量代表什么 35. 命名不与标准库中的命名相冲突 36. 程序没有使用特别的、易误解的、发音相似的命名 37. 所有的变量都用到了
6	条件判断	38. 条件检查和结果在代码中清晰 39. if/else 使用正确 40. 普通的情况在 if 下处理，而不是 else 41. 判断的次数降到最小 42. 判断的次数不大于 6 次，无嵌套的 if 链 43. 数字、字符、指针和 0/NULL/FALSE 判断明确 44. 所有的情况都考虑 45. 判断体足够短，一次可以看清楚 46. 嵌套层次小于 3 层
7	循环	47. 循环体不为空 48. 循环之前做好初始化代码 49. 循环体能够一次看清楚 50. 代码中不存在无穷次循环 51. 循环的头部进行循环控制 52. 循环索引没有有意义的命名 53. 循环设计得很好，只做一件事情 54. 循环终止的条件清晰 55. 循环体内的循环变量起到指示作用 56. 循环嵌套的次数小于 3 次

续表

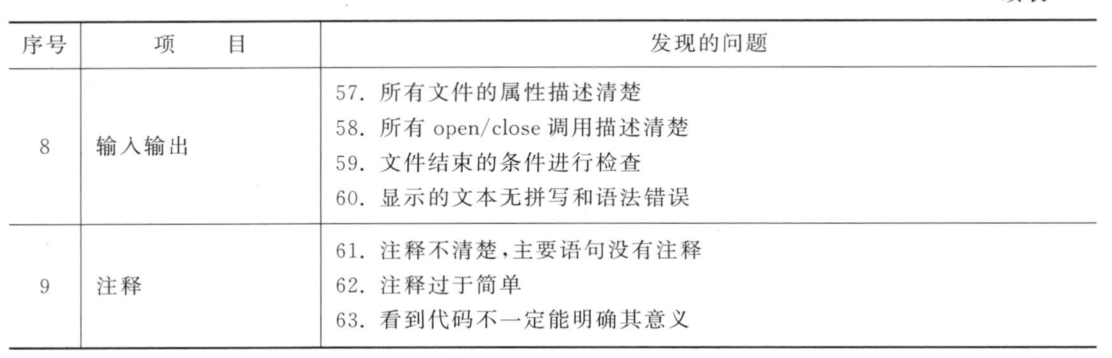

序号	项　　目	发现的问题
8	输入输出	57. 所有文件的属性描述清楚 58. 所有 open/close 调用描述清楚 59. 文件结束的条件进行检查 60. 显示的文本无拼写和语法错误
9	注释	61. 注释不清楚，主要语句没有注释 62. 注释过于简单 63. 看到代码不一定能明确其意义

从表 4-2 的分析中可以看出，本模块的代码基本情况如下：

- 代码直观；
- 代码和设计文档对应；
- 无用的代码已经删除；
- 注释过于简单。

5. 基本路径法

首先需要简化程序模块，绘制程序模块图，如图 4-4 所示。接着按照程序流程图设计路径覆盖策略，主要可分为以下 4 步执行。

1）绘制程序的控制流图

进行基本路径法的第 1 步是绘制控制流图，根据程序流程图是逻辑关系，获得该程序模块的控制流图，如图 4-5 所示。

2）计算环路复杂度

其次是根据控制流图计算环路复杂度，该度量用于计算程序的基本的独立路径数目，为确保所有语句至少执行一次的测试数量的上界。

$$V(G)=P+1=5+1=6$$

其中，$V(G)$为环形复杂度；P 为控制流图中判定节点的数目。判定节点是指有两条输出弧的节点，在图 4-5 中，有节点 1、节点 3、节点 5、节点 7 和节点 9 共 5 个判定节点。

3）导出独立路径

根据控制流图可以方便地得到以下 6 条路径。

- 路径 1：1-2-11
- 路径 2：1-3-4-11
- 路径 3：1-3-5-6-11
- 路径 4：1-3-5-7-8-11
- 路径 5：1-3-5-7-9-10-11
- 路径 6：1-3-5-7-9-11

4）设计测试用例

最后是设定一组初始参数，设计测试用例。设置如下测试输入，设计测试用例如表 4-3 所示。

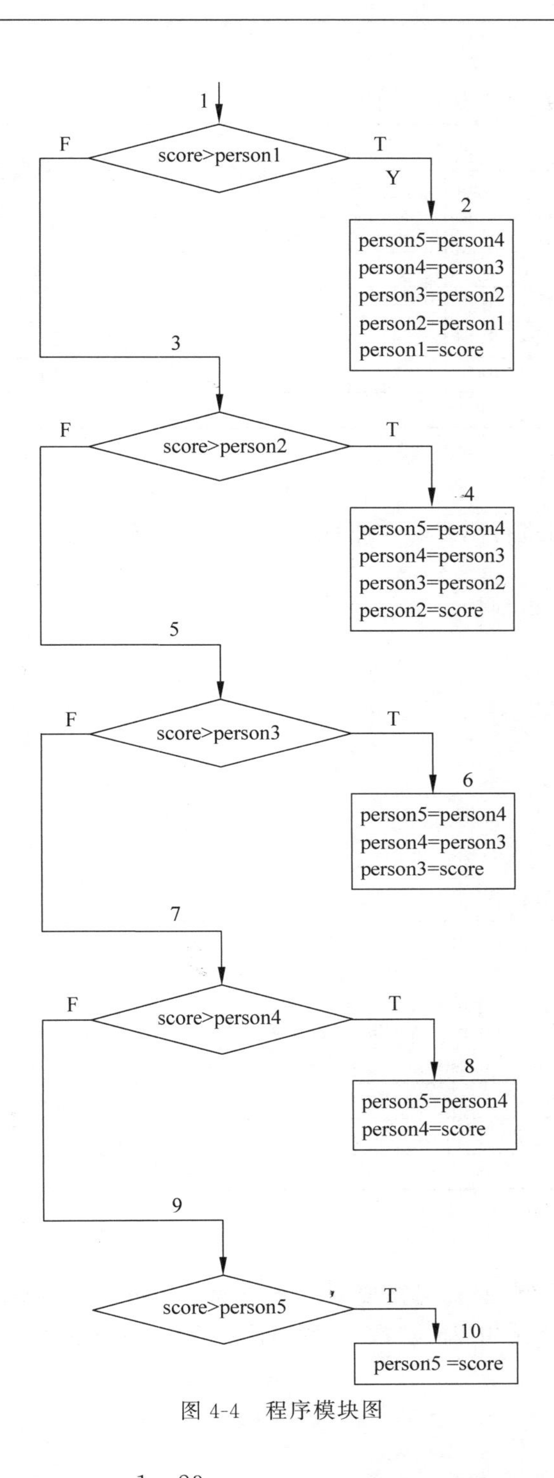

图 4-4　程序模块图

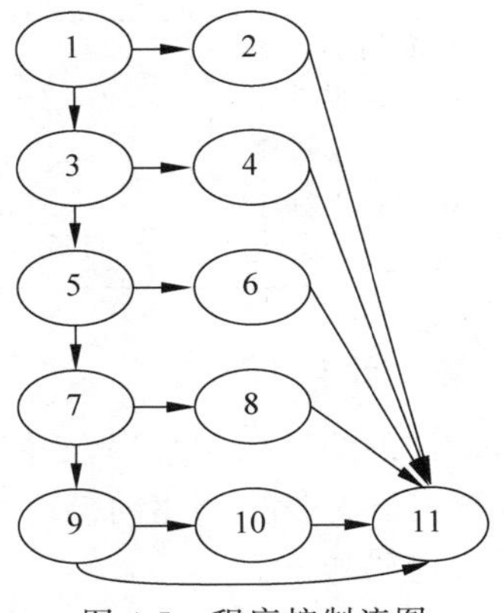

图 4-5　程序控制流图

- person1＝23
- person2＝20
- person3＝10
- person4＝6
- person5＝4

表 4-3 基本路径法测试用例

编号	输入数据	输出数据					路径覆盖	判断覆盖
	score	person1	person2	person3	person4	person5		
1	24	24	23	20	10	6	1-2-11	T
2	21	23	21	20	10	6	1-3-4-11	FT
3	15	23	20	15	10	6	1-3-5-6-11	FFT
4	8	23	20	10	8	6	1-3-5-7-8-11	FFFT
5	5	23	20	10	6	5	1-3-5-7-9-10-11	FFFFT
6	0	23	20	10	6	4	1-3-5-7-9-11	FFFFF

6. 边界值法

边界值法是利用输入或输出的边界值进行测试的一种黑盒测试方法。通常作为对等价类划分法的补充。

在本例中，由于输入的只会是数据，且数据均大于 0，因此可令：

- person1＝23
- person2＝20
- person3＝10
- person4＝6
- person5＝4

采用边界值法设计测试用例，如表 4-4 所示。

表 4-4 边界值法测试用例

序号	测试内容	测试数据	期望结果
		score	
1	从大到小排序	23	person1＝23 person2＝23 person3＝20 person4＝10 person5＝6
2	从大到小排序	24	person1＝24 person2＝23 person3＝20 person4＝10 person5＝6
3	从大到小排序	4	person1＝23 person2＝20 person3＝10 person4＝6 person5＝4
4	从大到小排序	3	person1＝23 person2＝20 person3＝10 person4＝6 person5＝4
5	从大到小排序	12	person1＝23 person2＝20 person3＝12 person4＝10 person5＝6

7. 测试执行

将设计的测试用例整理合并为测试用例，必要时需要开发相应的驱动模块和桩模块。本次测试需要开发一个驱动模块，用于初始化相应的参数，并调用待测模块，达到测试效果。驱动模块代码如下。

```
import java.io.BufferedReader;
import java.io.IOException;
import java.io.InputStreamReader;
/**
*
* @author zhutao
*/
public class Main {
   /**
```

```
 * @param args the command line arguments
 */
public static void main(String[] args) throws IOException {
    // TODO code application logic here
    int person1=23,person2=20,person3=10,person4=6,person5=4;
    int score;
    String s;
    BufferedReader bf=new BufferedReader(new InputStreamReader(System.in));
    s=bf.readLine();
    score=Integer.valueOf(s);
    _gameOver(score);
  }
}
```

8. 测试总结

测试结果可利用 Bug 记录平台(BugFree 等)进行记录,在实际项目中可反馈给开发人员进行确认并修复。测试结束后,形成测试报告。

4.2 集成测试

将经过单元测试的模块按照设计要求连接起来,组成所规定的软件系统的过程称为"集成"。集成测试也称为组装测试、联合测试等,用于检查各个软件单元之间的接口是否正确。不同的集成策略导致不同的集成测试方法。在实际工作中,时常有这样的情况发生:每个模块都能单独工作,但是这些模块集成在一起后就不能正常工作,主要原因是模块间相互调用时,接口会引入许多新问题。例如,数据经过接口可能丢失;一个模块对另一个模块可能造成不应有的影响;单个模块可以接受的误差,在组装后不断累积,则达到不可接受的程度等。单元测试后,必须进行集成测试,发现并排除单元集成后可能发生的问题,最终构成符合要求的软件系统。

4.2.1 集成测试的定义

集成是指把多个单元组合起来形成更大的单元。集成测试是在假定各个软件单元已经通过了单元测试的前提下,检查各个软件单元之间的接口是否正确。集成测试是构造软件体系结构的系统化技术,同时也是进行一些旨在发现与接口相关的错误的测试,其目标是利用已通过单元测试的构件建立设计中描述的程序结构。

集成测试是多个单元的聚合,许多单元组合成模块,这些模块又聚合成程序的更大部分,如子系统或系统。集成测试(也称为组装测试、联合测试)是单元测试的逻辑扩展,它的最简单形式是将两个已经测试通过的单元组合成一个组件,并且测试它们之间的接口。集成测试是在单元测试的基础上,测试将所有的软件单元按照概要设计规约的要求组装成模块、子系统或系统的过程中,各部分功能是否达到或实现相应技术指标及要求的活动。集成测试主要是测试软件单元的组合能否正常工作以及与其他组的模块能否集成起来工作。最后,还要测试构成系统的所有模块组合能否正常工作。集成测试参考的主要标准是软件概要设计,任何不符合该设计的程序模块行为,都应该记录并上报。

在集成测试之前，单元测试应该已经完成，集成测试中所使用的对象应该是已经经过单元测试的软件单元。这一点很重要，因为如果不经过单元测试，那么集成测试的效果将会受到很大程度的影响，并且会大幅增加软件单元代码纠错的代价。单元测试和集成测试所关注的范围不同，因此，它们发现问题的集合包含不相交的区域，二者不能相互替代。

4.2.2 集成测试的原则

集成测试是一个灰色地带，要做好集成测试不是一件容易的事情。集成测试应当针对概要设计规约尽早开始，并遵守一些原则。

(1) 集成测试应当尽早开始，并以概要设计规约为基础。

(2) 集成测试应当根据集成测试计划和方案进行，排除测试的随意性。

(3) 在模块和接口的划分上，测试人员应当与开发人员进行充分的沟通。

(4) 项目管理者保证测试用例经过了审核。

(5) 集成测试应当按照一定的层次进行。

(6) 集成测试的策略选择应当综合考虑质量、成本和进度三者之间的关系。

(7) 所有公共的接口都必须被测试到。

(8) 关键模块必须进行充分的测试。

(9) 测试结果应该被如实记录。

(10) 当接口发生修改时，涉及的相关接口都必须进行回归测试。

(11) 当测试计划中的结束标准满足时，集成测试结束。

4.2.3 集成测试的内容

软件集成测试一般采用静态测试和动态测试方法，静态测试方法常采用静态分析、代码走查等。进行静态测试时，所选择的静态测试方法与测试的内容有关。动态测试方法常采用白盒测试方法和黑盒测试方法。通常，静态测试先于动态测试进行。具体测试方法详见本书后续方法篇介绍。

当进行动态测试时，可从全局数据结构及软件的适合性、准确性、互操作性、容错性、时间特性、资源利用性这几个软件质量子特性方面考虑，确定测试内容。应根据软件测试合同、软件设计文档的要求及选择的测试方法确定测试的具体内容。

(1) 全局数据结构。测试全局数据结构的完整性，包括数据的内容、格式，并对内部数据结构对全局数据结构的影响进行测试。

(2) 适合性。应对软件设计文档分配给已集成软件的每项功能逐项进行测试。

(3) 准确性。可对软件中具有准确性要求的功能和精度要求的项(如数据处理精度、时间控制精度、时间测量精度)进行测试。

(4) 互操作性。可考虑测试以下两种接口：所加入的软件单元与已集成软件之间的接口；已集成软件与支持其运行的其他软件、例行程序或硬件设备的接口。对接口的输入和输出数据的格式、内容、传递方式、接口协议等进行测试。

(5) 容错性。可考虑测试已集成软件对差错输入、差错中断、漏中断等情况的容错能

力，并考虑通过仿真平台或硬件测试设备形成一些人为条件，测试软件功能、性能的降级运行情况。

（6）时间特性。可考虑测试已集成软件的运行时间、算法的最长路径下的计算时间。

（7）资源利用性。可考虑测试软件运行占用的内存空间和外存空间。

软件集成的总体计划和特定的测试描述应该在测试规格说明中文档化。这项工作产品包含测试计划和测试规程，并成为软件配置的一部分。可以根据软件的特定功能和行为特征的若干构造实施不同阶段的集成测试。例如，SafeHome 安全系统的集成测试可以划分为以下内容。

（1）用户交互（命令输入与输出、显示表示、出错处理与表示）。

（2）传感器处理（获取传感器输出、确定传感器的状态、作为状态的结果所需要的动作）。

（3）通信功能（与中央监测站通信的能力）。

（4）警报处理（测试遇到警报发生时的软件动作）。

每个集成测试阶段都刻画了软件内部广泛的功能类别，而且通常与软件体系结构中特定的领域相关，因此，对应于每个阶段建立了相应的程序构造。

4.2.4　集成测试的过程

在由软件单元和已集成软件组装成新的软件时，应根据软件单元和已集成软件特点选择便于测试的组装策略。

集成测试的实施步骤如下。

（1）执行测试计划中所有要求做的集成测试。

（2）分析测试结果，找出产生错误的原因。

（3）提交集成测试分析报告，以便尽快修改错误。

（4）评审。

4.2.5　集成测试相关策略

由模块组装成软件系统有两种方法：一种方法是先分别测试每个模块，再将所有模块按照设计要求放在一起结合成所要的程序，这种方法称为非增量集成；另一种方法是将下一个要测试的模块同已经测试好的那些模块结合起来进行测试，测试完后再将下一个应测试的模块结合起来进行测试，这种每次增加一个模块的方法称为增量集成。

对两个以上模块进行集成时，需要考虑它们和周围模块之间的关系。为了模拟这些联系，需要设计驱动模块或桩模块这两种辅助模块。

1. 非增量集成测试

通常存在进行非增量集成的倾向，即利用“一步到位”的方式构造程序。非增量集成测试采用一步到位的方法进行测试，即对所有模块进行个别的单元测试后，按程序结构图将各模块连接起来，把连接后的程序当作一个整体进行测试。其结果往往是混乱不堪的。它会遇到许许多多的错误，错误的修正也非常困难。一旦改正了这些错误，可能又会出现新的错误。这个过程似乎会以一个无限循环的方式继续下去。

图 4-6 所示为采用非增量集成测试的一个例子，被测程序结构如图 4-6(a)所示，它由 7 个模块组成。在进行单元测试时，根据它们在结构图中的位置，主模块 A 由于处于结构图的顶端，无其他模块调用它，因此仅为它配备了 3 个桩模块，以模拟被它调用的 3 个模块 B、C、D。为模块 C 和 D 配备了驱动模块和桩模块，为模块 B、E、F、G 配备了驱动模块。如图 4-6(b)所示，分别进行单元测试后，再按图 4-6(a)所示的结构图形式连接起来进行集成测试。

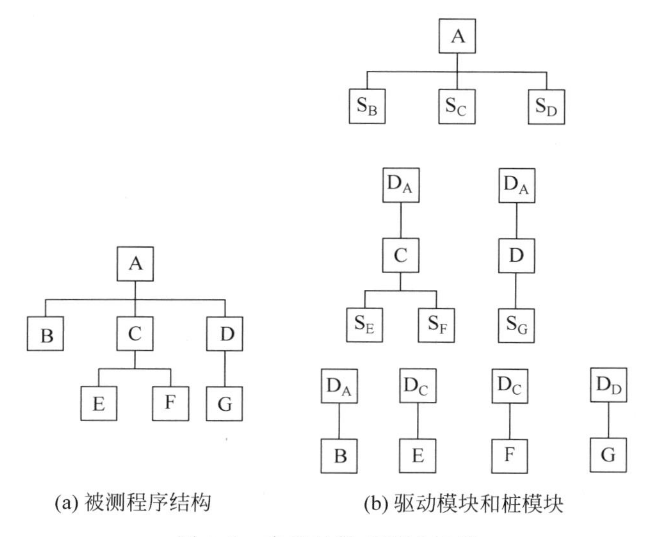

(a) 被测程序结构　　(b) 驱动模块和桩模块

图 4-6　非增量集成测试示例

2. 增量集成测试

增量集成测试中单元的集成是逐步实现的，集成测试也是逐步完成的。按照实施的不同次序，增量集成测试可以分为自顶向下和自底向上两种方式。

自顶向下增量集成测试表示逐步集成和逐步测试是按结构图自上而下进行的，即模块集成顺序是首先集成主控模块，然后按照软件控制层次接口向下进行集成。从属于主控模块的模块按照深度优先策略或广度优先策略集成到结构中去。

深度优先策略：首先集成在结构中的一个主控路径下的所有模块，主控路径的选择是任意的，一般根据问题的特性确定。

广度优先策略：首先沿水平方向，把每层中所有直接隶属于上一层的模块集成起来，直至最底层。

自顶向下的集成方式的测试步骤如下。

(1) 以主模块为被测模块，主模块的直接下属模块则用桩模块代替。

(2) 采用深度优先或广度优先策略，用实际模块替换相应的桩模块(每次仅替换一个或少量几个桩模块，视模块接口的复杂程度而定)，它们的直接下属模块则又用桩模块代替，与已测试的模块或子系统集成为新的子系统。

(3) 对新形成的子系统进行测试，发现和排除模块集成过程中引起的错误，并做回归测试。

(4) 若所有模块都已集成到系统中，则结束集成；否则转到步骤(2)。

自底向上增量集成策略是从最底层的模块开始，按结构图自下而上逐步进行集成并逐步进行测试工作。由于是从最底层开始集成，测试到较高层模块时，所需的下层模块功能已经具备，因此不需要再使用被调用模拟的子模块辅助测试。

因为是自底向上进行组装，对于一个给定层次的模块，它的所有下属模块已经组装并测试完成，所以不再需要桩模块。测试步骤如下。

（1）为最底层模块开发驱动模块，对最底层模块进行并行测试。

（2）用实际模块替换驱动模块，与其已被测试过的直属子模块集成为一个子系统。

（3）为新形成的子系统开发驱动模块（若新形成的子系统对应为主控模块，则不必开发驱动模块），对该子系统进行测试。

（4）若该子系统已对应为主控模块，即最高层模块，则结束集成；否则转到步骤（2）。

三明治集成测试是将自顶向下测试与自底向上测试两种模式有机结合起来，采用并行的自顶向下、自底向上集成方式形成的测试方法。三明治集成测试更重要的是采取持续集成的策略，软件开发中各个模块不是同时完成的，根据进度将完成的模块尽可能早地进行集成，有助于尽早发现缺陷，避免集成阶段大量缺陷涌现。同时，自底向上集成时，先期完成的模块将是后期模块的驱动模块，从而使后期模块的单元测试和集成测试出现了部分交叉，不仅节省了测试代码的编写，也有利于提高工作效率。

如果通过分解树考虑三明治集成，则只需要在树上真正进行大爆炸集成。桩模块和驱动模块的开发工作都比较小，不过其代价是作为大爆炸集成的后果，在一定程度上增加了定位缺陷的难度。

4.2.6　集成测试常用方法

在实际的测试实施时，常采用一个主导因素作为集成的主线，辅助利用各类集成策略及测试方法进行。下面介绍 3 种常用的集成测试方法。

1. 基于功能分解的集成测试

在讨论集成测试时，对基于系统功能分解的集成测试，测试方法都基于采用树或文字形式表示的功能分解。这类讨论不可避免地要深入到将要集成的模块顺序。对于增量集成，有 3 种选择：自顶向下集成、自底向上集成以及三明治集成。所有这些集成顺序都假设单元测试已经通过单独测试，基于功能分解的集成测试目标是测试通过单独测试的单元接口。

基于功能分解的方法在直觉上很清晰，都用经过测试的组件构建。只要发现失效，就怀疑最新加入的单元。集成测试很容易根据分解树跟踪（如果分解树很小，随着节点被成功地集成，树逐渐变成节点）。通常可以采用广度优先或深度优先的方式测试分解树。

功能分解更多的是为了满足项目管理的需要，而不是为了满足软件开发人员的需要。基于功能分解的测试也是这样的。整个机制是根据功能分解的结构集成单元。桩模块或驱动模块的开发工作量是这些方法的另一个缺点，此外，还有重新测试所需工作量的问题。给定分解树所需集成测试会话数的计算公式为：会话＝节点－叶子＋边。一个测试会话是指按自顶向下或自底向上方法，使用一套测试集对新集成进来的组件进行一次集成测试的过程。对于自顶向下集成，需要开发（节点－1）个桩模块；对于自底向上集成，需要开发（节点－叶子）个驱动模块。

自顶向下和自底向上测试策略的优缺点相互补充，一种策略的优点可能就是另一种策略的缺点。自顶向下方法的主要缺点就是需要开发桩模块以及其带来的测试难题。自底向上集成测试的主要缺点在于，直到加入最后一个模块，一直没有一个作为实体的程序。

集成策略的选择依赖于软件的特征，有时也与项目的进度安排有关。一般来说，采用三明治集成测试方法，即用自顶向下方法测试程序结构较高层，用自底向上方法测试其从属层，这可能算是最好的折中。

当执行集成测试时，测试人员应能标识关键模块。关键模块具有以下一个或多个特征：

(1) 涉及几个软件需求；

(2) 含有高层控制(位于程序结构相对高的层次)；

(3) 是复杂的或易错的；

(4) 有明确性的性能需求。

关键模块应尽早测试。此外，回归测试也应该侧重于关键模块的功能。

2. 基于调用图的集成测试

基于功能分解集成的缺点之一是依赖于功能分解树。如果改用调用图，则可以减少这种缺陷，并且也在结构性测试方向有了进一步发展。由于调用图是一种有向图，在进行集成测试时，常利用成对集成测试和相邻集成测试。

成对集成测试的思想是免除桩/驱动模块开发的工作量。为什么要开发桩或驱动模块，而不是使用实际代码呢？初看起来，使用实际代码集成类似“一步到位”集成，但是在使用成对集成方式时，我们将其限制在调用图中的一对单元上。最终结果是对调用图中的每条边有一个集成测试会话，但是可以大大降低桩和驱动模块的开发工作。

图 4-7 所示为基于调用图的成对集成，很明显没有了空的集成会话，因为边引用的是实际单元，仍然有桩模块的问题。它可以产生如图 4-8 所示的 build(模块集)序列。build1 可以包含主程序和 I 模块，build2 可以包含 G 模块和 V 模块，build3 可以包含 L 模块和 i 模块等。有几条边即有几个模块集的序列。图 4-8 中一共有 7 条边，则有 7 个 build。

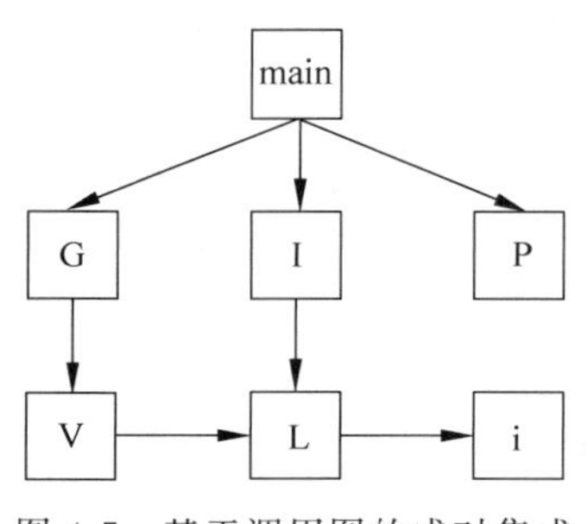

图 4-7 基于调用图的成对集成

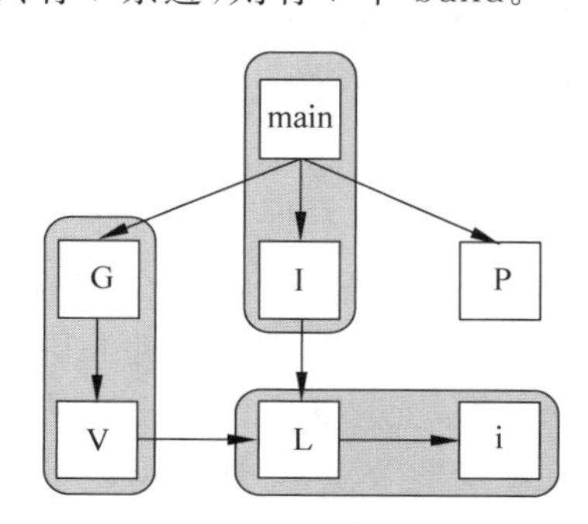

图 4-8 build(模块集)序列

可以借用拓扑学中的相邻概念了解相邻集成测试。图中节点的邻居是这样的一些节点的集合，这些节点具有从给定节点引出的边。而在有向图中，节点的邻居包括所有直接前驱节点和所有直接后继节点(请注意，这对应节点的桩和驱动模块的集合)。对于给定调用图，总是可以计算出邻居数量。每个内部节点有一个邻居，如果叶节点直接连接到根节点，则还要加上一个邻居(内部节点具有非零入度和非零出度)。

内部节点＝节点－(源节点＋汇节点)

邻居＝内部节点＋源节点

经过合并,可知

邻居＝节点－汇节点

相邻集成可大大降低集成测试会话数量,并且避免了桩和驱动模块的开发。最终结果是,邻居本质上是前面介绍过的三明治(两者稍有不同,因为邻居的基本信息是调用图,而不是分解树)。相邻集成与三明治集成的共同之处更重要:相邻集成测试具有“中爆炸”集成的缺陷隔离困难。

根据图 4-7 所示的例子,基于调用图的相邻集成可以通过 V 模块和 L 模块的邻居进行,接下来可以集成 G 模块和 I 模块的邻居,最后可以集成主程序的邻居。请注意,这些邻居构成一种构建序列,如图 4-9 所示,邻居数为 5,因此 5 次构建序列。

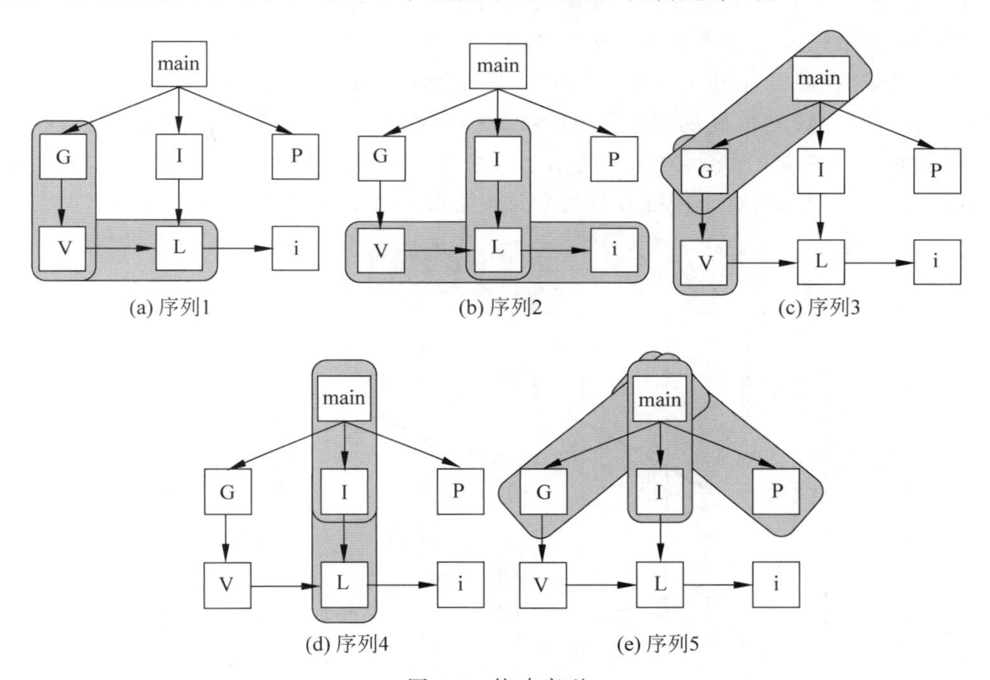

图 4-9 构建序列

基于调用图的集成技术偏离了纯结构基础,转向行为基础,因此底层假设是一种改进。这些技术还减少了桩和驱动模块的开发工作量。除了这些优点之外,基于调用图的集成还与以构建和合成为特征的开发匹配得很好。例如,邻居序列可以用于定义构建。此外,我们还可以允许相邻邻居合并,并提供一种有序的基于合成的成长路径。所有这些都支持对以合成占主导地位的生命周期开发的系统进行基于邻居的集成。

基于调用图集成测试的最大缺点是缺陷隔离问题,尤其是对于有大量邻居的情况。还有一个更微妙但是密切相关的问题:如果在多个邻居中的节点(单元)中发现缺陷,会出现什么情况(如 V 模块出现在 5 个邻居中的 3 个中)?显然,我们要清除这个缺陷,但是这意味着以某种方式修改了该单元的代码,而这又意味着以前测试过的包含已变更代码的邻居,都需要重新进行测试。

最后，我们的测试方向是系统级行为正确。通过将基于调用图的信息转移到基于路径的特殊形式，可以解决这个问题。

3. 基于路径的集成测试

对于集成测试，非常需要结构性测试和功能性测试的结合。因此，将集成测试的侧重点由测试单元之间的接口转移到这些单元的交互即它们的"协同功能"上。接口是结构性的，而交互是功能性的。

当单元执行时，要遍历一些源程序的路径。假设调用沿这种路径进入另一个单元：程序控制流经过调用的单元，到达被调用的单元。有两种可能：放弃单入口、单出口要求，把这种调用看作一个退后接一个进入，或者抑制调用语句，因为控制最终总是要返回调用单元。抑制调用语句对于单元测试很有作用，但是对于集成测试正好相反。

MM-路径 MM-路径是穿插出现模块执行路径和消息的序列。

使用 MM-路径可以描述包含在单独单元之间控制转移的模块执行路径序列。集成测试就可以根据这种路径序列设计测试用例。这种转移是通过消息完成的，并且这些路径要跨越单元边界。在经过扩展的程序图中可以发现 MM-路径，其中的节点表示模块执行路径，边表示消息。图 4-10 所示的例子给出了一个 MM-路径，表示模块 A 调用模块 B，模块 B 又调用模块 C。请注意，对于传统软件，MM-路径永远从主程序中开始，在主程序中结束。

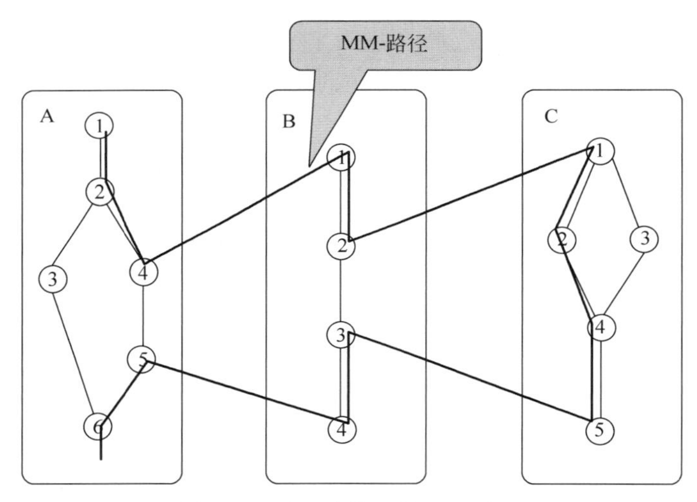

图 4-10 跨 3 个单元的 MM-路径

在模块 A 中，节点 1 和节点 5 是源节点，节点 4 和节点 6 是汇节点。类似地，在模块 B 中，节点 1 和节点 3 是源节点，节点 2 和节点 4 是汇节点。模块 C 只是一个源节点 1 和一个汇节点 5。在图 4-10 中给出了 7 条模块执行路径，这里使用 MEP(模块句，路径编号)标记模块执行路径，如下所示。

MEP(A,1)=< 1,2,3,6 >

MEP(A,2)=< 1,2,4 >

MEP(A,3)=< 5,6 >

MEP(B,1)=< 1,2 >

MEP(B,2)=< 3,4 >

$$\mathrm{MEP}(C,1)=<1,2,4,5>$$
$$\mathrm{MEP}(C,2)=<1,3,4,5>$$

下面可以定义一种集成测试，这种集成测试能够与非常有效地用于单元测试的DD-路径进行类比。

MM-路径图　给定一组单元，其MM-路径图是一种有向图，图中的节点表示模块执行路径，边表示消息以及单元之间的返回。

请注意，MM-路径图是按照一组单元定义的。这直接支持单元合成和基于合成的集成测试。我们甚至可以合成到下层单个模块执行路径，不过可能太详细，没有必要。

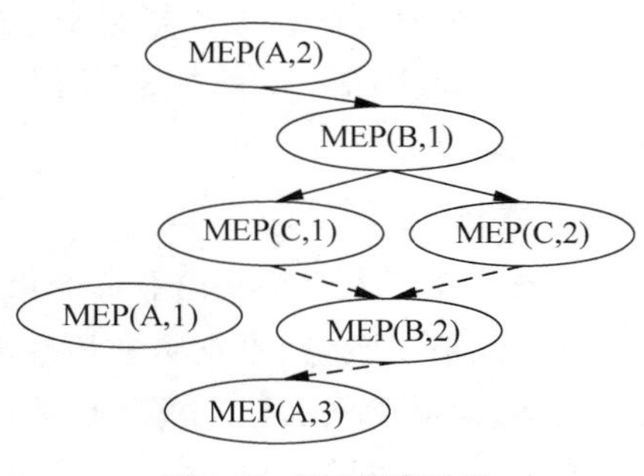

图 4-11　MM-路径图

图4-11给出了图4-10所示例子的MM-路径图。实线箭头表示消息，相应的返回由虚线箭头表示。我们应该考虑模块执行路径、程序路径、DD-路径和MM-路径之间的关系。程序图是DD-路径序列，MM-路径是模块执行路径序列。但是，DD-路径和模拟执行路径之间没有简单的对应关系，两者可能相互包容，更有可能部分重叠。由于MM-路径实现超出单元边界的功能，因此确实有一种关系：MM-路径与单元的交叉。这种交叉中的模拟执行路径可以与(MM-路径)函数片类比，换句话说，这种交叉中的模拟执行路径是模拟执行路径所在单元的功能约束。

MM-路径定义需要具有某种实际指导方针。MM-路径的长度或深度可通过MM-路径末端点进行观察，末端点又以消息和数据静止作为行为准则。当到达不发送消息的节点时，消息静止发生(如图4-10中的模块C)。

基于路径集成测试的优点也是有代价的：需要更多的工作量标识MM-路径。这种工作量可能会与桩和驱动模块开发所需要的工作量相当。

此外，还有核心系统先行集成测试、高频集成测试、基于风险的集成测试、基于事件的集成测试、基于使用的集成测试、客户端/服务器集成测试、分布式集成测试等集成测试策略，在此不再一一介绍。

4.2.7　集成测试相关案例

本节利用一个实际的集成测试案例“通用仓库管理系统集成测试”的测试计划制定串讲集成测试的内容。

1. 目的

通用仓库管理系统经过编码、单元测试后形成待集成单元，本集成测试计划主要描述如何进行集成测试活动、如何控制集成测试活动、集成测试活动的流程以及集成测试活动的工作安排等。保证程序连接起来也能正常工作，保证程序的完整运行。

2. 范围

本次测试计划主要是针对软件的集成测试，不含硬件、系统测试，以及单元测试(需要已经完成单元测试)。

主要的任务如下。

(1) 测试在把各个模块连接起来的时候,穿越模块接口的数据是否会丢失。

(2) 测试各个子功能组合起来,能否达到预期要求的父功能。

(3) 一个模块的功能是否会对另一个模块的功能产生不利的影响。

(4) 全局数据结构是否有问题。

(5) 单个模块的误差积累起来,是否会放大,从而达到不可接受的程度。

主要测试方法是:使用黑盒测试方法测试集成的功能,并且迭代地对之前的集成进行回归测试。

3. 术语

入库 商品入库是仓储业务的第1阶段,是指商品进入仓库储存时所进行的商品接收、卸货、搬运、清点数量、检查质量和办理入库手续等一系列活动的总称。商品入库管理包括商品接运、商品验收和建立商品档案3方面。其基本要求是:保证入库商品数量准确,质量符合要求,包装完整无损,手续完备清楚,入库迅速。

出库 商品出库业务是仓库根据业务部门或存货单位开出的商品出库凭证(提货单、调拨),按其所列商品编号、名称、规格、型号、数量等项目,组织商品出库一系列工作的总称。出库发放的主要任务是:所发放的商品必须准确、及时、保质保量地发给收货单位,包装必须完整、牢固、标记正确清楚,核对必须仔细。

盘点 盘点就是定期或不定期地对店内的商品进行全部或部分的清点,以确实掌握该期间内的经营业绩,并因此加以改善,加强管理。盘点是为了切实掌控货物的"进(进货)、销(销货)、存(存货)",避免囤积太多货物或缺货的情况发生,对于计算成本及损失是不可或缺的数据。

测试计划 测试计划是指对软件测试的对象、目标、要求、活动、资源及日程进行整体规划,以保证软件系统的测试能够顺利进行的计划性文档。

测试用例 测试用例是指对一项特定的软件产品进行测试任务的描述,体现测试方案、方法、技术和策略的文档,内容包括测试目标、测试环境、输入数据、测试步骤、预期结果、测试脚本等。

测试对象 测试对象是指特定环境下运行的软件系统和相关文档。作为测试对象的软件系统可以是整个业务系统,也可以是业务系统的一个子系统或一个完整的部件。

测试环境 测试环境是指对软件系统进行各类测试所基于的软、硬件设备和配置,一般包括硬件环境、网络环境、操作系统环境、应用服务器平台环境、数据库环境以及各种支撑环境等。

4. 测试策划

本系统的集成测试采用自底向上(Bottom-Up Integration)的集成方式。自底向上集成方式从程序模块结构中最底层的模块开始组装和测试。因为模块是自底向上进行组装的,对于一个给定层次的模块,它的子模块(包括子模块的所有下属模块)事前已经完成组装并经过测试,所以不再需要编制桩模块(一种能模拟真实模块,给待测模块提供调用接口或数据的测试用软件模块)。选择这种集成方式,管理方便,测试人员能较好地锁定软件故障所在位置。

软件集成顺序为：自底向上，先子系统，再顶系统。

子系统集成顺序上，功能集成顺序为：先查找，后增加，删除，修改；模块集成顺序为：先入库出库模块，后盘点和管理员界面。

集成测试的主要步骤如表4-5所示。

表4-5　集成测试的主要步骤

活　　动	输　　入	输　　出	职　　责
制订集成测试计划	设计模型 集成构建计划	集成测试计划	制订测试计划
设计集成测试	集成测试计划 设计模型	基础测试用例 测试过程	集成测试用例测试过程
实施集成测试	集成测试用例 测试过程 工作版本	测试脚本 测试过程 测试驱动(底向上)	编制测试代码更新测试过程 编制驱动或桩
执行集成测试	测试脚本 工作版本	测试结果	测试并记录结果
评估集成测试	集成测试计划 测试结果	测试评估摘要	会同开发人员评估测试结果，得出测试报告

其中，集成元素包括子系统集成、功能集成、数据集成、函数集成等。

1）子系统集成

入库模块：商品入库是仓储业务的第1阶段，商品入库管理包括商品接运、商品验收和建立商品档案3方面。

出库模块：商品出库业务是仓库组织商品出库一系列工作的总称。

盘存模块：盘点就是定期或不定期地对店内的商品进行全部或部分的清点。

2）功能集成

有关增加、删除、修改、查询各个数据的操作。

3）数据集成

数据传递是否正确，对于传入值的控制范围是否一致，等等。

4）函数集成

函数是否调用正常。

各个元素的关系如图4-12所示。

5. 测试设计与执行

在本项目中，集成测试主要涉及以下几个过程。

1）设计集成测试用例

(1) 采用自底向上集成测试的步骤，按照概要设计规格说明，明确有哪些被测模块。在熟悉被测模块性质的基础上对被测模块进行分层，在同一层次上的测试可以并行进行，然后排出测试活动的先后关系，制订测试进度计划。

(2) 在步骤(1)的基础上，按时间线序关系，将软件单元集成为模块，并测试在集成过程中出现的问题。这里，可能需要测试人员开发一些驱动模块来驱动集成活动中形成的被测

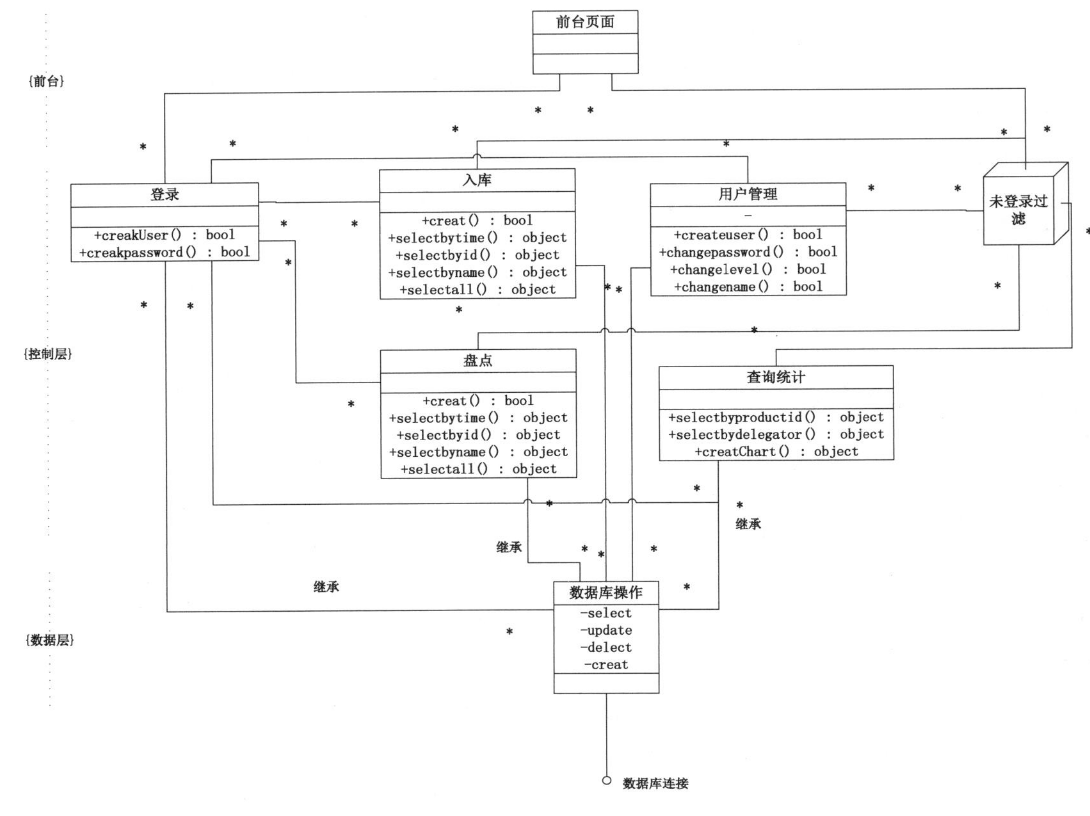

图 4-12　集成测试集成元素关系

模块。对于比较大的模块,可以先将其中的某几个软件单元集成为子模块,再集成为一个较大的模块。

（3）将各软件模块集成为子系统（或分系统）。检测各子系统是否能正常工作。同样,可能需要测试人员开发少量的驱动模块来驱动被测子系统。

（4）将各子系统集成为最终用户系统,测试是否存在各分系统能否在最终用户系统中正常工作。

2）实施测试

（1）测试人员按照测试用例逐项进行测试活动,并且将测试结果填写在测试报告（测试报告必须覆盖所有测试用例）上。

（2）测试过程中发现 Bug,将 Bug 填写在 BugFree 上（Bug 状态为 NEW）,发给集成部经理。

（3）对应责任人接到 BugFree 发过来的 Bug（Bug 状态为 ASSIGNED）。

（4）对于明显的并且可以立刻解决的 Bug,将 Bug 发给开发人员；对于不是 Bug 的提交,集成部经理通知测试设计人员和测试人员,对相应文档进行修改（Bug 状态为 RESOLVED,决定设置为 INVALID）；对于目前无法修改的,将这个 Bug 放到下一轮次进行修改（Bug 状态为 RESOLVED,决定设置为 REMIND）。

3）问题反馈与跟踪

（1）开发人员接到发过来的 Bug 立刻修改（Bug 状态为 RESOLVED，决定设置为 FIXED）。

（2）测试人员接到 BugFree 发过来的错误更改信息，应该逐项复测，填写新的测试报告（测试报告必须覆盖上一次中所有状态为 REOPENED 的测试用例）。

4）回归测试

（1）重新测试修复 Bug 后的系统，直到回归测试结果到达系统验收标准。

（2）如果复测有问题，返回第 2）步（Bug 状态为 REOPENED），否则关闭这项 Bug（Bug 状态为 CLOSED）。

5）测试总结报告

完成以上 4 个步骤后，综合相关资料生成测试报告。

整个集成的过程如图 4-13 所示。

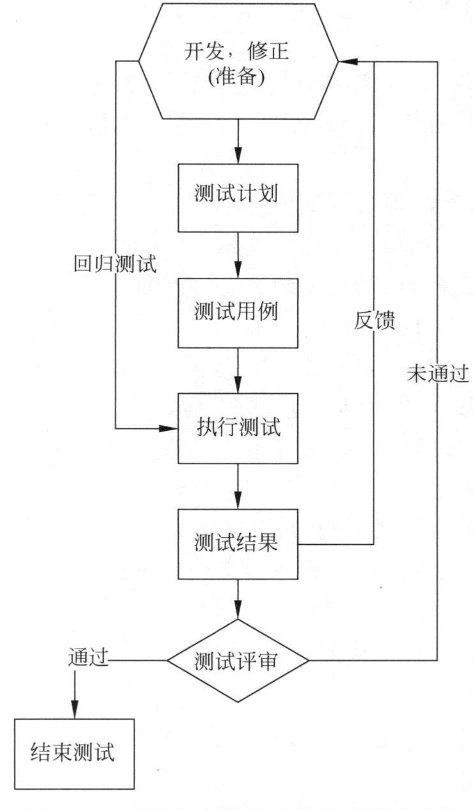

图 4-13　通用仓库管理系统集成测试过程

6. 集成测试总结

1）记录问题

利用 BugFree 平台记录 Bug，并指定相关责任人。更进一步，把 BugFree 和需求设计文档、开发文档、测试文档、测试用例等联系起来，做成一个软件研发工具套件，即可通过一个 Bug 方便地找到对应的文档、代码、测试用例等。

2）解决问题

小组会议以及开发人员协调负责人，协调测试开发之间的工作。测试结束后，形成测试报告。

4.3 系统测试

集成测试通过之后，各个模块已经被组装成一个完整的软件包，这时需要进行系统测试。传统的系统测试指的是将通过集成测试的软件系统，作为计算机系统的一个重要组成部分，与计算机硬件、外部设备、支撑软件等其他系统元素组合在一起进行的测试，目的在于通过与系统需求定义做比较，发现软件与需求规格不符合或矛盾的地方，从而提出更加完善的方案。

4.3.1 系统测试的定义

系统测试的对象包括源程序、需求分析阶段到详细设计阶段中的各技术文档、管理文档、提交给用户的文档、软件所依赖的硬件、外设，甚至包括某些数据、某些支持软件及其接口等。

随着测试概念的发展，当前系统测试已逐渐侧重于验证系统是否符合需求规定的非功能指标。其测试范围可分为功能测试、性能测试、压力测试、容量测试、安全性测试、图形用户界面测试、可用性测试、安装测试、配置测试、异常测试、备份测试、健壮性测试、文档测试、在线帮助测试、网络测试、稳定性测试。

系统测试是一个庞大的工程，在测试之前应该做好以下准备工作。

（1）收集各种软件说明书，作为系统测试的参考。

（2）仔细阅读软件测试计划，最好制订单独的系统测试计划，作为系统测试的根据，并收集已编好的测试用例。

（3）如果没有现成的系统测试用例，则需要做大量工作编写测试用例。

在编写测试用例时，应从软件规格和各种文档中发掘以下信息。

（1）对系统各种功能的描述。

（2）系统要求的数据处理和传输效率。

（3）对系统性能的要求。

（4）对兼容性的要求。

（5）对备份和修复的要求。

（6）对配置的描述。

（7）对安全方面的要求等。

因为系统测试的一个主要目标是树立软件系统将通过验收测试的信心，因此进行系统测试时应保证测试环境的真实性，即使无法与系统运行时的实际环境完全一致，也应尽可能接近真实环境，而且测试时所用的数据也必须尽可能与真实数据保持一致。

由于系统测试涉及广泛，本书将仅从功能测试、安装测试、性能测试、压力测试、容量测试、安全性测试、健壮性测试、可用性测试、图形用户界面测试、文档测试这10个方面进行介绍。更多的测试类型及详细内容,建议大家阅读一些专门讲解系统测试的书籍。

4.3.2 系统测试的原则

系统测试的目标在于:

(1) 确保系统测试的活动是按计划进行的;

(2) 验证软件产品是否与系统需求用例不相符合或与之矛盾;

(3) 建立完善的系统测试缺陷记录跟踪库;

(4) 确保软件系统测试活动及其结果及时通知相关小组和个人。

并遵守以下一些原则:

(1) 测试机构要独立;

(2) 要精心设计测试计划,包括负载测试、压力测试、用户界面测试、可用性测试、逆向测试、安装测试、验收测试;

(3) 要进行回归测试;

(4) 测试要遵从经济性原则。

4.3.3 系统测试的内容

系统测试的内容包括功能测试、性能测试、安装测试、压力测试、容量测试、安全性测试、健壮性测试、可用性测试、用户界面测试、文档测试等。其中功能测试、性能测试、安装测试、可用性测试等在一般情况下是必需的,而其他的测试类型需要根据软件项目的具体要求进行裁剪。

1. 功能测试

功能测试是系统测试中最基本的测试,它不管软件内部是如何实现的,只是根据需求规格说明书和测试需求列表,验证产品的功能是否符合需求规格,主要检验以下几个方面。

(1) 功能是否全部实现,有没有遗漏。

(2) 功能是否满足用户需求和系统设计的隐藏需求。

(3) 能否正确地接收输入,并给出正确结果。

功能测试要求测试设计者对产品规格说明、需求文档、产品业务功能都非常熟悉,同时要求掌握测试用例的设计方法,才能设计出好的测试方案和测试用例,高效地完成测试。

在进行功能测试时,作为功能测试的基本输入,首先需要对需求规格说明书进行分析,分析步骤如下。

(1) 对每个明确的功能需求进行标号。

(2) 对每个可能隐含的功能需求进行标号。

(3) 对于可能出现的功能异常进行分类分析,并标号。

(4) 对前3个步骤获得的功能需求进行分级,以便为每个功能点计划投入的人力等;由于对每个功能点都进行充分测试需要极大的代价,所以常常需要将需求功能划分为关键需求功能和非关键需求功能,关键需求功能是指产品核心功能,如果关键功能失败,则可能导致用户直接拒绝使用产品。

(5) 对每个功能进行测试分析,以决定是否可测、如何测、如何输入、可能的输出等。

(6) 为测试制定脚本化和自动化支持。

功能测试常用的用例设计方法有:

- 规范导出法
- 等价类划分
- 边界值分析
- 因果图
- 判定表
- 正交实验设计
- 基于风险的测试
- 错误猜测法

2. 性能测试

对于实时系统和嵌入式系统,提供符合功能需求但不符合性能需求的软件是不能接受的。例如,一个网站能被访问且其提供的功能都符合用户的需求,但每个页面打开的时间都要几十秒甚至几分钟,用户显然不能接受这样的网站为自己提供服务。因此,对一个系统进行性能测试是必须的。

性能测试是用来测试软件系统在实际的集成系统中的运行性能的。因为无论是在单元测试,还是集成测试中,都没有将系统作为一个整体放入实际环境中运行,因此,只有在性能测试阶段,才能够真正看到系统的实际性能。

性能测试的目的是度量系统相对于预定义目标的差距,同时发现软件系统中存在的性能瓶颈,优化软件,最后起到优化系统的作用。

性能测试主要包括以下几方面。

(1) 评估系统的能力:测试中得到的负荷和响应时间数据可用于验证预期系统的能力,并帮助做出决策。

(2) 识别体系中的弱点:受控的负荷可以被增加到一个极端的水平,并突破它,从而修复体系的瓶颈或薄弱的地方。

(3) 系统调优:重复运行测试,验证调整系统的活动得到了预期的结果,从而改进性能。

(4) 检测软件中的问题:长时间的测试执行可导致程序发生由于内存泄漏等引起的失败,揭示程序中的隐含的问题或冲突。

(5) 验证稳定性和可靠性:在一个生产负荷下执行一定时间的测试是评估系统稳定性和可靠性是否满足要求的唯一方法。

性能测试一般要有专门的工具支持,必要情况下,还要自己开发专门的接口工具。有一些成熟的商业性能测试,可以用于 GUI 和 Web 等方面的测试,如内存分析工具、指令分析工具等。这些工具都会提供相应的系统性能指标。系统的性能指标包括两方面的内容:系统资源(CPU、内存等)的使用率和系统行为表现。系统资源使用率越低,一般来说系统性能越好;系统行为表现包括系统对请求的响应时间、数据吞吐量等。

收集系统资源使用情况和系统行为表现可以采用两种方式。一是在运行环境中使用性能监视器的方法,在固定时间间隔内收集系统状态信息;二是采用探针的方法,即在系统代码中插入许多程序指令,通过这些指令记录系统状态,并最终将收集的数据整理成外部格式报告。

由于工程和项目的不同,所选用的度量、评估方法也不同。不过,仍然有一些通用的步骤帮助我们完成一个性能测试项目。具体步骤如下。

(1) 确定性能测试需求:每个性能测试计划中第1步都会确定性能测试需求。只有明确需求,才能澄清测试范围,知道在测试中要掌握什么样的技术以及确定哪些性能指标需要度量。

(2) 学习相关技术和工具:性能测试是通过工具模拟大量用户操作,对系统增加负载。所以需要掌握一定的工具知识才能进行性能测试。开展性能测试需要对各种性能测试工具进行评估,因为每种性能测试工具都有自身的特点,只有经过工具评估,才能选择符合现有软件架构的性能测试工具。确定测试工具后,需要组织测试人员进行工具的学习,培训相关技术。

(3) 设计测试用例:设计测试用例是在了解软件业务流程的基础上,一次尽可能地包含多个测试要素,且设计的这些测试用例必须是工具能实现的。

(4) 运行测试用例:通过性能测试工具运行测试用例。同一环境下的性能测试得到的测试结果是不准确的,所以在运行这些测试用例的时候,需要在不同的测试环境、不同的机器配置上运行。

(5) 分析测试结果:运行测试用例后,收集相关信息,进行数据统计分析,找到性能瓶颈。

3. 安装测试

安装测试用来确保软件在正常情况和异常情况的不同条件下都不丢失数据或功能,具体测试活动包括首次安装、升级、完整安装、自定义安装、卸载等。测试对象包括测试安装代码以及安装手册。安装代码提供安装一些程序能够运行的基础数据,安装手册提供如何进行安装。

安装测试不是寻找软件错误,而是寻找软件安装错误。其测试目标如下。

(1) 安装程序能够正确运行。

(2) 程序安装过程正确。

(3) 程序安装完成后能够正确运行。

(4) 完善性安装后程序能正确运行。

(5) 程序能正确卸载。

(6) 程序卸载后系统能复原。

安装测试可以分为客户端软件安装测试和基于软件服务模式的安装测试,服务模式下的软件安装是指在浏览器中安装控件或插件,而无须下载客户端软件包,区别于纯客户端软件或MSI格式的安装。此时,软件系统的安装和客户端操作系统、浏览器及其设置都有关系。

安装测试即是验证软件安装是否具有容错性、灵活性、易安装性等。

容错性即安装过程中是否会出现不可预见的或不可修复的错误。如果出现了这种错误,是否有相应提示;出现错误后,系统能否正常退出或终止;安装终止或程序卸载后,系统是否可以恢复到原来的状态等。

灵活性即软件是否提供了多种安装模式(如快速的默认方式、高级的用户自定义方式和完整的全部安装方式等);安装步骤是否可以回溯(回退到上一步);是否允许中途退出安装;是否可以更改安装目录等。

易安装性即安装过程中系统是否可以自动识别硬件;复杂的安装步骤是否由计算机自动完成;操作流程是否简洁明了以及是否有正确的提示信息等。

4. 可用性测试

可用性测试是指让一群有代表性的用户尝试对系统进行典型操作,同时观察员和开发人员在一旁观察、聆听、做记录。测试包括系统功能、系统发布、帮助文本和过程,以保证用户能够舒适地和系统进行交互。

ISO 9241-11 将可用性定义为“在特定环境下,产品为特定用户用于特定目的时所具有的有效性、效率和主观满意度”。

有效性是用户完成特定任务和达成特定目标时所具有的正确和完整程度。

效率是用户完成任务的正确和完成程度与所用资源(如时间)之间的比率。

主观满意度是用户在使用产品过程中所感受到的主观满意和接受程度。

所谓可用性测试,即是对软件“可用性”进行测试,检验其是否达到可用性标准。目前的可用性测试方法超过 20 种,按照参与可用性测试的人员划分,可以分为专家测试和用户测试;按照测试所处于的软件开发阶段,可以将可用性测试划分为形成性测试和总结性测试。形成性测试是指在软件开发或改进过程中,请用户对产品或原型进行测试,通过测试后收集的数据改进产品或设计直至达到所要求的可用性目标。形成性测试的目标是发现尽可能多的可用性问题,通过修复可用性问题实现软件可用性的提高;总结性测试的目的是横向测试多个版本或多个产品,输出测试数据进行对比。

这里主要介绍用户测试法,用户测试法就是让用户真正地使用软件系统,由实验人员对实验过程进行观察、记录和测量。这种方法可以准确地反馈用户的使用表现,反映用户的需求,是一种非常有效的方法。用户测试可分为实验室测试和现场测试。实验室测试是在可用性测试实验室里进行的,而现场测试是由可用性测试人员到用户的实际使用现场进行观察和测试。

用户测试之后,评估人员需要汇编和总结测试中获得的数据,如完成时间的平均值、中间值、范围和标准偏差;用户成功完成任务的百分比;针对用户与产品交互的倾向性绘制直方图等。然后对数据进行分析,并根据问题的严重程度和紧急程度排序撰写最终测试报告。根据测试结果,开发人员再对软件产品进行相应修改,然后再重新测试,直到达到可用性标准为止。

用户测试法的流程如图 4-14 所示。

开发人员在开发程序时就应注意一些可用性问题,尽量避免这些导致可用性变差的问

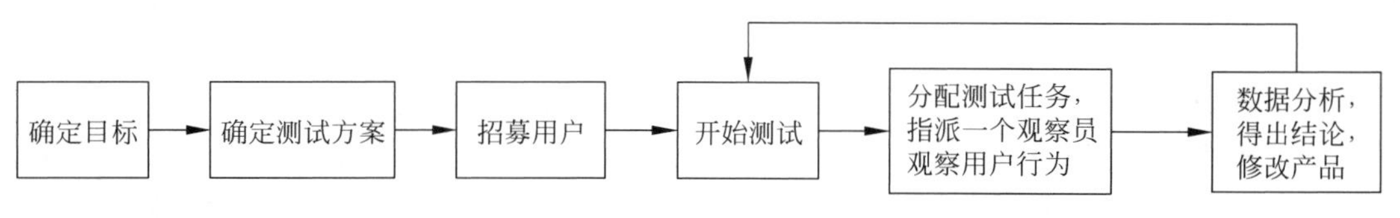

图 4-14 用户测试法的流程

题，而不是在可用性测试结束后再进行修改，主要问题如下。

(1) 过于复杂的功能或指令。

(2) 困难的安装过程。

(3) 错误信息过于简单。

(4) 语法难以理解和使用。

(5) 非标准的图形用户界面接口。

(6) 用户被迫需要记忆的东西太多。

(7) 难以登录。

(8) 帮助文本上下文不敏感或不够详细。

(9) 和其他系统之间联系过弱。

(10) 默认不够清晰。

(11) 没有提供给用户所有输入的清晰的知识等。

5. 压力测试

压力测试是一种基本的质量保证行为，它是每个重要软件测试工作的一部分。压力测试的基本思路很简单：不是在常规条件下运行手动或自动测试，而是长时间或超大负荷地运行测试软件，以此测试被测系统的性能、可靠性、稳定性等。通俗地讲，压力测试是为了发现在什么条件下应用程序的性能会变得不可接受。

一个有效的压力测试需要遵循一些核心的基本原则，这些原则可以在测试过程中时刻提醒我们压力测试是否还有更多的极端可能。

1) 重复

最明显且最容易理解的压力测试原则就是测试的重复。换句话说，重复测试就是一遍又一遍地执行某个操作或功能。功能测试是验证一个操作能否正常执行，而压力测试则是确定一个操作能否在每次执行时都正常。这对于推断一个产品是否适合它未来的工作环境至关重要。用户通常会重复地使用该产品的某些功能，因此压力测试应该在用户使用产品之前发现错误。

2) 并发

并发是同时执行多个操作的行为。换句话说，就是在同一时间执行多个测试。功能测试或单元测试几乎不会与任何并发设计结合。因此，压力系统必须超越功能测试，要同时遍历多条代码路径。例如，对于一个 Web 服务进行压力测试，需要模拟多个客户端同时访问服务器。因为 Web 服务通常会访问多个线程间的共享数据，一个线程对这些数据的操作可能会影响到其他线程，在功能测试的时候是无法发现这样的问题的，并发压力测试可以帮助发现这些隐藏的错误。

3) 量级

压力测试的另一个重要原则就是要给每个操作增加超常规的负载量。就是说压力测试可以重复执行一个操作，但是在操作自身过程中也要尽量给程序增加负担，增加操作的量级。一般来说，单独的高强度重复操作自身可能发现不了代码错误，但与其他压力测试方法(如并发和量级)结合在一起时，会增加发现错误的机会。例如，一个 Web 服务允许客户机输入一条消息，测试人员可以通过模拟输入超长消息的客户机使这个单独的操作进行高强度的使用。换句话说就是，测试人员增加了这个操作的量级。这个量级总是特定于应用的，但是可以通过查找产品的可被用户更改的值来确定它，如数据的大小、延迟的长度、输入速度以及输入的变化等。

4）随机

随机的意思是任何压力测试都应该多多少少具有一些随机性。例如，随机组合前面3种压力测试原则，然后变化出无数种测试形式，就能够在每次测试运行时应用许多不同的代码路径进行压力测试。一个压力测试结合的原则越多，测试执行的时间越长，就可以遍历越多的代码路径，发现的错误也会越多。

了解压力测试对系统的作用是至关重要的，因为如果对压力测试的作用都不了解，那么也就无法设计出各种极限测试用例。压力测试的作用有以下3点。

（1）测试应用程序的可靠性。除了对每个单独的组件进行压力测试外，更应该对带有其所有组件和支持服务的整个应用程序进行集中压力测试，以检查在巨大的工作负荷时，应用程序在峰值情况下是否具有可靠的执行操作。从本质上来说，压力测试是想要看在可接受的性能范围内，程序能负担的最大极限。

（2）测试应用程序的并发性能。进行压力测试需要对实际的并发访问量有一个正确的预期估算，否则在负载远远大于事前预测的压力下，系统将脆弱得不堪一击。导致系统崩溃的因素有很多，处理能力、存储速度、响应时间、网络带宽等，无论哪部分出现短板、拥堵，都可能导致全盘崩溃。简单来说就是，压力测试是考查当前软硬件环境下系统所能承受的最大并发负荷，并帮助找出软件程序的瓶颈所在。

（3）测试应用程序的最大负载能力。压力测试的目的之一是找出应用程序能够支持的最大客户端数。通过多次的运行和对测试结果中正在运行用户数与错误用户的对比，然后根据可接受错误率就可得到该功能的最大负载访问的用户数。最大负载压力测试用来评估在超越最大负载的情况下系统将如何运行，这时的目标是要发现在高负载的条件下应用程序的缺陷，如内存泄漏等。因此，最大负载能力不但是应用程序一个重要的技术指标，也是客户评估和验收软件的一个关键指标。

高效的压力测试应遵循以下几个步骤。

1）确定测试目标

在确定压力测试目标时，我们必须定义可量化的标准，而不能是凭经验或感觉。例如，压力测试目标可能是测试系统负载为峰值的1.5～2倍时系统的性能。在确定压力测试目标过程中，最好能邀请客户、设计人员等一同对测试目标进行评审。

2）制订压力测试计划

压力测试计划内容包括定义测试资源、制订测试进度表、选择测试工具等。制订测试计划的目的是使压力测试有章可循并能准备好测试环境；在制订测试进度表时应考虑项目开发周期，并留出相应的缺陷修改时间；对于测试工具的选择应以能实现测试目标为前提，不是测试工具的功能越多越好，而是功能越适合越好。

3）编写测试用例和设置测试数据

测试人员一般是根据测试用例进行实际的测试工作，因此测试用例的编写应做到客观全面、重点突出，也就是要求编写的测试用例应该尽可能反映被测系统的最大负荷，不遗漏重要的测试内容。为了让所有的测试顺利执行，可采取数据驱动方式进行，同时应该对测试数据进行参数化。另外，进行压力测试的环境应尽可能接近真实环境。

4）结果分析及测试报告

压力测试运行结束后，应把测试过程中使用的数据和测试日志汇总并记录到文件中，作为测试报告的一部分，以方便对测试结果进行分析和得出结论。因为压力测试通常采用的是黑盒测试方法，如果测试报告中只记录现象，会造成调试修改的困难，而开发人员又没有相应的环境和时间去重现问题，所以适当的分析和详细的记录是十分重要的。若测试失败，应先分析失败原因，如果是软件系统造成的，应返回给开发人员修改。如果测试结果不满足预期需求，应先对软件程序进行优化调理，然后再次运行测试，直到可以满足预期需求或调整到已无法改善结果为止。

性能测试和压力测试常常被人混淆，认为二者是同一种测试。其实性能测试和压力测试的测试过程和方法没有太大区别，二者主要的区别在于测试目的不同。

软件性能测试是为了检查系统的反应、运行速度等性能指标，它的前提是要求在一定负载下，如检查一个网站在100人同时在线的情况下的性能指标，每个用户是否都还可以正常地完成操作等。概括起来就是：在负载一定时，测试获得系统的性能指标。

软件压力测试是为了测试系统在异常情况下，执行可重复的负载测试，以检查程序对异常情况的抵抗能力，找出性能瓶颈和隐藏缺陷。异常情况主要指那些峰值、极限值、大量数据的长时间处理等。例如，某个网站的用户峰值为500，则检查用户数为750～1000时系统的性能指标。所以一句话概括就是：在异常情况下，测试获得系统的性能指标。

6. 容量测试

在进行压力测试时，如果发现了被测系统在可接受的性能范围内的极限负载，则在一定程度上完成了容量测试。

容量测试的目的是通过测试预先分析出反映软件系统应用特征的某项指标的极限值（如最大并发用户数、数据库记录数等），系统在该极限值下没有出现任何软件故障或还能保持主要功能正常运行。或者说，容量测试是为了确定测试对象在给定时间内能够持续处理的最大负载或工作量。例如，对于一个从数据库中检索数据的测试，在功能测试阶段，只需要验证能否正确检索出结果即可，数据库中的数据量可能只有几十条。但进行容量测试时，就需要向数据库中添加几十万甚至上百万条数据，测试这时的检索时间是否在用户可接受的范围内，并要找出数据库中数据数量级达到多少时性能变得不可接受。

容量测试的完成标准可以定义为：所计划的测试已全部执行，而且达到或超出指定的系统限制时没有出现任何软件故障。

这里需要注意的是，有时进行容量测试时不能简单地为某项指标定义其极限值。例如，一个网络课堂系统，一个课堂100人在线和50个课堂每个课堂两人在线的性能表现可能相差很大，虽然这两种情况下都是100人同时在线。这里就不能简单地说该网络课堂支持的同时在线人数能达到多少，而是要分情况提供相应的容量数据。

软件容量的测试能让软件开发商或用户了解该软件系统的承载能力或提供服务的能力，如某个电子商务网站所能承受的、同时进行交易或结算的在线用户数。知道了系统的实际容量，如果不能满足设计要求，就应该寻求新的技术解决方案，以提高系统的容量。如果一时没有解决的方法，应对客户进行说明，防止产生纠纷，并尽早扩大系统容量。有了对软件负载的准确预测，不仅能对软件系统在实际使用中的性能状况充满信心，同时也可以帮助用户经济地规划应用系统，优化系统的部署。

7. 安全性测试

任何包含敏感信息或能够对个人造成不正当伤害的计算机系统都会成为被攻击的目标。入侵的内容非常广泛，包括仅仅为了练习技术而试图入侵的黑客、为了报复而试图破坏系统的内部雇员，以及为了获取非法利益而试图入侵系统的非法个人甚至组织。

因此，一个 IT 软件产品的安全性是很有必要的。安全性测试是在 IT 软件产品的生命周期中，特别是产品开发基本完成到发布阶段，对产品进行检验以验证产品符合安全需求定义和产品质量标准的过程。

安全性测试的目的如下。

(1) 提升 IT 产品的安全质量。

(2) 尽量在发布前找到安全问题予以修补，降低成本。

(3) 度量安全。

(4) 验证安装在系统内的保护机制能否在实际应用中对系统进行保护，使之不被非法入侵，不受各种因素的干扰。

在安全性测试中，测试人员常常扮演系统攻击者的角色，然后尝试各种方案入侵系统，进行以下攻击。

(1) 企图获取系统超级密码。

(2) 使用任何能够瓦解系统防护机制的软件。

(3) 劫持系统，使别人无法使用。

(4) 有目的地引发系统错误，使系统崩溃，并从错误的信息以及恢复过程中侵入系统等。

理论上，只要有足够的时间和资源，就一定能设计出一个方法侵入一个系统。所以，系统设计者的目的不是设计出一套方案，从理论上杜绝一切可能的攻击，因为这是不现实的，除非系统不被使用。设计者的目的是要把系统设计为想要攻破系统付出的代价大于攻破系统之后得到的信息价值。

下面是一些安全性测试中常常要考虑的问题。

(1) 控制特性是否工作正确。

(2) 无效或不可能的参数或指令是否被有效检测并被适当处理，如针对注入攻击等。

(3) 错误和文件访问是否被适当地记录。

(4) 不正常的登录以及权限高的登录是否被详细记录，常用来追踪入侵者。

(5) 影响比较严重的操作是否被有效记录，如系统权限调整、增删文件等。

(6) 是否有变更安全性表格的过程。

(7) 系统配置数据是否正确保存，系统故障发生后是否可以恢复。

(8) 系统配置能否正常导入和导出到备份设备上。

(9) 系统关键数据是否被加密存储。

(10) 系统口令是否能够有效抵抗攻击，如字典攻击等。

(11) 有效的口令是否被无误接受，失效口令是否被及时拒绝。

(12) 多次无效口令后，系统是否有适当反应，这对于抵抗暴力攻击非常有效。

(13) 系统的各用户组是否维持了最小权限。

(14) 权限划分是否合理，各种权限是否正常。

(15) 用户的生命期是否有限制,被限制后用户能够恶意突破限制。

(16) 低级用户是否可以使用高级别用户的命令。

(17) 用户是否会自动超时退出,以及退出之后用户数据是否被及时保存。

(18) 防火墙安全策略是否有效,端口设置是否合理。

安全性测试机制的性能和安全机制本身一样重要。

(1) 有效性,安全性控制一般要求比系统的其他部分更高的有效性。

(2) 生存性,抵御错误和严重灾难的能力,包括对错误期间紧急操作模式的支持、之后的备份操作和恢复到正常操作的能力。

(3) 精确性,安全性控制精度如何,精确性围绕错误的数量、频率和严重性。

(4) 反应时间,反应时间过慢将导致用户绕过安全机制,或者给用户的使用带来不便。

(5) 吞吐量,安全性控制是否支持必需的使用吞吐量,吞吐量包含用户和服务请求的峰值和平均值。

安全性测试的用例设计方法如下。

- 规范导出法
- 边界值分析
- 错误猜测法
- 基于风险的测试
- 故障插入技术

8. 健壮性测试

健壮性是指在故障存在的情况下,软件还能正常运行的能力。健壮性有两层含义：一是容错能力,二是恢复能力。健壮性测试一般包括容错性测试和恢复测试。

容错性测试通常依靠输入异常数据或进行异常操作,以检验系统的保护性。如果系统的容错性好,系统只给出提示或内部消化掉,而不会导致系统出错甚至崩溃。

异常数据举例如下。

(1) 输入错误的数据类型,如"猴"年"马"月。

(2) 输入定义域之外的数值,如"12 点 68 分"。

异常操作可以使用一些"粗暴"的方法,俗称"大猩猩"测试法。除了不能拳打脚踢嘴咬外,什么招数都可以使出来。例如,在测试客户机/服务器模式的软件时,把网线拔掉,造成通信异常中断。

容错性测试结束的标志就是在测试过程中未发现系统不可预见的故障。一旦发现了系统存在某些不可预见的故障,则需要让设计人员和开发人员改进程序,以提高系统的容错性。

这里需要注意的是,提高一个系统的容错性除了可以在编写代码时考虑到各种异常情况并对其进行处理外,还可以通过故障转移隐藏故障系统。例如,用户在访问某网站时突然该网站的主服务器断网了,则可以让备用服务器立刻顶替主服务器,这样用户将不会察觉服务器一端故障的发生。

恢复测试通过各种手段让软件强制性地发生故障,然后验证系统已保存的用户数据是否丢失,系统和数据是否能尽快恢复。对于自动恢复,需要验证重新初始化、检查点、数据恢复和重新启动等机制的正确性；对于人工干预的恢复系统,还需要估测平均修复时间,确定其是否在可接受的范围内。

通过恢复测试,可以确定系统从异常情况恢复的能力,一个具有良好恢复力的系统,在故障发生后能做到基本无损或只有很少的损失。恢复测试包括以下几种情况。

1）硬件故障

测试系统对硬件故障是否具有有效的处理和恢复机制,系统能否及时判断硬件故障类型并给出故障报告,是否具备冗余和自动切换能力。

2）软件故障

测试系统的程序和数据是否具备备份和恢复措施,系统能否记录故障前后的状态变化并给操作人员及时和完整的提示信息。在故障发生后,系统能否自动或人工短时间内恢复正常。对于局部故障,系统能否在保证其余功能正常运行的情况下,由维护人员对故障部分进行分析和维护。

3）数据故障

测试数据处理未完成时发生故障后,系统能否对当前数据处理流程进行正确处置,防止被部分处理的脏数据污染整个数据环境。

4）通信故障

测试系统能否从通信故障中恢复,是否有备份系统可替代通信故障的系统,对通信故障采取的措施是否最优等。

最后,系统的健壮性应在设计阶段就予以考虑,修改通过健壮性测试发现的问题的成本很高。为了使系统具有良好的健壮性,要求设计人员在做系统设计时必须周密细致,尤其要注意妥善地进行系统异常的处理。

实际上,很多开发项目在设计的过程中,设计者很容易忽略系统关于健壮性方面的功能,这些多半是受到开发时间、人力、物力的限制。因此,系统健壮性差也成为软件危机中的一个主要原因。健壮性差的系统不是一个优秀的系统,在市场上也很难被用户接纳。

9. 用户界面测试

图形化用户接口(Graphic User Interface,GUI)已经越来越成为人们喜欢的人机交互界面。虽然命令行界面具有非常高的效率和便捷性,但相对于命令行界面,GUI 界面降低了使用难度以及用户的知识储备要求。因此,GUI 的好坏直接影响到用户使用软件时的效率和心情,以及对系统的印象。通过严格的 GUI 测试,软件可以更好地服务使用者。

用户界面测试包含两方面内容,一是界面实现与界面设计是否吻合;二是界面功能是否正确。用户界面测试相对功能测试来说要困难一些,主要有以下原因。

(1) GUI 的可能接口空间非常巨大。例如,不同的 GUI 活动序列可能导致系统处于不同的状态,这样测试的结果会依赖于活动序列。有时单看某个测试顺序下,功能是正常的;但换个顺序,功能就出现了异常。而完全覆盖系统的状态集有时非常困难。

(2) GUI 的事件驱动特性。由于用户可能点击屏幕上的任何一个位置,于是产生非常多的用户输入,模拟这类输入比较困难。

(3) GUI 测试的覆盖率理论不如传统的结构化覆盖率成熟,难以设计出功能强大的自动化工具。

(4) 界面美学具有很大的主观性,如界面元素大小、位置、颜色等,不同的人常常有不同的结果，因此难以定出一个标准。

（5）糟糕的界面设计使界面与功能混杂在一起，修改界面会导致更多的错误，同时也增加了测试的难度和工作量。

为了更好地进行用户界面测试，一般将界面与功能分离设计，如分为界面层、界面与功能接口层、功能层。这样用户界面的测试重点就可以放在前两层上。

用户界面测试常采用越早测试越好的原则，通常在原型出来之后，就开始着手进行用户界面测试。由测试人员扮演场景中的角色，模拟各种可能的操作和操作序列。由于测试工作相对枯燥，可以使用一些自动化测试工具，一些很不错的工具有 Selenium、WinRunner、Visual Studio UnitTest 等。自动化用户界面测试的基本原理是录制和回放脚本。

设计用户界面测试用例时，常常沿用以下步骤进行思考。

（1）划分界面元素，并根据界面复杂性进行分层。

一般将界面元素分成 3 层：第 1 层为界面原子层，即界面上不可再分割的单元，如按钮、图标等；第 2 层为界面元素组合层，如工具栏、表格等；第 3 层为完整窗口。

（2）在不同的界面层次确定不同的测试策略。

对于界面原子层，主要考虑该界面原子的显示属性、触发机制、功能行为、可能状态集等内容。

对于界面元素组合层，主要考虑界面原子的组合顺序、排列组合、整体外观、组合后的功能行为等。

对于完整窗口，主要考虑窗口的整体外观、窗口元素排列组合、窗口属性值、窗口的可能操作路径等。

（3）进行测试数据分析，提取测试用例。

对于元素外观，可以从以下角度获取测试数据。

- 界面元素大小
- 界面元素形状
- 界面元素色彩、对比度、明亮度
- 界面元素包含的文字属性（如字体、排序方式、大小等）

对于界面元素的布局，可以从以下角度获取测试数据。

- 元素位置
- 元素对齐方式
- 元素间间隔
- Tab 顺序
- 元素间色彩搭配

对于界面元素的行为，可以从以下角度获取测试数据。

- 回显功能
- 输入限制和输入检查
- 输入提醒
- 联机帮助
- 默认值
- 激活或取消激活

- 焦点状态
- 功能键或快捷键
- 操作路径
- 撤销操作

(4) 使用自动化测试工具进行脚本化工作。

用户界面测试的用例设计方法如下。

- 规范导出
- 等价类划分
- 边界值分析
- 因果图
- 判定表
- 错误猜测法

10. 文档测试

软件产品由程序、数据、文档组成,文档是软件的一个重要组成部分。因此,在对软件产品进行测试时,文档测试也是一个必需的环节。

文档的种类包括开发文档、管理文档、用户文档。

开发文档包括程序开发过程中的各种文档,如需求说明书和设计说明书等。

管理文档包括工作计划或工作报告,这些文档是为了使管理人员及整个软件开发项目组了解软件开发项目安排、进度、资源使用和成果等。

用户文档是为了使用户了解软件的使用、操作和对软件进行维护,软件开发人员为用户提供的详细资料。

这 3 类文档中,一般最主要测试的是用户文档,因为用户文档中的错误可能误导用户对软件的使用,而且如果用户在使用软件时遇到的问题没有通过用户文档中的解决方案得到解决,用户将因此对软件质量产生不信赖感,甚至厌恶使用该软件,这对软件的宣传和推广是很不利的。

用户文档的种类繁多,包括以下几类。

(1) 用户手册。这是人们最容易想到的用户文档。用户手册是随软件发布而印制的小册子,通常是简单的软件使用入门指导书。

(2) 联机帮助文档。联机帮助文档有索引和搜索功能,用户可以方便、快捷地查找所需信息。Microsoft Word 的联机帮助文档内容非常全面。多数情况下联机帮助文档已成为软件的一部分,有时也在网站上发布。

(3) 指南和向导。可以是印刷产品,也可以是程序和文档的融合体,主要作用是引导用户一步一步完成任务,如程序安装向导等。

(4) 示例和模板,如某些系统提供给用户填写的表单模板。

(5) 错误提示信息。这类信息常常被忽略,但的确属于文档。一个较特殊的例子是,服务器系统运行时检测到系统资源达到临界值或受到攻击时,给管理员发送的警告邮件。

(6) 用于演示的图像和声音。

(7) 授权/注册登记表及用户许可协议。

(8) 软件的包装、广告宣传材料。

4.3.4　系统测试相关案例

以某酒店管理系统的系统测试总结报告为例，介绍软件项目的系统测试活动是如何组织安排的。

1. 测试目的

进行系统测试主要有以下几个目的。

(1) 通过对测试结果的分析，得到对软件质量的评价。

(2) 分析测试的过程、产品、资源、信息，为以后制订测试计划提供参考。

(3) 评估测试的执行是否符合测试计划。

(4) 分析系统存在的缺陷，为修复和预防 Bug 提供建议。

2. 术语定义

出现以下缺陷，测试定义为严重 Bug。

(1) 系统无响应，处于死机状态，需要其他人工修复系统才可复原。

(2) 单击某个菜单后出现"页面无法显示"错误或返回异常错误。

(3) 进行某个操作(增加、修改、删除等)后，出现"页面无法显示"错误或返回异常错误。

(4) 当对必填字段进行校验时，未输入必输字段，出现"页面无法显示"错误或返回异常错误。

(5) 系统定义不能重复的字段输入重复数据后，出现"页面无法显示"错误或返回异常错误。

3. 测试概要

该软件系统测试共持续 35 天，测试功能点 174 个，执行 2385 个测试用例，平均每个功能点执行测试用例 13.7 个，测试共发现 427 个 Bug，其中严重级别的 Bug 68 个，无效 Bug 44 个，平均每个测试功能点 2.2 个 Bug。

本软件总共发布 11 个测试版本，其中 B1～B5 为计划内迭代开发版本(针对项目计划的基线标识)，B6～B11 为回归测试版本。计划内测试版本，B1～B4 测试进度依照项目计划时间准时完成测试并提交报告，其中 B4 版本推迟一天发布版本，测试通过增加 1 人日，准时完成测试。B5 版本推迟发布两天，测试增加 2 人日，准时完成测试。

B6～B11 为计划外回归测试版本，测试增加 5 人日的资源，准时完成测试。

本软件测试通过 Bugzilla 缺陷管理工具进行缺陷跟踪管理，B1～B4 测试阶段都有详细的 Bug 分析表和阶段测试报告。

1) 功能性测试用例

(1) 系统实现的主要功能，包括查询、添加、修改、删除。

(2) 系统实现的次要功能，包括为用户分配酒店、为用户分配权限、渠道酒店绑定、渠道 RATE 绑定、权限控制菜单按钮。

(3) 需求规定的输入输出字段，以及需求规定的输入限制。

2) 易用性测试用例

(1) 操作按钮提示信息正确性、一致性、可理解性。

(2) 限制条件提示信息正确性、一致性、可理解性。

(3) 必填项标识。

(4) 输入方式可理解性。

(5) 中文界面下数据语言与界面语言的一致性。

4. 测试环境

本次系统测试的软硬件环境如表 4-6 所示。

表 4-6 系统测试软硬件环境配置

硬件环境	应用服务器	数据库服务器	客　户　端
硬件配置	CPU：Intel(R) Celeron(R) CPU 2.40GHz Memory：1GB	CPU：Intel(R) Celeron(R) CPU 2.40GHz Memory：1GB	CPU：Intel(R) Celeron(R) CPU 2.40GHz Memory：4GB
软件配置	OS：CentOS 7 JDK 8 Apache 2.4.3.3 Tomcat 5.5.15	OS：CentOS 7 MySQL 5.0.17 Linux	Window 10 1809 Chrome 100.0.4896.75
网络环境	10Mbit/s LAN	10Mbit/s LAN	10Mbit/s LAN

本次系统测试的网络拓扑环境如图 4-15 所示。

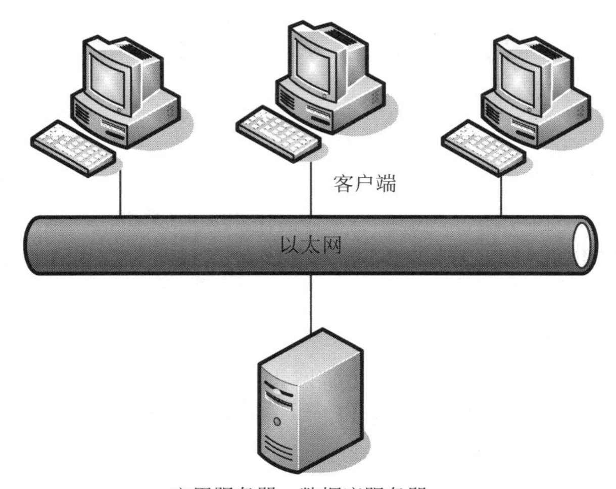

图 4-15 系统测试网络环境配置

5. 测试结果

1) Bug 版本趋势图

本次系统测试总共发布 11 个版本，B1～B5 为计划内迭代开发版本，B6～B11 为回归测试版本，Bug 版本趋势图如图 4-16 所示。

(1) 第 1 阶段，增量确认测试。

从 Bug 趋势图中可以看出，每个版本的 Bug 数基本维持在 60 个左右。

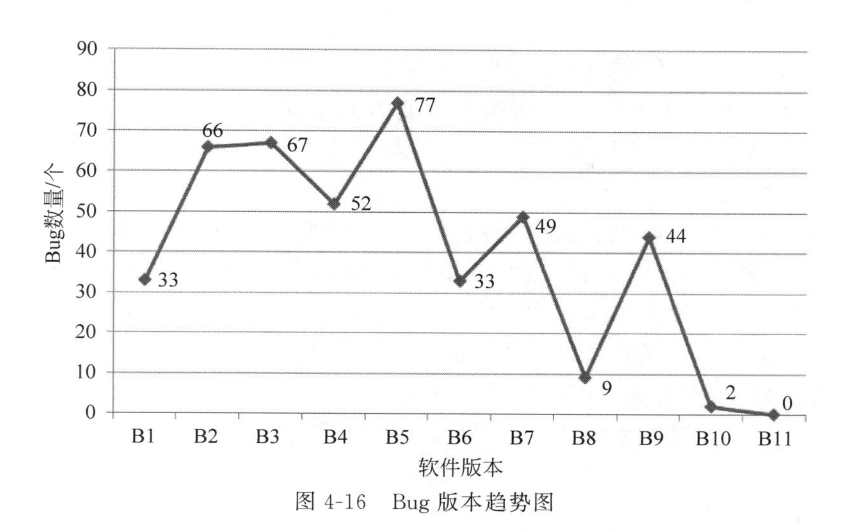

图 4-16　Bug 版本趋势图

B1：从图 4-16 中看到，B1 版本共有 33 个 Bug，因为 B1 版本有一个功能模块在 B2 版本才开始测试，B1 测试模块相对较少，所以 B1 版本 Bug 相对较少。

B2：由于 B1 版本中的一个功能模块增加到 B2 版本中进行测试，这一版本除了对 B1 版本中的 Bug 进行验证，同时对 B1 版本进行了回归测试，所以 B2 版本中的 Bug 数相对 B1 版本出现了明显的增长趋势。

B3：B3 版本因为有 B2 版本的 Bug 验收测试，以及 B1 和 B2 版本的回归测试，共发现 67 个 Bug，和 B2 版本基本保持一致。

B4：B4 版本 Bug 数有一个下降的趋势，是因为 B4 版本推迟发布，新增加了测试人员参与测试，对系统不够熟悉，以及测试时间紧张，部分测试用例没有执行，测试覆盖度不够，所以发现 Bug 数呈下降趋势。

B5：B5 版本 Bug 数又有一个增加的趋势，主要是由于开发功能模块多，该版本需求定义不明确。

(2) 第 2 阶段，Bug 验证和功能回归确认测试。

B6 和 B7 版本进行了回归测试，B8 版本没有进行回归测试，只验证了 B1～B7 版本的 Bug。

B6：进行第 1 轮回归测试，发现的 Bug 数为 33 个，遗留一个问题，为数据字典种类默认值问题。

B7：进行第 2 轮回归测试，第 1 次回归测试没有涉及权限控制菜单按钮的测试，在本次回归测试的时候，重点进行了这个方面的测试，又发现了大量的权限相关的 Bug。

B8：B8 版本没有进行全面的回归测试，只验证了 B1～B7 版本未通过验证的 Bug，所以该版本的 Bug 数明显比较少。

B9：B9 版本进行了全面的回归测试，同时重点测试了权限控制，所以发现的 Bug 数又呈现上升的趋势。测试发现 44 个 Bug，严重级别的 Bug 有 11 个，集中在权限控制上。没有发现功能性严重 Bug，说明权限控制依旧不稳定，但是系统功能已经稳定。

B10：B10 版本验证了 B9 版本发现的 Bug，没有进行全面的回归测试。B10 版本在验证 Bug 的时候，重新打开 Bug 6 个，新增 Bug 两个，重新打开 Bug 中有 5 个为严重级别，是关于权限控制的 Bug。而新发现的 Bug 中没有严重级别的。说明权限控制还存在着问题，需要修改权限管理Bug,重新发布版本后进行全面的回归测试。

B11：B11版本验证了B1～B10版本未验证的Bug,重点测试了权限控制,同时进行了查询、添加、删除、修改的功能测试,测试过程中未发现Bug。

2）Bug严重程度

如图4-17所示,测试发现的Bug主要集中在“一般”和“次要”级别,属于一般性的缺陷,但是测试的时候,出现了68个严重级别的Bug,出现严重级别的Bug主要表现在以下几个方面。

（1）系统主要功能没有实现。

（2）添加数据代码重复后,出现的“找不到页面”错误。

（3）多语言处理,未考虑非语种代码的情况。

（4）数据库设计未考虑系统管理员角色,导致用系统管理员进行操作的时候出现“找不到页面”错误。

（5）权限控制异常。

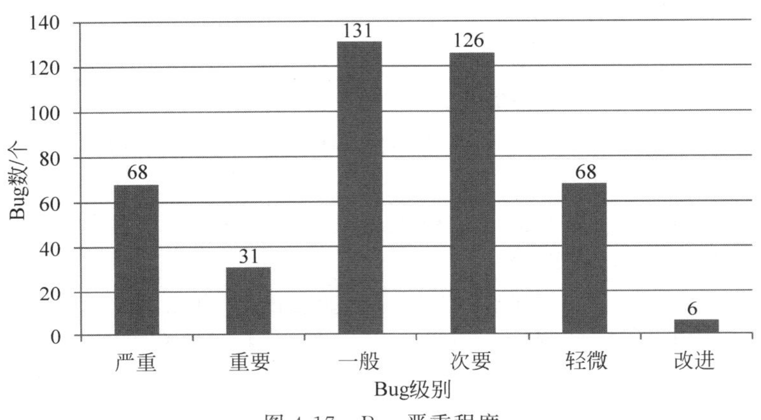

图4-17　Bug严重程度

严重级别Bug按版本分布如图4-18所示,可以看出,严重级别的Bug版本趋势和Bug版本趋势基本是一致的,但是,在B7和B9版本中,严重级别的Bug明显增多,主要原因是B7和B9版本测试了权限控制按钮功能,权限问题出现的严重级别的Bug比较多。

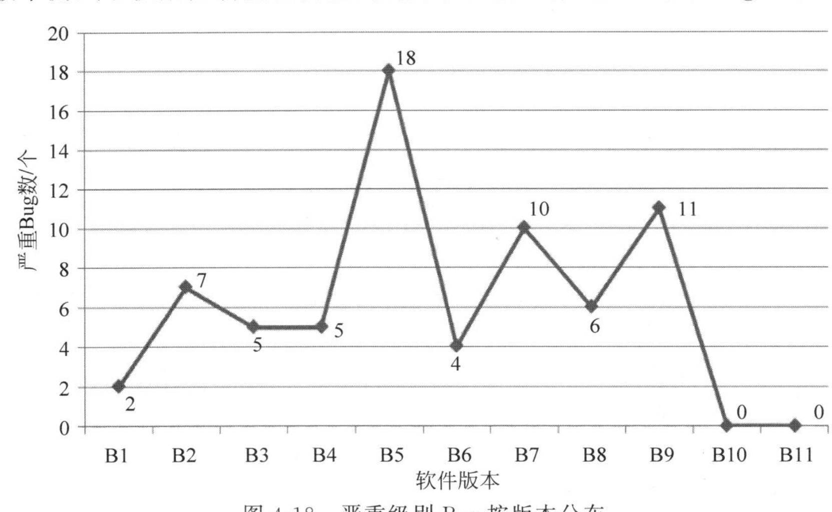

图4-18　严重级别Bug按版本分布

权限 Bug 主要表现在以下几方面。

(1) 具有相应按钮操作的权限,页面无相应按钮,无法执行该功能。

(2) 无相应按钮操作权限,页面有相应按钮,单击按钮出现权限异常错误。

(3) 有相应按钮操作权限,有相应按钮,执行该功能出现权限异常错误。

3) Bug 引入阶段

如图 4-19 所示,本次系统测试发现的 Bug 主要为后台编码和前台编码阶段的 Bug,甚至占到了全部 Bug 的 85%。

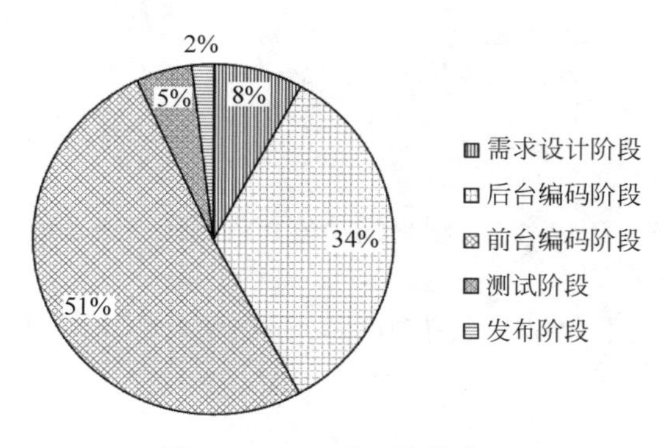

图 4-19　Bug 引入阶段分析

4) Bug 引入原因

如图 4-20 所示,本次系统测试发现的 Bug 主要源于前台编码错误、后台编码错误和易用性不符合要求,甚至占到全部 Bug 的近 80%。

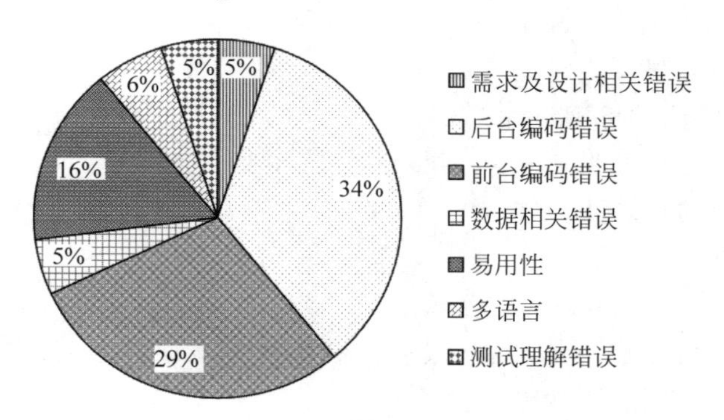

图 4-20　Bug 引入原因分析

5) Bug 状态分布

由图 4-21 所示的 Bug 状态图可以看出,尚未解决的 Bug 有 4 个,主要是 B8 版本中新提交的 Bug,是关于用户管理的 Bug。因为用户权限管理需要重新设计,所以该部分的 Bug 暂时没有解决。

6. 测试结论

1) 功能性

系统正确实现了通过数据字典管理基础数据的功能;实现了数据内容的多语言功能;实现了中英文界面;实现了基础数据管理、酒店集团管理、酒店基础信息管理、渠道管理、代

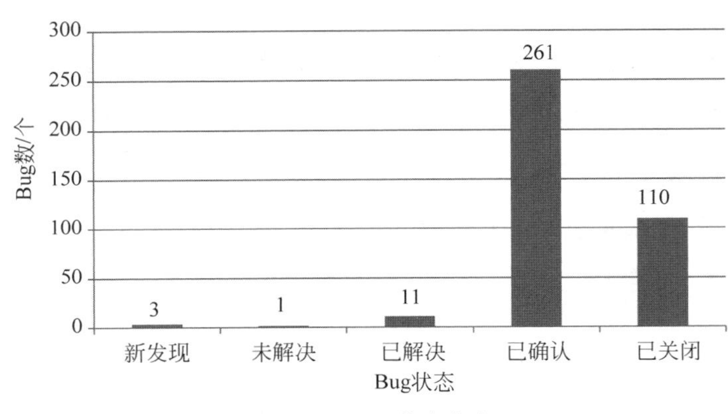

图 4-21　Bug 状态分布

理管理、用户管理的查询、添加、修改、删除的功能；系统还实现了将权限控制细化到菜单按钮的功能。

系统在实现用户管理下的权限管理功能时，存在重大的缺陷，权限控制不严密，权限设计有遗漏。

2）易用性

现有系统实现了以下易用性。

(1) 查询、添加、删除、修改操作相关提示信息的一致性、可理解性。

(2) 输入限制的正确性。

(3) 输入限制提示信息的正确性、可理解性、一致性。

现有系统存在以下易用性缺陷。

(1) 界面排版不美观。

(2) 输入/输出字段的可理解性差。

(3) 输入缺少解释性说明。

(4) 中英文对应的正确性。

(5) 中英文混排。

3）可靠性

现有系统的可靠性控制不够严密，很多控制是通过页面控制实现的，如果页面控制失效，可以向数据库插入数据，引发错误。

现有系统的容错性不高，如果系统出现错误，返回错误类型为“找不到页面”错误，无法回复到出错前的状态。

4）兼容性

现有系统支持 Windows 系统下的 IE 浏览器和 Chrome 浏览器；支持 Linux 系统下的火狐浏览器。

现有系统未进行其他兼容性测试。

5）安全性

现有系统控制了以下安全性问题。

(1) 把某个登录后的页面保存下来，不能单独对其进行操作，不进行登录。

(2) 直接输入某页面的 URL 能否打开页面并进行操作——不应该允许。

现有系统未控制以下安全性问题。

(1) 用户名和密码应对大小写敏感。

(2) 登录错误次数限制。

4.4　验收测试

验收测试是在系统测试之后进行的测试，目的是验证新建系统产品是否能够满足用户的需要，产品通过验收测试工作才能最终结束。具体地说，验收测试就是根据各自需求说明书的标准，利用工具进行的一项检查工作，其中包括对进程的验收、进程质量是否达到需求说明书的要求，以及是否符合工程的设计要求等，可分为前阶段验收和竣工验收两个阶段。

验收测试是依据软件开发商和用户之间的合同、软件需求说明书以及相关行业标准、国家标准、法律法规等的要求对软件的功能、性能、可靠性、易用性、可维护性、可移植性等特性进行严格的测试，验证软件的功能和性能及其他特性是否与用户需求一致。

4.4.1　验收测试的定义

验收测试是一个过程，是一个以用户为主的测试。验收测试一般是在软件系统测试结束以及软件配置审查之后开始的，应由用户、测试人员、软件开发人员和质量保证人员一起参与，目的是确保软件准备就绪。相关的用户和/或独立测试人员根据测试计划和结果决定是否接受系统，这是一项确定产品是否能够满足合同或用户所规定需求的测试。

4.4.2　验收测试的原则

验收测试的目的主要是检验以下项目。

(1) 新建系统产品是否是按照用户需求开发的，体验该产品是否能够满足用户使用要求，有没有达到原设计水平，完成的功能怎样。

(2) 对照合同的需求进行验收测试，是否符合双方达成的共识。

(3) 新建系统产品的可靠性和可维护性如何。

(4) 新建系统产品对业务处理的能力。

(5) 新建系统产品对用户操作的容错能力。

(6) 新建系统产品对系统运行时发生故障的恢复能力。

(7) 承建单位向业主单位提交的有关技术资料是否齐全。

要进入验收测试，首先应满足以下条件。

(1) 软件开发已经完成，并全部解决了已知的软件缺陷。

(2) 对软件需求说明书的审查已经完成。

(3) 对概要设计、详细设计的审查已经完成。

(4) 对单元、集成、系统测试计划和报告的审查已经完成。

(5) 对所有关键模块的代码审查已经完成。

(6) 所有的测试脚本已经完成,并至少执行过一次,且通过评审。

(7) 验收测试计划已经通过评审并批准,并且置于文档控制之下。

(8) 使用配置管理工具且代码置于配置控制之下。

(9) 软件问题处理流程已经就绪。

(10) 新系统已通过试运行工作。

(11) 被测的新系统应该是稳定的,要符合技术文档和标准的规定。

(12) 已经制订、评审并批准验收测试完成的标准。

(13) 合同、附件规定的各类文档齐全。

4.4.3 验收测试的内容

验收测试是在软件开发结束后,用户实际使用软件产品前,进行的最后一次质量检验活动,主要回答开发的软件是否符合预期的各项要求以及用户能否接受的问题。验收测试主要验证软件功能的正确性和需求符合性。单元测试、集成测试和系统测试的目的是发现软件错误,将软件缺陷排除在交付客户之前;验收测试需要客户共同参与,目的是确认软件符合需求规格,具体如图 4-22 所示。

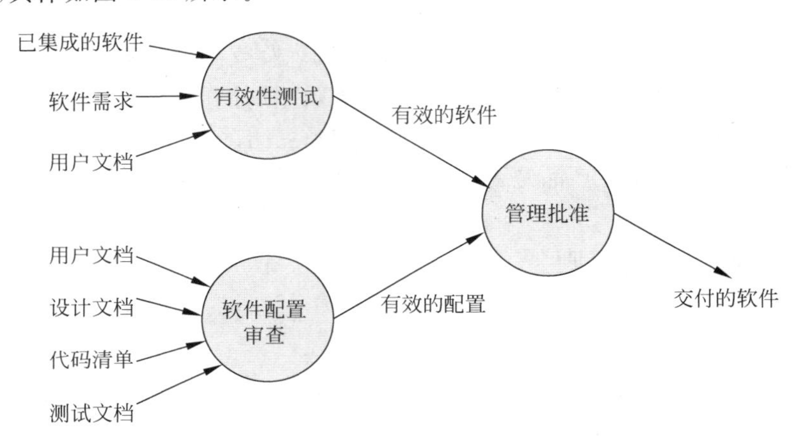

图 4-22 实施验收测试

验收测试主要包括配置复审、合法性检查、文档检查、软件代码测试、软件功能和性能测试与测试结果交付等内容。

1) 配置复审

验收测试的一个重要环节是配置复审,目的在于保证软件配置齐全、分类有序,并且包括软件维护所必须的细节。

2) 合法性检查

检查开发者在开发软件时使用的开发工具是否合法。对在编程中使用的一些非本单位开发的,也不是由开发工具提供的控件、组件、函数库等,检查其是否符合合法的发布许可。

3) 文档检查

文档是软件的重要组成部分,是软件生命周期各个不同阶段的产品描述。文档应该满足完备性、正确性、简明性、可追踪性、自说明性、规范性等要求。必须提供检查的文档如下。

(1) 项目实施计划。

(2) 详细技术方案。

(3) 软件需求规格说明书。

(4) 软件概要设计说明书。

(5) 软件详细设计说明书。

(6) 软件测试计划。

(7) 软件测试报告。

(8) 用户手册。

(9) 源程序。

(10) 项目实施计划。

(11) 项目开发总结。

(12) 软件质量保证计划等。

4) 软件代码测试

软件代码测试包括源代码的一般性检查和软件一致性检查两方面的内容。源代码的一般性检查是对系统关键模块的源代码进行抽查,主要检查以下内容。

(1) 命名规范。

(2) 注释。

(3) 接口。

(4) 数据类型。

(5) 限制性条件。

软件一致性检查包括以下内容。

(1) 编译检查。

(2) 装载和卸载检查。

(3) 运行模块检查。

5) 软件功能和性能测试

软件功能和性能测试不仅是检测软件的整体行为表现,也是对软件开发和设计的再确认,可以进行以下测试。

(1) 界面测试。

(2) 可用性测试。

(3) 功能测试。

(4) 稳定性测试。

(5) 性能测试。

(6) 健壮性测试。

(7) 逻辑性测试。

(8) 破坏性测试。

(9) 安全性测试等。

在验收测试中,实际进行的具体测试内容和相关的测试方法应与用户协商,根据具体情况共同确定。

6）测试结果交付内容

测试结束后，由测试组填写软件测试报告，并将测试报告与全部测试材料一并交给用户代表。具体交付方式由用户代表和测试方双方协商决定。测试报告包括以下内容。

（1）软件测试计划。

（2）软件测试日志。

（3）软件文档检查报告。

（4）软件代码测试报告。

（5）软件系统测试报告。

（6）测试总结报告。

（7）测试人员签字登记表。

4.4.4 验收测试的过程

具体来说，验收测试的内容通常可以包括安装（升级）、启动与关机、功能测试（正例、重要算法、边界、时序、反例、错误处理）、性能测试（正常的负载、容量变化）、压力测试（临界的负载、容量变化）、配置测试、平台测试、安全性测试、恢复测试（在出现掉电、硬件故障或切换、网络故障等情况时，系统是否能够正常运行）、可靠性测试等。一般来说，验收测试按照如图 4-23 所示的流程进行，其中最为重要的过程分别为测试策划、测试设计、测试执行以及测试总结，下面将做详细介绍。

1. 测试策划

测试分析人员根据需求方的软件要求和供应方提供的软件文档分析被测软件，并确定测试充分性要求、测试终止的要求、用于测试的资源要求、需要测试的软件特征、测试需要的技术和方法、测试准出条件，确定由资源和被测试软件决定的软件验收测试活动的进度以及对测试工作进行风险分析与评估，并制订应对措施。根据上述分析研究结果，编写软件验收测试计划。

根据上述分析结果和“凡有可利用的测试结果就不必重新测试”的原则，按照测试规范的要求编写验收测试计划。

应对验收测试计划进行评审，通过软件的需求方、供应方和第三方的有关专家参与的评审后，进入下一步测试设计的工作。

2. 测试设计

测试设计工作由测试设计人员和测试程序员完成，一般需要根据验收测试计划完成设计测试用例、获取测试数据、确定测试顺序、获取测试资源、编写测试程序、建立和校准测试环境以及按照测试规范的要求编写软件验收测试说明等工作。

应对验收测试说明进行评审，评审应由软件的需求方、供应方和有关专家参加，在验收测试说明通过评审后，进入下一步测试执行的工作。

3. 测试执行

测试执行由测试员和测试分析员完成。

测试员的主要工作是执行验收测试计划和验收测试说明中规定的测试项目和内容。在

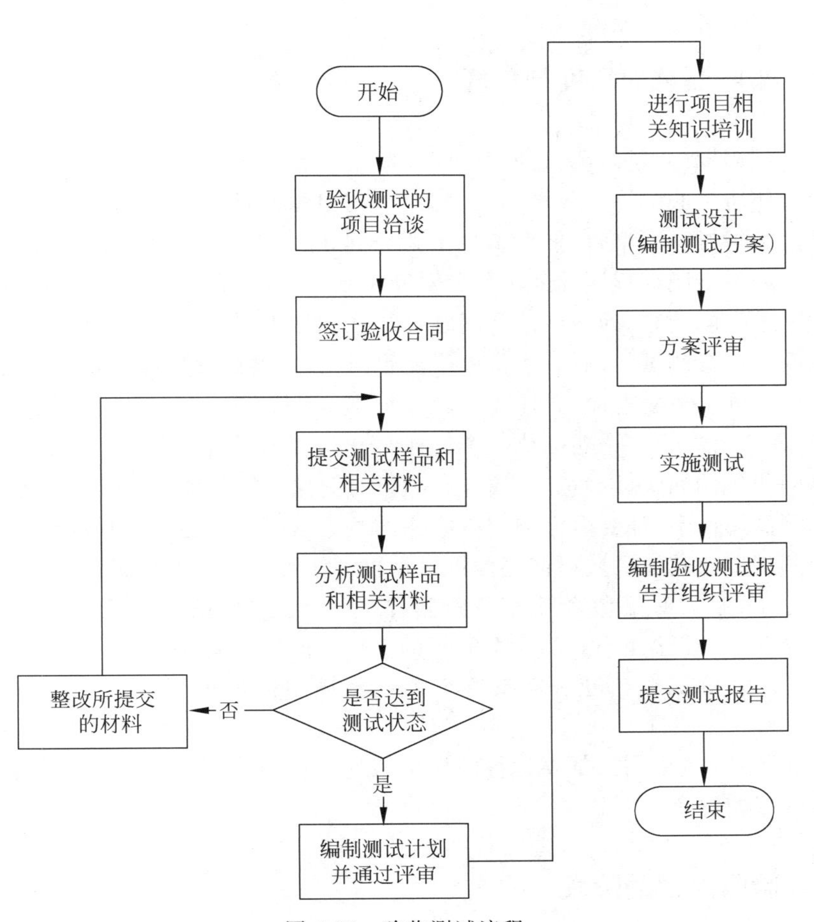

图 4-23　验收测试流程

执行过程中,应认真观察并如实记录测试过程、测试结果和发现的差错,认真填写测试记录。

4. 测试总结

测试分析员应根据需求方的软件要求、验收测试计划、验收测试说明、测试记录和软件问题报告单等,分析和评价测试工作。需要在验收测试报告中记录以下内容。

(1) 总结验收测试计划和验收测试说明的变化情况及其原因。

(2) 对测试异常终止的情况,确定未能被测试活动充分覆盖的范围。

(3) 确定未能解决的软件测试事件以及不能解决的原因。

(4) 总结测试所反映的软件系统与需方的软件要求之间的差异。

(5) 将测试结果连同所发现的差错情况同需求方的软件要求对照,评价软件系统的设计与实现,提出软件改进建议。

(6) 按照测试规范的要求编写验收测试报告,该报告应包括测试结果分析、对软件系统的评价和建议。

(7) 根据测试记录和软件问题报告单编写测试问题报告。

应对验收测试的执行活动、验收测试报告、测试记录和测试问题报告进行评审。评审同样应由软件的需求方、供应方和第三方的有关专家参与。

4.4.5 验收测试的深度与广度

在每个测试周期中，了解测试的深度和广度之间的权衡是至关重要的。

把程序看作所关心的许多区域的一个集合，列出并测试其中的每个区域。我们并不想要把“区域”定义得过分严格，可能会集中于某类问题、某个特征、某个模块、某个功能、某个菜单或其他。如果能脱离程序的其余部分对其单独思考，那它就是一个“关注区域”。

当集中于某类问题时，问一问这类问题可能在程序的哪些部分出现。在程序中每个合理之处对该问题运行测试。例如，当集中于配置问题时，尝试设想操作软件可能影响到的程序的每个方面；当改变配置时，要对每个方面都进行测试。

当集中于一个模块、一个功能或一个特征时，问一问它可能存在什么类型的问题，并找出所有这些问题。例如，可以对显示或打印图形的例程中的每个可能故障都进行测试。

在每个测试周期中，都要尽力测试所关注的每个区域。不过，在任何给定的周期中，对某些区域的测试要比其他区域更彻底。可以在以下任何级别上进行测试。

(1) 主流测试：相对温和的测试，它询问程序在“正常”使用下进展如何。

(2) 突击测试：能快速想到的一个简短的最严重的测试系列。

(3) 认真计划的测试：包括暴露这个关注区域中问题的最佳提议的一个较长测试系列。

(4) 回归测试：每个周期都要运行的测试系列。理想的测试系列在一个最小的时间量内检查关注区域的每个方面。

4.4.6 验收测试的阶段

在现实世界中，永远也不可能完成所有想做的测试，甚至不可能完成所有认为必须进行的测试。可靠性、特征集、项目成本以及发布日期是项目经理必须不断权衡的4个因素。软件项目都有一个开发时间基线，包含一系列的里程碑，最常见的里程碑被称作α和β。对于这些里程碑的准确定义，不同公司差别很大，不过大体上，α软件是初级的，充满缺陷的但可用的软件，而β软件则是近乎完整的软件。图4-24所示为一个项目开发时间基线的例子，显示了这些里程碑。

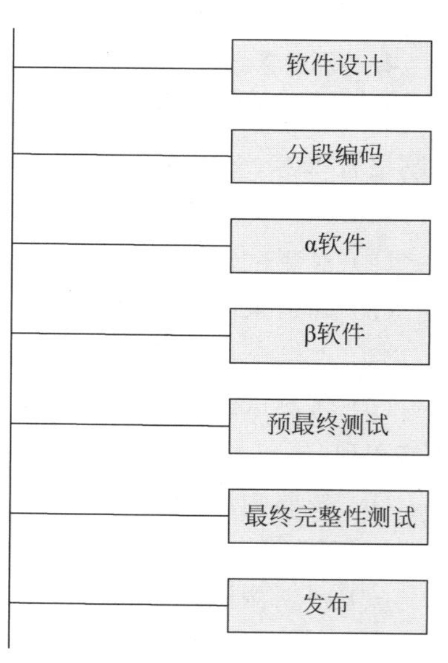

图4-24 项目开发时间基线

这种基于里程碑的方法很实用。它认为编程、测试、手册编写以及许多其他活动都是并行的，并把它们都映射到同一时间基线上。在某些公司中，需求编写、原型开发、规格说明等可能与所有这些任务一起映射；然而在其他一些公司中，这一工作可能被认为是初级的，很早就被放在时间基线上。根据项目的时间基线，我们可以把软件项目划分为软件设计、分段编码、α测试、β测试、预最终测试、最终完整性测试和发布7个阶

段，下面将详细介绍α测试和β测试。

1. α测试

α测试是用户在开发环境下的测试，或者是开发公司组织内部人员模拟各类用户行为，对即将面市的软件产品进行的测试，它是由开发人员或测试人员进行的测试。在α测试中，主要是对使用的功能和任务进行确认，测试的内容由用户需求说明书决定。

α测试是试图发现软件产品的错误的测试，它的关键在于尽可能逼真地模拟实际运行环境和用户对软件产品的操作并尽最大努力涵盖所有可能的用户操作方式。

α测试有以下优点。

(1) 要测试的功能和特性都是已知的。

(2) 可以对测试过程进行评测和监测。

(3) 可接受性标准是已知的。

(4) 可能会发现更多由于主观原因造成的缺陷。

α测试有以下缺点。

(1) 要求资源、计划和管理资源。

(2) 无法控制所使用的测试用例。

(3) 最终用户可能沿用系统工作的方式，并可能无法发现缺陷。

(4) 最终用户可能专注于比较新系统与遗留系统，而不是专注于查找缺陷。

(5) 用于验收测试的资源不受项目的控制，并且可能受到压缩。

在α测试后可进行以下工作。

(1) 从项目经理那里获得最终支持设备清单，并把该清单放到测试计划中。

(2) 开始进行第1轮设备测试，到α测试末期，应当至少完成一次完全通过的设备(所有打印机、调制解调器等)测试。

(3) 开始向测试计划中增加回归测试，回归测试也就是在对一些模块进行了彻底测试之后，添加的每次在测试该模块时都会执行的测试。因为可能会有新的问题出现，而且旧的问题也可能会再出现。回归测试的目的是提供可与集中工作进行比较的覆盖率，但不包括时间成本。

(4) 对资源需求进行评审，并公布测试里程碑。仔细列出测试任务，并估计有多少人，每个人会花费多长时间。可能已经公布了该清单的一个草稿，但是逐渐拥有更多细节和更多测试的草稿。这是希望(应当)坚持的草稿。该清单完整，并且其中的每项任务都得以完成，那么便会认为已经进行了足够的测试。清单中的个别任务会要求用超过半天但短于一周的时间来执行。把该清单映射到一个时间基线上，以显示何时这些任务会完成。这是个艰难的工作，但的确是必要的。

2. β测试

β测试由最终用户实施，通常开发(或其他非最终用户)组织对其的管理很少或不进行管理。β测试是所有验收测试策略中最主观的，测试员负责创建自己的环境，选择数据，并决定要研究的功能、特性或任务，采用的方法完全由测试员决定。

β测试有以下优点。

(1) 测试由最终用户实施。

(2) 大量的潜在测试资源。

(3) 通过试用用户的参与,提高客户对参与人员的满意程度。

(4) 试用的用户可以发现更多由主观原因造成的缺陷。

β测试有以下缺点。

(1) 未对所有功能和特性进行测试。

(2) 测试流程难以评测。

(3) 最终用户可能沿用系统工作的方式,并可能没有发现或没有报告缺陷。

(4) 最终用户可能专注于比较新系统与遗留系统,而不是专注于查找缺陷。

(5) 用于验收测试的资源不受项目的控制,并且可能受到压缩。

(6) 可接受性标准是未知的。

(7) 需要更多辅助性资源管理β验收测试的测试员。

在β测试中,项目组需要保持测试状态清晰,并获取已解决的问题报告要点。

(1) 散发总结开放问题并提供各种项目统计数据的概要和状态报告。可能已经散发了这样的报告,但随着项目的进展,可能会有更多报告,它们准备得更正式,并且已散发给公司中的更高级人员。

(2) 根据统计数据使用正确的判断。不要不经过进一步说明就宣布开放的报告以及最近报告的问题的数量多有意义且多重要。

(3) 在接近项目末期时增加测试人员要谨慎。后期加入的测试人员集狂热、判断力很差和固执等特征为一体,他们会使项目所付出的成本比从他们身上获取的利益要多得多。

(4) 散发暂缓问题清单,并召集或参加会议对暂缓的问题进行评审。到β测试阶段或在β测试后不久,这些会议应该每周举行一次。稍后可能每隔几天就要举行一次。现在而不是在提交产品的前一两天使这些决定得到考虑是很重要的。强调(标示出)想要重新考虑的任何报告——要谨慎选择诉求。

(5) 散发开放用户界面设计问题清单,并在用户界面(User Interface,UI)确定之前召集或参加一个评审会议。如果不把握机会在确定之前提出问题,那么在确定之后,就无权请求对设计决议重新进行考虑了。

在拿到手册时,仔细对它们进行评审。对于β测试阶段前提出的草稿,也要在β测试阶段前执行所有测试。

4.4.7 验收测试相关案例

本节给出了对某单位的“食品药品监管信息系统”软件项目进行验收测试的案例,提供一种可供参考的验收报告撰写方式。

1. 项目概述

软件评测中心受某市食品药品监督管理局的委托,对该单位的“食品药品监管信息系统”软件项目进行了验收测试。

根据该单位提供的需求说明、用户文档等方面的文档说明,依据相关质量评价标准,从软件文档、功能性、可靠性、易用性、效率、维护性、可移植性、安全性8个方面对该软件进行了符合性测试和综合的评价。

2. 系统简介

“食品药品监管信息系统”采用 J2EE 3 层架构，B/S 运行模式，后台使用 IBM WebSphere 中间件和 Oracle 数据库。该系统总体上分为业务监管、辅助办公、数据中心 3 部分。

业务监管主要包含系统维护、字典管理、许可预受理、许可待办、许可证管理、受理服务、稽查待办、案件查处、案件审核查询、从业人员管理、诚信管理、广告监测、监督检查、抽样检验、动态监控、综合查询、统计分析等子系统；辅助办公主要包含 OA 办公、档案管理、内部网站、外部网站等子系统；数据中心包含基础数据中心和数据交互平台。各子系统间数据共享、功能互通，构成食品药品监管局内部统一的执法协作和业务监管平台。

3. 测试内容

测试内容分为 3 方面，一方面对系统中的每个功能项目的输入、输出、处理、限制和约束等进行验证，对各功能项的功能性、可靠性、易用性等进行逐一检测；另一方面验证业务流程的正确性，即检查系统的业务流程是否满足该市食品药品监督管理局的要求；同时根据系统对非功能性方面的要求，在对常规质量特性进行测试的同时，重点对性能(效率)、安全性进行了测试。

许可预受理、许可待办、许可证管理、稽查待办、动态监控等子系统是测试的重点，依据需求说明书，分析许可证受理、稽查办案的处理流程，在此基础上根据业务需求设计出测试方法和用例，测试方法重点考虑了用非法数据、非法流程、非法操作顺序等进行测试，以检查软件的执行过程、方式和结果，验证其容错、健壮、错误恢复能力。

在性能(效率)方面，根据系统的性能需求，进行了性能符合性验证，运用负载压力测试工具 LoadRunner，通过进行负载压力测试和疲劳强度测试，验证系统的各项性能指标是否满足要求，是否可以长期稳定地运行。

安全性是该食品药品监督管理局要求重点测试的部分，针对系统的安全性要求，进行了输入验证、身份鉴别、身份认证、敏感数据、配置管理、会话管理、参数维护、错误处理、审计日志、用户登录等方面的安全性测试。

系统中的 OA 办公、档案管理采用了成熟的商品软件，但做了部分适应性修改，仅对其修改部分进行了测试。

4. 测试结论

被测系统为药品产销企业提供了方便、快捷的服务平台，药品产销企业无须登录即可申报业务，且通过正确的序号、密码能够查询申报业务的办理进度；系统能够实时查询企业药品购进、销售、库存情况等信息，可跟踪药品的来源及流向，实现企业药品的动态监控；系统有针对性地对涉药企业实施监管，实现企业诚信信息的维护和查询统计，有利于创造医药市场良好的信用环境。

在测试过程中，共计发现近 400 项问题。从软件的质量特性来看，问题主要集中在软件的可靠性、功能性、效率、安全性上；从软件的业务功能来看，问题主要集中在许可预受理、许可待办、许可证管理、受理服务、稽查待办等子系统。这些在测试中发现的问题，由开发方整改并经回归测试确认后，基本都得到了较好的解决。但也有部分问题在测试期间未能得到解决，我们对此提出了修改建议。

经过软件评测中心严格的测试，我们认为某市食品药品监督管理局委托测试的“食品药品监管信息系统”与其需求说明、用户文档所述的产品规格及其特点基本符合，该软件的开发已达到预定目标，可以在食品药品的监督管理工作中应用。

4.5 本章小结

本章介绍了单元测试的概念、原则、内容、方法以及过程，并结合“俄罗斯方块”游戏中的得分排行榜功能单元的实例介绍在实际项目中单元测试是如何开展的。

本章对集成测试进行了概述，介绍集成测试的概念，给出集成测试时应遵守的原则，描述集成测试分析的要点，介绍集成测试的内容。本章介绍了集成测试的过程、非增量式与增量式这两种集成测试策略，以及基于功能分解、基于调用图、基于路径这 3 种常用的集成测试方法，并利用一个“通用仓库管理系统”集成测试的测试计划的制订展示在实际项目中集成测试是如何安排与展开的。

本章介绍了系统测试的概念，讲述了系统测试前的准备和功能测试用例的设计方法，详细介绍了功能测试、安装测试、性能测试、压力测试、容量测试、安全性测试、健壮性测试、可用性测试、图形用户界面测试、文档测试这 10 方面的内容。结合实际案例“某酒店管理系统”的系统测试报告介绍了系统测试在实际项目中如何开展实施，方便读者掌握测试的实战技巧。

本章对验收测试进行了概述，包括验收测试的概念、目的以及进入验收测试的条件，介绍了验收测试的内容和大概过程，以及测试深度与广度的关系，在这里引入了主流测试、突击测试、认真计划的测试以及回归测试的概念。本章介绍了 α 测试、β 测试的区别与联系。最后给出了一种可供参考的验收报告撰写方式。

拓展练习

习题 4

(1) 单元测试主要测试哪些内容？
(2) 举例说明什么是驱动模块，什么是桩模块。
(3) 什么是集成测试？集成测试应遵循哪些原则？
(4) 集成测试的主要内容是什么？
(5) 简述系统测试的概念。
(6) 安装测试的目标是什么？
(7) 请详细说明验收测试的目的。
(8) 简述 α 测试和 β 测试的区别。

第5章

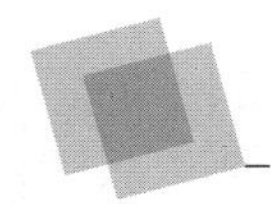

软件测试管理

在当前软件开发规模不断增加、复杂程度迅速提高的社会,寻找软件中存在问题为最终目的的测试工作将变得愈发艰难。但是,为了更好地寻找出程序中存在的相关问题,形成更高质量的软件产品,应当强化对于测试工作的组织和管理工作。在项目管理领域,项目管理的理论体系很多,对项目管理的理解也各不相同,各种组织的最佳实践模型更是数不胜数。本章将讲述对一个具体的软件测试项目而言,需要哪些管理工作才能让项目可控,并且朝着成功的方向前进。

本章要点

- 软件测试项目的基本特性
- 软件测试项目管理的特性和原则
- 软件测试管理计划制订
- 主要的软件测试文档
- 软件测试过程控制

5.1 软件测试管理概述

5.1.1 软件测试项目

软件测试项目是在一定的组织机构内,利用有限的人力和财力等资源,在指定的环境和要求下对特定软件完成特定测试目标的阶段性任务,该任务应满足一定质量、数量和技术指标等要求。软件测试项目一般具有以下基本特性。

1. 项目的独特性

每个测试项目都有属于自己的一个或多个目标,都有明确的时间期限、费用、质量和技术指标等方面的要求。

2. 项目的不确定性

软件测试项目目标不明确，软件质量标准定义不准确，任务边界模糊，找不到严重的缺陷并不代表软件不存在严重的缺陷以及难以确定什么时候软件测试可以结束。还有在测试项目过程中遇见的技术、规模等方面的因素，这些都可能导致软件测试项目的失败。

3. 智力、劳动密集性

软件测试项目具有智力密集、劳动密集的特点，受人力资源影响最大，项目成员的结构、责任心、能力和稳定性对测试执行、产品质量有很大的影响。因此，软件测试项目要求人力资源十分稳定，这不仅是一个技术工作，而且要求测试人员对产品的功能、特性非常了解。

4. 测试项目的困难性

由于每个公司的测试人员水平、工作内容、工作时间、组织结构不同以及软件模块重要性有差异，测试任务的分配有一定难度。而且，软件测试项目在变化控制和预警分析方面要求较高。

5. 测试项目的目标冲突性

每个测试项目都会在实施的范围、时间、成本等方面受到一定的制约，这些制约称为"三约"。为了取得测试项目的成功，必须同时考虑这3个主要因素。而这些目标并不总是一致的，往往会出现冲突，如何取得彼此之间的平衡，也是影响测试能否成功完成的重要因素。

正是由于软件测试项目存在以上特点，尤其是存在不确定性和困难性，因此，优秀的测试人员和科学的管理是测试项目成功的关键。

5.1.2 软件测试项目管理

软件测试项目管理是以测试项目为管理对象，通过测试人员运用专门的软件测试知识、技能、工具和方法，对测试项目进行计划、组织、执行和控制，并在时间成本、软件测试质量等方面进行分析和管理。测试项目管理贯穿测试项目启动阶段、计划阶段、实施阶段、收尾阶段的整个测试项目生命周期，是对测试项目的全过程进行管理。

软件测试项目管理虽然涉及诸多因素，如成本、质量、时间、资源等，但实际问题可以归结于人员、问题和过程，如图5-1所示。

软件测试项目管理具有以下一些基本特性。

(1) 系统工程的思想贯穿软件测试项目管理的全过程。软件测试项目管理将测试项目看作一个完整的系统，可以将软件系统测试分散成多个阶段，每个阶段有不同的任务、特点和方法，需要分别按要求完成，任何阶段或部分任务的失败都有可能对整个测试项目的结果产生影响。为此，软件测试项目管理需有相应的管理策略。

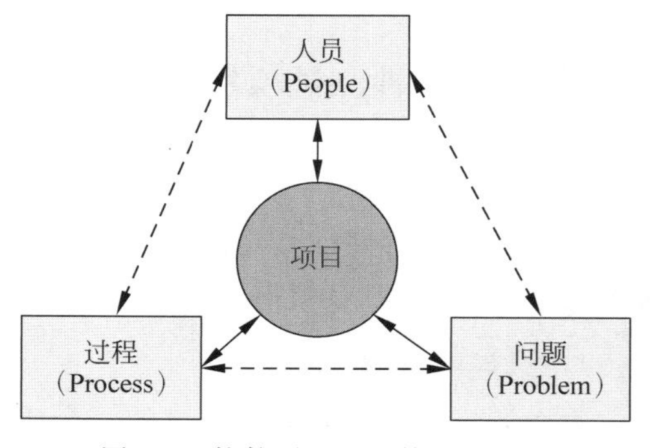

图5-1 软件测试项目管理的因素

(2) 软件测试项目管理的技术手段具有先进性。软件测试项目管理采用科学、先进的管理理论和方法，如采用目标管理、全面质量管理、技术经济分析、先进的测试工具、测试综合跟踪数据库等进行目标和成本控制。

(3) 需要保持能使测试工作顺利进行的环境。软件测试项目管理的要点之一是创造和保持一个使测试工作顺利进行的环境，使置身于这个环境的人员能在集体中协调工作以完成预定的目标。项目组内环境、项目所处的组织环境以及整个开发流程所控制的全局环境，这 3 个环境要素直接关系到软件项目的可控性。

软件测试项目管理应先于任何测试活动之前开始，并且贯穿于整个测试项目的过程中。为了保证成功管理测试项目，需要坚持下列软件测试项目管理基本原则。

(1) 坚持测试计划先行。测试计划中需要清楚地描述测试目标、测试范围、测试风险、测试手段、测试环境等，需要制订测试工作的日程表。由于现实中系统需求的不断变化，导致项目进度、系统设计、程序代码和相关文档都在不停变化和修改，很容易造成测试时间被严重压缩。因此，应当为改错、再测试、变更留出足够时间。

(2) 建立客观的评价标准。做好测试工作的根本就是正确理解需求定义，建立客观的评价标准，然后验证被测软件是否符合该标准。测试人员在充分理解了软件的需求定义后，需要建立纸面上或默认的客观评价标准/规范，后续才能制订好测试策略和合理的时间表。

(3) 建立独立的测试环境。无论测试环境的大小，都需要和有关人员审查测试环境的软硬件配置，测试环境必须保证其“独立性”。在这个环境中只能做测试，不做其他任何工作。尤其不能使用开发人员的计算机进行测试工作，否则混乱的环境势必会影响最终的测试结果。

5.1.3 软件测试项目范围管理

软件测试项目范围管理就是界定测试项目所必须包含且只需要包含的全部工作，并对其他的测试项目管理工作起指导作用，以确保测试工作的顺利完成。

项目目标确定后，下一步工作就是确定需要执行哪些工作来完成该项目目标。这一过程通常有两种方法：一种是让测试小组通过开展头脑风暴，根据经验总结并集思广益，这种方法比较适合小型测试项目；另一种是对更大更复杂的项目建立一个工作分解结构(Work Breakdown Structure，WBS)和任务一览表。

工作分解结构是进行范围规划时重要的工具和技术之一。它是以项目的可交付结果为导向而对测试项目任务进行的分组，它把软件测试项目整体任务分解成较小的、易于管理和控制的若干子任务或工作单元，并由此组织和定义整个项目的工作范围；未列入工作分解结构的工作将排除在项目范围之外，不属于项目团队的工作。工作分解结构的每一个细分层次表示对项目可交付结果更细致的定义和描述。通过工作分解结构，项目团队得到完成项目的工作清单，这将为所有项目管理人员提供一个一致的基准，即使产生人员变动，也有一个可以相互理解和交流的平台。

进行工作分解是十分重要的工作，它在很大程度上决定了测试项目能否成功。具体来说有以下作用。

(1) 把复杂的事情简单化，使项目的任务执行起来更加容易。

(2) 通过 WBS 得到完成项目的任务清单，从而界定出测试项目的工作范围。

(3) 把测试项目要做的所有工作都清楚地展示出来,不至于漏掉任何重要的事情以及需要项目组完成的任务。

(4) 容易对每项分解出的活动估计所需时间、所需成本,便于制订完善的进度、成本预算等项目计划。

(5) 通过工作分解,可以确定完成测试项目所需要的技术、所需要的人力及其资源。

(6) 便于将任务落实到责任部门或个人,有利于界定职责和权限,也便于各方面就测试项目的工作进行沟通。

(7) 使测试项目团队成员更清楚地理解任务的性质及其努力的方向。

(8) 能够对测试项目进行有效的跟踪、控制和反馈。

5.2 软件测试管理计划

5.2.1 软件测试计划制订

测试计划是一个叙述了预定的测试活动的范围、途径、资源和进度安排的文档,是实现全生命周期测试管理的基础。它确认了测试项、被测特征、测试任务、人员安排以及任何偶发事件的风险,包括被测试项目的背景、目标、范围、方式、资源、人员、进度安排、测试组织以及与测试有关的风险等方面。

在制订测试计划时考虑了测试采用的模式、方法、步骤、问题和风险等方面,因此能够使软件测试工作进行更顺利。有了测试计划,测试人员之间以及测试人员与产品开发小组之间可以更好地沟通,能够减少工作中的无序和浪费,并且让软件测试工作更易于管理和控制。

制订测试计划是软件测试中最有挑战性的一个工作,以下原则将有助于制订测试计划工作。

(1) 制订测试计划应尽早开始。

(2) 保持测试计划的灵活性。

(3) 保持测试计划简洁和易读。

(4) 尽量争取多渠道评审测试计划。

(5) 计算测试计划的投入。

制订测试计划时,由于各软件公司的背景不同,测试计划文档也略有差异。实践表明,制订测试计划时,使用正规化文档通常更好。可以参考 GB/T 8567—2006《计算机软件文档编制规范》,也可以参考 IEEE829 软件测试文档标准,包括 IEEE 829—2008、IEEE 829—1998、IEEE 829—1983 等版本。下面以 IEEE 829—1998 中的目录模板为例进行介绍。

(1) 测试计划标识符。

(2) 介绍。

(3) 测试项。

(4) 需要测试的功能。

(5) 不需要测试的功能。

(6) 方法(策略)。

(7) 测试项通过/失败的标准。

(8) 测试中断和恢复的规定。

(9) 测试完成所提交的材料。

(10) 测试任务。

(11) 环境需求。

(12) 测试人员的工作职责。

(13) 人员安排与培训需求。

(14) 进度表。

(15) 潜在的问题和风险。

(16) 审批。

根据 IEEE 829—1998 软件测试文档编制标准的建议,测试计划包含了以上 16 个大纲要项,简要说明如下。

一个测试计划标识符是一个由公司生成的唯一值,它用于标识测试计划的版本、等级以及与该测试计划相关的软件版本。在测试计划的介绍部分主要是测试软件基本情况的介绍和测试范围的概括性描述(包含哪些阶段的测试)。测试项部分主要是纲领性描述在测试范围内对哪些具体内容进行测试,确定一个包含所有测试项在内的一览表。具体要点包括功能的测试、设计的测试以及整体测试(数据流)。IEEE 标准中指出,可以参考以下文档完成测试项:需求规格说明、用户指南、操作指南、安装指南以及其他与测试项相关的事件报告。

在需要测试的功能这一部分,从用户的角度列出了待测的功能(测试项是从开发者或程序管理者的角度),而当测试落后于进度表时可以将那些具有相对低风险的功能改列在不需要测试的功能中。方法(策略)这部分内容是测试计划的核心所在,测试策略主要描述如何进行测试,以及解释测试成功与否起决定作用的所有相关问题,描述了测试小组用于测试整体和每个阶段的方法。测试项通过/失败的标准这一部分给出了"测试项"中描述的每个测试项通过/失败的标准,由通过/失败的测试用例、缺陷数量、类型、严重性和位置、可靠性或稳定性等描述。下面是通过/失败的标准的一些例子。

(1) 通过测试用例所占的百分比。

(2) 缺陷的数量、严重程度和分布情况。

(3) 测试用例覆盖。

(4) 用户测试的成功结论。

(5) 文档的完整性。

(6) 性能标准。

常用的测试中断标准如下。

(1) 关键路径上的未完成任务。

(2) 大量的缺陷。

(3) 严重的缺陷。

(4) 不完整的测试环境。

(5) 资源短缺。

而在中断产生后,通过重新设计、修改错误、替代等操作可以恢复测试。测试完成所提交的材料包含了测试工作开发设计的所有文档和工具，如测试计划、测试设计规格说明、测试用例、测试日志、测试数据、自定义工具、测试缺陷报告和测试总结报告等。测试任务中给出了测试工作所需完成的一系列任务。在这里还列举了所有任务之间的依赖关系和可能需要的特殊技能，通常与“测试人员的工作分配”一起描述。

环境需求是确定实现测试策略必备条件的过程，如人员、设备、办公室和实验室空间、软件，以及其他所需资源。测试人员的工作职责明确指出了测试任务和测试人员的工作责任。有时测试需要定义的任务类型不容易分清。复杂的任务可能有多个执行者，或者由多人共同负责，可以利用表格组织测试人员的工作职责。人员安排与培训需求明确测试人员具体负责软件测试的哪些部分、哪些可测试性能，以及他们需要掌握的技能等。这个实际责任表会更加详细，确保软件的每部分都有人进行测试。

测试进度表是围绕着包含在项目计划中的主要事件(如文档、模块的交付日期，接口的可用性等)构造的。作为测试计划的一部分，完成测试进度计划安排，可以为项目管理员提供信息，以便更好地安排整个项目的进度。软件测试人员要在潜在的问题和风险部分明确地指出计划过程中的风险，并与测试管理员和项目管理员交换意见。勾画出风险的轮廓，将有助于测试人员排定待测试项的优先顺序，并且有助于集中精力去关注那些极有可能发生失效的领域，如下面的一些方面。

(1) 不现实的交付日期。

(2) 与其他系统的接口。

(3) 处理巨额现金的特征。

(4) 极其复杂的软件。

(5) 有过缺陷历史的模块。

(6) 发生过许多或者复杂变更的模块。

(7) 安全性、性能和可靠性问题。

(8) 难于变更或测试的特征。

在审批部分，审批人除了在适当的位置签署自己的名字和日期外，还应该签署表明他们是否建议通过评审的意见。审批人应该是有权宣布已经为转入下一个阶段做好准备的某个人或某几个人。

要制订好软件测试计划，需要准确理解被测软件的功能特征、应用行业的知识和软件测试技术，在需要测试的内容中突出关键部分，可以列出关键及风险内容、属性、场景或测试技术。对测试过程的阶段划分、文档管理、缺陷管理、进度管理给出切实可行的方法。在完成后需要经过测试团队、开发团队和项目管理层的复查，或者由项目经理、开发经理、测试经理、市场经理等组成的评审委员会审阅。

5.2.2 软件测试计划执行

测试计划审核通过后，需要通过测试设计阶段、测试执行阶段以及测试评估阶段完成该测试计划。

1. 测试设计

测试设计阶段是使用各种测试用例设计方法进行用例设计。在设计测试用例之前，首先应该根据测试计划中每个需求点编写包括需求点简介、测试思路和详细测试方法 3 部分的测试方案，测试方案编写完成后也需要进行评审。在测试方案编写阶段，测试人员对整个系统需求有了详细的理解，这时开始编写用例才能保证用例的可执行和对需求的覆盖。测试用例包括测试用例编号、测试标题、用例级别、预置条件、测试输入、操作步骤和预期结果。其中操作步骤和预期结果需要编写详细且明确。测试用例应该覆盖测试方案，而测试方案又覆盖了测试需求点，同样，测试用例也需要评审。

在设计测试用例时，首先要对测试用例的组织结构进行划分，如通过软件的功能模块对测试用例进行分类。然后根据功能点划分，利用等价类划分、边界值分析等测试方法设计测试用例。测试用例设计是不断迭代的过程，每执行完一轮测试，都要对测试用例进行补充和整理。一是因为测试过程中会发现设计测试用例时考虑不周需要完善的地方；二是由于软件自身的新增功能以及软件版本的更新；三是在软件交付使用后如果反馈了软件缺陷，这些缺陷又是因测试用例存在漏洞造成的。

2. 测试执行

测试执行阶段是满足开始执行条件后（测试用例通过评审以及已提交可测试的系统），按照测试计划和测试用例搭建相应的软硬件测试环境，结合所需工具开始测试执行，以及对修改的 Bug 进行回归测试的过程。

在测试执行阶段需要特别注意用例的前提条件和特殊说明，如要测试某个软件的登录功能，在测试前就应该创建用户并为用户分配一定的权限。在过程中需要确保所有的测试用例都被执行，对于在执行用例时偶然出现的错误不要忽视，应该多测试几次，尽可能准确地找出问题的原因。当测试执行结果出现预期与实际不一致的情况，要从多个角度多测试几次，尽量详细地定位软件出错的位置和原因，并测试这个错误会不会导致更严重的错误，最后把详细的输入和实际的输出以及对问题的详细描述记录下来。当发现比较复杂、难定位的问题，应当在测试用例执行后记录相关的软件运行日志、用户操作日志等文件，作为测试过程记录，便于开发人员快速定位问题。对于发现的正确、可复现、证据充分的缺陷，测试人员应精简、中立并且准确地编写缺陷报告并提交缺陷管理平台，以便开发人员进行修复，并对这些缺陷不断地进行测试和跟踪。

3. 测试评估

测试评估阶段是对整个测试的过程和版本质量做一个详细的评估。所有的测试用例都至少被执行一遍并且存在的问题已得到合理的处理后，需要对测试过程和测试结果进行分析和总结，确认测试计划是否得到完整履行，确认测试覆盖率、缺陷率以及其他各项指标是否达到预定的质量标准要求，并最终在报告中给出测试和产品质量的评估结论。

5.3 软件测试文档

测试文档是对要执行的软件测试及测试的结果进行描述、定义、规定和报告的任何书面或图示信息。由于软件测试是一个非常复杂却对保证软件的质量和软件的正常运行有重要意义的工作，因此必须把对软件测试的要求、规划、测试过程等有关信息和测试的结果以及对测试结果的分析、评价等内容以正式的文档形式给出。这些测试文档应该在软件开发初期的需求分析阶段就开始着手准备，在编制过程中最好能够让用户参与，这将有利于他们对开发的应用系统有更好的理解。设计阶段的一些设计方案也应在测试文档中得到体现，以利于设计的检验。测试文档对于测试阶段工作的组织、规划和管理具有重要作用，能够很好地支持各项测试工作顺利开展。除此之外，在已开发的软件投入运行的维护阶段，通常还要进行再测试或回归测试，这时还会用到测试文档。测试文档的编写是测试管理的一个重要组成部分。

5.3.1 软件测试文档的作用

测试文档主要有以下几方面的作用。

1. 有利于管理测试项目

测试文档作为质量标准化的一项例行基本工作，可为项目管理者提供项目计划、预算、进度等各方面的信息，为组织、规划和管理测试项目提供结构。

2. 便于项目组成员交流沟通

测试文档是测试人员之间以及测试人员与产品开发小组之间相互沟通的基础和依据，基于此，人员之间的交流可以事半功倍。一个软件的开发过程需要大量人员共同参与，若没有将一些标准认定工作文档化，测试人员很难对软件整体(包括系统功能、问题原因和解决方法等)完全了解。项目组成员之间的交流沟通以文档的形式进行交接是方便、省时、省力的方式。

3. 印证测试的有效性

测试执行完成后，将测试结果记录于文档中，这能够对分析测试的有效性，甚至整个软件的可用性提供必要的依据。通过这个文档化的测试结果，可以分析软件系统是否达到预定的质量标准要求。

4. 为测试资源的检验提供标准

测试文档不仅用文档的形式把测试过程中涉及的相关描述、定义以及要完成的任务规定下来，还列出了测试工作不可或缺的资源。对照测试文档可以检查这些资源能否得到，如果测试计划即将实施，但所需资源尚未全部落实，那就必须及早解决。

5. 方便后期再测试

由于现在经常采用迭代的方法进行软件开发，每次迭代都包括了定义、需求分析、设计、实现与测试，前期测试过程与结果的记录文档对后期进行重复测试意义重大；并且测试文档中的部分内容在后期的维护阶段往往由于各种原因需要进行修改完善，修改后的内容需要进行重新测试。因此，测试文档在整个过程中对于管理测试和复用测试非常重要。

6. 为测试工作的总结和评价提供依据

软件测试的最终目的是保证软件产品的质量可信，在软件开发的过程中，需要对软件产品进行质量控制。对测试数据进行翔实记录，并根据测试情况撰写测试报告，有助于测试人员对测试工作进行总结，并识别出软件的局限性和失效性。测试完成后，将测试结果与预期结果进行比较，便可对测试软件提出评价意见。

7. 更好地防范项目风险

在测试文档中列出测试任务可能的风险有助于测试小组对潜在的、可能出现的问题事先做好思想上和技术上的准备。

测试文档可以完整地记录测试的全部过程和测试的结果，文档是测试过程中必不可少的组成部分，测试文档的编写也是测试工作规范化的重要组成部分，应该按照软件系统文档标准编写和使用测试文档，为高质量地开展各项测试工作提供便利。

5.3.2　主要的软件测试文档

软件测试文档标准是保证文档质量的基础，根据一定的标准编写文档可以使测试工作更加流程化、规范化，让测试工作能够更好地开展。这里依然参照 IEEE 829—1998 标准，给出所有软件测试文档的目录模板，在实际工作中可以根据实际情况对模板进行部分增加、删除和修改。

IEEE 829—1998 标准中给出了 8 个软件测试文档的目录模板，分别是测试计划、测试设计规格说明书、测试用例规格说明书、测试过程规格说明书、测试项记录报告、测试日志、测试缺陷报告和测试总结报告。其中测试计划的目录已经在 5.2.1 节中介绍过，下面分别介绍其余 7 个文档目录模板。

1. 测试设计规格说明书

测试设计规格说明书细化了测试计划中的测试方法，并且给出了需要通过这些方法测试的功能点范围。

(1) 测试设计规格说明书标识符。

(2) 待测试功能点。

(3) 测试方法细化。

(4) 测试标识符。

(5) 功能通过/失败标准。

2. 测试用例规格说明书

测试用例规格说明书运用测试设计规格说明书定义了测试用例，描述了测试用例的标准。

(1) 测试用例规格说明书标识符。

(2) 测试项。

(3) 输入规格说明。

(4) 输出规格说明。

(5) 环境要求。

(6) 过程中的特殊需求。

(7) 依赖关系。

3. 测试过程规格说明书

测试过程规格说明书指定了执行一组测试用例的步骤，或者说，用于分析软件项目以评估一组功能的步骤。

(1) 测试过程规格说明书标识符。

(2) 目的。

(3) 特殊需求。

(4) 测试过程步骤,包括以下几个步骤。

- 记录
- 准备
- 开始
- 进行
- 度量
- 中止
- 重新开始
- 停止
- 描述恢复环境所需的活动
- 应急措施

4. 测试项记录报告

测试项记录报告用于记录测试项在测试过程中的传递过程,它包括了测试项的负责人、物理位置以及状态,任何对测试项现有要求和设计上的修改都需要在这个报告中注明。

(1) 测试项记录报告标识符。

(2) 所记录的测试项。

(3) 物理位置。

(4) 状态。

(5) 审批。

5. 测试日志

测试日志记录了测试的执行情况,提供了关于测试执行详细的时序信息。

(1) 测试日志标识符。

(2) 描述。

(3) 活动和事件信息。

- 执行情况描述
- 执行结果
- 环境信息
- 异常事件
- 缺陷报告标识符

6. 测试缺陷报告

测试缺陷报告用来描述那些出现在测试过程中并且需要调查原因的异常情况,这些异常情况可能存在于需求、设计、代码、文档或测试用例中。

(1) 测试缺陷报告标识符。

(2) 缺陷总结。

(3) 缺陷描述。

- 输入
- 预期结果
- 实际结果
- 异常情况
- 日期和时间
- 测试步骤
- 测试环境
- 再现测试
- 测试人员
- 观察人员

（4）影响。

7. 测试总结报告

测试总结报告总结了测试项目的完成结果，并且基于这些结果给出了关于测试的评价。

（1）测试总结报告标识符。

（2）总结。

（3）差异。

（4）综合评估。

（5）结果总结。

（6）评价。

（7）活动总结。

（8）审批。

5.4 测试组织和人员管理

测试人员能力与素质的高低以及能否将他们有效地组织起来是测试项目能否顺利完成的关键因素之一。测试组织和人员管理是测试项目管理职能中最难的部分，会直接影响测试工作的效率和软件的产品质量。测试组织和人员管理是对测试项目相关人员在组织形式、人员组成以及职责方面所做的规划和安排。测试组织和人员管理的任务包括：选择适合测试项目的组织结构模式；确定项目组人员的组织形式；合理安排人员，明确各自分工和责任；有效管理项目成员，充分发挥大家的主观能动性，密切配合。在测试组织和人员管理过程中应做到尽快落实责任，减少沟通成本以及明确责任，以便高效地实现项目目标。

5.4.1 测试人员和组织结构

高素质的测试人员是测试项目成功不可或缺的要素，什么样的人员才是高素质的测试人员呢？下面列出一些测试人员应该具备的能力。

（1）一般性能力：包括沟通表达能力、创新能力、自我督促不断学习的能力、质量意识、责任意识以及对软件工程中计算机网络、操作系统、数据库、编程技能等专业知识的掌握等。

（2）测试的专业技能：包括测试的基本概念和整体流程、测试策略、测试方法、测试工具、测试标准等。

（3）测试设计规划能力：包括业务需求分析、测试目标及规划、测试计划和设计的评审方法、风险分析及防范等。

（4）测试执行能力：包括自动化测试工具、测试数据/脚本/用例、缺陷记录和处理、测试结果分析和比较等。

（5）测试分析改进能力：包括测试报告撰写、统计分析、测试度量、过程监测分析和持续改进等。

而作为测试工作的组织管理者，除了需要对测试工作有充分的了解，还需要具备以下能力。

（1）了解软件测试相关政策、标准、过程、工具、度量。

（2）领导一个独立自主的测试组织的能力，包括领导力、沟通力、控制力等。

（3）对优秀人才的吸引和培养能力。

（4）快速提出和执行有效解决问题方案的能力。

（5）对测试时间、质量和成本的把控能力。

而如何将测试人员通过一定的模式对责任和关系进行分配安排，使大家能够通过这种组织结构充分发挥自己的能力与作用，需要在人员组织结构设计时充分考虑以下因素。

（1）集中还是分散：测试人员可以集中管理，也可以分散于各个业务组。分散于业务组有利于了解业务需求；集中管理有利于保持测试的独立性。

（2）功能还是项目：测试组织可以面向功能，也可以面向项目。

（3）垂直还是扁平化：垂直的组织结构是从上级管理者到下面的测试人员之间呈金字塔状，下级人员只接受一个上级的指令，各级主管负责人对下属的一切问题负责，其优点是结构比较简单，责任分明，命令统一；扁平化的方式减少了管理层次，在测试工作中效率较高。

测试的组织结构形式有很多种，并没有正确或错误的分别，根据企业文化、管理水平、成员的能力水平以及软件产品的不同可以选择合适的测试组织结构形式。目前常见的测试组织结构包括独立的测试小组以及与开发同属一个部门这两种形式。

1. 独立的测试小组

成立独立的测试小组方便接收各项目的测试平台或测试框架需求，部署统一的开发并提供统一测试服务，为各项目的测试工作提供统一的规范及指导，方便协调测试资源，包括人力、硬件、环境等。将测试人员和研发人员分开，这有利于保持测试人员的独立性，有助于让测试流程和规范很好地得到执行。此外，测试组长与开发组长保持同级平等关系，测试人员和研发人员分别向不同的领导汇报可以赋予测试人员更多的话语权，使测试策略和测试计划可以顺利执行。但这种组织架构也存在一些缺点，如测试人员对于产品业务知识的理解很难深入，测试和研发之间有距离感以及测试人员对公司文化的认可度可能会受到影响。

2. 与开发同属一个部门

测试与开发同属一个部门的组织形式是当测试团队的成熟度到达一定程度后，开发和测试同属一个团队，现在，这种组织结构越来越多地被一些软件公司采用。这种组织形式的优劣势恰恰与第1种方式相反，测试人员与软件开发人员并肩作战，一起工作，可以减少软件开发人员与测试人员合作时的不利因素，会极大地方便交流和沟通。但同时测试人员的话语权有可能受到研发人员的压制，所以当开发和测试人员融合后，这两个部门公共的领导对于质量和进度的权衡和把握尤为重要，将影响测试人员在公司的地位和话语权。

5.4.2　测试人员的沟通和激励

良好的沟通是保证测试项目顺利进行的基础，一个项目小组成员之间及时又高效的沟通形式通常是以下多种交流方式的有机组合。

(1) 正式非个人方式：如正式会议等。

(2) 正式个人之间交流：如成员之间的正式讨论等。

(3) 非正式个人之间交流：如个人之间的自由交流等。

(4) 电子通信方式：如 E-mail、QQ、微信、钉钉等。

激励机制就是通过特定的方法和管理体系，将员工对组织和工作的承诺最大化的过程。激励机制在测试组织过程中非常重要，有效的激励机制才能调动测试人员的工作积极性，将潜力充分体现出来。激励机制是多元化的，可以从目标激励、示范激励、尊重激励、参与激励、荣誉激励、关心激励、竞争激励、物质激励、信息激励、文化激励以及自我激励等多方面加以考虑。测试人员管理中激励机制的关键点如下。

(1) 激励员工从结果均等转移到机会均等，并努力创造公平竞争环境。

(2) 激励要把握最佳时机，如需要在目标任务下达前激励的要提前激励，在员工遇到困难时应及时激励。

(3) 激励要有足够的力度，并且在工作获得认可后尽快兑现，而对于已经满足的需要很可能不再成为激励因素。

(4) 激励要公平准确、奖罚分明，需要健全、完善的绩效考核制度，克服有亲有疏的人情风。

(5) 物质奖励与精神奖励相结合，奖励与惩罚相结合，注意采取卓有成效的非货币形式的激励措施。

(6) 过多行使权力、资金或处罚手段很可能导致项目失败。

每个员工的思想、性格、学识、教养、道德水准不同，在建立激励机制时充分考虑员工的个体差异，实行差别激励的原则，以人为本，真正做到关心人、尊重人，并建立企业与员工的全方位的激励沟通机制。作为测试人员，也应遵循下列测试工作的 7 项效率原则。

(1) 主动思考，积极行动，尽早参与项目，做好前期准备，“有备”才能“无患”。

(2) 一开始就牢记目标，不迷失方向，要牢记什么时间点完成某个测试项目。

(3) 重要的事情放在首位(但常常将紧急的事情放在首位)，学会时间管理。

(4) 先理解人，后被人理解，测试是发现缺陷，让产品更完美，而不是故意找茬。

(5) 寻求双赢，积极配合开发人员工作。例如，帮助他发现问题规律，努力赢得开发人员支持；哪些地方可能会有问题，需要加强测试。

(6) 互相合作，追求 1+1>2，测试团队人员密切配合，促进测试整体进度。

(7) 不断学习，自我更新，不断进步。

5.4.3 测试人员的培训

从测试管理的角度来看，为了高效地完成测试工作制定的目标，除了前面提到的人员素质、组织结构、沟通形式、激励机制，还需要通过培训不断地帮助测试人员进行知识的更新和技术能力的提升。

1. 制订测试人员培训计划

测试人员培训计划是测试计划中的一个重要组成部分，培训计划必须满足测试项目和员工两方面的需求，兼顾项目组织资源条件和员工素质基础，并充分考虑培训的超前性和培训结果的不确定性。

(1) 尽可能多地得到公司高级管理层和各部门主管的承诺以及足够的资源支持各项具体培训计划，尤其是学员培训时间上的承诺。

(2) 培训计划制订前必须进行充分的培训需求调查和分析。

(3) 尽量将培训活动安排在测试任务开始之前。

(4) 培训计划必须首先从实用角度出发，“好看”更要“有用”。

(5) 争取更广泛的培训参加人员，更多的人参与，将获得更多的支持。

(6) 在计划制订过程中，应考虑设计不同的学习方式，以适应员工的需要和个体差异。

(7) 要采取一些提高培训效率的积极性的措施。

(8) 注重培训细节。

(9) 注重培训内容的实效性。

(10) 鼓励合作学习，团队共同参与。

(11) 对培训效果要及时评价，对发现的不足进行反思和改进。

2. 软件测试培训内容

软件测试培训主要包括以下内容。

(1) 测试基础知识和技能培训。

(2) 测试设计规划和测试工具培训。

(3) 所测试的软件产品培训。

(4) 测试过程、测试管理、测试环境等培训。

5.5 软件测试过程管理

成功的软件测试项目除了采用先进的标准、方法、工具和高素质的测试人员，还需要对测试过程进行管理和控制。软件的测试工作与软件开发一样，是软件工程项目的重要组成部分。测试的过程管理和控制是软件项目成功的重要保证，是保证测试过程质量、控制和减少测试风险的重要手段。

5.5.1 测试项目的过程管理

软件测试活动与项目同时展开，项目一旦启动，测试工作也就相应地开始了。在软件开发周期的每个阶段都有相应的测试阶段。在需求分析阶段，在需求分析、产品功能设计的同时，测试人员就可以阅读、审查需求分析的结果，创建测试的准则。在系统设计阶段，测试人员能够了解系统是基于什么平台、是如何实现的，这样可以更好地设计系统的测试方案和测试计划，并事先准备系统的测试环境。在详细设计阶段，测试人员可以参与设计，对设计进行评审，同时设计功能测试用例，完善测试计划。在编码的同时可以进行单元测试，从而尽快找出程序中的错误，充分提高程序质量，减少成本。

软件测试项目的过程管理主要集中在测试项目启动、测试计划、测试设计、测试执行、测试结果分析和测试过程管理工具的使用上。

1. 测试项目启动阶段

测试项目的启动，首先需要确定测试项目组长，确定了组长才可以组建整个测试小组，从而可以和开发小组一起开展工作，共同参与项目分析、设计等相关会议，获得必要的项目需求、设计文档以及相关技术知识的培训等。

2. 测试计划阶段

测试计划涵盖了测试活动的范围、途径、资源和进度安排等信息，不可能一蹴而就，而是要经过长期的起草、讨论、编制和审查等阶段才能将测试计划制订好。软件测试项目过程管理的基础就是软件测试计划。软件测试计划中描述了如何实施和管理软件的测试过程，在批准生效后，将被用来作为对测试过程跟踪分析的依据。通过选定测试的某个时刻，将实际测试的工作量、投入、进度、风险等与计划进行对比，若计划未完成，则可以采用相应的纠正措施，如调整测试计划、重新安排测试进度以及提高测试效率等方法。

3. 测试设计阶段

软件测试设计中，要充分考虑所设计的测试技术方案是否可行、所设计的测试用例是否完善、所设计的测试环境是否接近于用户的真实环境等问题。测试设计阶段的关键是将开发设计人员已经掌握的产品相关知识传递给测试人员，同时也要做好开发设计人员对测试用例的审查工作。

4. 测试执行阶段

测试执行阶段需要建立相关的测试环境，准备测试数据，执行测试用例，并对发现的缺陷进行分析和跟踪，这一阶段是测试的基础，需要做好缺陷的报告和管理，这些工作直接关系到测试的可靠性和准确性，对软件产品的质量产生重大影响。

5. 测试结果分析阶段

测试结果分析阶段是对测试结果进行综合分析，以确定软件产品的质量状态，为产品的改进和发布提供依据。从管理上讲，要做好测试结果的审查和分析会议，做好测试报告的编写和审查。具体包括以下内容。

（1）审查测试整体过程：对软件测试项目全过程、全方位地进行审查，检查测试计划、测试用例是否得到执行，检查测试过程中是否有疏漏。

（2）对当前状态的审查：检查现阶段是否还存在尚未解决的问题，对产品存在的缺陷进行逐一分析，了解每个缺陷对产品质量影响的程度。

（3）总结评估：对审查后的当前状态进行评估，如果产品质量、测试标准都已经达到要求，则对项目进行中的问题分析总结，获取项目成功经验。

6. 测试过程管理工具的使用

在整个软件测试项目的过程管理中，可以采用周报、日报、例会、评审会等多种形式的管理工具了解测试项目的进展状况，对项目进行跟踪和监控。通过这些方式建立、收集和分析项目的可靠实际状态数据，可以让管理者更好地做出明智的决策，从而达到项目有效管理的目的。

在整个测试项目的各个阶段都需要项目管理人员充分认识项目的状态，监控项目的发展趋势，发现潜在的问题，从而更好地控制成本，降低风险，提高测试工作质量。

5.5.2 软件测试的配置管理

软件测试的配置管理是在团队开发中标识、控制和管理软件测试变更的一种管理，能够记录演化过程，确保软件测试人员在软件测试生命周期中各个阶段都能得到精确的产品配置。配置管理随着软件系统的日益复杂化逐渐成为软件生命周期中的重要控制过程，可以建立和维护起软件产品的完整性、一致性和可追溯性。软件测试过程的配置管理和软件开发过程的配置管理一样，包括以下 6 个基本活动。

1. 配置管理的准备

在配置管理具体实施之前，需要配置管理员制订配置管理计划以及创建项目的配置管理环境。其中，配置管理计划的主要内容包括配置管理软硬件资源、配置项计划、基线计划、交付计划、备份计划等，该计划需要测试主管领导或项目变更控制委员会审核批准。

2. 配置项的标识

配置项的标识主要是标识测试样品、测试标准、测试工具、测试相关文档、测试报告等配置项的名称和类型。配置项的标识是配置管理的基础，通过将所有配置项都按照模板统一生成、统一编号，并在文档中的规定章节记录对象的标识信息(包括各配置项的所有者、基准化时间以及存储位置)，从而让测试人员更方便地知道每个配置项的内容和状态。

3. 版本控制

版本控制是配置管理的核心功能。在整个测试项目过程中，绝大部分的配置项都要经过多次的修改才能最终确定下来。对配置项的任何修改都将产生新的版本。由于不能保证新版本一定比老版本“好”，所以不能抛弃老版本。版本控制的目的是按照一定的规则保存配置项的所有版本，避免发生版本丢失或混淆等现象，并且可以快速、准确地查找到配置项的任何版本。配置项的状态有草稿、正式发布和正在修改 3 种，根据制订的配置项状态变迁与版本号规则对配置项状态和版本号进行更改。

4. 变更控制

在整个测试项目过程中，配置项发生变更几乎是不可避免的。变更控制的目的并不是控制和限制变更的发生，而是对变更进行有效的管理，防止配置项被随意修改而导致混乱。变更的起源包括功能变更和缺陷修补，其中功能变更是为了增加或删除某些功能，缺陷修补是对存在的缺陷进行修补。修改处于草稿状态的配置项不算是变更，无须批准，修改者按照版本控制规则执行即可。当配置项的状态成为正式发布，或被冻结后，此时任何人都不能随意修改，必须依据“申请→审批→执行变更→再评审→结束”的规则执行。

5. 配置报告

配置报告是根据配置库中的数据操作记录，向管理者汇报测试工作进展情况。配置报告一般是定期编写的，根据数据库中的客观数据真实反映各配置项的情况，尤其是当前基线配置项的状态，以作为测试进度报告的参考。基线在IEEE中被定义为“已经正式通过审核标准的某规约或产品，它因此可以作为进一步开发的基础，并且只能通过正式的变化控制过程来改变”。配置报告应该包括以下主要内容。

（1）定义配置报告形式、内容和提交方式。

（2）确认测试过程记录和跟踪问题报告、配置项更改请求、配置项更改次序等。

（3）确定测试报告提交的时间与方式。

6. 配置审计

配置审计是为了保证所有人员（包括项目成员、配置管理员和项目变更控制委员会）都遵守配置管理规范而定期执行的过程质量检查活动，是质量保证人员的工作职责之一。通过配置审计确保所有配置管理规范已被切实地执行和实施，配置审计主要包括以下内容。

（1）确定审计执行人员和执行时间。

（2）确定审计的范围、内容和方式。

（3）确定发现问题的处理方法。

配置管理是管理和调整变更的关键，尤其是对于参与人员较多、变更较多的项目。软件测试项目配置管理能够跟踪每个变更的创造者、时间和原因，为测试项目管理提供了多种跟踪测试项目进展的角度，为更好地了解测试项目进度提供了保证。良好的配置管理能使软件测试过程有更好的可预测性、可重复性，使用户和主管部门对软件质量有更强的信心。

5.5.3　软件测试的风险管理

软件测试风险指的是软件测试过程中出现的或潜在的问题，这些问题会给软件测试工作带来损失。风险产生的原因主要是测试计划的不充分、测试方法或测试过程的偏离等。软件测试风险管理主要是对测试计划执行的风险进行分析与评估，以及制定应急措施，防止和降低软件测试产生的风险造成的危害。在软件测试过程中常见的风险主要有以下7类。

1. 测试时间进度风险

用户需求有可能发生重大变更，开发进度可能发生延误，这些原因都可能导致测试时间的大幅调整压缩，测试人员、测试环境、测试资源的不能准时到位以及可能存在的难以修复的缺陷也会对测试进度造成影响。

2. 测试质量目标风险

测试的质量目标不清晰，如易用性测试、用户文档的测试目标存在见仁见智的问题。

3. 测试范围认知风险

对产品质量需求或产品特性理解不准确，造成测试范围分析误差，出现测试盲区或验证

标准错误。

4. 测试人员风险

测试开始后,测试人员、技术支持人员可能出现被紧急项目调用,无法按照计划安排参与项目的情况。

5. 测试充分性风险

在设计测试用例时,部分测试用例可能会忽视边界条件和深层次的逻辑关系;在执行测试用例时,部分测试用例可能会被测试人员有意无意地忽略执行,这都将导致测试的不充分。

6. 测试环境风险

测试环境无法与生产环境完全一致,致使性能测试的结果存在误差。

7. 测试工具风险

能否及时准备相关测试工具,测试人员对新工具无法熟练运用等情况也时有发生。

对风险的评估主要依据风险描述、风险概率和风险影响 3 个因素,从成本、进度以及性能 3 个方面进行评估。首先,需要进行风险识别,可以测试组成员头脑风暴、找资深专家进行访谈以及通过风险项目检查表,按风险内容进行分项检查,逐项检查风险。然后,对识别出来的风险进行分析,主要从风险概率分析(如很高、较高、中等、较低、很低等)和风险带来的后果入手,从风险的表现、范围、时间确定风险评估的正确性,根据损失(影响)和风险概率的乘积,确定风险的优先级别,从而有针对性地制定风险应对措施。

基于风险评估的结果还需要进行风险的控制,对于那些可以避免的风险,要采取措施来避免;对于那些可能带来非常严重后果的风险,看能否通过一些方法将它转移为不会引起严重后果的低风险;对于无法避免的风险,尽量采取措施降低风险。为了避免、转移以及降低风险,需要提前做好风险管理计划以及应急处理方案。除了这些工作,还可以依据以下策略进行风险控制。

(1) 在做计划时,对资源、时间、预算等的估算要留有余地,避免风险发生时没有相应的资源及时支持应急方案。

(2) 在项目开始前,把测试环境、测试工具等有变化和难以控制的因素列入风险管理计划中。

(3) 通过培训提高测试人员的综合素质,培养后备人员,做好人员流动的准备。

(4) 对所有工作多进行相互审查,及时发现问题。

(5) 对所有过程做好日常跟踪,并进行完善的文档管理。

风险管理的重点不在于分析产生的原因,而是根据风险评估的结果进行风险控制和提前制定应急措施以应对风险的发生。当测试计划风险发生时,可以采用缩小范围、增加资源、减少过程以及延长时间等措施。测试风险管理的目标在于提高测试积极事件的概率和影响,降低测试消极事件的概率和影响。对于已识别出的风险,分析其发生概率和影响程度,并进行优先级排序,优先处理高概率和高影响风险。软件测试始终存在着风险,如果提前重视风险,并且有所防范,就可以最大限度地减少风险的发生以及减小风险的影响。

5.5.4　软件测试的成本管理

软件测试项目的成本管理就是根据企业的情况和软件测试项目的具体要求，利用公司既定的资源，在保证软件测试项目的进度、质量达到客户满意的情况下，对软件测试项目成本进行有效的组织、实施、控制、跟踪、分析和考核等一系列管理活动，最大限度地降低软件测试项目成本，提高项目利润。成本管理的过程主要包括以下 4 方面。

1. 资源计划

资源计划包括决定为实施这一软件测试项目需要使用什么资源(包括人力资源、设备和物资等)以及每种资源的用量。这里的主要输出是资源需求的清单。

2. 成本估算

成本估算包括估计完成软件测试项目所需要的资源成本的近似值。这里的主要输出是成本管理计划。

3. 成本预算

成本预算包括将整个成本估算配置到各单项工作，以建立一个衡量绩效的基准计划。这里的主要输出是成本基准计划。

4. 成本控制

成本控制包括控制测试项目预算的变化，这里的主要输出是修正的成本估算、更新预算、纠正成本使用方式以及取得的教训。

在实际的软件测试中，时间、人力、资金等各种资源都是有限的，想要找出所有的缺陷是不可能的。"太少的测试是犯罪，而太多的测试是浪费"，测试工作的目标是使测试产能最大化，也就是要使通过测试找出错误的能力最大化，而检测次数最小化。测试的成本控制目标是使测试开发成本、测试实施成本和测试维护成本最小化。在软件产品测试过程中，测试实施成本主要包括测试准备成本、测试执行成本和测试结束成本。测试是一种带有风险性的管理活动，可以使企业减少因为软件产品质量低劣而花费不必要的成本。

质量成本要素主要包括一致性成本和非一致性成本。一致性成本是指用于保证软件质量的支出，包括预防成本和测试预算，如测试计划、测试开发、测试实施费用。非一致性成本是由出现的软件错误和测试过程故障引起的，这些问题会导致返工、补测、延迟。追加测试时间和资金就是一种由于内部故障引起的非一致性成本，非一致性成本还包括外部故障(软件遗留错误影响客户)引起部分。

缺陷探测率是一个衡量测试工作效率的软件质量成本的指标。缺陷探测率＝测试发现的软件缺陷数/(测试发现的软件缺陷数＋客户发现并反馈给技术支持人员进行修复的软件缺陷数)。缺陷探测率越高，就意味着测试发现的缺陷多，发布后用户发现的缺陷少，达到了节约总成本的目的，可以获得更高的测试投资回报率(投资回报率＝利润/测试投资×100%)。

测试项目的开展不可避免地会遇到各种不确定的事件，测试项目的管理者都要在存在不确定因素的环境下管理项目，通过采取一些措施和办法可以帮助测试项目的管理者更好地进行项目成本管理，实现测试项目生命周期内的成本度量和控制。以下是软件测试项目成本的控制原则。

(1) 坚持成本最低化原则。

(2) 坚持全面成本控制原则。

(3) 坚持动态控制原则。

(4) 坚持项目目标管理原则。

(5) 坚持责任、权力以及奖惩相结合的原则。

在软件测试项目成本的控制过程中,软件测试项目负责人是项目成本管理的第一责任人,全面组织软件测试项目的成本管理工作,应该及时掌握项目盈亏状况,并迅速采取有效措施;技术人员应尽可能采取先进技术、先进工艺,以降低项目成本;财务人员应及时分析财务收支情况,合理安排资金,对于人工费、材料费、工具费和间接费等其他费用及时分析,加强控制。

软件测试项目成本管理的目的就是确保在批准的预算范围内完成测试项目所需的各项过程。在软件实际测试过程中,应当有针对性地加强软件测试项目的成本管理,进一步节约成本,提高经济效益。

5.6 本章小结

本章主要介绍了软件测试项目的基本特性、软件测试项目管理的特性和原则,以及如何制订和实施软件测试管理计划和主要的软件测试文档。然后从测试人员管理、测试过程管理、测试配置管理、测试风险管理和测试成本管理等多角度进行了测试组织与管理的介绍。

软件测试项目具有独特性、不确定性、智力/劳动密集性、困难性以及目标冲突性,因此,优秀的测试人员和科学的管理是测试项目成功的关键。

测试人员应该具备沟通表达、创新、不断学习、质量意识、责任意识以及对软件工程中专业知识的掌握等一般性能力,同时还需要具有一定的测试专业技能、测试设计规划能力、测试执行能力以及测试分析改进能力。

将软件测试项目的过程管理、配置管理、风险管理、成本管理与人员管理有效地结合起来,能够实现软件测试的可控管理、高效组织。

拓展练习

习题 5

(1) 主要的软件测试文档有哪些?

(2) 测试人员应该具备哪些能力?

(3) 软件测试配置管理包括哪些基本活动?

(4) 软件测试过程中常见的风险分为哪几类?

(5) 质量成本要素包括哪些?

第6章

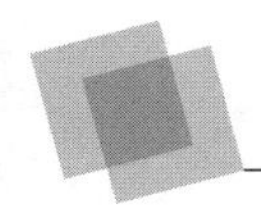

敏捷项目测试

“敏捷”的含义是反应快速且灵敏。将敏捷应用到软件开发领域，给软件开发带来了变革。测试也不再是瀑布式开发流程中的一个环节，而是整个开发流程中的全程参与。

本章要点

- 敏捷项目简介
- 敏捷项目管理
- 敏捷测试

6.1 敏捷项目简介

敏捷软件开发(Agile Software Development)又称为敏捷开发，是一种从20世纪90年代开始逐渐引起广泛关注的新型软件开发方法，是一种能应对快速变化需求的软件开发能力。它们的具体名称、理念、过程、术语都不尽相同，相对于“非敏捷”，更强调程序员团队与业务专家之间的紧密协作、面对面的沟通、频繁交付新的软件版本、紧凑而自我组织型的团队、能够更好地适应需求变化的代码编写和团队组织方法，也更注重软件开发中人的作用。

在敏捷开发中，要求敏捷团队是高度跨职能的，开发人员、测试人员、业务分析人员和其他人员在整个迭代过程中全力协作。不同于传统模式，优秀的敏捷团队通过持续构建产品培育质量，及时集成新进展，特别强调自动化测试和整体团队思维。

敏捷管理的特点在于尽早交付、持续改进、灵活管理、团队投入、充分测试。敏捷管理应对能力强，改进效率高，更多以经验控制项目。敏捷项目按照迭代(RUP模型)的方式运行，将项目分段完成，甚至把需求切分成更小的片段来完成，定期对项目进行评估。这就要求每个参与敏捷项目的成员要知道自己将要做什么。对每个细节问题都应该快速处理和调整，对于不清晰的地方要确认清楚，保证下次迭代能顺利进行。项目的灵活性提高了，但是对团队的投入也相应提高。我们做的工作并没有因此减少。

敏捷开发的产品运作后在质量控制上有很多有利的地方，举例如下。

(1) 从高级需求向低级需求运作,大大提高了软件发布后的产品的期望值。

(2) 产品在开发过程中有很多的需求变更,这种敏捷颗粒式开发能大大降低变更成本。

(3) 如果需求变更影响了项目计划,可以用后面迭代的低级需求置换。

(4) 个体间的互动将更加频繁,需求传递的准确性大幅提高。

(5) 阶段性和碎片化的迭代,使项目中的评估针对性更强。

敏捷团队角色包括以下几种。

(1) 业务人员:项目中所有属于"业务"一方的人(业务分析师、产品经理),编写用户故事和需求发布的功能集。

(2) 项目 IT 人:参加发布代码的任何人(包括测试人员、程序员、架构师等)。

(3) 敏捷指导:在敏捷推广初期指导敏捷流程并提出改进建议。

典型的敏捷开发过程如图 6-1 所示。

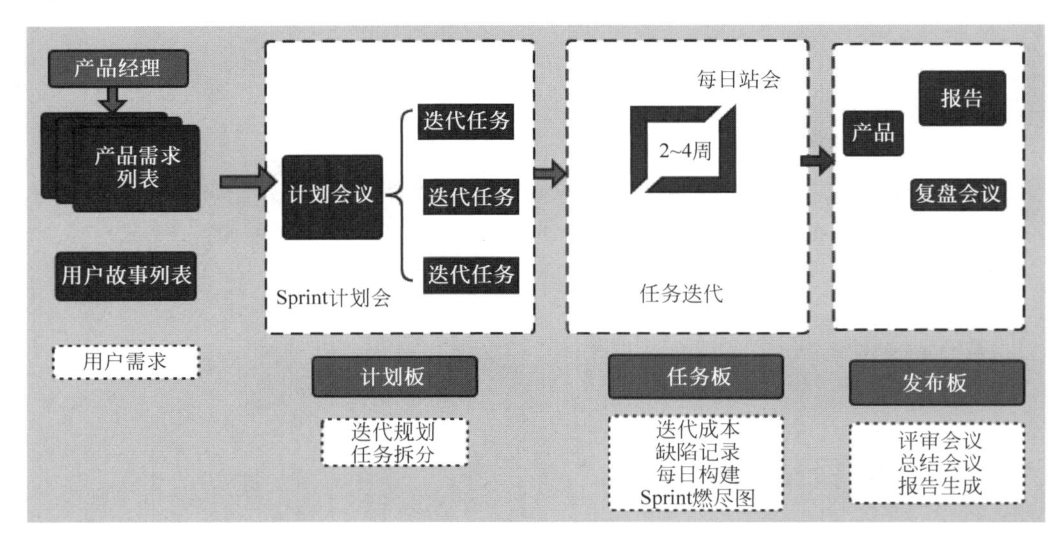

图 6-1 敏捷开发过程

6.2 敏捷项目管理

6.2.1 敏捷项目的需求管理

敏捷项目应尽早地开发有价值的需求和持续不断地满足客户的要求,以体现软件的价值。成熟的敏捷产品可以在短期内持续发布有价值的产品。

从本次版本的众多需求中进行等级划分,价值越高的需求优先级越高,风险越高的优先级越高,高风险高价值优先进行迭代。而对于一次迭代中完成不了的,要将需求进行拆分迭代。

在明确本次迭代的需求后,确定需求基线和需求范围,召开迭代计划会议,制订详细的迭代计划。

需求的分配也不再是由项目经理指定任务给某人,而提倡需求领取的方式,鼓励每个人

自主认领需求，自主认领的默认就是自己要承诺的。而项目经理要做的是对技能不足的员工多加关注和指导。

对于每个需求，产品经理会写对应的用户故事(Story)，内容主要是：As a...(作为什么角色)，I want...(我希望需求如何)，so that...(目的是什么)；还要写出该需求的验收标准。

在项目中的需求变更是不可避免的，有初期设计缺陷未被提前评审出来的，也有客户主动要求的需求变更。而敏捷项目中提到的需求变更，指的是用户主动提出的需求变更，为的是响应市场变化，提升需求价值。在敏捷项目过程中，人力和时间是不改变的，需求变更和客户确认后，尽量减少本次迭代的计划，充分利用计划初期预留的15%的缓冲(Buffer)时间进行调整，保证下个冲刺时计划是新制订的，不受任何影响。

6.2.2　敏捷项目的时间管理

敏捷开发采用时间盒(Time Boxing)的方法，即限定时间而不限定范围。特性可以调整，但是不过度承诺，所以迭代一般不会延期，因为在迭代终点会放弃未完成的用户故事。在迭代中，需要预留15%的缓冲时间，应对突发需求。

敏捷项目中时间是固定的，要在时间盒内创造有价值的产品，就要不断地评估和调整我们所能够完成的任务。在项目开始前考虑各种项目间的依赖和项目发布的风险。

常见的影响项目计划时间的因素如下。

(1) 所有的需求都是依靠经验预估的，计划时间本身存在偏差。

(2) 人员技能不足，业务技能和专业技能都可能存在缺乏的情况。

(3) 需求设计漏洞，这会造成需求在某个阶段的被动变更。

(4) 客户主动变更需求，这是我们需要积极配合的，提升产品的价值和价格。

6.2.3　敏捷项目的质量管理

软件测试的一系列活动，其最终目的就是保证产品的质量，也就是说，质量管理是在整个测试过程中决定的。

在敏捷项目中，在团队建设的初期，会有敏捷教练的角色加入。敏捷教练是熟悉敏捷运作流程的专业人士，指导项目团队的流程运作。例如，如何开展站立会议；如何计划迭代周期；如何做好迭代的持续更新；监控流程活动是否有效进行；对每个环节做持续指导和对应的优化建议，以改善流程中的活动，提高产品开发效率和质量。

软件测试人员除了具有专业知识、测试技能，还要对敏捷项目的运作深入理解和把控。在敏捷项目中，面对面的沟通高于文档的管理，计划会议和设计的讨论都需要测试人员的参与，包括产品经理最早对需求的澄清会议，也需要测试人员参与交流。测试人员还要具有良好的沟通能力、理解能力和全面的专业技能。

敏捷项目的质量管理还需要提高自动化测试的比重。敏捷项目相比于传统项目迭代周期要短，对于新开发的需求有可能对周边代码带来影响，有必要做核心功能和基本功能的重复性测试。持续集成(Continuous Integration，CI)的自动化测试就显得必不可少。敏捷项目管理者应考虑自动化测试的长期规划和培养。

6.3 敏捷测试

6.3.1 敏捷测试概述

敏捷开发的最大特点是高度迭代，有周期性，并且能够及时、持续响应客户的频繁反馈。敏捷测试以“沟通，简单，反馈，勇气，尊重”为核心价值观，在敏捷软件开发过程中开展的测试便称为敏捷软件测试。敏捷测试即是不断修正质量指标，正确建立测试策略，确认客户的有效需求得以圆满实现和确保整个生产过程安全，及时发布最终产品。敏捷测试人员需要在活动中关注产品需求和产品设计，解读源代码；在独立完成各项测试计划、测试执行工作的同时，还需要参与几乎所有的团队讨论和团队决策。不仅测试人员要保证质量，整个项目组里面的每一个人都要对质量负责。测试人员不跟开发人员纠缠错误，而是帮助他们找到目标，共同为达到项目的最终目标而努力。成为一名优秀的敏捷测试人员，应遵循以下法则。

（1）提供持续反馈。

（2）为客户创造价值。

（3）进行面对面沟通。

（4）勇气。

（5）简单化。

（6）持续改进。

（7）响应变化。

（8）自我组织。

（9）关注人。

（10）享受乐趣。

敏捷测试不仅仅是测试软件本身，而是包括软件测试的过程和模式，敏捷测试的目的是尽可能使发布功能与客户预期一致，确保开发、管理过程正确。

敏捷模式和传统模式的区别如图 6-2 所示。

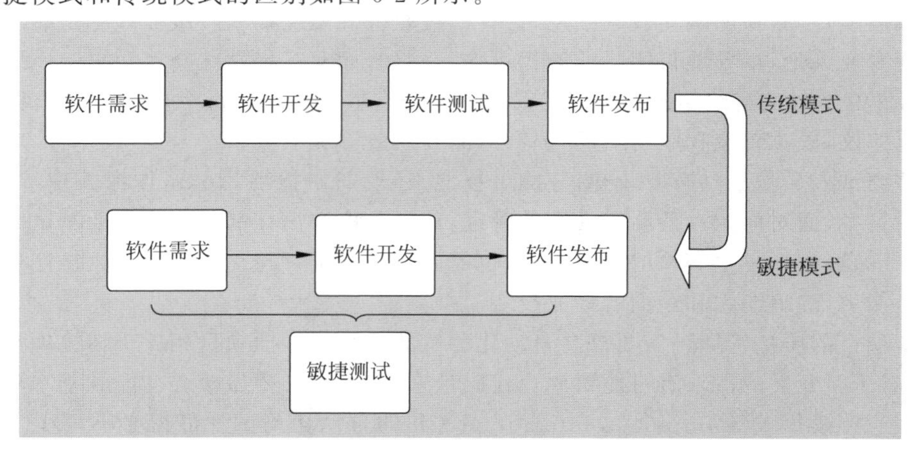

图 6-2 敏捷模式和传统模式的区别

(1) 传统测试更具有阶段性，从软件需求评审、软件开发(设计评审和编码)、软件测试(单元测试到集成测试、系统测试等)、软件发布，从测试计划、测试设计再到测试执行、测试报告等。而敏捷测试更强调持续测试、持续的质量反馈、阶段性比较模糊。

(2) 传统测试强调测试的计划性，认为没有良好的测试计划和不按计划执行，测试就难以控制和管理。而敏捷测试更强调测试的速度和适应性，侧重计划的不断调整以适应需求的变化。

(3) 传统测试强调测试是由“验证”和“确认”两种活动构成的。而敏捷测试没有这种区分，始终以用户需求为中心，每时每刻不离用户需求，将验证和确认统一起来。

(4) 传统测试强调任何发现的缺陷要记录下来，以便进行缺陷根本原因分析，达到缺陷预防的目的，并强调缺陷跟踪和处理的流程，区分测试人员和开发人员的各自不同的责任。而敏捷测试强调面对面沟通和协作，强调团队的责任，不太关注对缺陷的记录和跟踪。

(5) 传统测试更关注缺陷，围绕缺陷开展一系列的活动，如缺陷跟踪、缺陷度量、缺陷分析、缺陷报告质量检查等。而敏捷测试关注产品本身，关注可以交付的客户价值，在快速交付的敏捷开发模式下，缺陷修复的成本很低。

(6) 传统测试更强调测试的独立性，将“开发人员”和“测试人员”角色分得比较清楚。而敏捷测试可以有专职的测试人员，也可以是全民测试，即在敏捷测试中，可以没有“测试人员”角色，强调整个团队对测试负责。

(7) 传统测试鼓励自动化测试，但自动化测试的成功与否对测试没有致命的影响。但是，敏捷测试的基础就是自动化测试，敏捷测试是具有良好的自动化测试框架支撑的快速测试，自动化测试在敏捷测试中占有绝对的主导地位。敏捷测试的持续性迫切要求测试的高度自动化，在1～3天内完成整个验收测试(包括回归测试)，所以也可以说没有自动化，就没有敏捷。

6.3.2 探索式测试

探索式测试是一种自由的软件测试风格，强调测试人员同时开展测试学习、测试设计、测试执行和测试结果的评估等活动，以持续优化测试工作。探索式测试可以充分发挥智慧，把精力完全集中在发现缺陷和验证软件功能上。

探索式测试更关注的是测试过程中学习的重要性，测试人员不断学习探索，一次探索结束后，总结前一阶段的执行结果，并依此调整下一个阶段的执行过程。所以在探索式测试中，反馈十分重要，根据学习反馈，可以更好地进行下一步的测试。也因为如此，探索式测试可以不断深入系统，发现更深层次的缺陷。

探索式测试并不是漫无目的地尝试各种情况来试图发现软件缺陷，这样会浪费时间。测试人员如何保证测试的充分性呢？对于探索式测试需要使用规范化的机制对测试工作进行组织和管理，Jon Bach 和 James Bach 提出了基于会话的测试管理(Session-Based Test Management，SBTM)方法。测试人员在一个会话(Session)中完成特定任务的设计、执行、记录和总结。完成一个特定的测试目标，需要通过一个或几个会话完成，而一个特定的会话是一个不受打扰的特定时段(Time Box，通常是90min)的测试活动，是探索式测试管理的最小单元。探索测试可以看作“不断地问系统或质疑系统”的过程，一次测试活动可以理解为“测试人员和被测试系统的一次对话”。

下面介绍基于旅行者的探索式测试方法。

1. 商业区

商业区(Entertainment District)侧重于测试软件的重要基础特性。

(1) 指南测试法：依据用户手册/需求文档+原型设计。

(2) 卖点测试法：发现软件最吸引人的这些特性功能，锁定测试范围。

(3) 地标测试法：通过指南测试和卖点测试法，确定关键软件特性，也就是地标，选完地标后，确认顺序。

(4) 极限测试法：边界测试，寻找突破点，文本框允许输入最大字符串。

(5) 快递测试法：专注于数据流，如输入数据，观察需要显示的地方是否显示正确。

2. 历史区

历史区(Historical District)主要用于测试遗留代码，如修复已知缺陷的代码。

(1) 恶邻测试法：由于缺陷通常扎堆出现，因此产品缺陷多的地方值得反复测试，通过这种方法很容易发现因改动引发的Bug。

(2) 博物馆测试法：主要针对遗留代码，找到那些长时间没有被翻动过的老代码，看是否受新代码影响。例如，保存的模板可能因为新增字段就直接失效了。

3. 旅游区

旅游区(Tourist District)指对新用户非常有吸引力的特性和功能，无须深入测试，但必须覆盖到所有路径的功能模块。

(1) 长路径测试法：那些需要被点击 N 次才能激活的特性点，把埋在应用程序最深处的界面作为测试目标。

(2) 超模测试法：将被测试对象视为一位超模，关心那些表面的东西，如界面测试。

(3) 测一送一法：测试的同时运行同一应用程序，多个操作的情况。

4. 娱乐区

娱乐区(Business District)指软件的辅助功能，而不是主线功能。

(1) 配角测试法：不是用户使用的主要功能，但紧邻的那些主要功能，如跳转链接等。

(2) 深巷测试法：最不可能被用到的用户特性，如使用列表中排在最下面的几项特性。

5. 破旧区

破旧区(Seedy District)，适用于输入一些恶意数据以破坏软件，或做一些破坏性操作。

(1) 破坏者：试图利用每个可能的机会暗中破坏应用程序，如内存少、限权、断网、故障注入。

(2) 强迫症测试：一遍又一遍地输入同样的数据，反复做一些同样的操作，如重复上传等。

(3) 反叛测试法：要求输入最不可能的数据或已知的恶意输入，如上传错误文档格式等。

6. 旅馆区

旅馆区(Hotel District)指软件休息时还必须运行的特性和功能。

(1) 取消测试法：启动操作然后停止，检查应用程序是否能正常工作。

(2) 懒汉测试法：做尽量少的工作，如接受所有默认值，尽可能少填数据，如空白输入/不填写输入框就直接进入下一步等。

6.3.3 基于 Scrum 的敏捷测试流程

在敏捷测试中可以采用已有的各种方法，包括白盒方法、黑盒方法；在敏捷中可以采用探索式测试(Exploratory Test)，也可以采用基于脚本的测试(Scripted Test)。敏捷测试是一套解决方案，一类测试操作与管理的框架，一组实践或由一定顺序的测试活动构成的特定的测试流程。

Scrum 是一个实现了敏捷思想的框架，是一个增量的、迭代的开发过程，能够帮助团队快速前进和学习，高效并创造性地交付尽可能高价值的产品。Scrum 框架中，整个开发过程由若干个短的迭代周期组成，一个短的迭代周期称为一个 Sprint(可以称之为迭代或冲刺)，每个 Sprint 长度为 2～4 周(互联网产品研发可以使用 1 周的 Sprint)。

基于 Scrum 的敏捷测试流程如图 6-3 所示。

Scrum 的 3 个角色分别是产品负责人、Scrum 教练和 Scrum 团队。

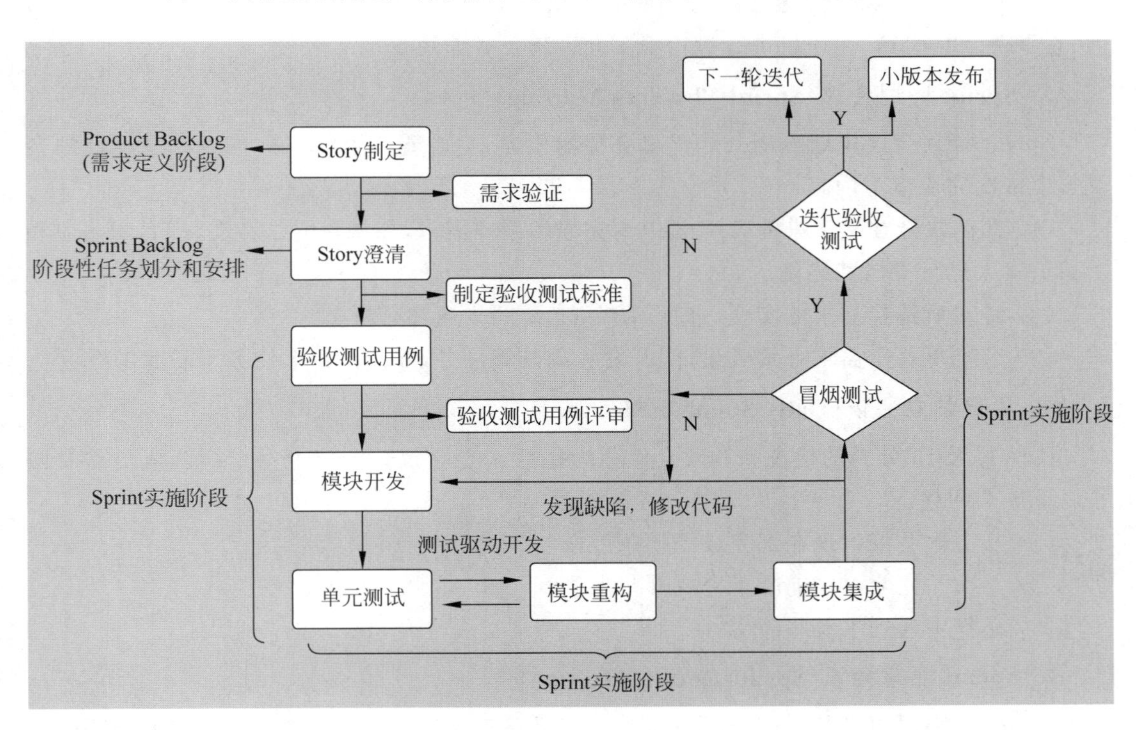

图 6-3 基于 Scrum 的敏捷测试流程

1. 产品负责人(Product Owner)

(1) 确定产品的功能,负责维护产品 Backlog。

(2) 决定产品的发布日期和发布内容。

(3) 为产品的投资回报率(Return on Investment,ROI)负责。

(4) 根据市场价值确定功能优先级。

(5) 在每个 Sprint 开始前调整功能和调整功能的优先级。

(6) 在 Sprint 结束时接受或拒绝开发团队的工作成果。

2. Scrum 教练(Scrum Master)

Scrum 教练负责确保团队保持 Scrum 的价值观和实践,并且通过阻止团队在一个 Sprint 中承诺过多的任务来保护团队。Scrum 教练组织每日站立会议并负责清除会议上反映出来的障碍。一般来说,Scrum 教练这个角色由项目经理或团队技术主管担任,但并不限于此。

3. Scrum 团队

Scrum 团队的职责是在每个 Sprint 中将产品 Backlog 中的条目转化为潜在可交付的功能增量。Scrum 团队通常控制在 5~9 人,是一个跨职能、自组织的团队。

4. Sprint

Sprint 的本意是冲刺,在 Scrum 中,一个 Sprint 就是一次迭代,Sprint 长度通常为 2~4 周,它是一个时间箱,在项目进行过程中不允许延长或缩短 Sprint 长度。

5. Sprint 计划会议(Sprint Planning Meeting)

Sprint 计划会议规划 Sprint 中需要完成的内容,标志着一个 Sprint 的开始。在计划会议上要依次完成以下内容。

(1) 团队决定在接下来的 Sprint 中要完成的用户需求,如果对需求存在疑问,团队应和产品负责人进行澄清和确认。

(2) 针对所选择需求的实现,进行简单和必要的沟通和分析。

(3) 分别将每个需求分解成设计、开发和测试等任务,并估计每个任务所需的工作量。

6. 每日站立会议(Daily Standup Meeting)

团队每天 15 分钟的检视和调整会议称为每日站立会议。会议上每个团队成员需要回答以下 3 个问题。

(1) 从上次会议到现在都完成了哪些工作?

(2) 下次站立会议之前准备完成哪些工作?

(3) 工作中遇到了哪些障碍?

7. Sprint 评审会议(Sprint Review Meeting)

Sprint 结束时要举行 Sprint 评审会议。产品负责人确定完成了哪些工作和剩余哪些工作。团队讨论在 Sprint 中哪些工作进展顺利,遇到了什么问题,问题是如何解决的。团队演示完成的工作并答疑。

8. Sprint 回顾会议(Sprint Retrospective Meeting)

在 Sprint 评审会议之后,下个 Sprint 计划会议之前,Scrum 团队需要举行 Sprint 回顾会议。回顾会议旨在对前一个 Sprint 周期的人、关系、过程和工具进行检验。检验应当确定并重点发展那些进展顺利的,和那些如果采用不同方法可以取得更好效果的条目。回顾意味着采取行动,进行实验,并根据结果完成后续工作。

9. 产品 Backlog(Product Backlog)

产品 Backlog 是一个产品或项目期望的、排列好优先级的功能列表。其中,Story 的制订需要参与项目的所有团队成员(包括项目经理、研发和测试人员)共同讨论。这充分体现了在敏捷模型中测试人员提前介入的思想,避免了传统测试中的测试人员介入过晚的弊端。

10. Sprint Backlog

Sprint Backlog 是阶段性任务划分和安排阶段。Story 的澄清是为了让测试人员能深入地了解各个 Story 的内部系统设计。一个优秀的测试人员会站在最终用户的角度,多以怀疑的态度去考查每个 Story 的内部设计,这样可以让测试人员尽早发现问题,及时识别项目中潜在的风险。这一阶段后,团队应制订项目验收测试标准,并对测试用例进行评审和验收。

11. Sprint 实施阶段

在单元测试和模块重构阶段,最常用到的就是测试驱动开发的方法(Test Drive Develop,TDD)。TDD 的基本思想是:开发人员依据项目的需求先撰写测试代码,此后再根据测试代码编写开发代码,即通过测试驱动开发。先考虑如何对预期目标功能进行测试和验证,同时编写测试代码,然后根据测试代码编写满足且仅满足这些测试用例的功能代码,直到测试通过。至此,还将展开两种测试,测试内容总述如下。

(1) 冒烟测试。在完成 Story 的代码和模块集成之后,需要把所有 Story 模块聚合起来一起进行冒烟测试,冒烟测试通常使用自动化测试,测试的主要目的是在最短的时间内检查系统是否正常运行。仅仅是检查最基本的系统运行情况,并不深入检查模块内部功能的细节,因此只需要执行最基础功能的自动化测试用例。

(2) 迭代验收测试。主要是根据项目初期制订的测试标准进行迭代验收测试。迭代验收测试通过后,即可提交一个可执行的小版本。本次迭代结束,可进入下一个迭代周期,但是测试的工作并没有结束。如果客户要求提前发布临时版本,该小版本可以随时提交给客户。

12. Sprint 燃尽图(Sprint Burndown Chart)

如图 6-4 所示,Sprint 燃尽图是在项目完成之前,对需要完成的工作的一种可视化表示,向项目组成员和相关方提供工作进展的一个公共视图。

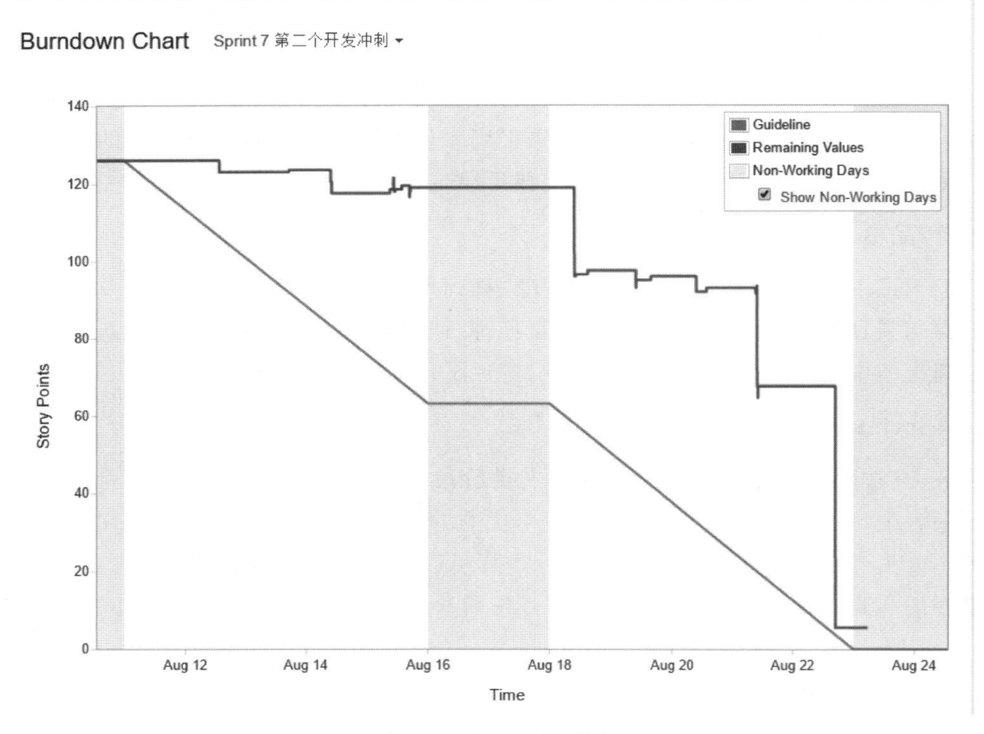

图 6-4 Sprint 燃尽图

6.4 本章小结

本章主要介绍了敏捷项目、敏捷项目管理以及敏捷测试的相关内容。敏捷开发是一种能应对快速变化需求的软件开发能力，更注重软件开发中人的作用。敏捷项目管理需要在需求管理、时间管理和质量管理方面开展。在敏捷测试中，更强调自动化测试和探索式测试的作用。本章还介绍了探索式测试中基于旅行者的测试方法，以及基于 Scrum 的敏捷测试流程。

拓展练习

习题 6

(1) 简述敏捷测试与传统测试的不同。

(2) 列举探索式测试方法。

(3) 简单描述 Scrum 模型中的 3 个重要角色及其职责。

第7章

面向对象软件测试

随着面向对象概念的出现和广泛应用,传统的软件开发方法受到前所未有的冲击。面向对象概念中所具有的全部特性,如封装、继承、多态等,使面向对象的软件开发更利于软件的复用,从而缩短软件开发周期,提高软件开发质量,同时也方便软件的维护。目前,面向对象的方法已经被广泛地使用。然而,不可否认的是,与传统的开发手段相比,面向对象的开发方法增加了测试的复杂性,两者的测试方法和测试过程有很大的不同。针对面向对象的软件,如何开展各阶段的测试,将在本章进行讨论。

本章要点

- 面向对象的基本概念
- 面向对象的测试模型
- 面向对象的单元测试
- 面向对象的集成测试和系统测试

7.1 面向对象技术概述

我们生活在对象的世界中,这些对象存在于自然中、人造实体中、商业中,以及我们使用的产品中。它们可以被分类、描述、组织、组合、操作和创建。因此,为计算机软件的创建提出面向对象的观点是毫不奇怪的,这是一种模型化世界的抽象方法,它可以帮助我们更好地理解和搜索世界。

7.1.1 面向对象的基本概念

面向对象的概念和应用已超越了程序设计和软件开发,扩展到很宽的范围,成为 20 世纪 90 年代以来软件开发的主流。面向对象的软件开发以抽象、继承、封装、多态、重载为基本特征,具体概念和相互关系如图 7-1 所示。

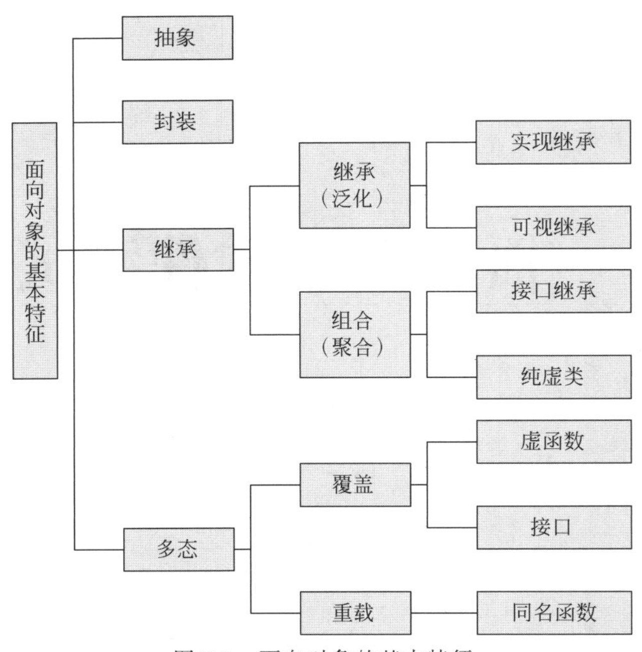

图 7-1　面向对象的基本特征

1. 抽象

类的定义中明确指出类是一组具有内部状态和运动规律的对象的抽象。抽象是一种从一般的观点看待事物的方法，它要求我们集中于事物的本质特征（内部状态和运动规律），而非具体细节或具体实现。面向对象鼓励我们用抽象的观点看待现实世界，也就是说，现实世界是一组抽象的对象——类组成的。

2. 继承

面向对象编程（Object Oriented Programming，OOP）语言的一个主要功能就是“继承”。继承是指这样一种能力：它可以使用现有类的所有功能，并在不需要重新编写原来的类的情况下对这些功能进行扩展。

通过继承创建的新类称为子类或派生类。被继承的类称为基类、父类或超类。继承的过程，就是从一般到特殊的过程。要实现继承，可以通过继承（Inheritance）和组合（Composition）来实现。

在某些面向对象语言中，一个子类可以继承多个基类。但是一般情况下，一个子类只能有一个基类，要实现多重继承，可以通过多级继承来实现。

继承概念的实现方式有 3 类：实现继承、接口继承和可视继承。

实现继承是指使用基类的属性和方法而无须额外编码的能力。

接口继承是指仅使用属性和方法的名称，但是子类必须提供实现的能力。

可视继承是指子窗体（类）使用基窗体（类）的外观和实现代码的能力。

在考虑使用继承时，有一点需要注意，那就是两个类之间的关系应该是“属于”关系。例如，Employee 是一个人，Manager 也是一个人，因此这两个类都可以继承 Person 类。但是 Leg 类不能继承 Person 类，因为腿并不是一个人。

抽象类仅定义将由子类创建的一般属性和方法，不能实例化对象，所以抽象类必须被继承,才能被使用。定义抽象类时,使用关键字 abstract class。在 Java 中抽象类表示的是一种继承关系,一个类只能继承一个抽象类,而一个类却可以实现多个接口。

面向对象开发范式大致为:划分对象→抽象类→将类组织成层次化结构(继承和合成)→用类与实例进行设计和实现几个阶段。

继承是类不同抽象级别之间的关系。类的定义主要有两种方法:归纳和演绎。由一些特殊类归纳出来的一般类称为这些特殊类的父类,特殊类称为一般类的子类,同样父类可演绎出子类;父类是子类更高级别的抽象。子类可以继承父类的所有内部状态和运动规律。在计算机软件开发中采用继承性,提供了类的规范的等级结构;通过类的继承关系,使公共的特性能够共享,提高了软件的重用性。

3. 封装

封装是面向对象的特征之一,是对象和类概念的主要特性。

封装,也就是把客观事物封装成抽象的类,并且类可以把自己的数据和方法只让可信的类或对象操作,对不可信的进行信息隐藏。

对象间的相互联系和相互作用过程主要通过消息机制实现。对象之间并不需要过多地了解对方内部的具体状态或运动规律。面向对象的类是封装良好的模块,类定义将其说明(用户可见的外部接口)与实现(用户不可见的内部实现)显式地分开,其内部实现按其具体定义的作用域提供保护。类是封装的最基本单位。封装防止了程序相互依赖性带来的变动影响。在类中定义的接收对方消息的方法称为类的接口。

4. 多态

多态性(Polymorphism)是指同名的方法可在不同的类中具有不同的运动规律。在父类演绎为子类时,类的运动规律也同样可以演绎,演绎使子类的同名运动规律或运动形式更具体,甚至子类可以有不同于父类的运动规律或运动形式。不同的子类可以演绎出不同的运动规律。

多态性是允许将父对象设置成为与一个或多个它的子对象相等的技术,赋值之后,父对象就可以根据当前赋值给它的子对象的特性以不同的方式运作。简单地说,就是允许将子类类型的指针赋值给父类类型的指针。

实现多态有两种方式:覆盖和重载。

覆盖是指子类重新定义父类的虚函数的做法。

重载是指允许存在多个同名函数,而这些函数的参数表不同(参数个数不同,或参数类型不同,或两者都不同)。

其实,重载的概念并不属于面向对象编程,重载的实现是:编译器根据函数不同的参数表,对同名函数的名称做修饰,然后这些同名函数就成了不同的函数(至少对于编译器来说是这样的)。例如,两个同名函数 function func(p:integer):integer;和 function func(p:string):integer;,那么编译器做过修饰后的函数名称可能是这样的:int_func、str_func。对于这两个函数的调用,在编译期间就已经确定了,是静态的。也就是说,它们的地址在编译期间就绑定了,因此,重载和多态无关,真正和多态相关的是覆盖。当子类重新定义了父类的虚函数后,父类指针根据赋给它的不同的子类指针,动态地调用属于子类的该函数,这样的函数调用在编译期间是无法确定的(调用的子类的虚函数的地址无法给出)。因此,这样的函数地址是在运行期间绑定的。结论就是:重载只是一种语言特性,与多态无关,与面向对象也无关。

那么,多态的作用是什么呢?我们知道,封装可以隐藏实现细节,使代码模块化;继承可以扩展已存在的代码模块(类);它们的目的都是代码重用。而多态则是为了实现另一个目的——接口重用。多态的作用就是为了类在继承和派生的时候,保证使用"家谱"中任一类的实例的某一属性时的正确调用。

5. 重载

重载指类的同名方法在向其传递不同的参数时可以有不同的运动规律。在对象间相互作用时,即使接收消息的对象采用相同的接收办法,但消息内容的详细程度不同,接收消息的对象内部的运动规律也可能不同。例如,老板指派采购员买东西,当老板没有指明买什么时,采购员可能默认买地瓜;如果老板指明要采购员买大米,采购员可能到最近的超市买10斤大米;如果老板指明采购员今天晚上到福州东街口买5斤大米,那么采购员将不得不按照老板指定的时间和地点去购买5斤大米。

6. 类和对象

描述类的数据抽象(属性)被一个能够以某种方式操纵数据的过程抽象(称为操作、方法或服务)的"墙"所包围,唯一能接触到属性(及操作属性)的方式是通过构成"墙"的其中一种方法。因此,类封装了数据和操纵数据的过程(构成"墙"的方法),这样达到隐蔽信息的目的和减少了因为变化而造成的副作用的影响,因为方法往往只是操纵有限的属性。它们是结合在一起的,并且因为通信紧急通过构成"墙"的方法进行,所以类往往和系统中其他的元素松耦合。所有这些设计特征均能提高软件的质量。

也可以通过另一种方式陈述,类是一个对一组相似对象的一般性描述(如模板、模式或蓝图)。通过定义,存在于类中的所有对象继承其属性和用于操纵属性的操作。父类是类的集合,子类是类的实例。

这些定义蕴含了类层次的存在,父类的属性和操作被子类继承,而子类也可以加入自己"私有的"属性和方法。

7. 属性

属性依附于类和对象,并且以某种方式描述类或对象。Champeaux及其同事给出了如下的关于属性的讨论。

现实的实体经常用指明其稳定特性的词来描述。大多数物理对象具有形状、重量、颜色和材料类型等特性;人具有生日、父母、名字、肤色等特性。特性可视为在类和某确定域之间的二元关系。

上面提到的二元关系蕴含着属性可以取自一个枚举域定义的值。大多数情况下,域只是某些特定值的集合。例如,假定类自动具有属性颜色,颜色的值域是{白、黑、银、灰、蓝、红、黄、绿};在更复杂的情况下,域也可以是类的集合。

7.1.2 面向对象的开发方法

传统的面向过程的开发方法是以过程为中心,以算法为驱动。因此,面向过程的编程语言是程序＝算法＋数据。面向对象的开发方法是以对象为中心，以消息为驱动。因此，面向对象的编程语言是程序＝对象＋消息。下面将说明传统开发方法开发软件存在的问题。

1. 软件重用性差

重用性是指同一事物不经修改或稍加修改就可多次重复使用的性质。软件重用可以很大程度上缩短软件的开发周期，减少软件开发人员的工作量。因此，软件的重用性是软件工程追求的目标之一。在这方面，传统的面向过程的开发方法开发的软件，其重用性很差，模块与模块之间均是强耦合性，很难拆分和扩展。

2. 软件可维护性差

软件工程强调软件的可维护性，强调文档资料的重要性，规定最终的软件产品应该由完整、一致的配置成分组成。在软件开发过程中，始终强调软件的可读性、可修改性和可测试性是软件的重要的质量指标。由于传统的使用面向过程的开发方法开发的软件，各功能模块均是强耦合性，如果修改了其中一个模块的算法或参数，会导致其他的模块功能瘫痪，也就是说，传统方法开发出来的软件可维护性差。而且实践也证明，用传统方法开发出来的软件，维护时其费用和成本很高，可修改性差，维护困难。

3. 软件稳定性差

用传统的结构化方法开发大型软件系统涉及各种不同领域的知识，在开发需求模糊或需求动态变化的系统时，所开发出的软件系统往往不能真正满足用户的需要。用结构化方法开发的软件，其稳定性、可修改性和可重用性都比较差，这是因为结构化方法的本质是功能分解，从代表目标系统整体功能的单个处理着手，自顶向下不断把复杂的处理分解为子处理，这样一层一层地分解下去，直到仅剩下若干个容易实现的子处理功能为止，然后用相应的工具描述各个最底层的处理。因此，结构化方法是围绕实现处理功能的"过程"构造系统的。然而，用户需求的变化大部分是针对功能的，因此，这种变化对于基于过程的设计是灾难性的。用这种方法设计出来的系统结构常常是不稳定的，用户需求的变化往往造成系统结构的较大变化，从而需要花费很大代价才能实现这种变化。

造成这些问题的原因，还是由于传统软件开发方法自身的缺陷，所以才有了面向对象开发方法的出现和广泛使用。目前，面向对象开发方法的研究已日趋成熟，包括最先描述面向对象的软件开发方法的基础问题的 Booch 方法；完成了从需求角度进一步进行类和类层次结构认定的 Coad 方法；为大多数应用领域的软件开发提供了一种实际的、高效的保证，努力寻求一种问题求解的对象建模技术（Object Modeling Technigne，OMT）方法。软件工程领域在 1995—1997 年取得了前所未有的进展，其中最重要的成果之一就是统一建模语言（Unified Modeling Language，UML）的出现。UML 是面向对象技术领域内占主导地位的标准建模语言。UML 不仅统一了 Booch、Coad 以及 OMT 的表示方法，而且对其进一步发展，最终统一为大众接受的标准建模语言。UML 是一种定义良好、易于表达、功能强大且普遍适用的建模语言。它融入了软件工程领域的新思想、新方法和新技术。它的作用域不限于支持面向对象的分析与设计，还支持从需求分析开始的软件开发全过程。

7.1.3 面向对象的分析设计

1. 面向对象的分析

面向对象的分析(Object Oriented Analysis,OOA),是在一个系统的开发过程中进行了系统业务调查后,按照面向对象的思想分析问题。OOA 与结构化分析有较大的区别。OOA 所强调的是在系统调查资料的基础上,针对面向对象方法所需要的素材进行的归类分析和整理,而不是对管理业务现状和方法的分析。在用 OOA 具体地分析一个事物时,大致遵循以下 4 个基本步骤。

第 1 步,获取功能需求。这一步骤的主要工作是确定系统软件的参与者,这些参与者代表了使用该系统软件的不同角色。然后根据参与者确定系统软件所需要的主要功能。

第 2 步,根据功能和参与者确定系统的对象和类。这里所说的对象是对数据及其处理方式的抽象,它反映了系统保存和处理现实世界中某些事物的信息的能力;类是多个对象的共同属性和方法集合的描述,它包括如何在一个类中建立一个新对象的描述。

第 3 步,确定类的结构、主题、属性和方法。结构是指问题域的复杂性和连接关系。类成员结构反映了泛化-特化关系,整体-部分结构反映整体和局部之间的关系。主题是指事物的总体概貌和总体分析模型。属性就是数据元素,可用来描述对象或分类结构的实例,可在图中给出,并在对象的存储中指定。方法是在收到消息后必须进行的一些处理方法,方法要在图中定义,并在对象的存储中指定。对于每个对象和结构,增加、修改、删除和选择一个方法本身都是隐含的(虽然它们是要在对象的存储中定义的,但并不在图上给出),而有些则是显示的。每个类都具有自己独有的属性和方法,正是这些属性和方法帮助我们实现系统的功能。

第 4 步,建造对象模型。在一个系统的开发中,涉及的类和对象很多,建立对象模型就是为这些对象建立联系,包括关系模型和行为模型。关系模型描述的是类与类之间的静态联系,包括关联、泛化、依赖、实现等;行为模型描述的是类与类之间的动态联系,指明系统如何响应外部的事件或激励。

总的来说,面向对象分析的关键是识别出系统功能中的对象,并分析它们之间的关系,最终建立起简洁、精确、可理解的正确模型。

2. 面向对象的设计

面向对象的设计(Object Oriented Design,OOD),是根据 OOA 中确定的类和对象,设计软件系统,作为面向对象的编程的基础。整个设计过程分为系统设计和对象设计。

系统设计过程如下。

1) 系统分解

该步骤是对面向对象分析所得出的需求模型进行补充或修改的过程。

2) 确定并发性

如果对象之间不存在交互,或者它们同时接受事件,那么称这些对象为并发的。分析模型、现实世界及硬件中不少对象均是并发的,因此该步骤就是要确定哪些对象是并发的。

3) 设计人机交互子系统

该步骤是对系统的人机交互子系统进行详细设计,以确定人机交互的细节,其中包括设计窗口和报表的形式、设计命令层次等内容。设计人机交互界面的准则是：一致性、减少操作步骤、及时反馈信息、提供撤销命令、无须记忆、易学和富有吸引力。这也是软件测试中需要测试的一部分。

4）设计任务管理子系统

常见的任务分为事件驱动型程序、时钟驱动型任务、优先任务、关键任务和协调任务等，该步骤就是要确定各类任务并把任务分配给相应的硬件或软件去执行。

5）设计数据管理子系统

数据管理子系统是系统存储或检索对象的基本设施。

（1）数据存储管理模式。

数据存储管理模式分为3种：文件管理系统、关系数据库管理系统和面向对象数据管理系统。每个管理模式都有不同的特点和适用范围。选择哪种数据存储管理模式，是这一步的要求。

（2）设计数据管理子系统。

该步骤是设计数据的格式和相应的服务。设计数据格式包括定义类的属性表，以及定义所需要的文件和数据库；设计相应的服务就是设计存储数据的方式。

7.1.4　面向对象的模型技术

模型是对实体的特征和变化规律的一种表示或抽象，即把对象实体通过适当的过滤，用适当的表现规则描绘出的模仿品。该模型主要关心系统中对象的结构、属性和操作，它是分析阶段3个模型的核心，是其他两个模型的框架。在面向对象的开发中，有对象模型、动态模型和功能模型这3种常用模型。

1. 对象模型

对象模型表示静态的、结构化的系统数据性质，描绘系统的静态结构，它是从客观世界实体的对象间关系角度来描绘的，表现了对象间的相互关系。在该模型中包括以下几方面的元素。

1）对象和类

对象建模的目的就是描述对象和类，因此，在该模型中，需要对对象的属性、操作和方法进行建模。属性是对象的数值；操作是类中对象所使用的一种功能或变换；方法是类的操作的实现步骤。

2）关联和链

关联表示类之间的一种关系，链表示对象间的物理与概念联结，链是关联的实例，关联是链的抽象。在面向对象的设计中，为了遵循单一职责原则，一个完整软件会包含很多的类，运用关联建立类之间的关系，运用链建立对象之间的关系。关联具有多重性，也就是一个类中的多个对象可以与关联的类的一个对象相关，通常描述为“一对多”或“多对一”。

3）类的层次结构

在类的层次结构中，有聚集关系和一般化关系这两种关系，聚集是一种“整体-部分”关系。在这种关系中，有整体类和部分类之分。聚集最重要的性质是传递性，也具有逆对称性。一般化关系是在保留对象差异的同时共享对象相似性的一种高度抽象方式，它是“一般-具体”的关系。一般化类称为父类，具体类又称为子类，各子类继承了父类的性质，而各子类的一些共同性质和操作又归纳到父类中。

2. 动态模型

动态模型是与时间和变化有关的系统性质。该模型描述了系统的控制结构，它表示了瞬间的、行为化的系统控制。它关心的是系统的控制、操作的执行顺序，从对象的事件和状态的角度出发，表现了对象的相互行为。

该模型描述的系统属性是触发事件、事件序列、状态、事件与状态的组织，使用状态图作为描述工具。它涉及事件、状态、操作等重要概念。在该模型中包括以下几方面的元素。

1）事件

事件是指定时刻发生的某件事。

2）状态

状态是对象属性值的抽象。对象的属性值按照影响对象显著行为的性质将其归并到一个状态中去。状态指明了对象对输入事件的响应。

3）状态图

状态图是一个标准的计算机概念，它是有限自动机的图形表示，这里把状态图作为建立动态模型的图形工具。状态图反映了状态与事件的关系。当接收一个事件时，下一状态就取决于当前状态和所接收的该事件，由该事件引起的状态变化称为转换。

3. 功能模型

功能模型描述了系统的所有计算。功能模型指出发生了什么，动态模型确定什么时候发生，而对象模型确定发生的客体。功能模型表明一个计算如何从输入值得到输出值，它不考虑计算的次序。功能模型由多张数据流图组成。数据流图用来表示从源对象到目标对象的数据值的流向，它不包含控制信息，控制信息在动态模型中表示，同时数据流图也不表示对象中值的组织，值的组织在对象模型中表示。数据流图中包含有处理、数据流、动作对象和数据存储对象。

1）处理

数据流图中的处理用来改变数据值。最低层处理是纯粹的函数，一张完整的数据流图是一个高层处理。

2）数据流

数据流图中的数据流将对象的输出与处理、处理与对象的输入、处理与处理联系起来。在计算机中，用数据流表示中间数据值，数据流不能改变数据值。

3）动作对象

动作对象是一种主动对象，它通过生成或使用数据值驱动数据流图。

4）数据存储对象

数据流图中的数据存储是被动对象，它用来存储数据。它与动作对象不一样，数据存储本身不产生任何操作，它只响应存储和访问的要求。

以上 3 种模型分别从 3 个不同的方面对所要开发的系统进行了描述，功能模型指明了系统应该“做什么”；动态模型明确了什么时候（在何种状态下）接受了什么事件的触发；对象模型则定义了做事情的实体。因此，在面向对象方法学中，对象模型是 3 个模型的核心，

它为其他两种模型奠定了基础，是其他两个模型的框架。

7.2　面向对象软件的测试策略

面向对象测试的目标和传统的结构化软件测试相同，都是需要在现实和时间范围内利用有限的时间和工作量尽可能多地发现错误。尽管这个基本目标是相同的，但是面向对象软件本身的特点又改变了软件测试的基本测试策略。

面向对象系统测试一般都包含以下主题。

(1) 单元测试。

(2) 类的集成测试。

(3) 系统测试。

(4) 回归测试。

(5) 面向对象测试的相关模型。

下面对面向对象测试中的各个主题进行详细的说明和描述，通过对每个主题的描述分析面向对象系统测试与传统的结构化软件系统的测试的异同。在以上面向对象测试的主题中，以单元测试和集成测试为主进行着重的描述和讲解，这也是面向对象系统测试与结构化软件测试需要着重对比的地方。

7.2.1　面向对象的单元测试

当考虑到面向对象软件时，单元测试的概念发生了变化。面向对象软件引入了封装和类的概念，这意味着每个类的实例(对象)包装有属性(数据)和处理这些数据的操作(函数)。封装的类常是单元测试的重点，然而，类中包含的操作是最小的可测试单元。由于类中可以包含一些不同的操作，而且特殊的操作可以作为不同类的一部分，因此，必须改变单元测试的策略。

在传统软件中，单元的常见指导方针是：能够自身编译的最小程序块，单一过程/函数(独立)，由一个人完成的小规模工作。从技术上看，我们可以忽略类中的其他方法(可以将这些方法注释掉)，但是这会带来组织上的混乱。下面将介绍两种面向对象单元测试的观点，使用时可以根据具体环境确定最合适的方法。

1. 以方法为单元

简单地说，以方法为单元可以将面向对象单元测试归结为传统的(面向过程的)单元测试。方法几乎等价于过程，所以可以使用所有传统功能性和结构性测试技术。过程代码的单元测试需要桩和驱动测试程序，以提供测试用例并记录测试结果。类似地，如果把方法看作是面向对象单元，也必须提供能够实例化的桩类，以及起驱动作用的“主程序”类，以提供和分析测试用例。

如果更仔细地研究单个方法，就会发现令人高兴的结果：方法一般很简单，圈复杂度总是很低。即使圈复杂度很低，但是接口复杂度仍然很高。这意味着创建更合适桩的工作量差不多与标识测试用例的工作量相同。另一个更重要的结果是大部分负担被转移到集成测试中。事实上，我们可以标识两级集成测试，即类内集成测试和类间集成测试。

2. 以类为单元

在以类为单元的测试中不再孤立地对单个操作进行测试，而是将其作为类的一部分。考虑一个类的层次结构，在此结构内对父类定义某操作 A，并且一些子类继承了该操作 A。每个子类都使用操作 A，但是它是应用在每个子类各自定义的私有属性和操作中。因为操作 A 的环境有差别，所以需要在每个子类的环境中对于操作 A 进行测试。这意味着，在面向对象环境中，往往不能仅独立地对于操作 A 进行测试。

以类作为单元可以解决类内集成问题，但是会产生其他问题。其中一个问题与类的各种视图有关。第 1 种视图是静态视图，在该类中，类作为源代码存在。如果我们要实现的只是代码读出，则不会有什么问题。静态视图的问题是继承被忽略，但是通过被充分扁平化了的类可以解决这个问题。由于继承实际"发生"在编译时，因此可以把第 2 种视图(即扁平化类的视图)称为编译时间视图。第 3 种视图是执行时间视图。

7.2.2 面向对象的集成测试

以上讨论的是在类层次上进行的测试。但是面向对象系统并不是分立对象或类的集合，这些对象或类是共存、集成并且相互通信的。由于面向对象系统在设计上由针对重用的组件或类构成，因此一旦基类本身已经完成测试，类是否能够在一起运行就成了测试的下一步。更多的情况下，不是一个单独的类作为一个单元进行测试，而是将一组永远都在一起运行的有关类作为一个单元。这与面向过程语言相似，对于面向过程语言，单元可能并不只是一个源文件，而是完成相关功能的一组相关文件作为一个单元测试。对于面向对象系统，由于测试重点是重用和类，因此测试这种集成单元是至关重要的。

对于面向过程系统，测试是通过给不同的数据检验控制流路径完成的。这些控制流路径始终是由程序调用的函数决定的。在面向对象系统中，类相互之间通信的各种方式都是通过消息。消息具有以下格式：

<实例名>.<函数名>.<变量>

有名称的实例调用具有指定的名称和函数，或通过合适的变量调用合适类的对象。因此，不能通过列出执行所要经过的函数名描述要测试的流程。事实上，在测试面向对象系统时，函数名没有唯一地确定控制流。这种函数或操作符的含义随背景的不同而变化，同一个操作在不同的条件下行为各异的性质叫作多态性。从测试的观点看，多态性是个很大的挑战，因为多态性推翻了代码覆盖和代码静态审查的传统定义。例如，如果两个叫作 square 和 circle 的类都有一个叫作 area 的函数。即使函数在两个类中都叫作 area，即使两个函数都只接受一个参数，但是取决于调用方法的背景，参数的含义也是不同的。函数的行为对于这两个类也是完全不同的。因此，如果针对 square 测试了 area 函数，并不意味着 circle 的 area 函数也是正确的，需要独立地进行测试。

多态性中存在的一种方式是通过动态绑定实现的多态，这也为测试带来了很大的挑战。在程序代码中，如果显式地引用 square. area 和 circle. area，那么对于测试人员，显然知道这是两个不同的函数，因此需要根据所引用的背景条件进行测试。但是对于动态绑定，要接收消息的类在运行时描述。这对于允许使用指针的语言(如 C++)，是对测试的很大挑战，假定指向一个特定对象的指针被存在一个叫作 ptr 的指针变量中，那么 ptr-> area(i)要在运行时解析由 ptr 指向的适合对象类型的 area 函数。如果 ptr 指向一个 square 对象，那么调用的就是 square. area(i)；如果 ptr 指向一个 circle 对象，那么调用的就是 circle. area(i)。这意味着像代码覆盖这样的白盒测试策略在这种情况下就没有什么作用了。在上面的例子中，仅通过用指向一个 square 对象的 ptr 就可以达到对 ptr-> area(i)的代码覆盖。但是，如果 ptr 没有测试通过指向 circle 对象的情况，那么尽管调用程序中的代码已经被测试用例覆盖了，但计算 circle 的那部分就完全没有被测试。

面向对象系统的集成测试有两种不同的策略。一种是基于线程的测试，集成影响系统的一个输入或事件所需的一组类，每个线程单独地集成和测试。应用回归测试以确保没有其他关联产生。另一种是基于使用的测试，通过测试很少使用服务类的那些类(独立类)开始构造系统，独立类测试完成后，利用独立类测试下一层的类(依赖类)。继续依赖类的测试，直到完成整个系统的测试。

除了封装和多态性，另一个问题就是以怎样的顺序将类放在一起进行测试。这个问题与在面向过程系统的集成测试中遇到的问题类似。由于面向对象软件没有明显的层次控制结构，因此，传统的自顶向下和自底向上的集成策略对于面向对象软件测试已经没有太大意义。并且，由于类的方法间的直接和间接的相互操作，每次将一个操作集成到类中往往是不可行的。在面向对象系统的集成测试中需要注意以下几点。

(1) 面向对象系统本质上是通过小的、可重用的组件构成。因此，集成测试对于面向对象系统更重要。

(2) 面向对象系统下组件的开发一般更具并行性，因此对频繁集成的要求更高。

(3) 由于并行性提高，集成测试时需要考虑类的完成顺序，也需要设计驱动器来模拟没有完成的类功能。

7.2.3　面向对象的系统测试

面向对象的系统测试是针对非功能需求的测试，它所包含的范围是所有功能需求以外的需求以及注意事项。因此，系统测试是一个对完整产品或系统的测试，它所包括的范围不仅仅是软件，还包括软件所依赖的硬件、外部设备甚至某些数据、某些支持软件及其接口等，从而确保系统中的软件与各种依赖的资源能够协调运行，形成一个完整产品。它是软件测试过程中的一个重要阶段，在面向对象系统的测试中也是必不可少的测试阶段。

面向对象系统测试有 3 个主要目的。

(1) 验证产品交付的组件和系统性能能否达到要求。

(2) 定位产品的容量以及边界限制。

(3) 定位系统性能瓶颈。

由于系统测试需要搭建与用户实际使用环境相同的测试平台，以保证被测系统的完整性，所以，对临时没有的系统设备部件，也需要有相应的模拟手段。

7.2.4　面向对象的回归测试

在软件生命周期中的任何一个阶段，只要软件发生了改变，就可能给该软件带来问题。

软件的改变可能源于发现了错误并做了修改,也有可能是因为在集成或维护阶段加入了新的模块。当软件中所含的错误被发现时,如果错误跟踪与管理系统不够完善,就可能会遗漏对这些错误的修改;而开发者对错误理解得不够透彻,也可能导致所做的修改只修正了错误的外在表现,而没有修改错误本身,从而造成修改失败;修改还有可能产生副作用,从而导致软件未被修改的部分产生新的问题,使本来工作正常的功能产生错误。同样,在有新代码加入软件的时候,除了新加入的代码中有可能含有错误外,新代码还有可能对原有的代码带来影响。因此,每当软件发生变化时,我们就必须重新测试现有的功能,以便确定修改是否达到了预期的目的,检查修改是否损害了原有的正常功能。同时,还需要补充新的测试用例,测试新的或被修改了的功能。为了验证修改的正确性及其影响,需要进行回归测试。

将集成测试的讨论再向前推进一步,回归测试对于面向对象系统非常重要。作为面向对象系统强调依赖可重用组件的结果,对任何组件的变更都可能对使用该组件的客户产生潜在的副作用。对于面向对象系统测试,频繁运行集成测试和回归测试用例是很有必要的。此外,由于继承等性质导致的变更级联效果,尽早捕获缺陷是很有意义的。

回归测试需要时间、经费和人力来计划、实施和管理。为了在给定的预算和进度内尽可能有效地进行回归测试,需要对测试用例库进行维护,并依据一定的策略选择相应的回归测试包。

7.3 面向对象软件的测试用例设计

面向对象体系结构导致包括相互协作类的一系列分层子系统的产生。每个系统成分(子系统与类)完成系统需求的功能。尤其是在类间的相互协作以及子系统的层次通信时可能出现错误。所以,需要在不同的层次上测试面向对象系统,以发现错误。

在方法上,面向对象测试与传统测试相类似,但它们的测试策略是不同的。由于面向对象分析与设计模型在结构和内容上与面向对象程序相类似,因此,测试从对这些模型的评审开始。当代码产生后,面向对象测试则是从设计一系列用例检验类操作的小型测试和类与其他类进行协作时是否出现错误开始。当集成类形成一个子系统时,结合基于故障的方法,运用基于使用的测试对相互协作的类进行完全检查。最后,利用用例发现软件确认层的错误。

相比于传统的结构化程序测试通过软件的"输入-处理-输出"视图或单个模块的算法细节设计测试用例的方式,面向对象测试侧重于设计适当的操作序列检查类的状态。

7.3.1 面向对象测试用例设计的基本概念

类经过分析模型到设计模型的演变,成为测试用例设计目标。由于操作和属性是封装的,从类的外面测试操作通常是不现实的。尽管封装是面向对象的基本特征之一,但可能成为测试的阻碍。如 Binder 所说:"测试需要对象的具体和抽象状态。"然而,封装又给获取这些信息带来了困难,除非提供内置操作类报告类的属性值。集成也给测试用例的设计带来了额外的挑战。在之前也提到过,即使已经取得复用,每个新的使用环境也需要重新测试。另外,因为多重继承增加了所需测试的环境数量,也会使测试进一步复杂化。

若从父类中派生的子类实例在相同的环境中使用，则当测试子类时，使用父类中生成的测试用例集合也是可行的。但是，如果子类是在一个完全不同的环境下使用，则父类的测试用例不再具备可用性，必须设计新的测试用例。

前面描述的白盒测试方法可以应用于类中定义的操作。基本路径、循环测试或数据流技术有助于确保测试一个操作的每条语句。但是，因为类的操作结构简洁，所以通常采用白盒测试方法测试类的层次。并且，与利用传统的软件工程方法开发的系统一样，黑盒测试方法同样也适用于面向对象系统测试。用例可以为黑盒测试提供有用的输入。

7.3.2　面向对象编程对测试的影响

面向对象编程可能对测试有几种方式的影响，依赖于面向对象编程的方法。

(1) 某些类型的故障变得不可能(不值得去测试)。

(2) 某些类型的故障变得更加可能(值得进行测试)。

(3) 出现某些新的故障类型。

当调用一个操作时，可能很难确切地知道执行什么代码，即操作可能属于很多类之一。同样，也很难确定准确的参数类型，当代码访问参数时，可能得到的并非期望的值。

可以通过考虑下面的传统函数调用理解这一差异。

```
X = func(y);
```

对于传统的软件，测试人员需要考虑所有属于 func()函数的行为，其他则不考虑。在面向对象语境中，测试人员必须考虑 Father::func()和 Derived::func()等行为。每次 func()函数被调用，测试员必须考虑所有不同行为的集合，如果遵循了好的面向对象设计习惯并且限制了在父类和子类间的差异，则这是比较容易的。对于基类和派生类的测试方法实质上是相同的。

测试面向对象的类操作类似于测试一段代码，它设置了函数参数，然后调用该函数。继承是一种方便的生产多态的方式，在调用点，关心的不是继承，而是多态。

继承并不能避免对所有派生类进行全面测试的需要。并且，继承使测试过程更加复杂。例如，在以下情形，Father 类包含两个操作 copyfile()和 readfile()，Derived 类重定义 readfile()用于某个新的环境中。显然，Derived::readfile()要被测试，因为它表示一个新的设计和新的代码，完成不同的操作。

若 Derived::copyfile()调用了 readfile()，而 readfile()的行为已经发生了变化，那么 Derived::copyfile()可能有新的行为，因此 Derived::copyfile()也需要重新测试，尽管该方法的设计与代码并没有发生变化。若 Derived::copyfile()与 readfile()无关，既不直接调用它，也不间接调用它，那么派生类中的代码，即 Derived::copyfile()不需要重新测试。

由于面向对象系统的体系结构和构造，是否会有某些类型的故障更加可能，而其他类型的故障则几乎不可能呢？对于面向对象系统，答案是肯定的。例如，因为面向对象操作通常是较小的，往往存在更多的集成工作和更多的集成故障的机会，使集成故障变得更加可能。

7.3.3 基于故障的测试

在面向对象系统中，基于故障的测试的目标是设计最有可能发现有可能发生的故障的测试。因为产品或系统必须符合用户需求，因此，完成基于故障的测试所需的初步计划是从分析模型开始的。测试人员查找似乎可能的故障，为了确定是否存在这些故障，设计测试用例以检查软件设计或开发代码。

集成测试在消息链接中查找似乎可能的故障，在此环境下，会遇到3种类型的故障：非期望的结果、错误的操作/消息使用、不正确的调用。为了在操作调用时确定似乎可能的故障，必须检查操作的行为。

集成测试中，对象的行为通过其属性被赋予的值而定义，测试应该检查属性以确定是否对对象行为的不同类型产生合适的值。

应该注意的是，集成测试试图在客户对象而不是服务器对象中发现错误，用传统的术语来说，集成测试的关注点是确定调用代码中是否存在错误，而不是被调用代码中存在错误。用调用操作作为线索，这是发现事实调用代码的测试需求的一种方式。

7.3.4 基于场景的测试

基于故障的测试忽略了两种主要的错误类型：不正确的规格说明和子系统间的交互。当出现了与不正确的规格说明相关的错误时，产品并不能实现用户满意的功能，它可能做了错的事情，或者漏掉一些功能。但是，在这两种情况下，软件产品的质量都受到损害。当一个子系统的行为创建的环境使另一个系统失效时，则出现与子系统交互相关的错误。

基于场景的测试关心用户做什么，而不是产品做什么。这意味着需要通过用例捕获用户必须完成的任务，然后在测试时使用它们及其变体。场景可以发现交互错误。为了达到这一标准，测试用例必须比基于故障的测试更复杂且更切合实际。基于场景的测试倾向于用单一的测试检查多个子系统，用户并不限制自己一次只使用一个子系统。

7.3.5 表层结构和深层结构的测试

表层结构是指面向对象程序的外部可观察的结构，即对最终用户显而易见的。许多面向对象系统的用户可能不是完成某个功能，而是得到以某种方式操纵的对象。但是，无论接口是什么，测试仍然是基于用户任务进行的。捕捉这些任务涉及理解、观察以及与有代表性的用户进行交谈。

深层结构指面向对象程序的内部技术细节，即通过检查设计和代码来理解的数据结构。设计深层结构测试以检查面向对象软件设计模型中的依赖关系、行为和通信机制。分析模型和设计模型用作深层结构测试的基础。例如，UML协作图或分布模型描述了对象和子系统间对外不可见的协作关系。那么测试用例设计者需要考虑，这些测试用例是否捕获了某些在协作表中记录的协作任务，如果没有，原因是什么。

7.4 面向对象的软件测试案例

7.4.1 HelloWorld 类的测试

1. 类说明

相信读者对 HelloWorld 这个例子并不陌生,因为每种语言在其学习用书的第 1 个例子通常都是最简单的 HelloWorld。为使读者更易理解,案例的选择要先易后难。我们首先以 HelloWorld 为例说明如何进行面向对象的单元测试,代码如下。

```
// HelloWorld.java
package HelloWorld ;
public class helloWorld {
        public String sayHello( ) { // 返回测试字符串的方法
                return str;
        }
        private String str;
}
```

2. 设计测试用例

为了对 HelloWorld 类进行测试,可以编写以下测试用例,它本身也是一个 Java 类文件,代码如下。

```
// HelloWorldTest.java;
package hello.Test ;
import helloWorld.*;
public class HelloWorldTest {
       boolean testResult;//测试结果
       public static void main ( String args[] ) {
       // 实现对sayHello()方法的测试
              private static final String str="Hello Java!";
              protected void setUp ( ) {
              // 覆盖setUp()方法
                     HelloWorld JString = new HelloWorld ( ) ;
              }
              public void testSayHello ( ) {
              // 测试SayHello()方法
                     if ( "Hello Java!" ==Jstring.sayHello ( ) )
                     testResult=True;
                     else
                     testResult=False;
                     //如果两个值相等, 测试结果为真, 否则为假
              }
}
```

这里使用的方法是判断期望输出与“Hello Java!”字符串是否相同,相同则将 testResult 赋值为真,否则为假。后续我们会介绍单元测试工具 JUnit,读者会发现通过 JUnit 这个工具可以更方便快捷地进行单元测试。

7.4.2 Date.increment 方法的测试

1. 类说明

类-责任-协作者(Class-Responsibility-Collaborator,CRC)是目前比较流行的面向对象分析建模方法。在 CRC 建模中,用户、设计者、开发人员都有参与,完成对整个面向对象工程的设计。

CRC 卡是一个标准索引卡集合,包括 3 个部分:类名、类的职责、类的协作关系,每张卡片表示一个类。类名是卡片所描述类的名字,写在整个 CRC 卡的最上方;类的职责包括这个类对自身信息的了解,以及这些信息将如何运用,这部分在 CRC 卡的左边;类的协作关系指代另一些相关类,我们通过这些类获取想要的信息或进行相关操作,这部分在 CRC 卡的右边。

我们使用 CRC 卡对 Date 类进行说明,然后根据 Date 类的伪代码,分析出程序图,如图 7-2 所示。

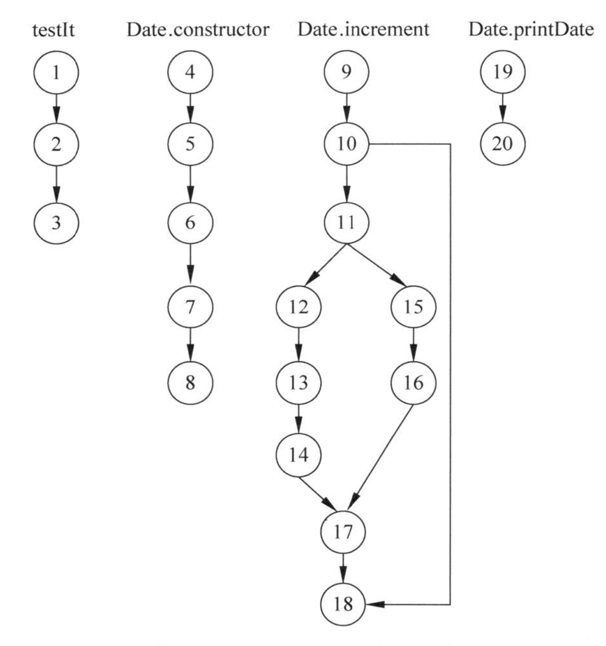

图 7-2 testIt 和 Date 类的程序图

首先对于 CalendarUnit 类,它提供一个方法在所继承的类中设置取值,提供一个布尔方法说明所继承类中的属性是否可以加 1,代码如下。

```
class CalendarUnit{
//abstract class
        int currentPos;
        CalendarUnit(pCurrentPos){
                currentPos=pCurrentPos;
        }//End CalendarUnit
```

```
        setCurrentPos(pCurrentPos){
                currentPos=pCurrentPos;
        }//End setCurrentPos

        abstract protected boolean increment();
}
```

要测试 Date. increment 方法，需要开发类 testIt 用作测试驱动，即创建一个测试日期对象，然后请求该对象对其本身加 1，最后打印新值。代码如下。

```
class testIt{
        main(){
                testdate=instantiate
Date(testMonth,testDay,testYear)
                testdate.increment()
                testdate.printDate()
        }
}//End testIt
```

下面给出 Date 类的 CRC 卡中的信息，如图 7-3 所示。

类名：Date	
责任：Date 对象由日期、月份和年对象组成。Date 对象使用所继承的 Day 和 Month 对象中的布尔增量方法对其本身加 1；如果日期和月份对象本身不能加 1(如月份或年的最后一天)，则 Date 的增量方法会根据需要重新设置日期和月份。如果是 12 月 31 日，则年也要加 1。printDate 操作使用 Day、Month 和 Year 对象中的 get()方法，并以 mm/dd/yyyy 格式打印出日期	**协作者**：testIt，Day，Month，Year

图 7-3 Date 类的 CRC 卡

Date 类的代码如下。

```
class Date {
1     private Day d;
2     private Month m;
3     private Year y;
4     public Date(int pMonth, int pDay, int pYear) {
5         y = instantiate Year(pYear);
6         m = instantiate Month(pMonth, y);
7         d = instantiate Day(pDay, m);
8       }//End Date constructor
9     increment() {
10      if (!d.increment()) {
11             if (!m.increment()) {
12                    y.increment();
13                    m.setMonth(1, y);
14             }
15                else
16                d.setDay(1, m);
17             }
18      }//End increment
19     printDate() {
20         System.out.println(m.getMonth() + "/" + d.getDay() + "/" + y.getYear());
       }//End printDate
}//End Date
```

2. 设计测试用例

正如黑盒测试部分所介绍的，等价类测试是逻辑密集单元的明智选择。Date.increment 操作处理日期的 3 个等价类：

D1＝{日期：1≤日期<月的最后日期}

D2＝{日期：日期是非 12 月的最后日期}

D3＝{日期：日期是 12 月 31 日}

实际上对应 Date.increment 程序图中的 3 条路径：

P1：9-10-18

P2：9-10-11-12-13-14-17-18

P3：9-10-11-15-16-17-18

它们构成了 Date.increment 的基路径，不难算出 Date.increment 程序图的圈复杂度为 3。另外，这些等价类看起来是松散定义的，尤其是 D1，引用了没有月份说明的最后日期，即没有指明是哪个月份。这样，问题又进一步转化为 Month.increment 方法的测试。

7.5 本章小结

本章首先简要介绍了面向对象的基本特征、分析与设计和模型，然后介绍了面向对象的单元测试、集成测试、系统测试和回归测试的策略，继而介绍了面向对象软件的测试用例设计的相关内容，最后对 HelloWorld 类和 Date.increment 方法进行了测试。

面向对象的基本特征是抽象、继承、封装、重载和多态。面向对象系统测试一般都包含以下主题：单元测试、类的集成测试、系统测试、回归测试。面向对象系统测试的主要相关模型包括用例、类图、序列图、活动图，这些模型可以帮助面向对象系统的测试。面向对象编程可能对测试有几种方式的影响：依赖于面向对象编程的方法；某些类型的故障变得不可能(不值得去测试)；某些类型的故障变得更加可能(值得进行测试)；出现某些新的故障类型。

在面向对象系统中，包括基于故障的测试、基于场景的测试、表层结构和深层结构的测试。

拓展练习

习题 7

(1) 面向对象具备哪些基本特征？每个基本特征的原理是什么？

(2) 面向对象测试的单元可以是什么？分别在什么情况下适用？

(3) 面向对象系统集成测试中需要注意哪些事项？

(4) 面向对象系统测试的目的是什么？

第二部分　工具应用

软件自动化测试是软件测试技术的一个组成部分，能够帮助完成很多手工测试难以胜任的工作。合理地采用软件自动化测试，能够节省测试资源和成本，提高测试效率和测试质量。软件自动化测试以各类软件测试工具作为支撑，正确地选择软件测试工具并熟悉其使用方法是软件自动化测试成功的基本保证。本书第二部分为“工具应用”，主要介绍软件自动化测试的一些基本概念，同时介绍几款常用软件测试工具的基本状况，并针对其中使用极为广泛的几款软件进行详细的介绍，包括缺陷跟踪软件、单元测试软件、接口测试软件、性能测试软件等。

第8章

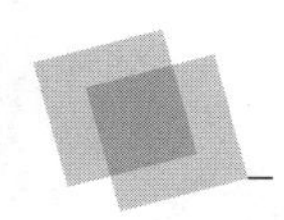

软件测试自动化

随着软件开发技术的快速发展,软件设计和编码的效率得到了极大的提高。然而,软件测试的工作量与过去相比并没有减少,相反在整个软件生命周期中,所占比例呈不断上升趋势。为了提高软件开发效率和软件质量,用自动化测试替代一部分手工测试是非常有必要的方法。通过开发软件和使用工具进行软件测试叫作软件测试自动化,也可以叫作软件自动化测试,它涉及测试流程、测试体系、自动化编译、持续集成、自动发布测试系统以及自动化测试等方面,本章将进行主要讨论。

本章要点

- 自动化测试的概念
- 自动化测试与手工测试的比较
- 自动化测试的生命周期
- 如何开展自动化测试
- 自动化测试工具的分类
- 自动化测试方案的选择

8.1 软件测试自动化概述

软件质量工程协会关于自动化测试的定义为:自动化测试就是利用策略、工具等减少人工介入的非技术性、重复性、冗长的测试活动。

更通俗地说,软件自动化测试就是执行用某种程序设计语言编制的自动测试程序,控制被测试软件的执行,模拟手工测试步骤,完成全自动或半自动的测试。

全自动测试就是指在测试过程中,完全不需要人工干预,由程序自动完成测试的全部过程;半自动测试就是指在自动测试的过程中,需要由人工输入测试用例或选择测试路径,再由自动测试程序按照人工制定的要求完成自动测试。

8.1.1 手工测试与自动化测试

手工测试是指软件测试员通过安装和运行被测软件，根据测试文档的要求，执行测试用例，观察软件运行结果是否正常的过程。在实际软件开发生命周期中，手工测试具有以下局限性。

（1）通过手工测试无法做到覆盖所有的代码路径。

（2）简单的功能性测试用例在每一轮测试中都不能少，而且具有一定的机械性和重复性，工作量较大。

（3）许多与时序、死锁、资源冲突、多线程等有关的错误，通过手工测试很难捕捉到。

（4）进行系统负载和性能测试时，需要模拟大量数据或大量并发用户等各种应用场合时，很难通过手工测试进行。

（5）进行系统高可靠性测试时，需要模拟系统运行达数年或数十年之久的情况，以验证系统能否稳定运行，这也是手工测试无法实现的。

（6）如果有大量的测试用例，需要在短时间内完成，手工测试也很难做到。

（7）进行回归测试时，手工测试难以做到全面测试。

表8-1所示为手工测试和自动化测试的情况比较。只是在制订测试计划时，自动化测试要更加耗费一些时间，其余各项，自动化测试较手工测试都有巨大的效率提升。

表 8-1 手工测试和自动化测试的情况比较

测试步骤	手工测试/h	自动化测试/h	改进百分比/%
制订测试计划	22	40	−82
测试程序开发	262	117	55
测试执行	466	23	95
测试结果分析	117	58	50
错误状态/纠正监视	117	23	80
报告生成	96	16	83
总持续时间	1080	277	74

8.1.2 自动化测试的优缺点

在大多数软件开发模式中，软件发布之前都要多次重复“编码-测试-修复”的过程。如果要测试软件的某项特征，也许需要不止一次执行测试。重复测试的过程也称为回归测试。如果一个小型软件项目有上千测试用例要执行，还要重复执行，手工测试会非常单调和枯燥。而利用工具进行自动测试就可以把人从这种枯燥单调的重复性劳动中解放出来。

因此，自动化测试和手工测试相比具有以下优点。

（1）提高了测试执行的速度，节省了时间。

（2）提高了测试效率。手工测试存在效率问题，这在软件产品的研发后期尤其明显，因为随着产品的日趋完善，功能日渐增多，需要测试和检查的内容越来越多，很容易遗漏。加之产品发布日期日益临近，人工重复进行回归测试的难度加大，很难在短时间内完成大面积的测试覆盖。

(3) 提高了准确度和精确度。测试人员尝试了几百个测试用例后,注意力可能会分散,并开始犯错误。而测试工具可以重复执行同样的测试,并毫无差错地检查测试结果。

(4) 更好地利用资源。手工测试需要测试人员在场,而自动化测试可以 7×24 小时随时工作。还可以使位于全球不同地点、不同时区的团队监视和控制测试,提供全球时区的覆盖。

(5) 模拟测试条件。有的测试用例的测试条件需要的人数或设备数目很大,或者模拟的条件很苛刻,现实中无法实现,测试工具却可以模拟这种情况。

(6) 具有一致性和可重复性,有利于解决测试与开发之间的矛盾。

(7) 增加软件的信任度。由于测试是自动执行的,所以不存在执行中的疏忽和错误,完全取决于测试的设计质量。尤其是在自动化回归测试通过后,软件的信任度会增加。

自动化测试的优点虽然很多,但也不是万能的,也存在着一定的局限性。自动化测试的缺点如下。

(1) 自动化测试并不能代替人的工作,尤其是带有智力性质的手工测试。

(2) 测试用例的设计、测试人员的经验和对错误的猜测能力是工具不可替代的。

(3) 界面和用户体验测试,以及人类的审美观和心理体验是工具不可模拟的。

(4) 正确性的检查、人们对是非的判断和逻辑推理能力是工具不具备的。

(5) 软件测试自动化可能降低测试的效率。

(6) 自动化测试并非像测试工程师所期望的那样能发现大量的错误。

(7) 技术问题、组织问题和脚本维护。

因此,自动化测试适用于需要重复执行机械化的界面操作、计算、数值比较、搜索等方面。我们应该充分利用自动化测试工具的高效率来帮助测试人员完成一些基本的测试用例的执行,从而实现更加快速的回归测试,并提高测试的覆盖率。我们应该对软件测试自动化有正确的认识,它并不能完全替代手工测试,不要完全期望有了自动化测试就能提高测试质量。自动化测试的目的在于让测试人员从烦琐重复的测试流程中解脱出来,把更多的时间和精力放在更有价值的测试中,如探索性测试。如果测试工程师缺少测试技能,那么测试也可能失败。

8.2 自动化测试的原理方法

软件测试自动化实现的基础是可以通过设计特殊的程序模拟测试工程师对计算机的操作过程、操作行为,或者类似于编译系统那样对计算机程序进行检查。

软件测试自动化实现的原理和方法主要有:直接对代码进行静态和动态的分析、测试过程的捕获和回放、测试脚本技术、虚拟用户技术和测试管理技术等。

8.2.1 代码分析

代码分析类似于高级语言编译系统,一般针对不同的高级语言构造相应的分析工具,在工具中定义类、对象、函数、变量等规则、语法规则;在分析时对代码进行语法扫描,找出不符合编码规范的地方；根据某种质量模型评价代码质量，生成系统的调用关系图。

8.2.2 捕获和回放

代码分析是一种白盒测试的自动化方法，捕获和回放则是一种黑盒测试的自动化方法。捕获是将用户的每步操作都记录下来。这种记录的方式有两种：一种是记录程序用户界面的像素坐标或程序显示对象（窗口、按钮、滚动条）的位置；另一种是记录相应的操作、状态变化或属性变化。所有的记录转换为一种脚本语言所描述的过程，以模拟用户的操作。

回放时，将脚本语言所描述的过程转化为屏幕上的操作，然后将被测系统的输出记录下来，与预先给定的标准结果比较。

捕获和回放可以大大减少黑盒测试的工作量，在迭代开发过程中，能够很好地进行回归测试。

录制手工测试可以很快得到可回放的测试比较结果；捕获和录制带调试输入可以自动产生执行测试的文档，这样可提供审计追踪的功能，准确了解所发生的事件；录制手工测试可以对大量的文件或数据库进行相同的修改和维护；另外，还可以用于演示。

8.2.3 录制/回放

目前的自动化负载测试解决方案几乎都采用“录制/回放”的技术。

所谓录制/回放，就是先由手工完成一遍需要测试的流程，同时由计算机记录下这个流程期间客户端和服务器端之间的通信信息，这些信息通常是一些协议和数据，并形成特定的脚本程序。然后在系统的统一管理下同时生成多个虚拟用户，并运行该脚本，监控硬件和软件平台的性能，提供分析报告或相关资料。这样通过几台机器就可以模拟出成百上千的用户对应用系统进行负载能力的测试。

录制/回放的测试示例脚本过程如图 8-1 所示。测试工具读取测试脚本，激活被测软件，然后执行被测软件。测试工具执行的操作和有效输入到被测软件中的信息和测试脚本中描述的一样。在测试过程中，被测软件读取初始阅读文档中的初始数据，在执行脚本中的

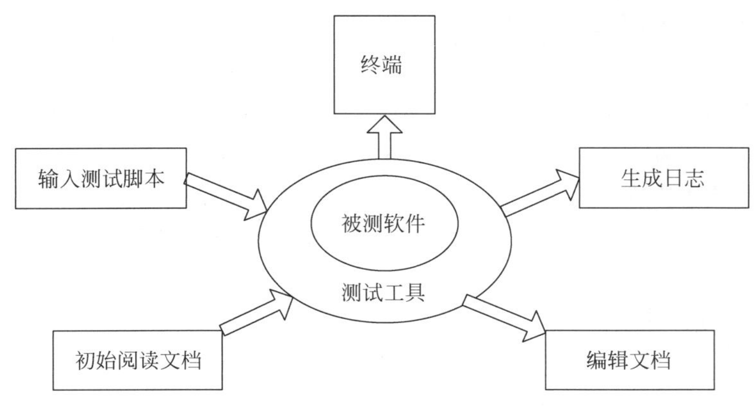

图 8-1 录制/回放的测试示例脚本过程

命令后将最后结果输出到编辑文档中。测试过程中，日志文件也随之生成，包括测试运行中的所有重要信息，通常日志文件包括运行时间、执行者、比较结果以及测试工具按照脚本命令要求输出的任何信息。

8.2.4　脚本技术

脚本是一组测试工具执行的指令集合，也是计算机程序的一种形式。脚本可以通过录制测试的操作产生，然后再做修改，这样可以减少脚本编程的工作量。当然也可以直接用脚本语言编写脚本。脚本语言和编程工具语言非常相似，更接近于网页脚本语言。它有自己的语法规则、保留字等，也遵循软件工程的原则，需要考虑结构化设计和文档的健全编写。

对比编程工具语言，测试脚本语言也可分为线性脚本、结构化脚本、共享脚本、数据驱动脚本和关键字驱动脚本。

脚本中包含的是测试数据和指令，一般包括以下信息。

(1) 同步(何时进行下一个输入)。

(2) 比较信息(比较内容、比较标准)。

(3) 捕获何种屏幕数据及存储在何处。

(4) 从哪个数据源或从何处读取数据。

(5) 控制信息。

脚本技术可以分为以下几类。

(1) 线性脚本：录制手工执行的测试用例得到的脚本。

(2) 结构化脚本：类似于结构化程序设计，具有各种逻辑结构(顺序、分支、循环)，而且具有函数调用功能。

(3) 共享脚本：指某个脚本可被多个测试用例使用，即脚本语言允许一个脚本调用另一个脚本。

(4) 数据驱动脚本：将测试输入存储在独立的数据文件中。

(5) 关键字驱动脚本：是数据驱动脚本的逻辑扩展。

8.2.5　自动化比较

既然软件测试是检验软件功能、性能等的软件开发活动，那么自动化比较在软件测试中的作用当然是重要的。由此推之，软件测试自动化中的自动化比较也是相当关键的。测试工具的技术核心在于自动化比较是如何实现的，不同的自动化测试工具的技术不尽相同。例如图像的比较，有的测试工具是按像素逐位进行比较；而有的工具则是先对图像进行处理，然后对处理后的图像按基线比较；更有巧妙的测试工具是把两幅图像的像素点执行异或运算，如果两幅图像相同的话，则产生一片空白的第3幅图像。比较技术不同，比较的质量和效率也是不一样的。

在自动化比较之前的活动是准备期望输出，根据输入计算或估计被处理的输入所产生的输出，然后在期望输出和实际输出之间进行比较。在这里，产生比较错误的一个可能就是期望输出中有错误，这样测试的一部分报告会显示比较结果中此处有比较差，这是测试错误，而非软件错误。另外，自动化比较不如手工比较灵活，每次自动化测试都会盲目地以相同方式重复相同的比较。如果软件发生变化，则必须相应地更新测试用例，这样维护费用就很高了。但因为比较大量的数字、屏幕输出、磁盘输入或其他形式的输出是非常烦琐的事情，使用自动化比较替代人工比较是个很好的捷径，就如汽车车间的焊接一般都是由机器人完成一样。

总的来说，自动化比较包括以下内容。

(1) 静态比较与动态比较。

(2) 简单比较与复杂比较。

(3) 敏感性测试比较和健壮性测试比较。

(4) 比较过滤器。

8.3 自动化测试的开展

在进行自动化测试之前，先要考虑以下 5 方面的问题，这 5 方面是成功开展自动化测试需要考虑的因素，也可用于衡量目前的项目是否有足够的条件进行自动测试。

(1) 自动化测试类似于软件开发过程。

录制/回放的脚本开发方式是不可能满足所有自动化测试的需求的，因此，需要测试人员掌握必要的开发知识和编码技巧。

(2) 自动化测试是一个长期的过程。

首先，不能期望自动化测试在短期内找到很多缺陷，自动化测试只有在长期的运行后才能体现出它的价值。其次，不要认为只要购买了工具，录制了一些脚本，就可以高枕无忧地看着自动化测试实现想要的效果，还需要考虑自动化测试脚本的维护成本。随着测试应用程序功能的增加和修改，测试脚本的维护工作量会急剧增加。

(3) 确保自动化测试的资源，包括人员和技能。

最好有专门的自动化测试工程师保证自动化测试持续、顺利地进行下去，自动化测试工程师需要对项目的自动化测试负责，设计测试框架和解决各种测试脚本结构，解决测试脚本的开发问题，确保自动化测试得以有序地计划、设计、开发和维护。

(4) 循序渐进地开展自动化测试。

不要一开始就把自动化测试设想得很大，这往往是不可实现的。应该从小开始，先熟悉工具和自动化测试的基本技能，然后整合资源，开始实现一些基本的自动化测试用例，如冒烟测试类型的自动化测试脚本。先实现那些容易实现且相对稳定的功能模块的自动化测试，然后再考虑逐步扩展和补充其他相对难实现或比较不稳定的功能模块。

(5) 确保测试过程的成熟度。

如果软件企业的测试过程和项目管理过程的能力成熟度比较低，则实现自动化测试的成功率也比较低。在开展自动化测试之前，先考察一下软件企业各方面的管理能力，如测试是否独立进行？有无配置管理？进度控制能力如何？如果各方面的能力成熟度都比较差，则不要盲目引入自动化测试。

8.3.1　自动化测试的引入原则

对于软件测试自动化的工作，大多数人都以为这是一件非常容易的事情。其实，自动化测试的工作量也非常大，而且也并不是在任何情况下都适用，同时，自动化测试的设计并不比程序设计简单。在自动化测试实施之前，测试团队应该找出能自动化的软件测试过程以及应该自动化的软件测试过程；知道自动化测试的预期结果并列出正确执行自动化测试后的益处；同时，需要列出自动化测试工具的备选方案。因此，软件测试自动化是一个渐进的过程，自动化测试既不能解决软件测试中的所有问题，也不意味着任何软件测试都可以自动化。要成功地实现软件测试自动化，需要周密的计划和大量艰苦的工作，开发人员首先必须清楚认识到该自动化什么。以下几条可作为自动化测试的标准。

1. 自动化回归测试

从软件测试自动化的目的可知，软件测试自动化所获得的好处来自自动化测试工具的重复使用，回归测试应该作为自动化测试的首要目标。

2. 自动化重复性测试

如果一个测试经常使用，并且使用这个测试不方便，那么就应该考虑自动化测试。

3. 自动化已经实现的手工测试用例

对软件测试自动化之前，通常已经有许多已实现的、详细的手工测试用例，从中选择可以自动化的手工测试用例进行自动化。

4. 自动化对稳定应用进行测试

在对某一应用进行自动化测试之前，首先需要确保该应用足够稳定。

5. 自动化性能测试

对软件进行的性能测试，包括在不同的系统负载下进行的测试。这些测试需要采用工具辅助完成，非常适合自动化。

8.3.2　自动化测试的生命周期

软件自动化测试是一个复杂的过程，它和软件开发项目一样，有生命周期。自动化测试的执行应经过需求定义、测试计划、测试设计、测试开发等一系列活动，它必须被视为一个完整的软件开发过程。由 Elfreide Dustin 提出的自动化测试生命周期方法(Automated Testing Lifecycle Methodology，ATLM)为自动化测试的成功实施指明了方向。ATLM 包括 6 个主要过程：自动化测试决策，自动化测试工具获取，自动化测试引入过程，自动化测试计划、设计和开发，自动化测试的执行和管理以及自动化测试项目评审。具体情况如图 8-2 所示。

1. 自动化测试决策

在这一阶段，企业要根据自身的实际情况分析是否应该引入自动化测试，克服不正确的自动化测试期望，认识到自动化测试的好处；同时，测试工程师需要列出自动化测试工具的

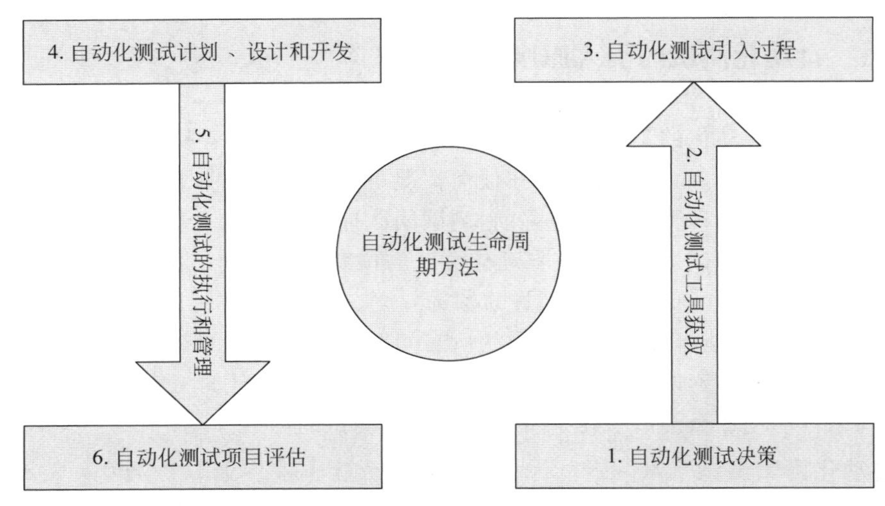

图 8-2　软件自动化测试生命周期

备选方案，以获得管理层的支持。

2. 自动化测试工具获取

在得到决策者的支持之后，测试工程师要选择合适的测试工具来支持自动化测试。首先，测试工程师要审查企业系统，制定一个工具的评审标准，确保测试工具与本企业内部操作系统、编程语言以及其他技术环境尽可能兼容。然后，评审可以得到的测试工具，选择一个或多个特定的候选测试工具。最后，确定测试工具，与工具供应商联系产品演示事宜，如果有可能，对全体测试人员进行测试工具的培训。

3. 自动化测试引入过程

自动化测试的引入过程主要就是分析测试过程的目标、目的和策略，然后验证测试工具是否能够支持大多数项目的测试需求。测试过程分析确保整个测试过程和测试策略适当，必要时可以加以改进，以便成功地引入自动化测试。测试工具考察阶段，测试工程师根据测试需求、可用的测试环境和人力资源、用户环境、平台以及被测的应用产品特性，研究将自动化测试工具或使用程序引入测试是否对项目有好处。

4. 自动化测试计划、设计和开发

在测试计划阶段，要特别注重确定测试的文档，制订能够达到测试目的和支持测试环境的计划，编制测试计划文档。它包括风险评估、鉴别和确定测试需求的优先级，估计测试资源的需求量，开发测试项目计划以及给测试小组成员分配测试职责。测试设计阶段需要确定所要执行的测试数目、测试方法，必须执行的测试条件以及需要建立和遵循的测试设计标准；测试开发即开发自动化测试脚本，为了使自动化测试可重用、可维护、可扩展，必须定义和遵循测试开发的标准。

5. 自动化测试的执行和管理

在这个阶段，测试人员必须根据测试的日常安排执行测试脚本，并改善这些脚本。在这个过程中还必须评审测试的结果，以避免错误的结果。系统的问题应该通过系统问题报告记录在案，并帮助开发人员理解和重视这些问题。最后，测试团队需要进行回归测试，追踪

和关闭这些问题。

6. 自动化测试项目评审

测试项目的评审必须贯穿于整个自动化测试的生命周期，以利于测试活动的不断改进，必须有相应的标准来衡量评审的效果。

ATLM 是一种结构化的方法，它规定了测试方法和执行测试的流程，使软件专业人员能进行可重复的软件测试。把 ATLM 应用到自动化测试项目中，一方面规范了测试流程，便于测试的管理；另一方面也使测试团队能在资源受限的情况下有效组织和执行测试活动，达到使测试覆盖率最大的目的。

8.3.3　自动化测试的成本

成功开展自动化测试必须考虑自动化测试的成本问题。成本包括测试人员、测试设备、测试工具等。

(1) 应该能抽出专职的测试人员进行自动化测试脚本的开发，并且抽调的测试人员不会对已有的手工测试人员造成影响，需要保证自动化测试的开展不会影响到手工测试的正常进行。

(2) 自动化测试可能需要额外的测试设备，如测试执行的机器、文件服务器、数据库等。

(3) 有引入测试工具或开发测试工具的成本预算。缺乏工具的自动化测试是不可能实现的，在开始一个项目的自动化测试之前应该进行测试工具的引入准备，开展测试工具的培训工作等。

某些项目选用了很多第三方控件或自定义的控件，而这些控件的可测试性非常差，那么对这个项目进行自动化测试的成本会非常高，不适宜进行自动化测试。

8.3.4　自动化测试的导入时机

自动化测试只有在多次运行后，才能体现出自动化的优势，只有不断地运行自动化测试，才能有效预防缺陷，减轻测试人员手工的回归测试的工作量。如果一个项目是短期的，并且是一次性的项目，则不适合开展自动化测试，因为这种项目得不到自动化测试的应有效果和价值体现。

另外，不宜在一个进度非常紧迫的项目中开展自动化测试。有些项目经理期待在一个进度严重拖延的项目中通过引入自动化测试解决测试的效率问题，结果将适得其反。这是因为自动化测试需要测试人员投入测试脚本的开发，同时，需要开发人员的配合，提供更好的可测试的程序，还有可能需要对被测软件进行改造，以适应自动化测试的基本要求。如果在一个已经处于进度拖延状态的项目中开展自动化测试，则很可能会带来反效果。

过早的自动化测试也会带来维护成本的增加，因为早期的程序员界面一般不够稳定，处于频繁更改的状态，这时进行自动化测试往往得不偿失，疲于应付"动荡"的界面。

那么，什么时候开始自动化测试呢？自动化测试不应该在界面尚未稳定的时候开展，而是需要适当的计划和准备工作。在界面雏形时期，可以基于界面原型提供的空间尝试自动化测试工具的适用性，因为有些控件是自动化测试工具不能识别和测试的。这时就要考虑工具的选择问题。

在开发人员着手开发一些核心代码时,可能会同时开发一些核心可重用的控件,而且是那种自定义的个性化控件,那么就需要在这个阶段取到这些控件,并且尝试使用自动化工具测试这些控件。如果发现有不适用的地方,则要考虑让开发人员重新设计控件,或者提供更多的测试接口。

8.3.5 自动化测试的人员要求

自动化测试工程师应该具备一定的自动化测试基础,包括自动化测试工具及自动化测试脚本的开发等基础知识,还需要了解各种测试脚本的编写和设计方法,知道在什么时候选取什么样的测试脚本开发方式,知道如何维护测试脚本,需要具备一定的编程技巧,熟悉某些测试脚本语言的基本语法和使用方式。

此外,自动化测试工程师与手工测试的工程师一样,需要具备设计测试用例的基本能力,具备软件设计的基本业务的理解能力。而且,应该有把测试用例转换成自动化测试用例的能力。了解各种编程语言、编程工具以及各种标准控件、第三方控件,也会对自动化测试脚本的编写大有裨益。

8.3.6 自动化测试存在的问题

在软件测试自动化的实施过程中会遇到许多问题,以下是一些比较普遍的问题。

1. 不现实的期望

一般来说,业界对于任何新技术的解决方案都深信不疑,认为可以解决面临的所有问题,对于测试工具也不例外。但事实上,如果期望不现实,无论测试工具如何,都无法得到满足。

2. 缺乏经验

如果缺乏测试的实践经验,测试组织差,文档较少或不一致,测试发现缺陷的能力就差。因此,首先要做的就是改进测试的有效性,而不是改进测试效率。只有手工测试经验积累到一定程度了,才能做好自动化测试。

3. 期望自动化测试发现大量的缺陷

测试第 1 次运行时最有可能发现缺陷,如果测试已经运行,再次运行相同的测试发现新缺陷的概率就小得多。对于回归测试,再次运行相同的测试只是确保修改是正确的,并不能发现很多新的问题。

4. 安全性错觉

如果自动化测试过程没有发现任何缺陷,并不意味着软件没有缺陷,可能由于测试设计的原因导致测试本身就具有缺陷。

5. 自动化测试的维护性

当软件修改后,通常也需要修改部分测试,这样必然导致对自动化测试的修改。在进行自动化测试的设计和实现时，需要注意这个问题，防止自动化测试带来的好处被过高的维护成本所淹没。

6. 技术问题

商业的测试工具也是软件产品，并不能解决所有的问题，通常在某些地方会有缺陷，测试工具都有适用范围，要很好地利用它，对使用者进行培训是必不可少的。

7. 组织问题

自动化测试实施并不简单，必须有管理支持和组织艺术。

8.4　自动化测试的方案选择

在选择自动化测试方案之前，我们需要先确定自动化的对象和范围，然后决定采用什么样的自动化测试方案，采用什么样的指导测试脚本开发方法。

8.4.1　自动化测试对象分析

在产品开发过程中，需求变更是非常常见的，对于这种情况，自动化测试的对象是很难确定的。自动化应该考虑需求不变或没有变更的部分。需求变更一般会影响场景和新特性，不会影响产品的基本功能。在自动化时，要首先考虑产品的这类基本功能，以便用作回归测试和冒烟测试的基础。

有些类型的测试本身可以进行自动化。例如，压力、可靠性、可伸缩性和性能测试这些类型的测试要求在大量不同的计算机上以一定的持续时间运行测试用例，如48小时等。让数百个用户每天使用产品是不可能的，他们既不愿意承担重复性工作，也不可能找到那么多有所需技能的人。属于这些类型测试的测试用例就是自动化测试的第一候选者。

回归测试是重复性的。这些测试用例在产品开发各个阶段要执行多次。由于这些测试用例具有重复性，因此自动化测试从长远看会显著节省时间和工作量。此外，正如本章已经提到过的，所节省的时间可以有效地用于即兴测试和更具创造性的测试（如探索性测试）。

功能测试这类测试可能需要复杂的设置，如果考虑了定期增强和维护发布版本，好的产品会有很长的生命期。这就提供了自动化测试用例在发布周期内多次执行的机会。根据一般的经验，如果测试用例在不久的将来，比如说一年内需要执行至少10次，且自动化工作量不超过执行这些测试用例的10倍，那么就可以考虑自动化这些测试用例。当然，这只是经验，具体选择哪些用例还有很多其他方面因素的考虑，如是否具备所需的技能，在巨大的发布日期压力下是否有设计自动化测试脚本的时间、工具的成本，是否有所需的支持等。

作为自动化范围的总结，就是要选择自动化那些能够以最少的时间延迟换取最大投入回报的工作。

在开始自动化测试前，需要花费很大的精力取得管理层的承诺。自动化一般要耗费大量的工作量，也并非一次性活动。自动化的测试用例还需要维护，直到产品退出市场。由于开发和维护自动化工具需要大量的工作量，因此取得管理层的承诺是一项很重要的活动。由于自动化在很长时间内都需要投入，因此管理层的批准是按阶段、按部分进行的。所以，自动化测试工作应该集中于已经得到管理层承诺的区域。

投入回报也是需要认真考虑的一方面。自动化工作量估计要向管理层提供预期投入回报的明确结论。在启动自动化测试时，关注点应该放在好的排列组合区域上。这使自动化测试能够用较少的代码覆盖较多的测试用例。另外，自动化测试应该首先考虑需要较短时间、易于自动化的测试用例。有些测试用例没有能够预先确定的预期结果，这类测试用例需要很长时间自动化，应该放在自动化的后期阶段。这可以满足管理层寻求自动化快速投入回报的要求。

为了符合"重要的事情先做"的原则，首先要自动化产品的关键和基本功能。为此，所有测试用例都要根据客户预期分为高、中、低优先级，自动化要从高优先级的测试用例入手，然后覆盖中、低优先级需求的测试用例。

8.4.2 确定自动化测试方案

采用什么样的自动化测试方案，需要考虑以下几方面的因素。

(1) 项目的影响：自动化测试能否对项目进度、覆盖率、风险有积极的作用，或者让开发更具敏捷。

(2) 复杂度：自动化测试是否易于实现(包括数据和其他环境的影响)。

(3) 时间：自动化测试的实现需要多少时间。

(4) 早期需求和代码的稳定性：需求或早期代码是否能证明是在一定范围内变化的。

(5) 维护工作量：代码是否能长期保持相对稳定，功能特性是否会进化。

(6) 覆盖率：自动化测试能否覆盖程序的关键特性和功能。

(7) 资源：测试组是否拥有足够的人力资源、硬件资源和数据资源运行自动测试。

(8) 自动化测试执行：负责执行自动化测试的小组是否拥有足够的技能和时间运行自动化测试。

自动化测试项目也像普通的软件开发项目一样有编码阶段。自动化测试的编码阶段主要是通过编写测试脚本实现所设计的自动化测试用例。自动化测试的脚本开发主要有以下几种方法。

1. 录制/回放

测试工程师使用简单的录制/回放方法自动地测试系统的流程或某些系统测试用例。它可能包含某些多余的、有时候并不需要的函数脚本，但录制/回放可避免重复执行测试用例。市场上几乎所有的测试工具都具有录制/回放特性。测试工程师录制键盘字符或鼠标点击的行动序列，并在以后按照录制的顺序回放这些所录制的脚本。由于所录制的脚本可以回放很多次，所以可以减少测试工作。除了可以避免重复工作，录制和保存脚本也很简单。但是这个工具也有一些缺点。脚本中可能包含一些硬编码的取值，因此很难执行一般类型的测试。例如，如果报告必须使用当前的日期和时间，那么就很难使用已录制的脚本。错误条件的处理留给测试人员，这样回放脚本就可能需要很多人工介入检测和更正错误条件。当应用程序变更后，所有脚本都必须重新录制，因此增加了测试维护的成本。所以，如果频繁出现变更，或没有多少机会重用或重新运行测试用例，那么这个自动化测试工具的有效性就可能很低。

2. 结构化

结构化脚本的编写方法在脚本中使用结构控制。结构控制让测试人员可以控制测试脚本或测试用例的流程。在脚本中，典型的结构控制是使用 if-else、switch、for、while 等条件状态语句来帮助实现判定，实现某些循环任务，调用其他覆盖普遍功能的函数。结构化脚本编写方法的特点如下。

(1) 测试用例在脚本中定义。

(2) 编程的成本要比录制/回放编写方法略高一点。

(3) 需要测试人员的调整编码技巧。

(4) 需要某种程度上的计划、设计。

(5) 测试数据也是在脚本中被硬编码。

(6) 因为相对稳定一点，所有需要相对少的脚本维护，维护成本比录制/回放脚本编写方法要相对低。

(7) 除了编程知识外，还需要一些脚本语言的知识。

3. 数据驱动

数据驱动脚本编写方法把数据从脚本分离出去，存储在外部的文件中。这样，脚本就只是包含编程代码了。这在测试运行时要改变数据的情况下是需要的。这样，脚本在测试数据改变的情况下也不需要修改代码。有时，测试的期待结果值也可以与测试输入数据一起存储在数据文件中。数据驱动脚本编写方法的特点如下。

(1) 脚本是由结构化的方式编程的。

(2) 测试用例在测试数据或脚本中定义。

(3) 由于脚本参数化和编程成本，这种方法的开发成本与结构化脚本编写方法比较要相对高。

(4) 需要测试人员较高的代码调整方面的编程技巧。

(5) 需要更多的计划和设计。

(6) 数据独立存储在数据表或外部文件中。

(7) 脚本维护成本较低。

(8) 推荐在需要测试正反数据时使用。

4. 关键字驱动

关键字驱动脚本编写方法把检查点和执行操作的控制都维护在外部数据文件中。因此，测试数据和测试操作序列控制都是在外部文件中设计好的，除了常规的脚本外，还需要额外的库来翻译数据。关键字驱动脚本编写方法是数据驱动测试方法的扩展，其特点如下。

(1) 综合了数据驱动脚本编写方法、结构化脚本编写方法。

(2) 测试用例有数据定义。

(3) 开发成本高，因为需要更多的测试计划和设计、开发方面的投入。

(4) 要求测试人员有很强的编程能力。

(5) 最初的计划和设计、管理成本会比较高。

(6) 数据在外部文件中存储。

(7) 维护成本较低。

(8) 需要额外的框架或库,因此,测试员需要更多的编程技巧。

5. 行为驱动

行为驱动这种技术使外行也可以创建自动测试的测试用例。运行这样的测试用例不需要提供输入和预期输出条件。应用程序中出现的所有行动都会以自动化定义的一般控件集为基础进行自动化测试。行动集表示为对象,可以重用这些对象。用户只需要描述操作(如登录、下载等),其他所需的一切都会以自动化的形式生成和使用。输入和输出条件会自动生成和使用,使用这一自动化测试工具,测试执行的场景可以使用测试框架动态变更。行为驱动脚本编写方法包含两个主要因素:测试用例自动化和框架设计,其特点如下。

(1) 测试用例由框架自动生成。

(2) 开发成本更高,需要框架的设计、开发的多方面投入。

(3) 要求测试人员有很强的编程能力。

(4) 最初的计划和设计、管理成本很高。

(5) 维护成本较低。

(6) 需要有创建框架的设计和体系结构技能。

(7) 需要有多个产品的通用测试需求。

总结起来,对于开发成本,随着脚本编写方法从录制/回放到行为驱动的改变而不断地增加;对于维护成本,随着脚本编写方法从录制/回放到行为驱动的改变而在降低;对于编程技能要求,随着脚本编写方法从录制/回放到行为驱动的改变,对一个测试人员的编程熟练程度的要求在增加;对于设计和管理的需求,随着脚本编写方法从录制/回放到行为驱动的改变,设计和管理自动化测试项目的要求在增加。

因此,应该合理地选择自动化测试脚本的开发方法,在适当的时间、适当的地方使用适当的脚本开发方法。

8.5 自动化测试的工具

近年来,软件已经成为商业的重要组成部分。降低软件开发费用并提高软件测试质量已经成为软件行业的重要目标。为此,软件组织也付出了很大的努力,并且许多公司也已经成功地开发了一些软件测试工具。

8.5.1 自动化测试工具的特征

一般来说,一个好的自动化测试工具应该具有以下几个关键特性。

1. 支持脚本化语言

这是最基本的一条要求,脚本语言具有编程语言类似的语法结构,可以对已经录制好的脚本进行编辑修改。具体来说,应该至少具备以下功能。

(1) 支持多种常用的变量和数据类型。

(2) 支持数组、列表、结构以及其他混合数据类型。

(3) 支持各种条件逻辑。

脚本语言的功能越强大，就越能够为测试开发人员提供更灵活的使用空间，而且有可能用一个复杂的语言写出比测试软件还要复杂的测试系统。所以，必须确认脚本语言的功能可以满足测试的需求。

2. 对程序界面对象的识别能力

测试工具必须能够将测试程序界面中的所有对象区分并标记出来，录制的测试脚本才具有更好的可读性、灵活性和更大的修改空间。如果只通过位置坐标区分对象，它的灵活性就差很多了。

对于用一些比较通用的开发工具写的程序，如 PB、Delphi 和 MFC，大多数测试工具都能区分和标识出程序界面里的所有元素，但对于一些不太普及的开发工具或是库函数，工具的支持会比较差。因此，在开发测试工具时对开发语言的支持是很重要的一项。

3. 支持函数的可重用

如果支持函数调用，可以建立一套比较通用的库函数，一旦程序做了改动，只需要对原来脚本中的相应函数进行更改，而不用对所有可能的脚本都修改，可以节省很多的工作量。

测试工具在这项功能上的实现情况有两点要注意：首先要确保脚本能比较容易地实现对函数的调用；其次是要支持脚本与被调用函数之间的参数传递。例如，对于用户登录函数，每次调用时可能都需要使用不同的用户名和密码，此时就必须通过参数的传递将相关信息送到函数内部执行。

4. 支持外部函数库

除了对被测系统建立库函数外，一些外部函数同样能够为测试提供更强大的功能，如 Windows 程序中对文件的访问、C/S 程序中对数据编程接口的调用等。

5. 抽象层

抽象层的作用是将程序界面中存在的所有对象实体一一映射成逻辑对象，帮助减少测试维护工作量。有些工具称这一层为 TestMap、GuiMap 或 TestFrajne。例如，一个用户登录窗口，其中需要输入两条信息，程序中对这两条信息的标识分别为 Name 和 Password，而且在很多脚本里都要做登录操作。但是，在软件的下一个版本中，登录窗口中两条输入信息的标识变成了 UserName 和 Pword，这时只需要将抽象层中这两个对象的标识进行一次修改就可以了。脚本执行时通过抽象层会自动使用新的对象标识。通过测试工具支持程序界面的自动搜索，建立所有对象的抽象层，当然也可以手工建立或进行一些定制操作。

8.5.2　自动化测试工具的作用和优势

软件测试自动化通常借助测试工具进行。测试工具可以进行部分测试的设计、实现、执行和比较的工作。部分测试工具可以实现测试用例的自动生成，但通常的工作方式为人工设计测试用例，使用工具进行用例的执行和比较。如果采用自动比较技术，还可以自动完成测试用例执行结果的判断，从而避免人工比对存在的疏漏问题。

因此，自动化测试工具的作用如下。

(1) 确定系统最优的硬件配置。

(2) 检查系统的可靠性。

(3) 检查系统硬件和软件的升级情况。

(4) 评估新产品。

而自动化测试工具的优势主要体现在以下几方面。

(1) 记录业务流程并生成脚本程序的能力。

(2) 对各种网络设备(客户端、服务器、其他网络设备等)的模仿能力。

(3) 用有限的资源生成高质量虚拟用户的能力。

(4) 对于整个软件和硬件系统中各个部分的监控能力。

(5) 对于测试结果的表现和分析能力。

8.5.3 自动化测试工具的分类

在实际应用中,测试工具可以从两个不同方面去分类。

(1) 根据测试方法的不同,自动化测试工具可分为白盒测试工具和黑盒测试工具。

(2) 根据测试对象和目的不同,自动化测试工具可分为单元测试工具、功能测试工具、负载测试工具、性能测试工具、Web 测试工具、数据库测试工具、回归测试工具、嵌入式测试工具、页面链接测试工具、测试设计与开发工具、测试执行与评估工具和测试管理工具等。

下面进行详细介绍。

1. 白盒测试工具

白盒测试工具一般是针对被测源程序进行测试,测试所发现的故障可以定位到代码级。根据测试工具工作原理的不同,白盒测试的自动化工具可分为静态测试工具和动态测试工具。

静态测试工具是在不执行程序的情况下,分析软件的特性。静态分析主要集中在需求文档、设计文档以及程序结构方面。按照完成的职能不同,静态测试工具包括以下几种类型:代码审查、一致性检查、错误检查、接口分析、输入输出规格说明分析检查、数据流分析、类型分析、单元分析、复杂度分析。

动态测试工具直接执行被测程序以提供测试活动。它需要实际运行被测系统,并设置断点,向代码生成的可执行文件中插入一些监测代码,掌握断点这一时刻的程序运行数据(对象属性、变量值等),具有功能确认、接口测试、覆盖率分析和性能分析等功能。动态测试工具可以分为以下几种类型:功能确认与接口测试、覆盖测试、性能测试、内存分析等。

常用的动态自动化测试工具如下。

(1) Jtest:一个代码分析和动态类、组件测试工具,是一个集成的、易于使用和自动化的 Java 单元测试工具。

(2) Jcontract:在系统级验证类/部件是否正确工作并被正确使用。它是一个独立工具,在功能测试上是 Jtest 的补充。

(3) C++ Test:C++ Test 可以帮助开发人员防止软件错误,保证代码的健全性、可靠性、可维护性和可移植性。C++ Test 自动测试 C 和 C++类、函数或组件,而无须编写单个测试实例、测试驱动程序或桩调用等。

(4) CodeWizard:先进的 C/C++源代码静态分析工具,使用超过 500 多个编码规范自动化地标明危险。

(5) Insure＋＋：基于 C/C++的自动化内存错误、内存泄漏检测工具。

(6) BoundsChecker：BoundsChecker Visual C++ Edition 是针对 Visual C++的错误检测和调试工具。

(7) TrueTime：TrueTime 能监控程序运行过程，能够提供详细的应用程序和组件性能的分析，并自动定位到运行缓慢的代码位置。

(8) FailSafe：VB 语言环境下的自动错误处理和恢复工具。

(9) Jcheck：Jcheck 是 DevPartner Studio 开发调试工具的一个组件，可以收集 Java 程序运行中准确的实时信息。

(10) TrueCoverage：代码覆盖率统计工具，它支持 C++、Java 和 VB 语言环境。

(11) SmartCheck：针对 VB 的自动错误检测和调试工具。

(12) XUnit 系列开源框架：这是目前最流行的单元测试开源框架，根据支持的语言环境不同，可分为 JUnit(Java)、CppUnit(C++)、DUnit(Delphi)、PhpUnit(PHP)、AUnit(Ada)、NUnit(.NET)和 UnitTest(Python)。

2. 功能测试工具

常用的功能测试工具如下。

(1) WinRunner：企业级的功能测试工具，用于检测应用程序是否能够达到预期的功能及正常运行，自动执行重复任务并优化测试工作。

(2) QARun：自动回归测试工具，在.NET 环境下运行，它还提供了与 TestTrack Pro 的集成。

(3) Rational Robot：Rational TestSuite 中的一员，对于 Visual Studio 6 编写的程序提供非常好的支持，同时还提供 Java Applet、HTML、Oracle Forms、People Tools 应用程序的支持。

(4) Functional Tester：Robot 的 Java 实现版本，是在 Rational 被 IBM 收购后发布的。

(5) QuickTest Pro：Mercury 公司出品的 B/S 系统的功能测试工具。

(6) Selenium：用于 Web 应用程序测试的工具。

(7) SoapUI：广泛使用的用于 SOAP 和 REST API 的开源测试自动化工具，它以异步测试、可重用脚本和强大的数据驱动测试而闻名。

(8) Postman：轻量级接口测试工具。

3. 性能测试工具

常用的性能测试工具如下。

(1) LoadRunner：预测系统行为和性能的负载测试工具。

(2) QALoad：Compuware 公司性能测试工具套件中的压力负载工具，QALoad 是客户/服务器系统、企业资源计划(Enterprise Resource Planning，ERP)和电子商务应用的自动化负责测试工具。

(3) Benchmark Factory：一种高扩展性的强化测试、容量规划和性能优化工具，可以模拟数千个用户访问应用系统中的数据库、文件、Internet 及消息服务器，从而更加方便地确定系统容量，找出系统瓶颈，隔离出用户的分布式计算环境中与系统强度有关的问题。无论是服务器，还是服务器集群，Benchmark Factory 都是一种成熟、可靠、高扩展性和易于使用的测试工具。

(4) SilkPerformance：业界最先进的企业级负载测试工具。它能够模拟成千上万的用户在多协议和多种计算环境下的工作。SilkPerformance 可以让用户在使用前就能够预测企业电子商务环境的行为——不受电子商务应用规模和复杂性影响。

(5) JMeter：一个专门为运行服务器负载测试而设计的纯 Java 桌面运行程序。

(6) WAS：Microsoft 提供的免费的 Web 负载压力测试工具，应用广泛。

(7) OpenSTA：全称是 Open System Testing Architecture。OpenSTA 的特点是可以模拟很多用户访问需要测试的网站，它是一个功能强大、自定义设置功能完备的软件。

(8) PureLoad：一个完全基于 Java 的测试工具，它的 Script 代码完全使用 XML。

4. 测试管理工具

常用的测试管理工具如下。

(1) TestDirector：全球最大的软件测试工具提供商 Mercury Interactive 公司生产的企业级测试管理工具，也是业界第 1 个基于 Web 的测试管理系统，它可以在公司内部或外部进行全球范围内测试的管理。TestDirector 通过在一个整体的应用系统中集成测试管理的各个部分，包括需求管理、测试计划、测试执行以及错误跟踪等功能，极大地加速了测试过程。

(2) TestManager：TestManager 是一个开放的可扩展的构架，它统一了所有的工具、制造(Artifacts)和数据，而数据是由测试工作产生并与测试工作(Effort)关联的。在这个唯一的保护伞下，测试工作中的所有负责人(Stakeholder)和参与者能够定义和提炼他们将要达到的质量目标。项目组定义计划用来实施以符合那些质量目标。而且，最重要的是，它为整个项目组提供了一个及时在任何过程点判断系统状态的地方。

(3) QADirector：QADirector 分布式的测试能力和多平台支持，能够使开发和测试团队跨越多个环境控制测试活动，QADirector 允许开发人员、测试人员和 QA 管理人员共享测试资产、测试过程和测试结果，以及当前的和历史的信息，从而为客户提供最完全的、一致的测试。

(4) TestLink：TestLink 用于进行测试过程中的管理，通过使用 TestLink 提供的功能，可以将测试过程从测试需求、测试设计到测试执行完整地管理起来。同时，它还提供了多种测试结果的统计和分析，使我们能够简单地开始测试工作和分析测试结果。TestLink 是 SourceForge 的开放源代码项目之一。作为基于 Web 的测试管理系统，TestLink 的主要功能包括测试需求管理、测试用例管理、测试用例对测试需求的覆盖管理、测试计划的制订、测试用例的执行、大量测试数据的度量和统计功能。

(5) Bugzilla：Bugzilla 是一个开源的缺陷跟踪系统(Bug-Tracking System)，它可以管理软件开发中缺陷的提交(new)、修复(resolve)、关闭(close)等整个生命周期。它是 Mozilla 公司提供的一款开源的免费 Bug(错误或缺陷)追踪系统，用来帮助管理软件开发，建立完善的 Bug 跟踪体系。

(6) JIRA：JIRA 是 Atlassian 公司出品的项目与事务跟踪工具，被广泛应用于缺陷跟踪、客户服务、需求收集、流程审批、任务跟踪、项目跟踪和敏捷管理等工作领域。

(7) Mantis：Mantis 是一个基于超文本预处理器(Hypertext Preprocessor，PHP)技术的轻量级开源缺陷跟踪系统，以 Web 操作的形式提供项目管理和缺陷跟踪服务。在功能上、实用性上足以满足中小型项目的管理和跟踪。更重要的是其开源特性,不需要负担任何费用。

8.5.4 自动化测试工具的选择

市场上的测试工具非常多,没有哪个工具在所有环境下都是最优的,所有的工具在不同的环境下都有它们各自的优点和缺点。到底哪种工具最佳,这依赖于系统工程环境以及企业特定的其他需求和标准。因此,为了更符合企业的需要和系统工程环境的需要,测试人员在选择自动化测试工具时,需要从以下方面考虑。

1. 确定需要的测试生命周期工具类型

如果计划在整个企业范围内实现自动化,则需要倾听所有涉众的意见,确定工具能够与尽可能多的操作系统、编程语言和企业其他方面的技术环境兼容。

2. 确定各种系统架构

选择工具时,必须确定应用程序在技术上的架构,其中包括整个企业或一个特殊项目应用最普遍的中间件、数据库、操作系统、开发语言、使用的第三方插件等。

3. 了解被测应用程序管理数据的方式

选择测试工具时,必须了解被测应用程序管理数据的方式,并且确定自动化测试工具支持对数据的验证。

4. 了解测试类型

选择测试工具时,必须了解想让工具提供的测试类型,如用于回归测试、强度测试或容量测试。

5. 了解进度

选择测试工具时,需要关注它能否满足或影响测试进度。在时间表的限制内,评审测试人员是否有足够的时间学习这种工具是非常重要的。

8.5.5 自动化测试工具的局限性

在相当长的一段时间内,软件测试一直都是由人工操作的,即手工地按照预先定义的步骤运行应用程序。自从软件产业发展以来,软件组织对自动化软件测试过程做出了很大的努力。许多公司已经成功地开发出了一些软件测试工具,这些工具在产品发布之前就能发现并确定 Bug。现在市场上有非常多的自动化测试工具,8.5.3 节中仅列出它们其中的一部分。这些测试工具有很多已经涵盖了软件测试生命周期的各个阶段。

然而,它们对生成或编写测试脚本却有着相似的被动架构,即遵循手工指定待测产品,指定测试方法,编辑和调试生成测试脚本的模式。这些测试脚本通常由 3 种方式编写,即由测试工程师手工编写、由测试工具使用反向工程生成和由捕获/回放工具生成。无论由哪种方式编写测试脚本,调试都是一个可能伴随的步骤。比较上面提到的测试工具之后,会发现这些测试工具要求专用化并包含不一致性,简单有效的标准化的测试技术还相当缺乏。另外，这些测试工具的开发通常都落后于新开发技术的发展与应用。所有的测试工具对新产品的快速上市、新技术的进步、新设计过程的采用、与第三方组件的完美整合都存在一定的风险。当前的软件测试工具基本上都存在以下 5 点不足。

(1) 缺乏引导彻底测试能力。

(2) 缺乏集成测试和互操作性测试的能力。

(3) 缺乏自动生成测试脚本的机制。

(4) 缺乏决定何时产品足够完善可予以发布的严格测试。

(5) 缺乏简单有效的性能衡量标准和测试测量规程。

8.6 本章小结

本章首先给出了自动化测试的定义，对比了自动化测试和手工测试的优缺点；其次介绍了自动化测试的原理和方法，包括直接对代码进行静态和动态的分析、测试过程的捕获和回放、测试脚本技术、虚拟用户技术和测试管理技术；然后讲述了在开展软件自动化测试时应注意的引入原则、生命周期、成本、导入时机、人员要求以及在实施中存在的问题，从而引出了确定自动化测试的对象和范围以及选择自动化测试的方案和脚本编写方法；最后介绍了自动化测试工具的特征、作用、优势、选择、分类以及局限性。

拓展练习

习题 8

(1) 请描述使用软件测试工具和自动化测试的一些好处。

(2) 请比较手工测试和自动化测试的优缺点。

(3) 自动化测试周期包含哪些阶段？

(4) 选择自动化测试方案时应考虑哪些因素？

(5) 企业引进自动化测试后测试工作的效率一定会提高吗？为什么？

(6) 最简单但很有效的测试自动化类型是什么？

(7) 在一个小公司开发一个中小型项目，开发周期很短的情况下，应该采用什么自动化测试方案？

(8) 描述你所了解到的自动化测试工具，并指出这些工具的功能及使用范围。

第9章

缺陷跟踪管理

在本书第1章,我们了解到了软件缺陷的定义及出现原因,而为了有效地跟踪、管理缺陷的处理情况,指导测试团队和开发人员有效地处理相关缺陷,有必要采用一套完整的方法、手段对其进行管理。缺陷管理(Defect Management)是在软件生命周期中识别、管理、沟通任何缺陷的过程(从缺陷的识别到缺陷的解决关闭),确保缺陷被跟踪管理而不丢失。一般地,需要缺陷跟踪管理工具帮助进行缺陷全流程管理。本章将详细介绍项目管理工具Redmine、缺陷管理工具Bugzilla和问题跟踪工具JIRA的缺陷跟踪过程。

本章要点

- 缺陷管理的目的与意义
- 缺陷管理工具的分类
- 缺陷管理工具的使用

9.1 缺陷管理工具概述

9.1.1 缺陷管理的目的和意义

缺陷能够引起软件运行时产生的一种不希望或不可接受的外部行为结果,软件测试过程简单来说就是围绕缺陷进行的。良好的缺陷管理除了能确保缺陷被跟踪解决,还可利用缺陷提供的信息,建立组织过程能力基线,实现量化过程管理,并可以此为基础,通过缺陷预防实现过程的持续性优化。缺陷的跟踪管理一般有以下目的。

(1) 确保每个被发现的缺陷都能够被解决,这里解决的意思不一定是被修复,也可能是其他处理方式(如在以后的版本中修复或是不修复)。总之,对每个被发现的Bug的处理方式必须能够在开发组织中达到一致。

(2) 收集缺陷数据并根据缺陷趋势曲线识别测试过程的阶段;决定测试过程是否结束有很多种方式,通过缺陷趋势曲线确定测试过程是否结束是常用并且较为有效的一种方式。

(3) 收集缺陷数据并在其上进行数据分析,作为组织的过程财富。

9.1.2 缺陷管理工具的分类

目前流行的缺陷管理工具有 Bugzilla、Mantis、Bugzero、BugOnline、TestCenter、Redmine 和 JIRA 等。一般可分为两类。

1. 纯粹的缺陷管理工具

Bugzilla 和 Bugzero 等属于这一类,它们能够为软件组织建立一个完善的缺陷跟踪体系,包括报告缺陷、查询缺陷记录并产生报表、处理解决缺陷等。

2. 包含缺陷管理模块的项目管理工具

第 2 类是以 Redmine、JIRA 为代表的项目管理工具,它们集项目计划、任务分配、需求管理、缺陷跟踪于一身,功能强大,易于使用。缺陷管理作为其中的一个子功能而发挥作用。

9.1.3 缺陷管理工具的选择

目前市面上的缺陷管理工具种类繁多,如何选择是个难题。这里给出一些基本的选择注意事项。

(1) 缺陷跟踪管理。是否具备能满足团队需求的缺陷跟踪管理功能是首先需要考虑的,良好的缺陷管理工具应当能方便地查找到缺陷的来源、详细信息、严重程度、优先级、缺陷负责人、缺陷流转状态、解决方案等。

(2) 学习成本的考量。缺陷管理工具的引入不应当加大开发人员的工作量,所以安装配置简单、使用方便是需要着重考虑的一点。

(3) 权限管理。好的工具应该具有良好的项目管理和人员权限管理功能,支持多项目管理,每个项目中有单独的人员管理,不同人员有不同的权限,使管理工作清晰明了。

(4) 资金成本的考量。缺陷管理工具有些是收费的,有些是免费的。应当在能满足团队需求的情况下尽量减少对工具的资金投入。

(5) 可扩展性。好的缺陷管理工具应该能与其他过程管理工具集成,同时支持二次开发功能,以支持未来不满足工作需求时的功能扩展。

视频讲解

9.2 项目管理工具 Redmine

Redmine 是用 Ruby 开发的开源的、基于 Web 的项目管理和缺陷跟踪工具。它用日历和甘特图辅助项目进度可视化显示,支持多项目管理、跨平台和多种数据库,提供 Wiki、新闻台等,还可以集成其他版本管理系统和缺陷跟踪系统。

9.2.1 Redmine 的特点

(1) 多项目和子项目支持。用户可以在一个 Redmine 实例中管理所有项目和项目下的子项目,每个项目可以单独为每个用户设置不同的角色,项目可被设置为所有人可见或仅项目成员可见。

(2) 可配置的用户角色控制。用户可以很方便地设置项目成员角色和角色对应的访问权限。

(3) 可配置的问题追踪系统。可以自定义问题类型和状态,并能为每种问题类型和角色赋予不同的状态变更权限。

(4) 甘特图和日历。Redmine 能基于问题开始和到期日期自动绘制甘特图和日历。

(5) 时间追踪功能。可以查看每个用户、问题类型、分类或项目不同阶段花费的时间简报。

(6) 问题、项目、用户支持自定义字段。字段值格式包括文本、日期、布尔、整数、下拉列表和复选框。

(7) 支持 Blog 形式的新闻发布、Wiki 形式的文档撰写和文件管理。

(8) 每个项目可以配置独立的 Wiki 和论坛模块。

(9) 版本库管理。每个项目都可以附上已有的代码库。Redmine 可以让用户浏览代码内容,查看变更信息,并提供了能标注不同版本代码的差异内容的代码阅读器。

(10) 订阅和邮件通知。可订阅内容包括项目活动、变更集、新闻、问题、问题变更。

(11) 支持多 LDAP 用户认证。

(12) 支持用户自注册和用户激活。

(13) 多语言支持。支持包括简体中文在内的 49 种语言。

(14) 多数据库支持。

9.2.2 Redmine 的缺陷跟踪

问题是 Redmine 的核心业务。一个问题绑定到一个项目,由某用户创建,可以关联到某版本,等等。

在问题列表页面单击某问题的链接,可以查看该问题的具体描述。

允许开发者将某问题与其他问题建立关联,从而起到了删除重复问题,简化工作流的作用。当前版本允许建立的关联类型如下。

(1) 关联到。

(2) 重复:如果问题 B 重复于问题 A,那么关闭 A 将同时自动关闭 B。

(3) 阻挡:如果问题 B 阻挡问题 A,A 无法关闭,除非 B 已经关闭。

(4) 优先于:如果 A 优先于 B,那么将 B 的起始日期自动设置为 A 的截止日期+延迟天数+1。

(5) 跟随于:问题 B 跟随于 A(如 A 截止于 21/04,B 开始于 22/04),这时如果将 A 的截止日期延迟两天,那么 B 的起始和截止日期将自动推迟两天。

单击问题显示页面相关问题区域的“新增”按钮,可根据具体的情况建立不同类型的问题关联,如图 9-1 所示。

管理员可以定义添加和修改问题关联的权限。

单击问题显示页面跟踪者区域的“新增”按钮,在下拉列表中选择跟踪者,如图 9-2 所示。

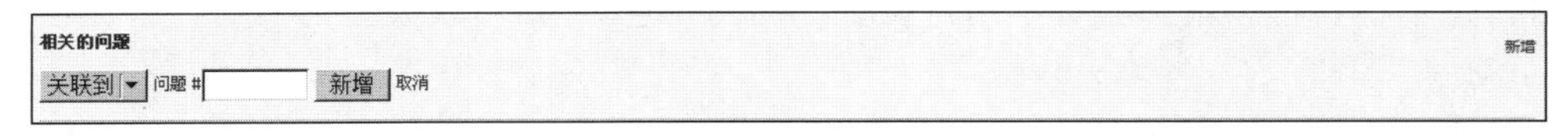

图 9-1　问题显示页面

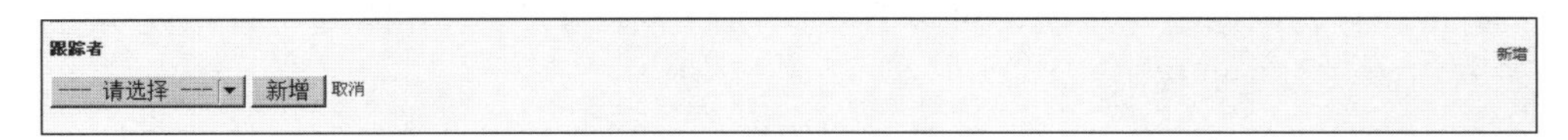

图 9-2　跟踪者

管理员可以定义添加和删除跟踪者的权限。

当提交代码时在提交注释中引用某问题，那么稍后将会在该问题的显示页面中出现对于该次提交的描述信息，如图 9-3 所示。

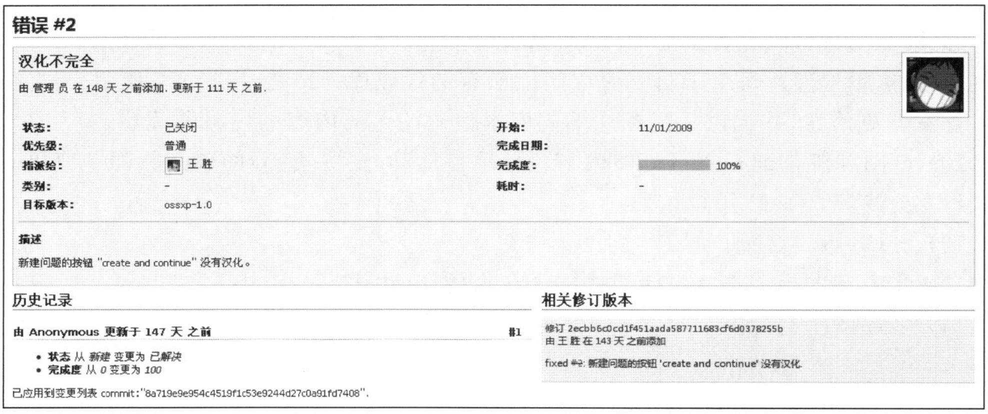

图 9-3　提交问题的描述信息

具体使用哪些关键字，可以咨询管理员，看他是如何配置的。

要创建新的问题，需要有新建问题的权限。创建问题时，最重要的字段是跟踪标签字段，它决定了问题的类型。

默认情况下，Redmine 有 3 种跟踪标签：缺陷、功能和支持。

要更新问题的属性，需要有编辑问题的权限。

1. 问题列表

1）概述

单击“问题”选项卡，默认将看到该项目中所有处于打开状态的问题，如图 9-4 所示。

2）过滤器的应用

默认情况下，问题列表显示了所有处于打开状态的问题。可以添加过滤器，单击“应用”按钮刷新问题列表，单击“清除”按钮删除设置的过滤器。

用户可以通过单击“+”按钮，为过滤器字段选择多个值。这时会出现一个选择列表，按住 Ctrl 键后，可选择多个值。

3）自定义查询

当刷新页面后，刚设置的过滤器就会消失，用户可以通过单击“保存”按钮保存设置的过

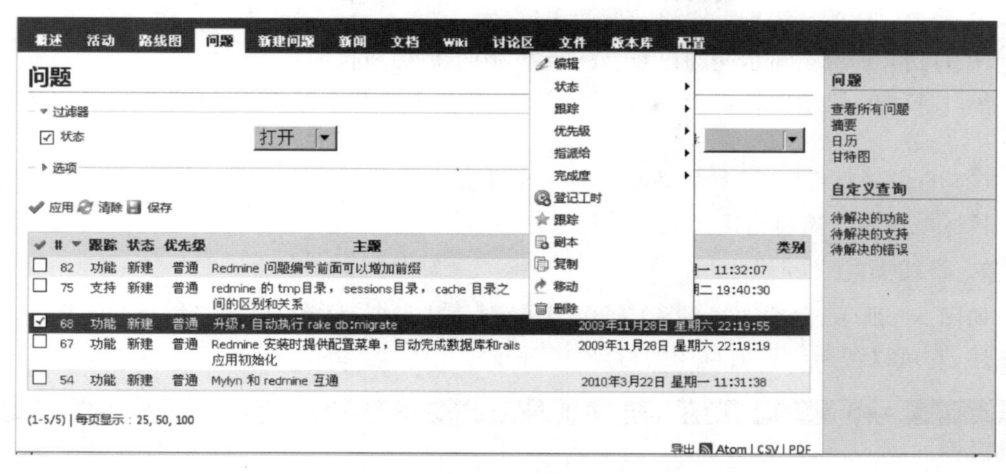

图 9-4 “问题”选项卡

滤器，从而建立自定义查询。

在新建自定义查询的界面输入自定义查询的名称，以及过滤器和其他属性的设置。

保存之后，新建的自定义查询将会出现在问题列表界面的右边栏中。

4）快捷菜单

在问题列表的某个问题上右击，将弹出一个快捷菜单，用于便捷编辑问题。

快捷菜单包含的选项有：

- 编辑
- 状态（有下级子菜单）
- 跟踪（有下级子菜单）
- 优先级（有下级子菜单）
- 指派给（有下级子菜单）
- 完成度（有下级子菜单）
- 登记工时
- 跟踪
- 副本
- 复制
- 移动
- 删除

5）批量编辑问题

在问题列表界面，用户可以通过选择多个复选框，也可以在按住 Ctrl 键的同时选择多个问题，然后右击，同样会弹出一个快捷菜单，可以对选中的多个问题同时编辑。也可以单击勾选复选框，全选问题或撤销全选。

6）边栏

问题列表的右侧边栏提供了几种不同的功能链接。

（1）问题区域。

- 查看所有问题：该链接用于从自定义查询页面跳回问题列表页面。

- 摘要：从项目级别上查看问题的概述。
- 日历：日历上显示问题以及目标版本，用于把握项目的进度。
- 甘特图：显示问题与时间的二维图表，从而清晰地展现项目的进度与当前的主要任务。

（2）自定义查询区域（如果建立了自定义查询）。

该区域列出了所有自定义查询的链接。

2. 路线图

如图 9-5 所示，路线图提供了一个更高级别的基于项目版本的对于整个问题跟踪系统的概述，它可以帮助制订项目计划，管理项目开发。

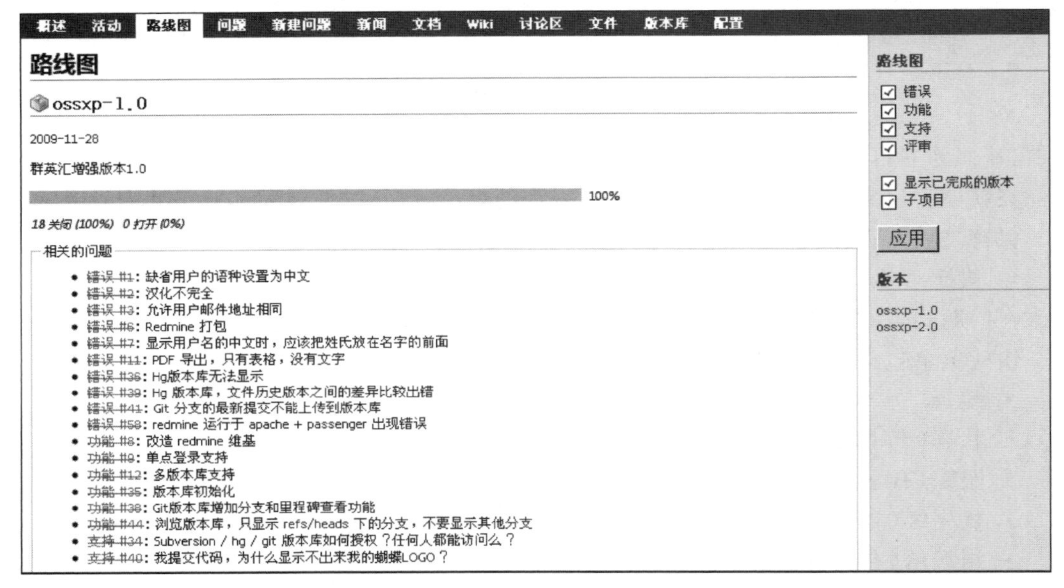

图 9-5 路线图

1）概述

单击“路线图”选项卡，可以查看当前项目的进展状态。

（1）版本名称。

（2）版本的完成日期。

（3）进度条：根据问题状态所占的百分比（即问题的完成度），统计出目标版本的完成度。

（4）目标版本相关联的问题列表。

2）管理路线图

如果权限合适，可以为版本添加一个 Wiki 页面，用于描述当前版本的一些主要事件。

3）边栏

路线图页面的右边栏提供了以下功能。

（1）可以根据需要，选择路线图上显示哪些跟踪标签。

（2）可以根据需要，选择是否显示已经完成的版本。

(3) 所有版本的链接。

3. 版本概述

如图 9-6 所示,版本概述提供了一个详细的关于当前版本的状态描述。

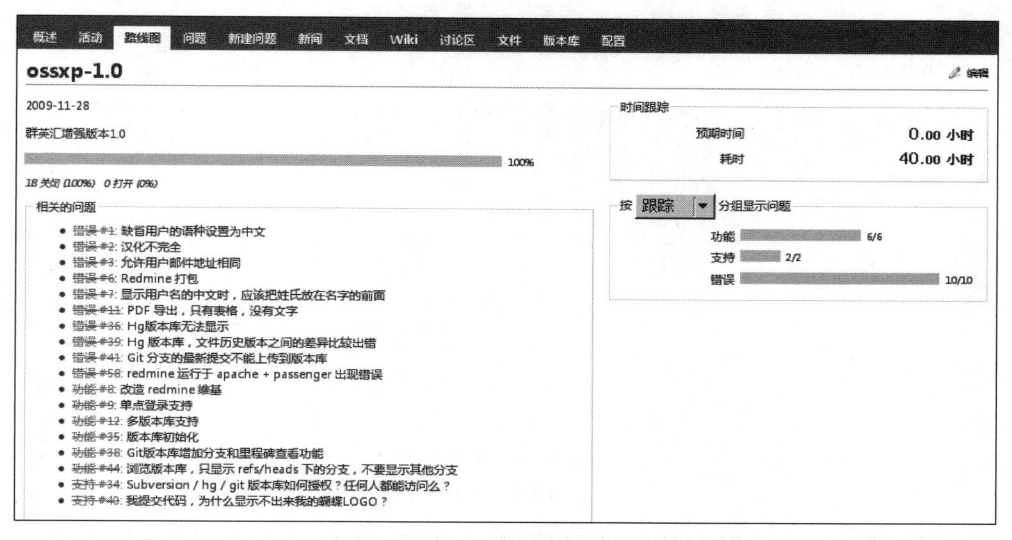

图 9-6　版本概述

(1) 版本名称。

(2) 版本完成时间。

(3) 版本的进度条。

(4) Wiki(如果管理员配置了 Wiki 页面)。

(5) 相关的问题列表。

(6) 时间跟踪区域,包括:

- 预期时间
- 耗时

(7) 分组显示问题,可供分组显示问题的选项有:

- 类别
- 跟踪
- 优先级
- 作者
- 指派给

4. 日历

如图 9-7 所示,日历提供了一个按月份显示的项目预览。在这里可以看到一个任务状态的起止日期。

像 Redmine 提供的其他视图一样,用户可以通过设置过滤器决定日历上显示的内容。

5. 甘特图

在问题列表页面,单击右边栏的“甘特图”链接,即可进入甘特图界面,如图 9-8 所示。

图 9-7　日历

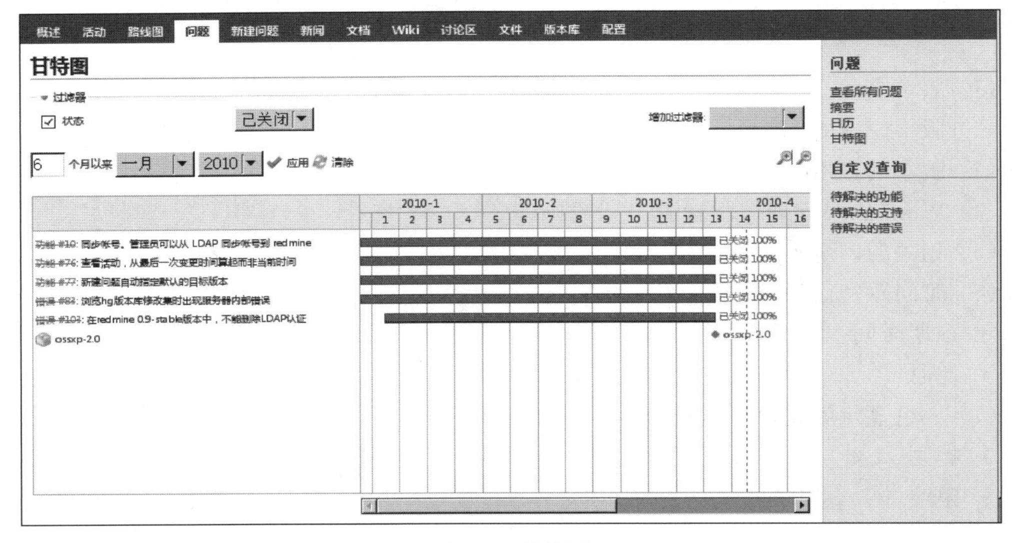

图 9-8　甘特图

甘特图显示问题的起止日期以及版本的截止日期。

视频讲解

9.3　缺陷管理工具 Bugzilla

Bugzilla 是 Mozilla 公司提供的一个开源的免费缺陷跟踪工具,全球有大量的软件组织正在使用该工具。Bugzilla 可安装在 Windows、Mac 和 Linux 操作系统上。

作为一个产品缺陷的记录和跟踪工具,Bugzilla 能够为用户建立一个完善的 Bug 跟踪体系,包括报告 Bug、查询 Bug 记录并产生报表、处理解决、管理员系统初始化和设置 4 部分。

9.3.1 Bugzilla 的特点

Bugzilla 具有以下特点。

(1) 基于 Web 方式,安装简单,运行方便快捷,管理安全。

(2) 有利于缺陷的清楚传达。系统使用数据库进行管理,提供全面、详尽的报告输入项,产生标准化的 Bug 报告;提供大量的分析选项和强大的查询匹配能力,能根据各种条件组合进行 Bug 统计。当错误在它的生命周期中变化时,开发人员、测试人员和管理人员将及时获得动态的变化信息,允许获取历史记录,并在检查错误的状态时参考这一记录。

(3) 系统灵活,强大的可配置能力。Bugzilla 工具可以对软件产品设定不同的模块,并针对不同的模块设定开发人员和测试人员,这样可以实现提交报告时自动发给指定的责任人,并可设定不同的小组。设定不同的用户对 Bug 记录的操作权限不同,可进行有效的控制管理。允许设定不同的严重程度和优先级,可以在错误的生命期中管理错误,从最初的报告到最后的解决,都有详细的记录,确保了错误不会被忽略,同时,可以让开发人员将注意力集中在优先级和严重程度高的错误上。

(4) 自动发送 E-mail 通知相关人员。根据设定的不同责任人,自动发送最新的动态信息,有效地帮助测试人员和开发人员进行沟通。

9.3.2 Bugzilla 的缺陷跟踪

1. 创建账户

在安装好的 Bugzilla 的主页头部单击 New Account 按钮,输入 E-mail 地址,单击 Send 按钮。

稍等片刻,用户会收到一封包含登录名(一般就是 E-mail 地址)的电子邮件,单击邮件中的确认注册链接。

一旦确认注册,Bugzilla 会要求用户输入真实姓名(可选但推荐输入)和密码,根据用户安装 Bugzilla 的配置不同,密码可能会有一个复杂度要求。

随后即可用 E-mail 地址和密码登录 Bugzilla。

2. 录入 Bug

单击 New 或 File a Bug 按钮。

选择发现 Bug 的项目。

现在可以看到一个填写 Bug 详细信息的表单。表单中需要填写 Bug 所在软件模块(Component)、软件版本(Version)、软件运行操作系统(OS)和平台(Platform)、Bug 的严重等级(Severity);还需要在概要(Summary)中填写对 Bug 的一个概述性描述,并在描述(Description)中描述清楚导致 Bug 的详细操作步骤以及期望出现的正确结果。如果该 Bug 必须在其他 Bug 修改以后才能修改,则在依赖(Depends on)中填写那个 Bug 的编号。如果该 Bug 影响其他 Bug 的修改,则在阻碍(Blocks)中填写被影响的 Bug 编号。

最后重新审视一遍填写的 Bug 信息,确认没有拼写错误(关键词的错误拼写可能导致开发人员无法搜索到该 Bug),没有遗漏重现 Bug 所需要的重要信息,确保问题的描述清晰明了。然后单击“提交”按钮将 Bug 录入数据库中。Bugzilla 会自动发送邮件通知负责处理 Bug 的人员。

如果新发现的 Bug 与历史某个 Bug 类似,也可以直接在历史 Bug 页面上单击“克隆”按钮,则新生成的 Bug 信息填写表单中会自动填上历史 Bug 的信息,只需要修改一下必要的内容提交即可。

3. 处理 Bug

Bug 修复人员在处理完 Bug 后,进入 Bugzilla 的 Bug 管理界面,选择处理完成的 Bug,填写解决方式和其他说明信息。

Bug 的解决方式有以下几种。

(1) FIXED:问题已经修复。

(2) DUPLICATE:描述的问题与以前的某个 Bug 重复。

(3) WONTFIX:描述的问题将永远不会被修复。

(4) WORKSFORME:无法重现 Bug。

(5) INVALID:描述的问题不是一个 Bug。

(6) LATER:描述的问题将不会在产品的这个版本中解决。

4. 查询 Bug

1) 快速查询

快速查询是一个文本框查询工具,可以在 Bugzilla 的头部和底部找到它。快速查询使用元字符描述被查找的内容。例如,输入“foo|bar”可以查询 Summary 和状态面板中含有“foo”或“bar”的 Bug,再加上“:ExampleProduct”可以将查询范围限定在 ExampleProduct 项目内。用户也可以直接输入 Bug 的编号或别名进入特定的 Bug 页面。

2) 简单查询

Bugzilla 也允许像互联网搜索引擎那样的简单查询——输入几个关键词即可搜索出相关内容。

3) 高级查询

高级查询中一个 Bug 的所有字段信息都可作为查询条件,对于某些字段,可以选择多个值,这时 Bugzilla 会返回与任意值匹配的 Bug 记录。如果未选择任何值,则会返回与该字段所有可能值相匹配的 Bug 记录。

某个查询执行后,可将其保存下来,成为一个“保存查询”(Saved Search),显示在查询页的页脚处。如果保存查询的用户在“查询共享组”(Query Sharegroup)中,还能将该保存查询分享给其他用户使用。

5. 生成报表

除了标准的 Bug 列表,Bugzilla 还提供另外两种展示 Bug 集的方式——报表和图表。

报表显示了查询结果中 Bug 集的当前状态。例如,当用户执行查询,找出某个项目的所有 Bug 后,可使用报表显示出各模块中 Bug 的严重程度分布状况,从而发现哪些模块的质量存在严重问题。生成的报表可以在 HTML 表格、条形图、折线图和饼图之间切换展现方式(注意饼图仅在未定义 y 轴的时候才能切换)。

图表显示了过去一段时间 Bug 集的状态变化情况。用户可以从已有的数据集列表中选择一些数据集并单击 Add To List 按钮创建图表,每个数据集是图表中的一条线。用户可以定义每个数据集的图例,也能对一些数据集求和(如可以将某个项目中 RESOLVED、VERIFIED 和 CLOSED 的数据集求和,用来表示项目中已被解决的 Bug)。如果错误添加了某些数据集,也可以单击 Remove 按钮移除不想要的数据集。如果想要新建数据集,可以在创建图表页面上单击"新建数据集"按钮,通过定义查询条件让 Bugzilla 了解如何绘制图表。在页面底部可以定义数据集的分类、子分类和名称。默认创建的数据集是私有的,7 天采集汇总一次数据。如果用户拥有足够的权限,还可以将数据集设为公有,并调整数据采集频率。

9.4 问题跟踪工具 JIRA

视频讲解

JIRA 是澳大利亚 Atlassian 公司出品的项目与事务跟踪工具,已经被分布于 115 个国家的 19 000 多个组织中的管理人员、开发人员、分析人员、测试人员和其他人员所广泛使用。

由于 Atlassian 公司对很多开源项目免费提供缺陷跟踪服务,因此在开源领域,其认知度比其他产品要高得多,而且易用性也好一些。同时,开源则是其另一特色,在用户购买其软件的同时,也将源代码购置进来,方便二次开发。

9.4.1 JIRA 的特点

JIRA 具有以下特点。

(1) 灵活可配置的工作流。JIRA 提供用于缺陷管理的默认工作流。工作流可以自定义,工作流数量不限。每个工作流可以配置多个自定义动作和自定义状态。每个问题类型都可以单独设置或共用工作流。可视化工作流设计器,使工作流配置更加直观。自定义工作流动作的触发条件,工作流动作执行后,自动执行指定的操作。

(2) 问题(Issue)管理。自定义问题类型,适应组织管理的需要。自定义问题安全级别,可以限制指定用户访问指定的问题。如果一个问题需要多人协作,可以将问题分解为多个子任务,分配给相关的用户。

(3) 自定义面板。可以在面板中添加任何符合 OpenSocial 规范的小工具。可以简单地创建、复制、生成多个面板,分别管理不同的项目。面板布局灵活,支持拖曳。

(4) 强大的查询功能。快速查询,输入关键字,马上显示符合条件的结果;简单查询,只须点选,就可以将所有条件组合,查找出符合条件的问题。查询条件可以保存为过滤器,并能共享给其他用户。支持 JQL(JIRA Query Language)搜索语言,可以使用 lastLogin、lastestReleasedVersion、endOfMonth、membersOf 之类的函数,支持自动补完。

(5) 安全。JIRA 的用户可以交由 LDAP 验证。允许设置匿名访问,任何使用管理员功能的进程,都需要额外验证,并且 10 分钟过期,以保证 JIRA 的安全。查看所有登录到 JIRA 的用户状况,将用户归属于用户组,用于维护安全权限和操作权限。允许每个项目单独定义项目角色成员,打破用户组权限的限制,减轻系统管理员对于项目权限的维护工作量。每个项目可以独立设置自己的安全机制。限制某些用户访问指定的问题，即使该用户拥有这个项目的访问权。支持白名单机制，限制外部链接直接访问JIRA数据。

(6) 高度可配置的通知方案。通过邮件通知方案，配置在JIRA工作流关键阶段自动发送通知邮件。即使用户不参与问题的解决，只要有权限，也可以关注一个问题。只要关注的问题有任何变化，用户都可以接收到邮件通知。定期接收JIRA的指定报告，如超期未解决的问题列表、5天未更新的问题列表等。

(7) 易于和其他系统实现集成。通过插件生态平台Marketplace，有300种以上的插件可供选择，用以提高JIRA扩展性或提高JIRA的易用性，插件还在持续增加中。通过插件，JIRA可以将报告的缺陷与源代码建立联系，以便于了解缺陷在哪部分代码中被修复。JIRA提供全面的远程API(Remote API)，包括EST、SOAP、XML-RPC等，并且Atlassian公司提供开发教程和示例。

9.4.2 JIRA的缺陷跟踪

1. 录入Bug

确保当前登录用户拥有创建Bug的权限，如果没有，可以联系管理员添加。单击导航栏中的Create按钮，打开创建Bug对话框，在对话框右上角的Configure fields中全选字段后，对话框中将显示所有字段，如图9-9所示。

对话框中字段含义如下。

(1) Project：Bug所在项目。

(2) Issue Type：问题类型，取值可以是Bug、New Feature、Story等。

(3) Summary：一句话概述Bug内容。

(4) Reporter：Bug的上报者。

(5) Components：Bug所在项目的组件。

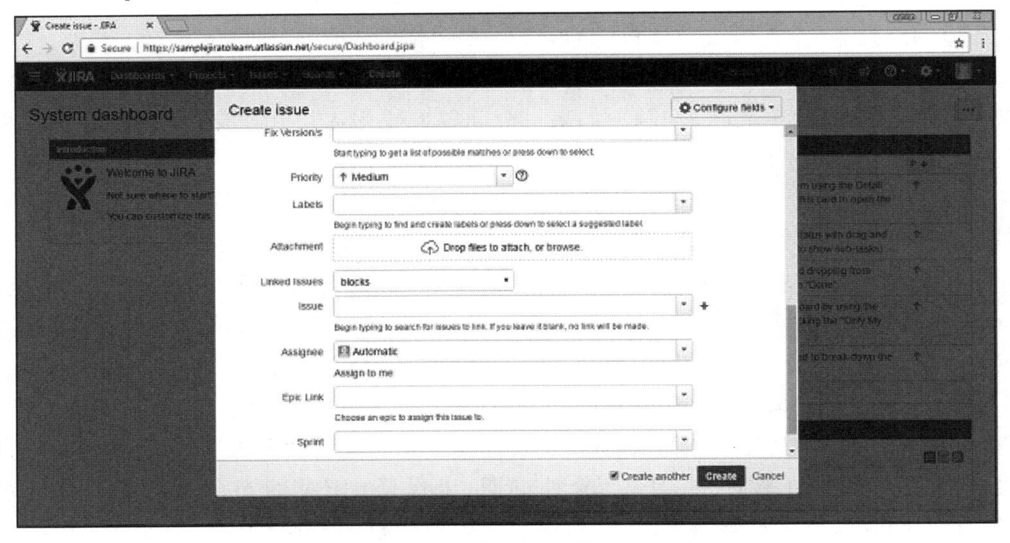

图9-9 填写Bug的详细信息

(6) Description：对 Bug 的详细描述，包括发现 Bug 的操作步骤、出现的问题、期望结果等。

(7) Priority：Bug 优先级，取值包括 Highest、High、Medium、Low 和 Lowest。

(8) Labels：填写该字段有助于以后过滤出特定类型的 Bug。

(9) Linked Issue：选择依赖或被依赖的 Bug。

(10) Assignee：负责解决 Bug 的人。

(11) Epic Link：Bug 所属的 Epic。

(12) Sprint：Bug 所属的 Sprint。

2. 处理 Bug

开发人员查看分配给自己的 Bug，处理完成后填写 Bug 的处理情况，处理结果如下。

(1) Fixed：已修复。

(2) Later：在以后的版本中修复。

(3) Invalid：描述的问题不是一个 Bug。

(4) Won't Fix：该 Bug 将不会被修复。

(5) Duplicate：描述的问题与以前的某个 Bug 重复。

(6) Cannot Reproduce：不能重现该 Bug。

3. 查询 Bug

JIRA 拥有强大有效的搜索功能。用户可以使用不同的搜索方式通过项目、版本和组件搜索 Bug。搜索条件可以保持下来作为过滤器以备下次使用，并能将过滤器和他人共享。

JIRA 有如下几种查询方式。

1) 基础查询

基础查询提供了一个用户友好的接口，用于快速查找 Bug，查询时 JIRA 会在后台执行 JQL。如图 9-10 所示，单击 More 按钮可以增加查找字段，各字段中可以设置相应的查找值。Contains text 文本框中可以输入关键词用于匹配任何包含该关键词的 Bug。所有能输入文本的过滤条件都支持通配符搜索。例如，匹配任意单个字符：te?t；匹配多个字符：li*；布尔运算：bird || fish。单击“搜索”按钮后页面即会展示符合条件的搜索结果。

2) 快速查询

导航栏的右侧提供一个快速搜索框，输入几个关键词即可匹配出当前项目中的对应 Bug。此外，输入某些特殊关键词可以出现下拉列表供用户选择，如图 9-11 所示，输入 my 会出现所有分配给当前登录用户的 Bug。

其他一些特殊关键词如下。

(1) r:me，查找当前登录用户报告的 Bug。

(2) r:abc，查找由用户 abc 上报的 Bug。

(3) r:none，查找没有上报者的 Bug。

(4) <project name>或<project key>，查找指定项目名或项目代号中的 Bug。

(5) overdue，查找当天已过期的 Bug。

(6) created:、updated:和 due:，查找在某个日期范围内创建、更新和到期的 Bug。日期范围可以使用 today、tomorrow、yesterday、单个日期范围（如'-1w'）、两个日期范围（如'-1w，

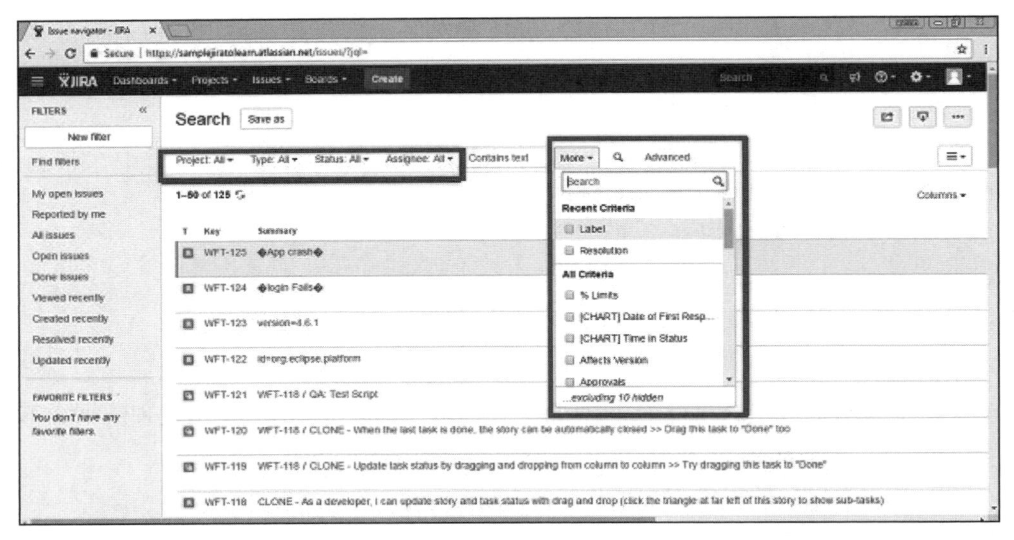

图 9-10 基础查询界面

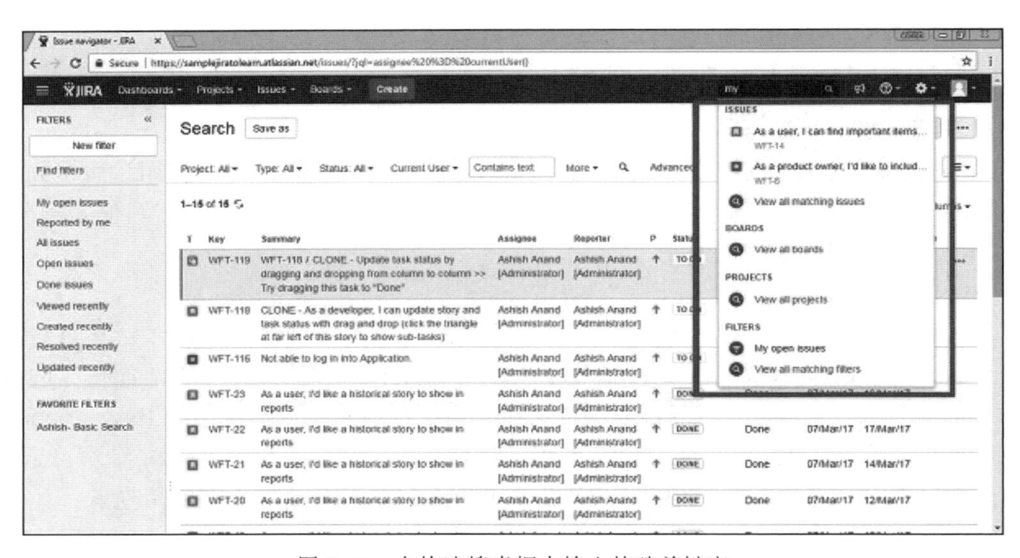

图 9-11 在快速搜索框中输入特殊关键字

1w')。日期范围间不能有空格。时间单位缩写包括:'w'(周)、'd'(日)、'h'(时)、'm'(分)。

(7) C:,查找指定组件中的 Bug。

(8) V:,查找指定版本中的 Bug。

(9) Ff:,查找指定的修复版本中的 Bug。

(10) *:,通配符可以用在上面每个查询中。

3) 高级查询

高级查询允许用户构造查询语句来查找 Bug,一个简单的 JIRA 查询语句(JQL)包括字段、操作符以及值或函数,如 Project="TEST"即用来查找 TEST 项目中的 Bug。字段包含 issueKey, Affected Version, Assignee, Attachments, Category, Comment, Component, Created,Creator,Description,Due,Environment 等,操作符包括=,!=,<=,>=,>,<,not in，in，～(包含)，!～(不包含)，is，is not 等。此外，还有一些关键词，如下所示。

(1) and，如 status＝open and priority＝urgent and assignee＝Ashish。

(2) or，如 duedate < now() or duedate is empty。

(3) not，如 not assignee＝Ashish。

(4) empty，如 affectedVersion is empty/affectedVersion＝empty。

(5) null，如 assignee is null。

(6) order by，如 duedate＝empty order by created，priority desc。

4. 生成报表

JIRA 为每个项目提供了各种不同的报表，帮助分析项目的进度、Bug、时间线、资源使用情况等。JIRA 将报表分成敏捷、缺陷分析、预测与管理、其他 4 类。

1) 敏捷

(1) 燃尽图(Burn Down Chart)：跟踪剩余工作量以及监控迭代(Sprint)是否达到了项目预期。

(2) 迭代图(Sprint Chart)：跟踪每次迭代中已完成或驳回的工作。

(3) 速度图(Velocity Chart)：跟踪每次迭代中完成的工作量。

(4) 累积流图(Cumulative Flow Diagram)：显示过去一段时间中的缺陷状态，帮助识别高风险和未解决的重要缺陷。

(5) 版本报表(Version Report)：跟踪一个版本的预期发布日期。

(6) 史诗报表(Epic Report)：显示过去一段时间内一个史诗(Epic)的完成进度。

(7) 控制图(Control Chart)：显示项目、项目版本、项目迭代的周期时间，帮助确定当前的进度数据能否用于决定将来的表现。

(8) 史诗燃尽图(Epic Burn Down)：跟踪完成一个史诗所需的预期迭代数量。

(9) 发布燃尽图(Release Burn Down)：跟踪一个版本的预期发布日期。帮助监控当前版本能否按时发布，以在进度落后的情况下可以采取相应的措施。

2) 缺陷分析

(1) 平均年龄报表(Average Age Report)：显示未解决缺陷的平均存在天数。

(2) 缺陷解决情况报表(Created vs Resolved Issue Report)：显示给定时段内的缺陷上报数量和解决数量。

(3) 饼图报表(Pie Chart Report)：显示指定字段不同取值下的缺陷数量分布。

(4) 近期上报缺陷报表(Recently Created Issue Report)：显示一个项目过去一段时间内上报的缺陷数量，以及其中被解决的数量。

(5) 缺陷解决时间报表(Resolution Time Report)：显示缺陷被解决所花费的平均时间。

(6) 单级分组报表(Single Level Group by Report)：对查询结果按某字段分组，并可查看每组的综合状态。

(7) 时段缺陷数量报表(Time since Issues Report)：跟踪过去一段时间内缺陷被创建、更新、解决的数量。

3) 预测与管理

(1) 时间跟踪报表(Time Tracking Report)：该报表显示了当前产品中缺陷的时间跟

踪信息。它显示出特定缺陷的初始时间和当前时间估计,以及它们是否超前或滞后于初始的计划。

(2) 用户工作量报表(User Workload Report):该报表显示了分配给某用户的所有未解决缺陷所需时间预估,帮助了解用户当前的工作量是否过多或过少。

(3) 版本工作量报表(Version Workload Report):该报表显示了某产品版本当前工作量信息。对于一个特定版本,该报表显示出每个用户和每个缺陷的剩余工作量,帮助了解该版本的剩余工作量。

4) 其他

工作量饼图报表(Workload Pie Chart Report):该报表用饼图显示了特定项目中所有缺陷所需时间的分布情况。可以指定缺陷所需时间的不同估计方式:当前估计、初始估计和实际花费时间,以及需要分组统计的字段名。

9.5 本章小结

本章首先对缺陷管理的目的和意义做了简要说明,并按工具的功能对市面上的缺陷管理工具进行分类;然后给出了在实际应用中选择缺陷管理工具需要注意的事项;接着详细介绍了3种支持缺陷管理的工具Redmine、Bugzilla和JIRA,对它们的特点和各个工具提供的缺陷跟踪功能进行了说明。

拓展练习

习题 9

(1) 软件开发过程中为什么要进行缺陷跟踪?

(2) 尝试在Bugzilla中分别使用快速查询、简单查询、高级查询查找同一个问题。

(3) 试用JIRA,体验项目创建、缺陷录入到最后缺陷解决的完整流程。

第10章

JUnit单元测试

目前最流行的单元测试工具要数 XUnit 系列框架，它能支持不同的语言，如 JUnit(Java)、CppUnit(C++)、DUnit(Delphi)、NUnit(.NET)、PhpUnit(PHP)和 Unittest(Python)等。XUnit 框架是由 Erich Gamma 和 Kent Beck 编写的一系列测试规则，这些规则约定如何编写和运行可重复的测试。

JUnit 是 XUnit 系列框架中最早出现的，正是由于 JUnit 在测试 Java 代码时的优异表现，才使 XUnit 框架得以推广到了其他的编程语言中。本章将重点介绍 JUnit 测试 Java 代码的语法细节和相关实例。

本章要点

- JUnit 的组成
- JUnit 的基本功能
- JUnit 的应用

10.1 JUnit 概述

JUnit 是由 Erich Gamma 和 Kent Beck 编写的一个回归测试框架(Regression Testing Framework)。JUnit 测试是程序员测试，即所谓的白盒测试，因为程序员知道被测试的软件如何(How)完成功能和完成什么样(What)的功能。JUnit 是一套框架，继承 TestCase 类，就可以用 JUnit 进行自动测试了。

10.1.1 JUnit 简介

在设计 JUnit 单元测试框架时，设定了 3 个总体目标，第 1 个是简化测试的编写，这种简化包括测试框架的学习和实践测试单元的编写；第 2 个是使用测试单元保持持久性；第 3 个则是可以利用既有的测试编写相关的测试。

通过 JUnit，可以用 Mock Objects 进行隔离测试；用 Cactus 进行容器内测试；用 Ant 和 Maven 进行自动构建；在 Eclipse 内进行测试；对 Java 应用程序、Filter、Servlet、EJB、JSP、数据库应用程序、标签库等进行单元测试。

使用 JUnit 时，主要都是通过继承 TestCase 类撰写测试用例，使用 test *** ()名称撰写单元测试。

用 JUnit 进行单元测试需要做 4 件事。

（1）用一条 import 语句引用 junit. framework. * 下要使用的类。

（2）使用 extends 语句继承 junit. framework. TestCase。

（3）自行添加一个 main()方法调用 TestRunner. run(测试类名. class)。

（4）调用 super(String)的构造函数。

在阅读 JUnit 代码时，还会发现有许多以 test 开头的方法，而这些方法正是需要测试的方法，JUnit 测试其实只要在所有 test 开头的方法中对数据添加断言方法即可。

JUnit 运行情况如图 10-1 所示。可以看出，JUnit 会执行所有的断言，若均与预期的结果相一致，则测试通过，说明代码没有预期的错误；若有不通过的错误，则会以红色错误抛出。JUnit 将测试失败的情况又分为两种：Failure 和 Error。Failure 一般是由单元测试使用的断言方法判断失败所引起的，它表示在测试点发现了问题；而 Error 则是由代码异常引起的，它可能产生于测试代码本身的错误，也可能是被测试代码中的一个隐藏的缺陷。

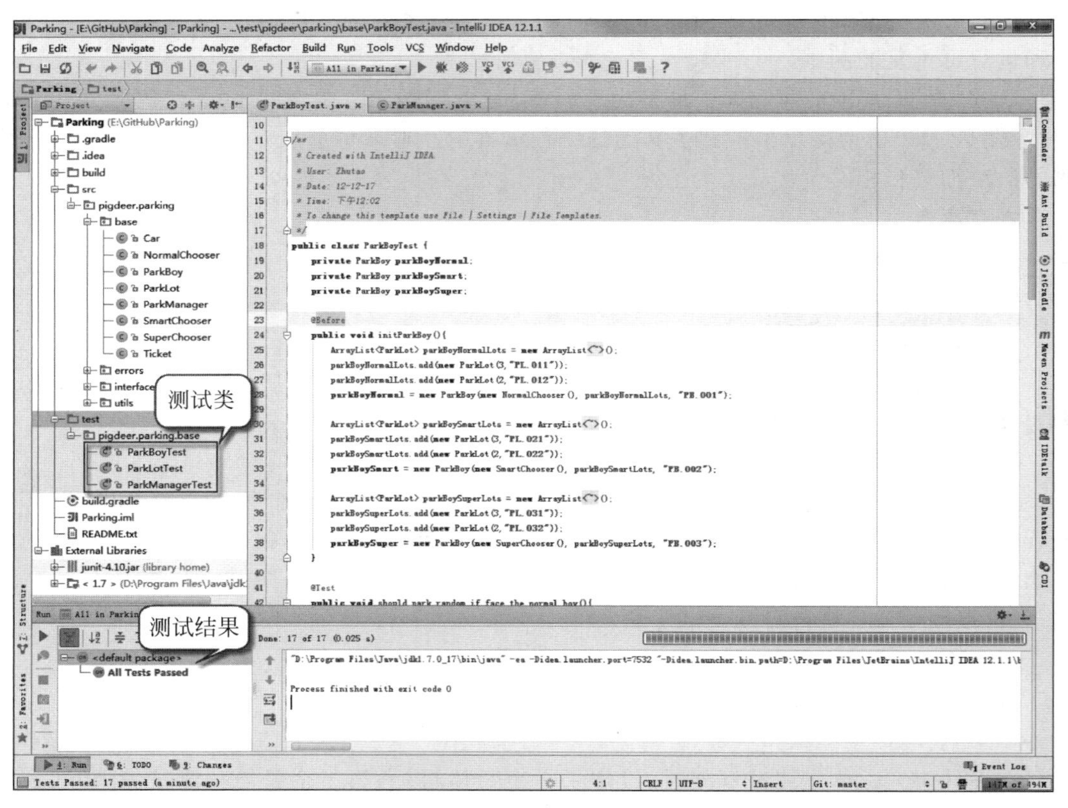

图 10-1 JUnit 运行图示

10.1.2　JUnit 组成

JUnit 框架经历了多次版本升级，目前市场上主流的版本是 5，由于 JUnit 是开源框架，大家可以登录 www.junit.org 获取 JUnit 的相关版本。JUnit 是以 JAR 文件的形式分发的，为了使用 JUnit 为应用程序编写测试，我们需要把 JUnit 的 JAR 文件添加到运行的 CLASSPATH 中去。

我们以 JUnit 3.8.1 为例分析 JUnit 的框架组成。JUnit 3.8.1 整个框架的核心是：TestCase、TestSuite、TestRunner、Assert、TestResult、Test 和 TestListener，其中 TestListener 和 Test 是接口。

1. 用 TestCase 创建测试

TestCase 是测试用例类，它定义了可以用于运行多项测试的环境。我们编写的测试类都必须继承于 TestCase，它以 test *** 方法的形式包含一个或多个测试，一个 TestCase 把具有公共行为的测试归入一组。

例如，我们要编写一个测试类 TestClassA，类的声明如下。

```
import junit.framework.TestCase;
public class TestClassA extends TestCase{
        public void testMethodA(){
                ...
        }
        public void testMethodB(){
                ...
        }
}
```

在这段代码中，TestClassA 是测试类，它要继承 TestCase 类，第 1 行的引用用来指定 TestCase 类在 JUnit 框架中的位置。testMethodA()和 testMethodB()是测试方法，一个测试类中可以有多个测试方法。

典型的 TestCase 包含了两个主要部件：Fixture(可翻译为“固定装置”或“配件”，这里指按照固定顺序辅助测试方法执行的系统方法)和测试单元，Fixture 指运行一个或多个测试所需的公用资源或数据集合。运行测试所需要的外部资源环境通常称作 Testfixture。TestCase 通过 setUp()和 tearDown()方法自动创建和销毁 Fixture，TestCase 会在每个测试运行之前调用 setUp()方法，并且在每个测试完成之后调用 tearDown()方法。

2. 用 TestRunner 运行测试

TestRunner 是运行测试程序类，它是用来启动测试的用户界面，BaseTestRunner 是所有 TestRunner 的超类。如果需要编写自己的 TestRunner，也可以继承这个类。

为了让运行测试尽可能迅捷，JUnit 提供了 3 种 TestRunner 运行器，分别为 testui.TestRunner、swingui.TestRunner 和 awtui.TestRunner。swingui.TestRunner 和 awtui.TestRunner 用于图形控制台，awtui.TestRunner 属于遗产代码，现在很少有人使用。

这些运行器可以执行测试并且可以提供结果统计信息，使用很简单，如图 10-2 所示，表示实际运行中的测试情况，图中右侧的进度条就是 JUnit 中著名的 Green Bar。Keep the

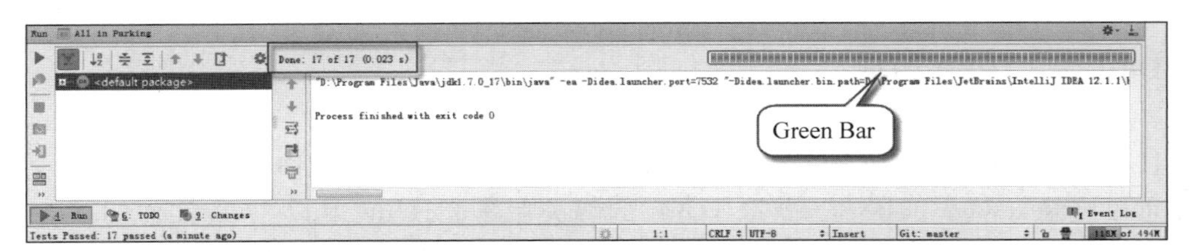

图 10-2 测试执行结果通过情况

bar green to keep the code clean 是 JUnit 的格言。

如果测试失败,进度条会呈现为红色,JUnit 测试者喜欢把通过测试成功称为 Green Bar,把测试失败称为 Red Bar。测试失败的情况如图 10-3 所示。

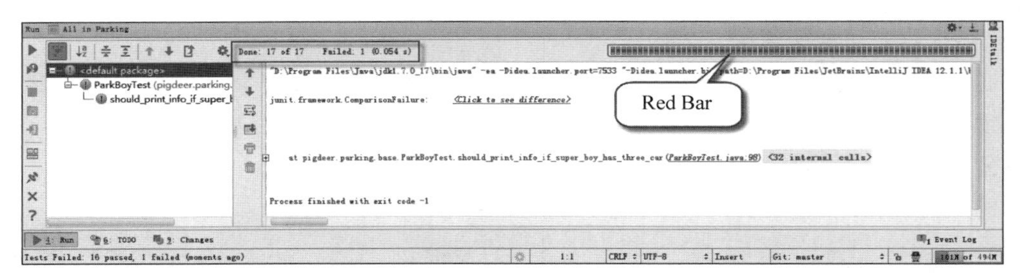

图 10-3 测试执行结果失败情况

3. 用 TestSuite 和 Test 组合测试

TestSuite 是测试集合类,包含一组测试。一个 TestSuite 是把多个相关测试归入一组的便捷方式。它的引用位置是:import. junit. framework. TestSuite。

一旦创建了一些测试实例 TestCase,下一步就是要让它们能作为一个集合一起运行,我们必须定义一个 TestSuite 并把需要一起运行的 TestCase 添加进去。使用一个静态的 suite()方法完成这项任务,suite()方法就像 main()方法一样,JUnit 用它来执行 TestSuite 中的测试。在 suite()方法中,将测试实例添加到一个 TestSuite 对象中,并返回这个 TestSuite 对象。一个 TestSuite 对象可以运行一组测试。

如果我们没有为编写的测试类 TestCase 定义一个 TestSuite,那么 JUnit 就会自动提供一个默认的 TestSuite,它会扫描测试类,找出所有的以 test 开头的测试方法,并且在内部为它们创建一个 TestCase 实例,要调用的方法名会传递给 TestCase 的构造函数,这样每个实例就有一个唯一标识。

默认 TestSuite 还不能完全满足我们的需要,大多数情况下我们需要编写自己的 TestSuite。例如,我们可能需要组合多个 suite(),需要运行指定的某些测试等。

我们一般会写一个 TestAll 类来自定义 suite()方法。以下代码展示了一个典型的 TestAll 类。

```
import junit.framework.Test;
import junit.framework.TestCase;
import junit.framework.TestSuite;
public class TestAll extends TestCase{
        public static Test suite(){
                TestSuite suite = new TestSuite();
```

```
            suite.addTestSuite(CalculatorTest.class);
            suite.addTestSuite(LargestTest.class);
            return suite;
      }
}
```

通常情况下，TestAll类包含一个静态suite()方法，以便调用所有其他的test或suite。可以通过调用addTestSuite()方法增加想要一起运行的TestCase对象或TestSuite对象，因为addTestSuite()方法接收的参数是Test类型的对象，而TestCase和TestSuite都实现了Test接口。

TestSuite提供了一种Composite模式，即把对象组合成树状结构表示部分-整体层次关系。Composite模式可以让客户一致地对待单个对象和对象的组合。JUnit用Test接口运行一个单独的测试，或者是多个测试的集合，这就是Composite模式的体现。给TestSuite增加一个对象时，实际上增加的是Test，而不只是一个TestCase。因为TestSuite和TestCase都实现了Test接口，所有既可以向TestSuite加入另一个TestSuite，也可以加入一个TestCase。如果是TestCase，那么就会运行这个单独的测试；如果是TestSuite，就会运行一组测试。

4. 用TestResult收集测试参数

TestResult是测试类，所有的TestSuite都有一个对应的TestResult。TestResult负责收集TestCase的执行结果，并存储所有的测试细节。

如果测试失败，JUnit会创建一个TestFailure对象，它会存储在TestResult当中。

TestRunner使用TestResult报告测试结果，如果TestResult集合中没有TestFailure对象，那么代码就是干净的，进度条就用绿色显示；否则TestRunner就报告失败，并输出失败测试的数目和它们的栈轨迹(Stack Trace)。

JUnit测试中，失败(Failure)和错误(Error)是不一样的。失败是可预期的，表示测试失败，可能发现了缺陷，修正代码就可以使测试正常通过；错误是测试时不可预期的，由意外问题引发的错误，它可能意味着支撑环境中的失败，而不是测试本身的失败。

几乎所有的JUnit类在内部都会用到TestResult，我们在编写测试代码时不用直接和TestResult打交道。

5. 用TestListener观察测试结果

TestListener接口观察运行的结果，并且负责报告这些运行信息。TestResult收集了关于测试的信息，TestRunner通过实现TestListener接口报告这些信息。

虽然TestListener接口是JUnit框架的重要部分，但是我们在编写测试代码的时候不必实现这个接口。

6. 用Assert断言

编写代码时，总是会做出一些假设，断言就是用于在代码中捕捉这些假设。可以将断言看作异常处理的一种高级形式。

断言表示为一些布尔表达式，程序员相信在程序中的某个特定点该表达式为真，可以在任何时候启用和禁用断言验证，因此可以在测试时启用断言，在部署时禁用断言。同样，程序投入运行后，最终用户在遇到问题时，也可以重新启用断言，以发现问题出现的位置与原因。

使用断言可以创建更稳定、品质更佳并且不易于出错的代码。

JUnit 为我们提供了一些辅助函数，帮助我们确定被测试的方法是否按照预期的效果正常工作，通常把这些辅助函数称为断言。JUnit 的各种断言介绍如下。

(1) assertEquals(a,b)：测试 a 是否等于 b(a 和 b 必须是原始数据类型，或者是实现了比较方法而具有 equals 方法)。

(2) assertFalse(a)：测试 a 是否为 False(假)，a 是一个布尔类型。

(3) assertTrue(a)：测试 a 是否为 True(真)，a 是一个布尔类型。

(4) assertNotNull(a)：测试 a 是否为非空，a 是一个对象或 Null。

(5) assertNull(a)：测试 a 是否为空，a 是一个对象或 Null。

(6) assertNotSame(a,b)：测试 a 和 b 是否没有引用同一个对象。

(7) assertSame(a,b)：测试 a 和 b 是否都引用同一个对象。

我们介绍了 JUnit 框架的组成，核心类之间的关系可以简单总结为以下几句话。

(1) 我们重点关注测试类 TestCase，因为它是测试运行的主体对象，测试类都要继承 TestCase。

(2) 测试结果的判定由断言类 Assert 实现，我们依据断言语句的执行结果判断是否存在软件缺陷。

(3) TestSuite 和 Test 以 Composite 模式(树状结构)组织测试类 TestCase。

(4) TestRunner 负责运行 TestSuite，它提供了 3 种运行模式。

(5) TestResult 负责收集测试相关信息。

(6) TestListener 帮助对象获取 TestResult 并创建有用的测试报告。

10.2 JUnit 测试过程

利用测试改善代码质量，特别是改善设计质量，这就是著名的测试驱动开发(Test-Driven Development，TDD)理论。基于 JUnit 的测试过程很好地体现了这一点。同时，JUnit 也是极限编程和重构中极力推荐的工具，因为实现自动单元测试可以大大提高开发效率。

使用 JUnit 进行单元测试的过程简要描述如下。

(1) 判断组件的功能：通过定义应用的整体需求，把系统划分成几个对象，这需要对组件的基本功能十分清楚。因此，基于 Java/J2EE 的单元测试实际上也属于设计过程的一部分。

(2) 设计组件行为：可以使用 UML 或其他文档视图设计组件行为，从而为组件的测试打下基础。

(3) 编写单元测试程序(或测试用例)确认组件行为：假定组件的编码已结束而组件工作正常，我们需要编写单元测试程序确定其功能是否和预定义的功能相同，测试程序需要考虑所有正常和意外的输入，以及特定的方法才能产生的输出。

(4) 编写组件并执行测试：首先创建类及其所有对应的方法标识，然后遍历每个测试实例，为其编写相应的代码使其顺利通过，再返回测试。继续这个过程直至所有实例通过。

（5）测试替代品：考虑组件行为的其他方式，设计更加周全的输入或其他错误条件，编写测试用例捕获这些条件，然后修改代码，使测试通过。

（6）重整代码：如果有必要，在编码结束时对代码进行重整和优化，改动后返回单元测试并确认测试通过。

（7）当组件有新的行为时，编写新的测试用例：编写一个测试实例重复每次在组件中发现的缺陷，并修改组件以保证测试实例通过。同样，当发现新的需求或已有的需求改变时，编写或修改测试实例以响应此变化，然后修改代码。

（8）代码修改后返回所有的测试：每次代码修改时，需要遍历所有的测试，以确保代码在修改时，没有引入新的缺陷。

使用 JUnit 进行测试时，测试用例的编写一般遵循以下方法。

（1）在测试单元中引入 import junit. framework. TestCase 和 junit. textui. TestRunner。

（2）该测试单元继承 junit. framework. TestCase。

（3）添加一个 main()方法，在其中调用 TestRunner. run(测试类名. class)。

（4）有一个调用 super(String)的构造函数。

（5）执行 setup()方法：初始化测试方法所需要的测试环境。一般将执行各个测试方法时所需的初始化工作放在其中，而不放在该测试类的构造方法中。

（6）执行 tearDown ()方法：在每个测试方法被执行之后被调用，负责撤销测试环境。

下面是一个例子的实现过程。

```
import junit.framework.TestCase;
import junit.textui.TestRunner;
public class UseCaseTest extends TestCase{
        //要测试的类，在此声明一个实例
        UseCase uc = null;
        //添加一个构造函数
        public UseCaseTest(String name){
                super(name);
        }
        //执行每个测试前都需要执行该方法
        protected void setup() throws Exception{
                super.setup();
                uc = new UseCase();
        }
        //执行每个测试后都需要执行该方法
        protected void tearDown() throws Exception{
                uc = null;
                super.tearDown();
        }
        //添加main()函数，使其单独运行
        public static void main(String [] args){
                junit.textui.TestRunner.run(UseCaseTest.class);
        }
        //测试uc.getAge()方法
        public void testAge(){
                //定义期望值
                int expectedReturn = 3;
                //获取实际值
                int actualReturn = uc.getAge();
                //比较是否一致
```

```
            assertEquals( "OK!" , expectedReturn, actualReturn);
        }
        //测试其他方法
        …
}
```

10.3 JUnit 的安装与集成

JUnit 框架是开发源代码的工具，大家可以到官网 www.junit.org 下载相关版本。JUnit 是以 JAR 文件(junit.jar)的形式分发的。目前较新的版本为 4.x，我们先以 JUnit3.8.1 为例讲解基本安装和使用，再结合集成开发环境讲解 4.x 版本的 JUnit 集成。

10.3.1 JUnit 的简单安装

JUnit 的安装步骤很简单。

第 1 步，从 www.junit.org 上下载 junit-3.8.1.jar。

第 2 步，为了使用 JUnit 为应用程序编写测试，我们需要把 junit.jar 文件添加到环境变量 CLASSPATH 中。

右击“我的电脑”，执行“属性”→“高级”→“环境变量”命令，在“系统变量”中选中变量 CLASSPATH，单击“编辑”按钮，将 junit.jar 的路径添加进去，单击“确定”按钮，完成环境变量的设置。如图 10-4 所示，本书将 junit.jar 置于 D:\Program Files\Java\junit\junit-3.8.1.jar，其环境变量的设置即为将该地址路径加入 CLASSATH 中。

至此，安装完成，下面可以利用 JUnit 进行测试。

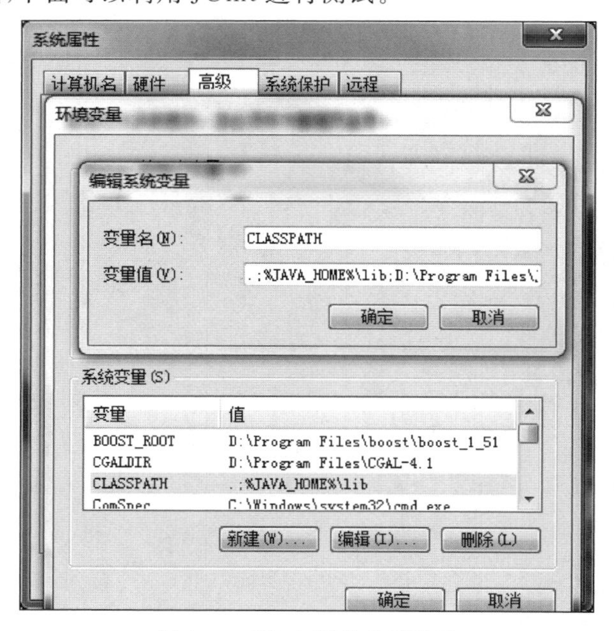

图 10-4 JUnit 环境变量设置

第 3 步，执行“开始”→“运行”命令，输入 cmd，打开命令行界面。输入命令：

```
d:
```

切换到 D 盘，再输入命令：

```
cd D:\Program Files\Java\junit
```

进入 JUnit 目录。接着输入命令：

```
java - cp junit - 3.8.1.jar junit.swingui.TestRunner
```

打开 JUnit 的图形界面运行器。

第 4 步，在 JUnit 图形界面的 Test class name 编辑框中输入实例程序的类名，然后单击右侧的 Run 按钮，出现 Green Bar 绿色状态条，说明代码测试通过。

10.3.2 JUnit 与 IDE 集成

我们在实际开发中，多数时候还是利用集成开发环境（Integrated Development Environment，IDE）进行，JUnit 也被诸多集成开发环境集成，下面将详细介绍。此外，随着产业的革新，如今 JUnit4 的使用已经渐渐普及，JUnit4 是 JUnit 框架有史以来的最大改进，其主要目标便是利用 Java5 的注解（Annotation）特性简化测试用例的编写。本章之后的内容都将围绕 JUnit4 展开。

1. 与 Eclipse 集成

Eclipse 是最为流行的 Java 开发 IDE，它全面集成了 JUnit，并从 3.2 版本开始支持 JUnit4。当然，JUnit 并不依赖于任何 IDE。我们可以从 http://www.eclipse.org/上下载最新的 Eclipse 版本。

首先新建一个 Java 工程——coolJUnit。现在需要做的是，打开项目 coolJUnit 的属性页，选择 Java Build Path 子选项，单击 Add Library...按钮，在弹出的 Add Library 对话框中选择 JUnit（见图 10-5），并在下一页中选择版本 4.1 后单击 Finish 按钮。这样便把 JUnit 引入当前项目库中了。

在开始编码前，还需要为测试代码设置一个目录，因为测试代码和被测试代码是同时交替进行编写的。如果放在一起，会造成很大的混乱，单元测试代码是不会出现在最终产品中的。建议分别为单元测试代码与被测试代码创建单独的目录，并保证测试代码和被测试代码使用相同的包名。这样既保证了代码的分离，同时还保证了查找的方便。遵照这条原则，我们在项目 coolJUnit 根目录下添加一个新目录 testsrc，并把它加入项目源代码目录中，如图 10-6 所示。

现在我们得到了一条 JUnit 的最佳实践：单元测试代码和被测试代码使用相同的包，不同的目录。一切准备就绪，就可以开始使用 JUnit 进行单元测试了。

2. 与 NetBeans 集成

NetBeans IDE 是一个屡获殊荣的集成开发环境，可以方便地在 Windows、Mac、Linux

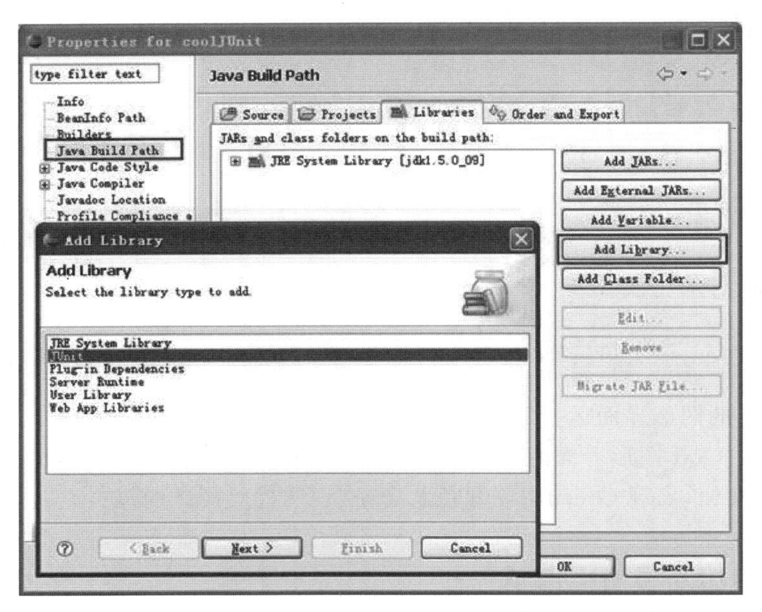

图 10-5 为项目添加 JUnit 库

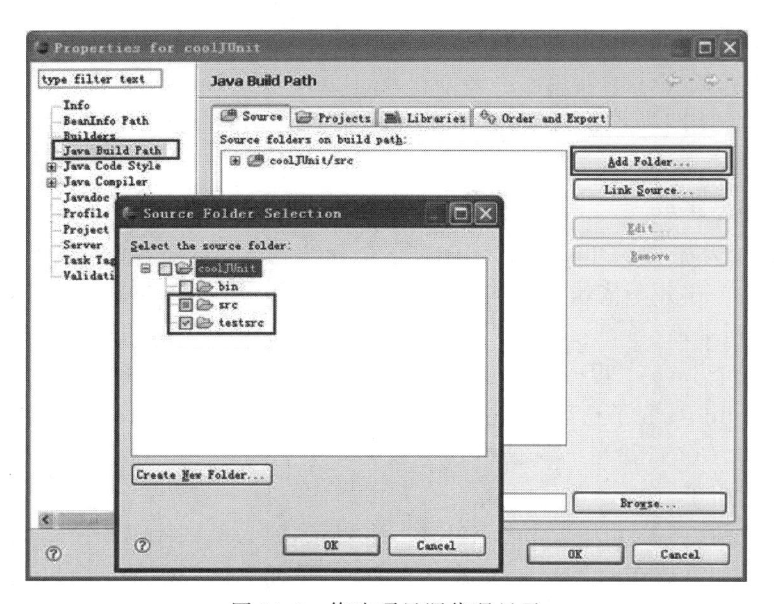

图 10-6 修改项目源代码目录

和 Solaris 中运行。NetBeans 包括开源的开发环境和应用平台，NetBeans IDE 可以使开发人员利用 Java 平台快速创建 Web、企业、桌面以及移动的应用程序，NetBeans IDE 目前还支持 PHP、Ruby、JavaScript、Ajax、Groovy、Grails 和 C/C++ 等开发语言。

我们同样以 coolJUnit 工程为例，介绍在 NetBeans 下搭建 JUnit 测试开发环境。

首先，还是按照 NetBeans 的新建工程向导，创建一个工程项目。NetBeans 默认是将 JUnit 机制引入的，右击项目名称，选择“属性”，如图 10-7 所示，NetBeans 默认是为项目创建测试文件夹的。

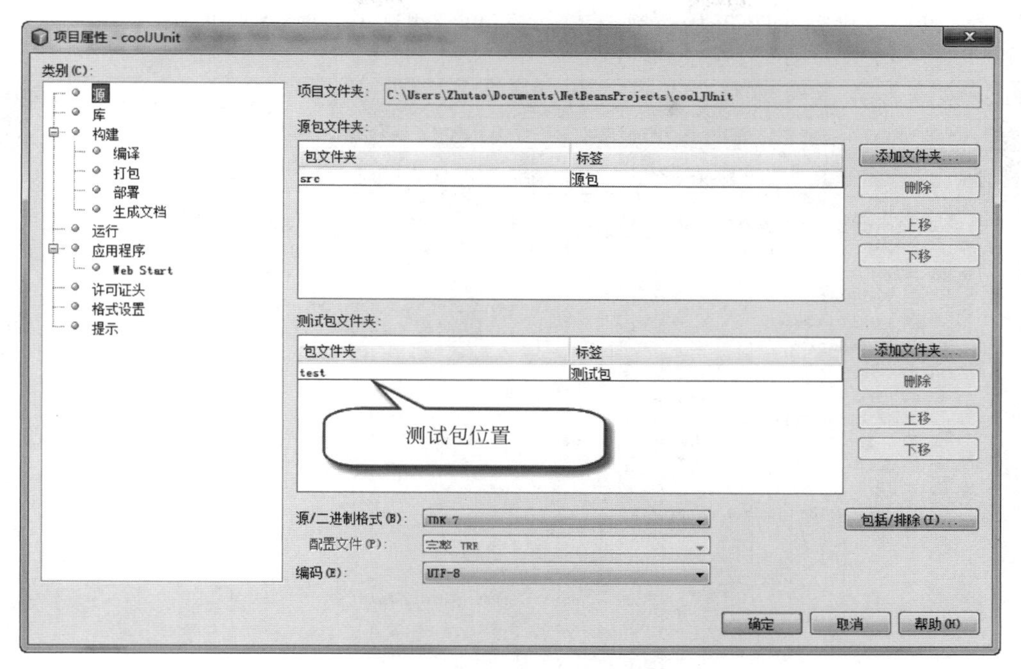

图 10-7　NetBeans 项目属性

同样，我们需要为该项目加入测试的库文件 junit.jar。如图 10-8 所示，在项目属性的“库”菜单的“运行测试”选项卡中单击“添加库”按钮，导入 NetBeans 自带的 JUnit 版本即可。

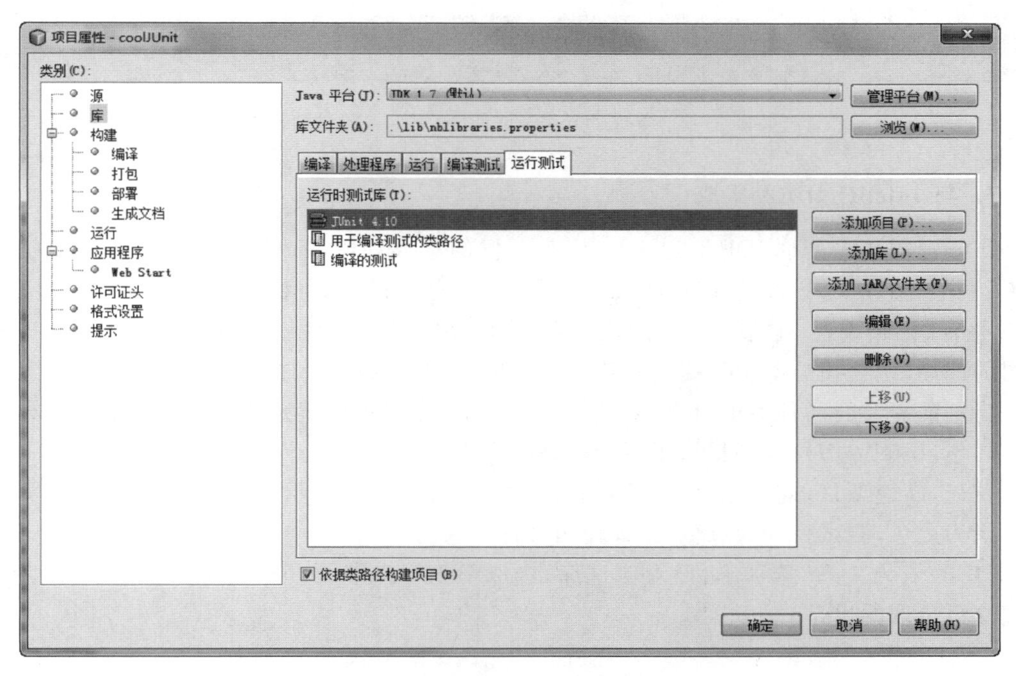

图 10-8　NetBeans 测试库添加

完成以上设置后,即可开始使用JUnit进行单元测试了。项目结构如图10-9所示。

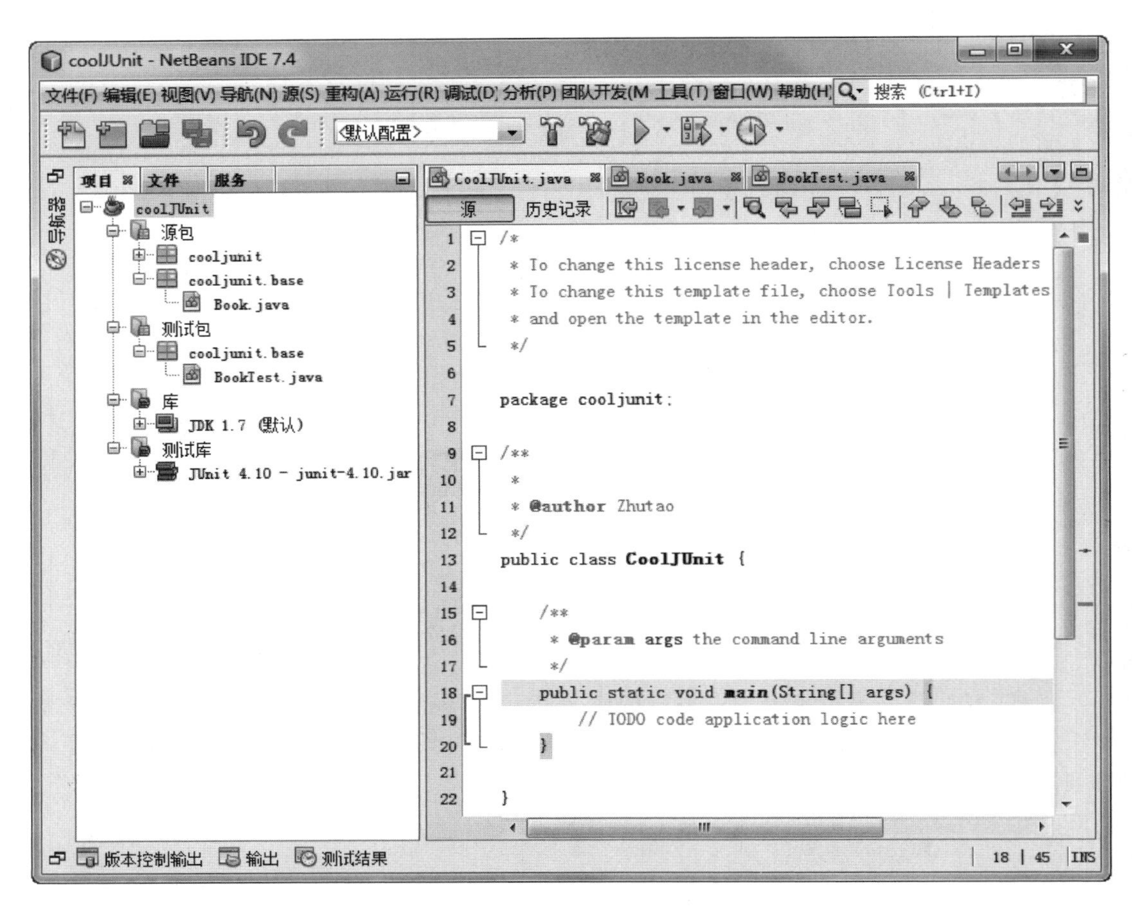

图10-9 集成JUnit测试的NetBeans项目结构

3. 与IntelliJ IDEA集成

IntelliJ IDEA简称IDEA,是Java语言开发的集成环境,IntelliJ在业界被公认为最好的Java开发工具之一,尤其在智能代码助手、代码自动提示、重构、J2EE支持、Ant、JUnit、CVS整合、代码审查、创新的GUI设计等方面的功能可以说是超群的。IDEA是JetBrains公司的产品,该公司总部位于捷克的首都布拉格,开发人员以严谨著称。

与之前提及的两种IDE相似,在集成JUnit上,主要工作就是添加测试库文件,设置测试文件包,IntelliJ IDEA则提供了更加友好的界面支持。

首先,新建项目,选择"文件"→"项目结构",如图10-10所示,设置相应的目录,源代码的目录为蓝色,测试目录为绿色,编译输出文件目录为红色。

打开"依赖关系"选项卡,设置测试库,选取IDEA自带的junit.jar。如图10-11所示,我们这里选取的也是junit4.10。

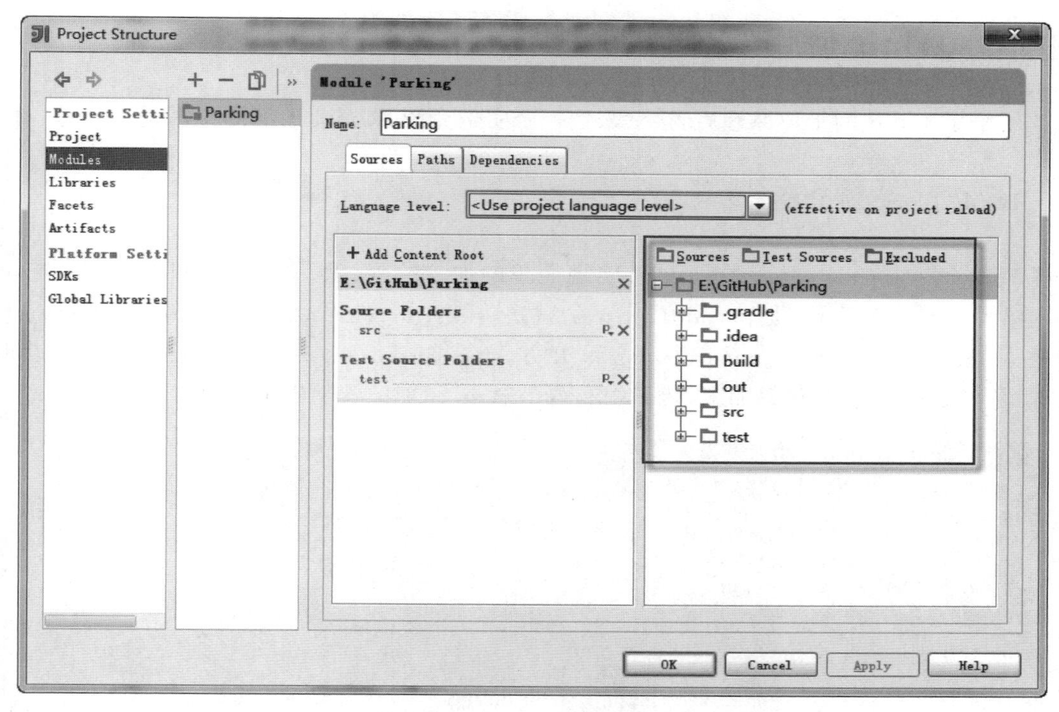

图 10-10　IntelliJ IDEA 项目结构

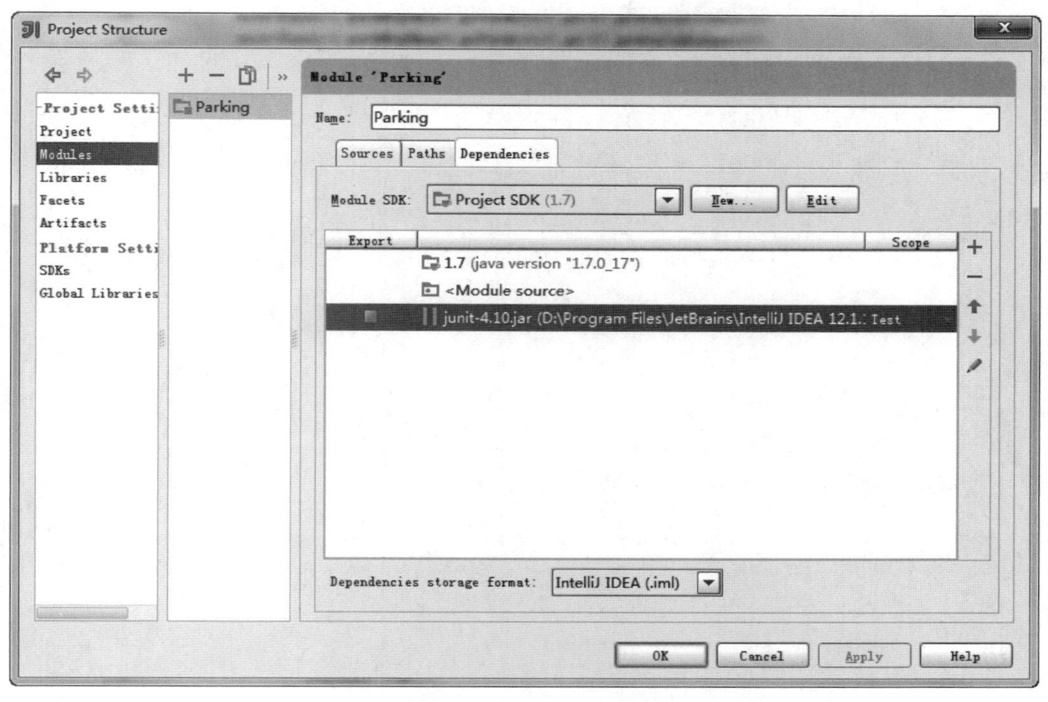

图 10-11　IntelliJ IDEA 测试库添加

10.4 JUnit 使用案例

了解了JUnit的工作原理后，接下来用一个实例介绍JUnit4的实际应用。

10.4.1 案例介绍

现在有一个Calculator类，是能够实现简单的加、减、乘、除、平方、开方的计算器类，其中有8个方法，分别为：加法，add(int n)；减法，substract(int n)；乘法，multiply(int n)；除法，divide(int n)；平方，square(int n)；开方，squareRoot(int n)；清零，clear()以及获取结果，getResult()。其代码如下，代码中有若干Bug，详细记录于代码后的注释中。

```
package andycpp;

public class Calculator {
        //静态变量，用于存储运行结果
        private static int result;
        public Calculator(int n)   {
                result = n;
        }
        public void add(int n)   {
                result = result + n;
        }
        public void substract(int n) {
                result = result - 1;
                //Bug: 正确的应该是 result =result-n
        }
        public void multiply(int n)   {
                //Bug : 此方法未实现
        }
        public void divide(int n)   {
                result = result / n;
                //Bug : 未做非零校验
        }
        public void square(int n)   {
                result = n * n;
        }
        public void squareRoot(int n) {
                for (; ;) ;
                //Bug : 死循环
        }
        public void clear()   {
                result = 0;
        }
        public int getResult()   {
                return result;
        }
}
```

10.4.2 常规测试

怎样测试出代码中的Bug，证明Calculator类能够正常工作呢？传统的基本思路是设计适当的测试用例，然后把Calculator类实例化，接着就以设计好的测试用例为参数调用具体方法，最后检验返回结果与预期值是否一致，如果一致就说明代码正确。

按照上面的思路，我们不使用 JUnit 框架也可以进行 Calculator 类的测试。在 Calculator 类中创建 main()函数测试 add()方法的代码如下。

```
package andycpp;

public class Calculator {
        …
        public static void main(String[] args){
                Calculator calc = new Calculator(0);
                int result = calc.add(3);
                if(result == 3){
                        System.out.println(result);
                }else{
                        System.out.println("failure!");
                }
        }
}
```

这个测试很简单，我们使用的测试用例是 0+3。首先，创建 Calculator 类的实例，把测试用例传递给它，然后用 if 语句比较预期值 3 与实际结果 result 是否相等。如果相等，就在控制台输出 result 的值；否则，输出错误提示信息“failure!”。

add()方法的功能非常简单，通过编译运行，肯定能得到正确的结果。但是，如果改变 add()方法中的代码，使测试失败，就必须仔细地寻找错误消息以确定错误原因。另外，还要考虑到这里的代码只是测试了 add()方法，如果把测试 Calculator 类的代码写完整，运行 main()函数势必会进行连续测试，容易造成混乱，一旦出现错误，也不容易查找。当然，我们完全可以利用自己编码的技巧解决这些问题，可以编写出足够智能的程序解决上述测试混乱的问题。例如，构建新的测试类，使测试结构清晰；创建能动态显示测试结果的窗口，使测试工作可以控制，等等。做完这些工作后，我们会发现所有测试的程序仅仅是简单的 Calculator 运算类，测试的效率是大家都不能接受的。显然，这样的测试不是我们想要的。

10.4.3 使用 JUnit 测试

所有的单元测试框架都应该遵守 3 条原则。

(1) 每个单元测试的运行都必须独立于其他单元测试。

(2) 必须以单项测试为单位检测和报告错误。

(3) 必须易于定义要运行的单元测试。

毫无疑问，JUnit 也能很好地遵守这 3 条规则。同时，JUnit 还有很多功能可以简化测试的编写和运行，具体如下。

(1) 每个单元测试可以独立运行。

(2) 标准的资源初始化和回收方法。

(3) 各种不同的 assert 方法，让测试结果的比较更加容易。

(4) 与流行的工具(Ant、Maven 等)和流行的 IDE(Eclipse、Netbeans、IDEA 等)整合。

下面介绍在 Eclipse 中利用 JUnit4 对 Calculator 类进行测试的过程和方法。

1. 测试实现

第 1 步，在 Eclipse 中创建一个名为 JUnit_Test 的项目，将被测试类添加到项目中。

第 2 步，将 JUnit4 单元测试包引入这个项目，在该项目上右击，选择“属性”，如图 10-12 所示。在弹出的属性窗口中，首先在左边选择 Java Build Path，然后到右上选择 Libraries 标签，之后在最右边单击 Add Library 按钮，如图 10-13 所示。然后在新弹出的对话框中选择 JUnit4 并单击 OK 按钮，JUnit4 软件包就被包含进我们这个项目了。

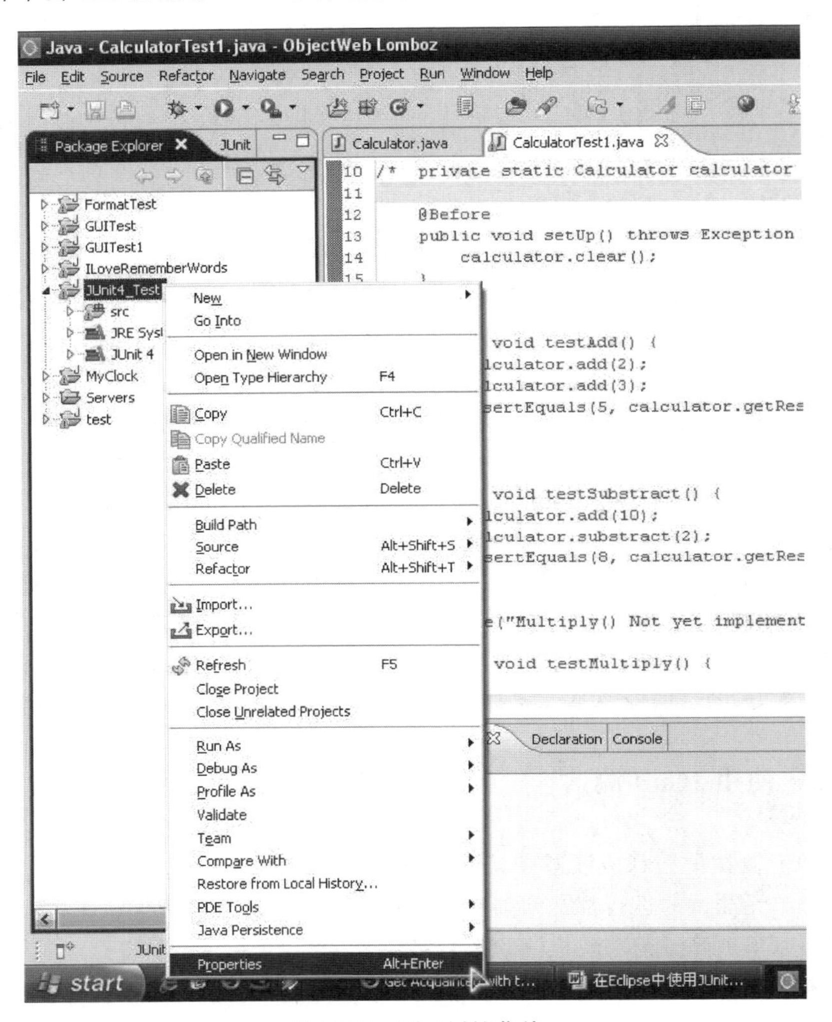

图 10-12 项目属性菜单

第 3 步，生成 JUnit 测试框架，在 Eclipse 的 Package Explorer 中右击该类弹出菜单，选择 New→JUnit Test Case，如图 10-14 所示。在弹出的对话框中，进行相应的选择，如图 10-15 所示。单击 Next 按钮后，系统会自动列出这个类中包含的方法，选择要进行测试的方法。本例中，我们仅对加、减、乘、除 4 个方法进行测试，如图 10-16 所示。

之后系统会自动生成一个新类 CalculatorTest，里面包含一些空的测试用例。只需要将这些测试用例稍做修改即可使用。完整的 CalculatorTest 代码如下。

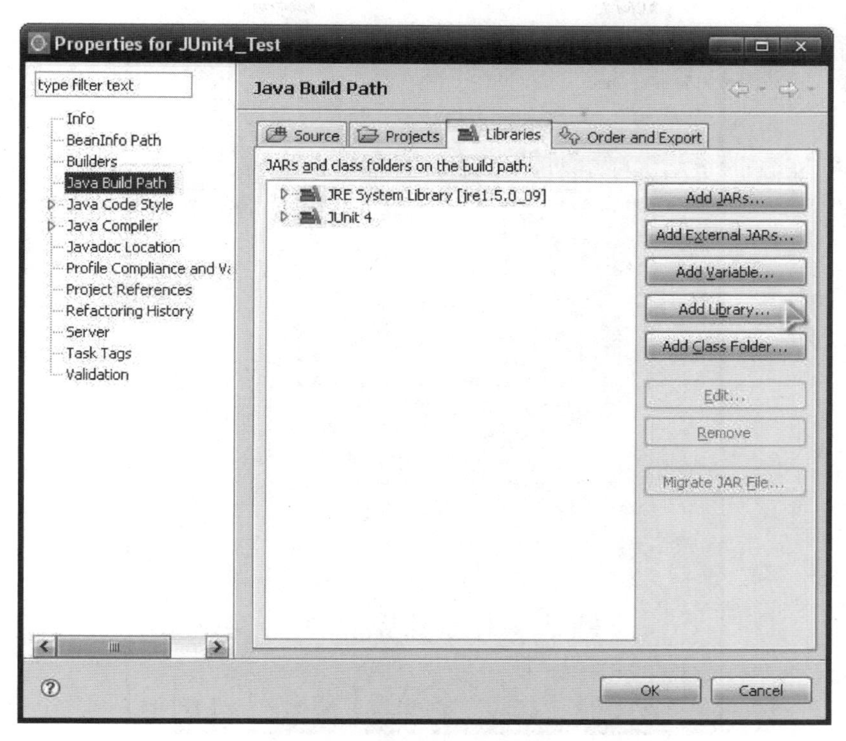

图 10-13 添加测试库文件

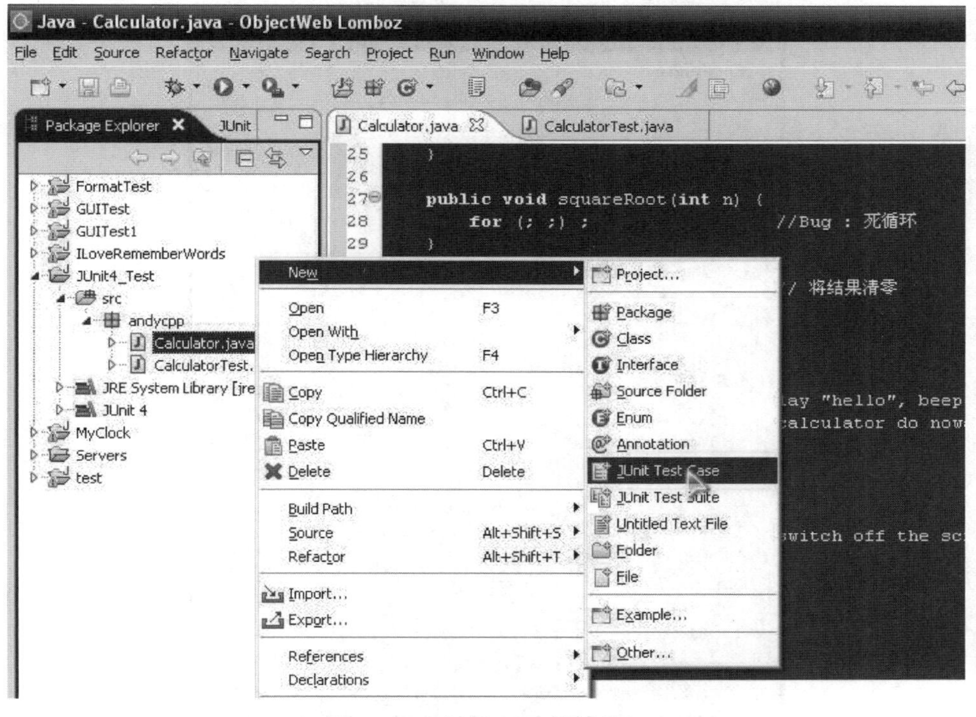

图 10-14 生成 JUnit 测试框架

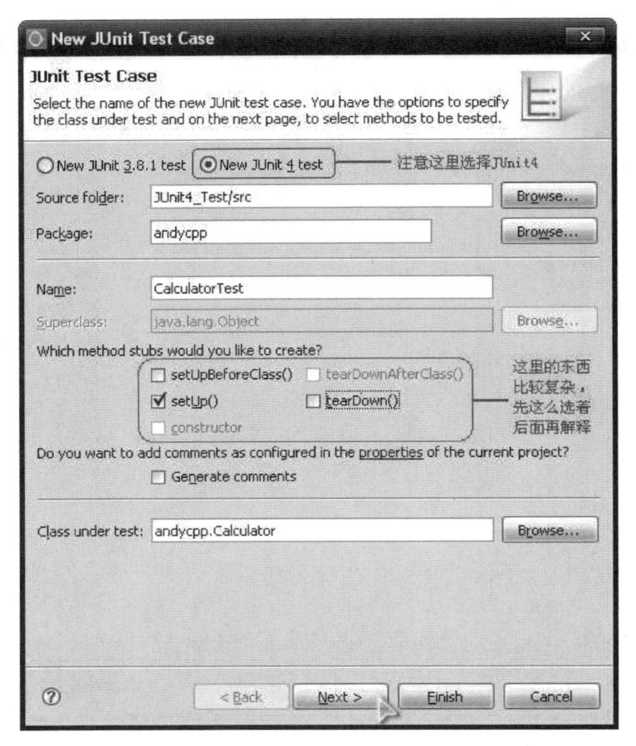

图 10-15　建立测试类

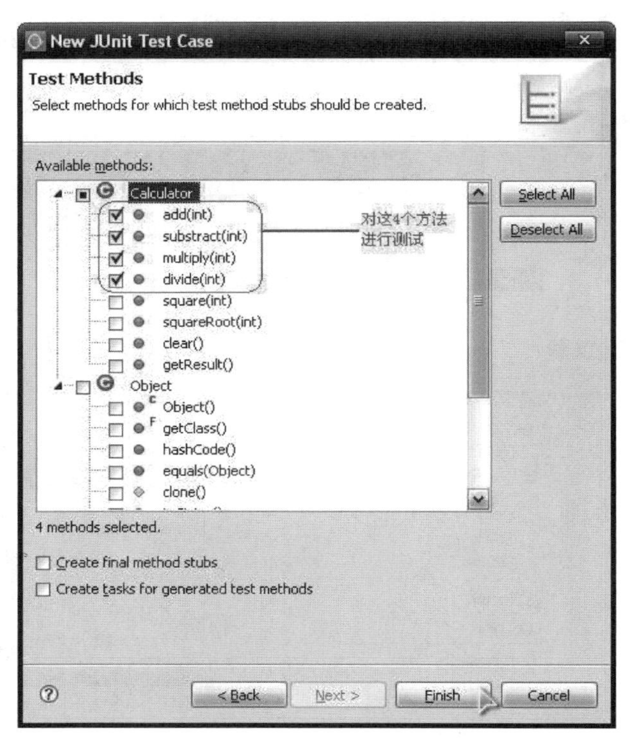

图 10-16　添加测试方法

```
package andycpp;

import static org.junit.Assert.*;
import org.junit.Before;
import org.junit.Ignore;
import org.junit.Test;

public class CalculatorTest {

    private static Calculator calculator = new Calculator();

    @Before
    public void setUp() throws Exception ...{
        calculator.clear();
    }

    @Test
    public void testAdd() {
        calculator.add(2);
        calculator.add(3);
        assertEquals(5, calculator.getResult());
    }

    @Test
    public void testSubstract() {
        calculator.add(10);
        calculator.substract(2);
        assertEquals(8, calculator.getResult());
    }

    @Ignore("Multiply() Not yet implemented")
    @Test
    public void testMultiply() {
    }

    @Test
    public void testDivide() {
        calculator.add(8);
        calculator.divide(2);
        assertEquals(4, calculator.getResult());
    }
}
```

第 4 步，运行测试代码。按照上述代码修改完毕后，在 CalculatorTest 类上右击，选择 Run As JUnit Test 运行测试，如图 10-17 所示。测试结果如图 10-18 所示。

进度条为红色，表示发现错误，具体的测试结果在进度条上面表示为"共进行了 4 个测试，其中一个测试被忽略，一个测试失败"。我们就可以根据错误的提示进行修改。

2. 测试说明

根据以上的 JUnit 测试实例，需要进行如下说明。

1）包含必要的包

在测试类中用到了 JUnit4 框架，自然要把相应的包(Package)包含进来。最主要的一个包就是 org.junit.*。把它包含进来之后，绝大部分功能就有了。还有一句语句也非常重要：

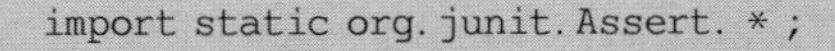

```
import static org.junit.Assert.*;
```

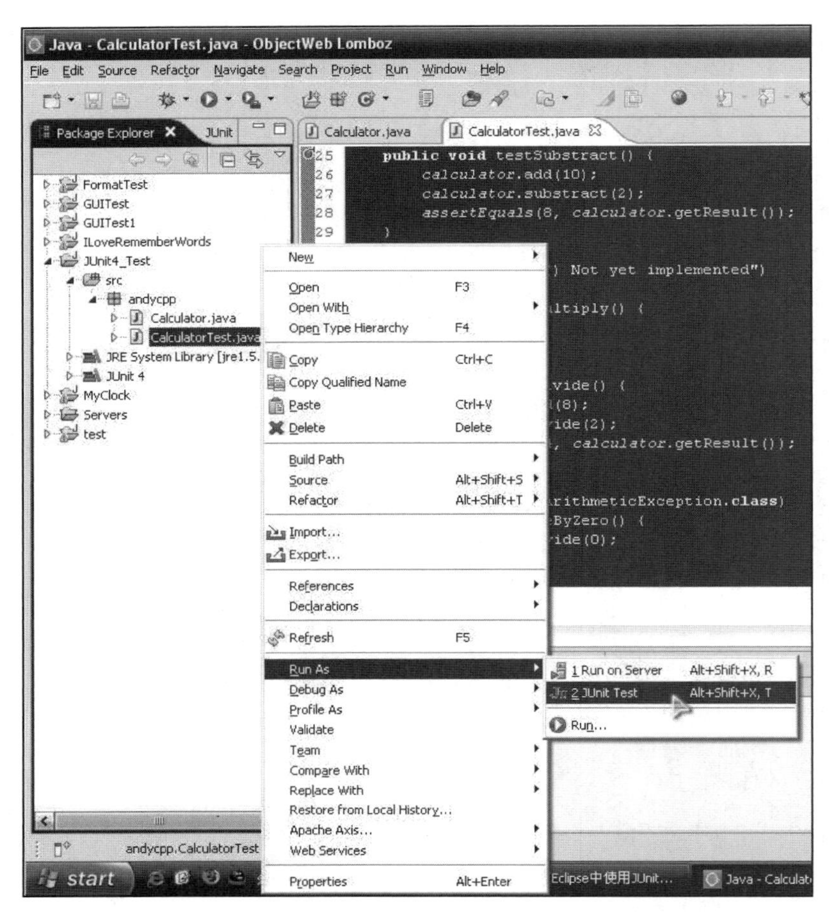

图 10-17 运行测试

我们在测试的时候使用的一系列 assertEquals()方法就来自这个包。需要注意，这是一个静态包含(static)，是 JDK5 中新增添的一个功能。也就是说，assertEquals()是 Assert 类中的一系列的静态方法，一般的使用方式是 Assert. assertEquals()，但是使用了静态包含后，前面的类名就可以省略了，使用起来更加方便。

2) 测试类的声明

我们的测试类是一个独立的类，没有任何父类。测试类也可以任意命名，没有任何限制。所以我们不能通过类的声明来判断它是不是一个测试类，它与普通类的区别在于它内部的方法的声明。

3) 创建一个待测试的对象

要测试哪个类，那么首先就要创建一个该类的对象。正如 10.4.3 节的代码：

```
private static Calculator calculator = new Calculator();
```

为了测试 Calculator 类，我们必须创建一个 calculator 对象。

4) 测试方法的声明

在测试类中，并不是每个方法都是用于测试的，必须使用“标注”明确表明哪些是测试方

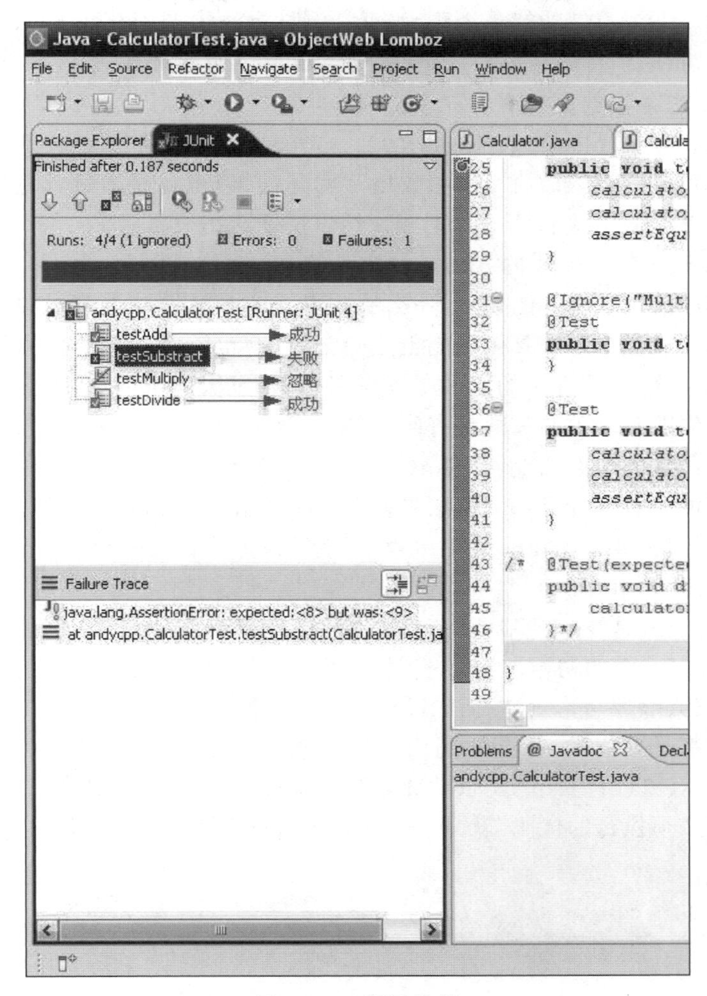

图 10-18　测试结果

法。“标注”也是 JDK5 的一个新特性，用在此处非常恰当。我们可以看到，在某些方法前有@Before、@Test、@Ignore 等字样，这些就是标注，以一个@作为开头。这些标注都是JUnit4 自定义的，熟练掌握这些标注的含义非常重要。

5）编写一个简单的测试方法

首先，要在方法的前面使用@Test 标注，以表明这是一个测试方法。对于方法的声明也有如下要求：名字可以随便取，没有任何限制，但是返回值必须为 void，而且不能有任何参数。如果违反这些规定，会在运行时抛出一个异常。至于方法内该写些什么，那就要看需要测试些什么了。例如下面这个测试方法：

```
@Test
public void testAdd(){
       calculator.add(2);
       calculator.add(3);
       assertEquals(5, calculator.getResult());
}
```

我们想测试一下“加法”功能是否正确，就在测试方法中调用几次 add()方法，初始值为0，先加 2，再加 3，我们期待的结果应该是 5。如果最终实际结果也是 5，则说明 add()方法是正确的，反之说明它是错的。

assertEquals(5，calculator. getResult())；语句就是判断期待结果和实际结果是否相等，第 1 个参数填写期待结果，第 2 个参数填写实际结果，也就是通过计算得到的结果。这样写好之后，JUnit 会自动进行测试并把测试结果反馈给用户。

6）忽略测试某些尚未完成的方法

如果在写程序前做了很好的规划，那么哪些方法实现什么功能都可以事先定下来。因此，即使该方法尚未完成，它的具体功能也是确定的，这也就意味着我们可以为它编写测试用例。但是，如果已经把该方法的测试用例写完，但该方法尚未完成，那么测试的时候一定会“失败”。这种失败和真正的失败是有区别的，因此 JUnit 提供了一种方法来区别它们，那就是在这种测试函数的前面加上@Ignore 标注，这个标注的含义就是“某些方法尚未完成，暂不参与此次测试”。这样的话，测试结果就会提示有几个测试被忽略，而不是失败。一旦完成了相应函数，只需要把@Ignore 标注删去，就可以进行正常的测试。

7）固定代码段 Fixture

Fixture 的含义就是“在某些阶段必然被调用的代码”。例如上面的测试，由于只声明了一个 Calculator 对象，它的初始值为 0，但是测试完加法操作后，它的值就不是 0 了；接下来测试减法操作，就必然要考虑上次加法操作的结果。这绝对是一个很糟糕的设计。我们非常希望每个测试都是独立的，相互之间没有任何耦合。因此，很有必要在执行每个测试之前，对 Calculator 对象进行一个“复原”操作，以消除其他测试造成的影响。因此，“在任何一个测试执行之前必须执行的代码”就是一个 Fixture，我们用@Before 标注它，如：

```
@Before
public void setUp() throws Exception {
       calculator.clear();
}
```

这里不再需要@Test 标注，因为这不是一个 Test，而是一个 Fixture。同理，如果“在任何测试执行之后需要进行的收尾工作”也是一个 Fixture，使用@After 标注。由于本例比较简单，没有用到此功能。

3. 高级测试

通常情况下利用以上基本的测试方式已经能够满足基本的单元测试需求，但 JUnit 也提供了很多更加细粒度的单元测试方法。

1）高级 Fixture

之前介绍了两个 Fixture 标注，分别是@Before 和@After，我们来看看它们是否适合完成如下功能：有一个类是负责对大文件(超过 500MB)进行读写，它的每个方法都是对文件进行操作。换句话说，在调用每个方法之前，我们都要打开一个大文件并读入文件内容，这绝对是一个非常耗费时间的操作。如果我们使用@Before 和@After，那么每次测试都要读取一次文件，效率极其低下。这里我们所希望的是在所有测试一开始读一次文件，所有测试结束之后释放文件，而不是每次测试都读文件。JUnit 的作者显然也考虑到了这个问题，它给出了@BeforeClass 和 @AfterClass 两个 Fixture 帮助我们实现这个功能。从名字上就可以看出，用这两个 Fixture 标注的函数，只在测试用例初始化时执行@BeforeClass 方法，当所有测试执行完毕之后，执行@AfterClass 进行收尾工作。在这里要注意一下，每个测试类只能有一个方法被标注为@BeforeClass 或 @AfterClass，并且该方法必须是 public 和 static 的。

2）限时测试

如果测试的时候遇到死循环，则是很苦恼的。对于那些逻辑很复杂、循环嵌套比较深的程序，很有可能出现死循环。因此，一定要采取一些预防措施。限时测试是一个很好的解决方案。我们给这些测试函数设定一个执行时间，超过了这个时间，它们就会被系统强行终止，并且系统还会汇报该函数结束的原因是因为超时，这样我们就可以发现这些 Bug 了。要实现这个功能，只需要给@Test 标注加一个参数即可，代码如下。

```
@Test(timeout = 1000)
public void squareRoot(){
        calculator.squareRoot(4);
        assertEquals(2, calculator.getResult());
}
```

其中，timeout 参数表明了要设定的时间，单位为 ms，因此 1000 就代表 1s。

3）测试异常

Java 中的异常处理也是一个重点，因此我们经常会编写一些需要抛出异常的函数。那么，如果我们觉得一个函数应该抛出异常，但是没抛出，这算不算 Bug 呢？这当然是 Bug，并且 JUnit 也考虑到了这一点，来帮助我们找到这种 Bug。例如，我们写的计算器类有除法功能，如果除数是 0，那么必然要抛出“除 0 异常”。因此，很有必要对这些进行测试，代码如下。

```
@Test(expected = ArithmeticException.class)
public void divideByZero() {
       calculator.divide(0);
}
```

如上述代码所示，我们需要使用@Test 标注的 expected 属性，将要检验的异常传递给它，这样 JUnit 框架就能自动检测是否抛出了指定的异常。

4）Runner(运行器)

大家有没有想过这个问题，当我们把测试代码提交给 JUnit 框架后，框架如何来运行代码呢？答案就是——Runner。在 JUnit 中有很多个 Runner，它们负责调用测试代码，每个 Runner 都有各自的特殊功能，要根据需要选择不同的 Runner 运行测试代码。可能我们会觉得奇怪，前面我们写了那么多测试，并没有明确指定一个 Runner 啊？这是因为 JUnit 中有一个默认 Runner，如果没有指定，那么系统自动使用默认 Runner 运行代码。换句话说，下面两段代码的含义是完全一样的。

```
import org.junit.internal.runners.TestClassRunner;
import org.junit.runner.RunWith;

//使用了系统默认的TestClassRunner，与下面代码完全一样
public class CalculatorTest {...}
//==========================//
@RunWith(TestClassRunner.class)
public class CalculatorTest {...}
```

从上述例子可以看出，要想指定一个 Runner，需要使用@RunWith 标注，并且把指定的 Runner 作为参数传递给它。另外要注意的是，@RunWith 是用来修饰类的，而不是用来修饰函数的。只要对一个类指定了 Runner，那么这个类中的所有函数都被这个 Runner 调用。最后，不要忘了包含相应的包。

5）参数化测试

我们可能遇到过这样的函数，它的参数有许多特殊值，或者说它的参数分为很多个区域。例如，一个对考试分数进行评价的函数，返回值分别为优秀、良好、一般、及格、不及格，因此在编写测试的时候，至少要写 5 个测试，把这 5 种情况都包含了，这确实是一件很麻烦的事情。我们还使用先前的例子，测试一下“计算一个数的平方”这个函数，暂且分 3 类：正数、0、负数。测试代码如下。

```
import org.junit.AfterClass;
import org.junit.Before;
import org.junit.BeforeClass;
import org.junit.Test;
import static org.junit.Assert.*;

public class AdvancedTest {
        private static Calculator calculator = new Calculator();
        @Before
        public void clearCalculator(){
                calculator.clear();
        }

        @Test
        public void square1(){
                calculator.square(2);
                assertEquals(4, calculator.getResult());
        }

        @Test
        public void square2(){
                calculator.square(0);
                assertEquals(0, calculator.getResult());
        }

        @Test
        public void square3(){
                calculator.square(-3);
                assertEquals(9, calculator.getResult());
        }
}
```

为了简化类似的测试，JUnit4 提出了“参数化测试”的概念，只写一个测试函数，把若干种情况作为参数传递进去，一次性完成测试。代码如下。

```
import static org.junit.Assert.assertEquals;
import org.junit.Test;
import org.junit.runner.RunWith;
import org.junit.runners.Parameterized;
import org.junit.runners.Parameterized.Parameters;
import java.util.Arrays;
import java.util.Collection;
@RunWith(Parameterized.class)
public class SquareTest{
```

```
        private static Calculator calculator = new Calculator();
        private int param;
        private int result;
        @Parameters
        public static Collection data(){
                return Arrays.asList(new Object[][]{
                        {2, 4},
                        {0, 0},
                        {-3, 9}});
        }
        public SquareTest(int param, int result){
                this.param = param;
                this.result = result;
        }
        @Test
        public void square() {
                calculator.square(param);
                assertEquals(result, calculator.getResult());
        }
}
```

下面对上述代码进行分析。首先,要为这种测试专门生成一个新的类,而不能与其他测试共用同一个类,此例中我们定义了一个 SquareTest 类。然后,要为这个类指定一个 Runner,而不能使用默认的 Runner 了,因为特殊的功能要用特殊的 Runner。@RunWith(Parameterized.class)这条语句就是为这个类指定一个 ParameterizedRunner。接着,定义一个待测试的类,并且定义两个变量,一个用于存放参数,一个用于存放期待的结果。接下来,定义测试数据的集合,也就是上述 data()方法,该方法可以任意命名,但是必须使用@Parameters 标注进行修饰。这个方法的框架就不多解释了,大家只需要注意其中的数据,是一个二维数组,数据两两一组,每组中的两个数据,一个是参数,一个是预期的结果。例如第 1 组{2,4},2 就是参数,4 就是预期的结果。这两个数据的顺序无所谓,谁前谁后都可以。之后是构造函数,其功能就是对先前定义的两个参数进行初始化。在这里要注意参数的顺序,要和上面的数据集合的顺序保持一致。如果前面的顺序是{参数,预期的结果},那么构造函数的顺序也要是“构造函数(参数,预期的结果)”,反之亦然。最后就是写一个简单的测试用例了,和前面介绍过的写法完全一样,这里不再赘述。

6）打包测试

通过前面的介绍我们可以感觉到,在一个项目中,只写一个测试类是不可能的,我们会写出很多个测试类。可是这些测试类必须一个一个地执行,也是比较麻烦的事情。鉴于此,JUnit 为我们提供了打包测试的功能,将所有需要运行的测试类集中起来,一次性运行完毕,大大地方便了我们的测试工作。具体代码如下。

```
import org.junit.runner.RunWith;
import org.junit.runners.Suite;

@RunWith(Suite.class)
@Suite.SuiteClasses({
       CalculatorTest.class,
       SquareTest.class
       })

public class AllCalculatorTests{}
```

可以看出,这个功能也需要使用一个特殊的 Runner,因此我们需要向@RunWith 标注传递一个参数 Suite.class。同时,我们还需要另一个标注@Suite.SuiteClasses,来表明这个类是一个打包测试类。我们把需要打包的类作为参数传递给该标注就可以了。有了这两个标注之后,就已经完整地表达了所有的含义,因此下面的类已经无关紧要,随便起一个类名,内容全部为空即可。

10.5 本章小结

本章主要介绍了目前最流行的单元测试工具 XUnit 系列框架中最早出现的 JUnit,重点介绍了 JUnit 测试 Java 代码的语法细节和相关实例。

在本章的开始,首先介绍了 JUnit 的基础理论知识,包括 JUnit 的简介绍、JUnit 框架的组成、JUnit 测试过程与测试用例,然后结合实例介绍了 JUnit 的使用,具体包括 JUnit 的安装与集成、Calculator 类的 JUnit 实例。

Junit 测试是白盒测试框架,其核心包括 TestCase、TestSuite、TestRunner、Assert、TestResult、Test 和 TestListener 这 7 部分。

拓展练习

习题 10

(1) JUnit 的基本功能有哪些?

(2) 在 Junit 中,如何加入测试用例并查看测试结果?

(3) 请为"三角形类型判断"问题编写相应代码,并利用 JUnit 完成代码的测试。

(4) 请为"求第 2 天的日期"问题编写相应代码,并利用 JUnit 完成代码的测试。

第11章

接口测试工具

接口测试是测试系统组件间接口的一种测试，一般应用于多系统间交互开发，或者拥有多个子系统的应用系统开发的测试。在进行接口测试的过程中，测试工程师并不需要了解被测试系统的所有代码，而主要通过分析接口定义以及模拟接口调用的业务应用场景进行测试用例的设计，从而达到对被测系统功能进行测试的目的。

本章要点

- 接口测试工具的分类和选择
- SoapUI 的使用
- JUnit 的使用
- Postman 的使用

11.1 接口测试概述

接口测试是测试接口，尤其是那些与系统相关联的外部接口。接口测试的核心目的在于：以保证系统的正确和稳定为核心，以持续集成为手段，提高测试效率，提升用户体验，降低产品研发成本。

从测试的角度来看，接口测试的价值在于其测试投入比单元测试少，而且技术难度也比单元测试小。一般来说，接口测试的粒度要比单元测试更粗，它主要是基于子系统或子模块的接口层面的测试。因此，接口测试需要测试的接口或函数的数量会远小于单元测试。与此同时，接口定义的稳定性会远高于类级别的函数。所以，接口测试用例代码的改动量也远小于单元测试，代码维护成本会比单元测试少很多，因而测试的投入量会小很多。从另外一个层面来看，借助于接口测试，可以保证子系统或子模块在各种应用场景下接口调用的正确性，那么子系统或子模块的产品质量也可以得到充分的保证。即接口测试是在保证高复杂性系统质量的内在要求和低成本的经济利益的驱动作用下的最佳解决方案。

11.1.1 接口测试工具的分类

接口测试工具一般有 Charles、Wireshark、Fiddler、LoadRunner、SoapUI、JMeter、Postman 等，一般可分为以下两类。

1）抓取接口工具

Charles、Wireshark、Fiddler 属于抓取接口工具，可用来抓取 HTTP 或 TCP 请求，用来查看接口信息。

2）测试接口工具

LoadRunner、SoapUI、JMeter、Postman 属于测试接口工具，可编辑请求 URL，设置不同的参数请求接口，测试接口的功能性、安全性等。

11.1.2 接口测试工具的选择

目前市面上的接口测试工具种类众多，选择的时候应遵循以下原则。

（1）业务复杂度。不同的业务复杂度下需要的接口测试能力不同，不同的工具有各自的局限性和特点，首要考虑的是工具是否能满足当前的测试需求。

（2）简便高效。在满足测试需求的前提下，应考虑工具的学习成本和使用时的便捷程度，方便高效的工具能提高工作效率。

（3）测试人员能力。不同测试工具的测试能力不同，要求使用人员掌握的技能也不同，应考虑测试人员自身的能力选取合适的测试工具。

（4）资金成本的考量。有些测试工具是收费的，有些是免费的。应当在能满足团队需求的情况下尽量减少对工具的资金投入。

视频讲解

11.2 SoapUI

SoapUI 是一个开源测试工具，通过 Soap/HTTP 检查、调用并实现 Web Service 的功能/负载/安全测试。该工具既可作为一个单独的测试软件使用，也可利用插件集成到 Eclipse、maven2. X、NetBeans 和 IntelliJ 中使用。SoapUI Pro 是 SoapUI 的商业非开源版本，实现的功能较开源的 SoapUI 更多。

11.2.1 SoapUI 的特点

（1）支持 Soap 和 Rest 类型接口测试。SoapUI 专门针对 HTTP 类型的两种接口，其初衷更是专门测试 Soap 类型接口，对于其他协议的接口不支持。

（2）支持对接口的功能测试、负载测试和安全测试。

（3）测试数据来源（DataSource）有文件、目录、数据库、Excel、Grid、Groovy 等。为了让 DataSource 能循环起来，还要和 DataSource Loop 结合。

（4）由 Conditioinal Goto 或 Groovy 脚本控制流程。尽管 TestCase 的默认流程是相互

依次执行定义的测试步骤，但根据历史 TestStep 的结果，用户如果希望增加循环或分支的许多场景，可使用这一功能。

（5）多格式的测试结果报告输出。支持以 PDF/HTML/XML/CSV 格式输出 Project Report、TestSuite Report、TestCase Report。

（6）良好的团队协作支持。SoapUI 支持创建复合项目（Composite Projects），允许多人同时在一个项目中工作。

11.2.2　SoapUI 的使用

下面介绍一下 Soap 接口的测试过程。

1. 新建项目

在 File 菜单中单击 New SOAP Project，把 http://www.webservicex.com/CurrencyConvertor.asmx? wsdl 填写到 Initial WSDL 中，如图 11-1 所示。项目名称将自动填充，然后单击 OK 按钮。SoapUI 将根据导入的 WSDL 创建一个项目，显示在导航栏中。

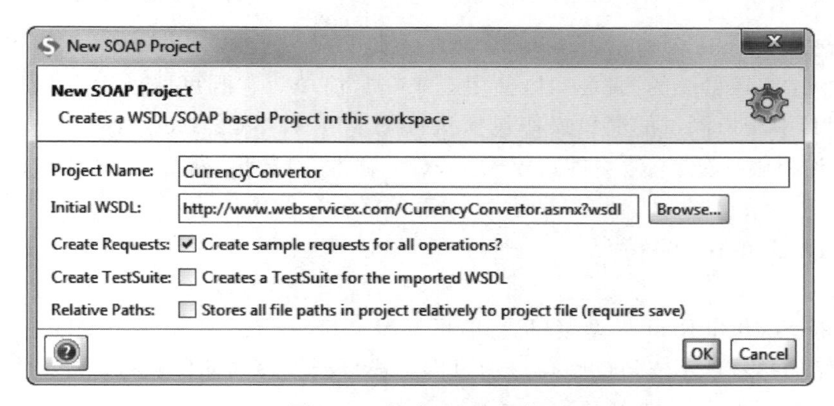

图 11-1　新建 SOAP 项目

2. 填写参数

如图 11-2 所示，展开 CurrencyConvertor，双击 Request1 打开编辑窗口，将 FromCurrency 一行的问号修改为 AWG（阿鲁巴弗罗林），ToCurrency 一行的问号修改为 AUD（澳大利亚元）。

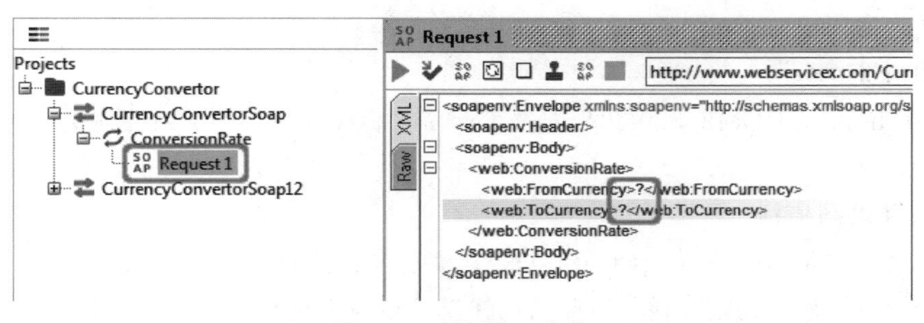

图 11-2　填写接口参数

3. 请求接口

如图 11-3 所示,单击左上角的绿色三角请求该汇率接口,可获得接口返回值 0.7202,即 AWG 对 AUD 的汇率。

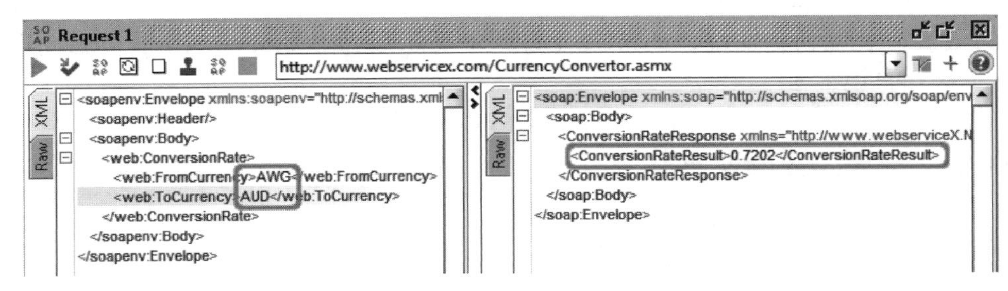

图 11-3　请求接口获得返回结果

视频讲解

11.3　JMeter

JMeter 是 Apache 公司基于 Java 开发的一款开源压力测试工具,体积小,功能全,使用方便,是一个比较轻量级的测试工具,使用起来非常简单。它既可以做压力测试,也可以做接口测试。其中接口测试的简单操作包括执行 HTTP 脚本(发 Get/Post 请求、加 Cookie、加 Header、加权限认证、上传文件)、Web Service 脚本、参数化、断言、关联和操作数据库等。

11.3.1　JMeter 的特点

(1) 支持 Soap 和 Rest 类型接口测试,可扩展 WebSocket 和 Socket 接口。JMeter 可以测试各种类型的接口,不支持的也可以通过网上或自己编写的插件进行扩展。

(2) 支持对接口的功能测试和负载测试。

(3) 可从 CSV 文件中读取数据来源。支持 ForEach 控制器、循环控制器和 While 控制器。

(4) 支持流程控制。由 Switch 控制器、If 控制器、随机控制器等一系列控制器实现流程控制,更复杂的控制可以使用 Beanshell 脚本。

11.3.2　JMeter 的使用

1. 打开 JMeter

进入 JMETER_HOME/bin 目录,双击 JMeterw.bat(Linux/Unix 系统则执行 JMeter.sh)打开 JMeter。

2. 选择录制模板

如图 11-4 所示,在工具栏中单击"模板"(Templates...)按钮。

在如图 11-5 所示的选择模板页面的选择模板列表中选择 Recording 模板,单击 Create 按钮。一个完整的测试计划就生成了(见图 11-6)。

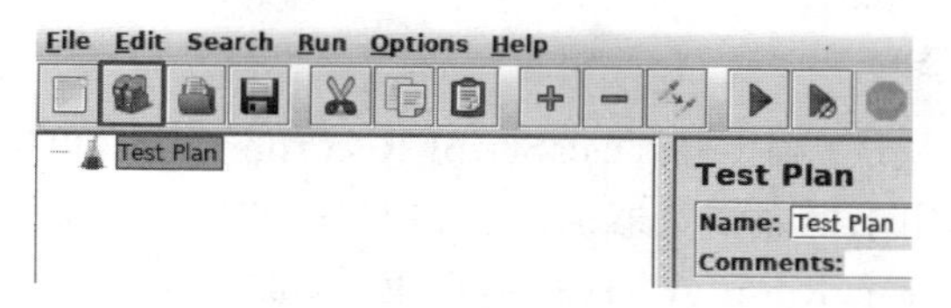

图 11-4 “模板”按钮

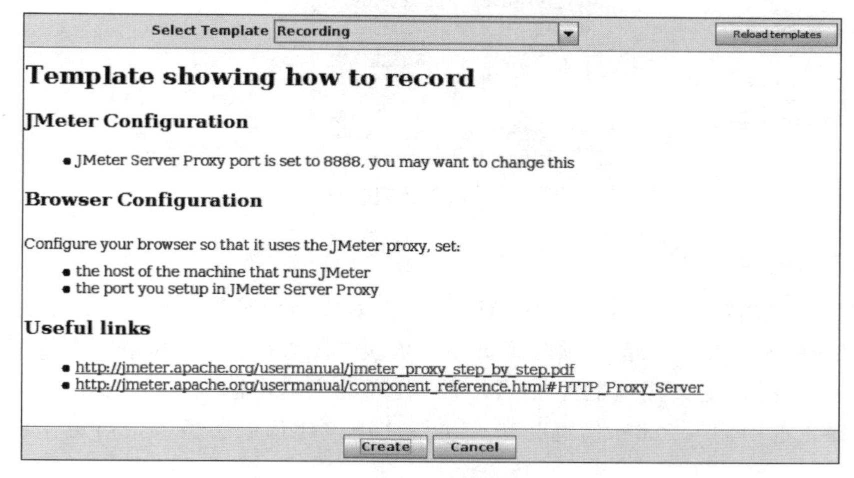

图 11-5 选择模板页面

图 11-6 生成的测试计划

3. 配置参数

进入 HTTP Request Defaults 配置页面(见图 11-7),在 Server Name or IP 文本框中输入需要录制脚本的网站地址,Path 文本框留空。

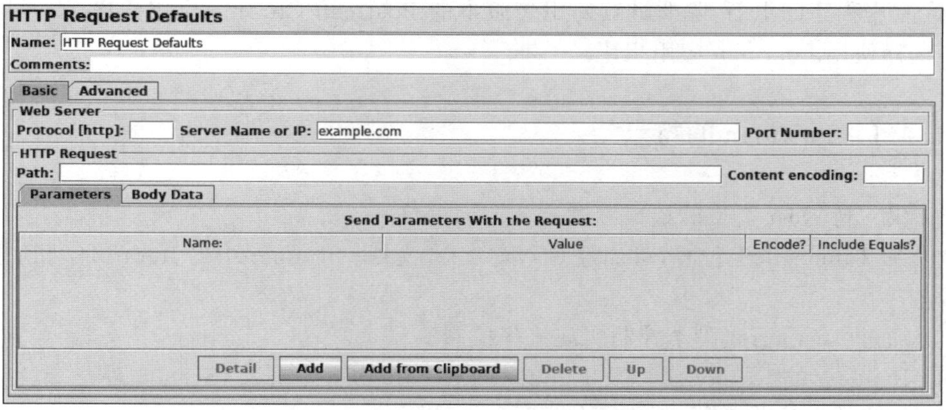

图 11-7 HTTP Request Defaults 配置页面

4. 启动代理服务器

如图 11-8 所示,进入 HTTP(S) Test Script Recorder 界面,单击 Start 按钮。系统将启动 JMeter 代理服务器,用于拦截浏览器请求。在 JMETER_HOME/bin 文件夹中将生成一个 ApacheJMeterTemporaryRootCA.crt 安装证书,需要在浏览器中安装该证书。

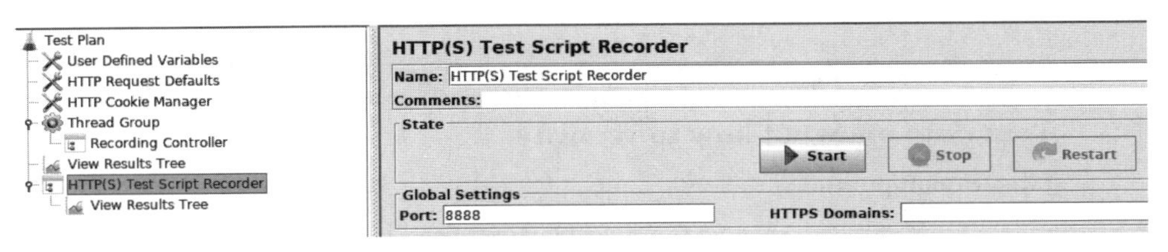

图 11-8 启动代理服务器

5. 配置浏览器

启动 Firefox 浏览器,但不要关闭 JMeter。在浏览器地址栏中输入 about:preferences #advanced 后按回车键进入首选项配置页面。依次单击"高级"→"网络"→"设置"按钮,在弹出的窗口中选择自定义代理配置,在 HTTP 代理输入框中输入 localhost 或本机的 IP 地址,在端口输入框中输入 8888,勾选为所有协议使用该代理服务器。最后单击"确认"按钮完成配置。

6. 录制脚本

在浏览器中访问目标网站,在网站中访问一些链接,然后关闭浏览器回到 JMeter 窗口。在 Thread Group 上右击,选择 Validate 验证脚本正确性。

7. 运行测试脚本

执行 Run→Start 命令运行测试脚本,可在 View Results Tree 中查看脚本执行结果。

视频讲解

11.4 Postman

Postman 是一种网页调试与发送网页 HTTP 请求的 Chrome 插件,可以很方便地模拟 GET、POST 或其他方式的请求来调试接口。但谷歌应用商店从 2018 年 3 月开始停止 Chrome 应用程序的更新,除非继续使用老版本的 Postman Chrome 应用程序,现在可以更多地去选择使用 Postman 应用程序。

11.4.1 Postman 的特点

(1) 仅支持 Rest 类型的接口测试。

(2) 在 Runner 中运行时,可加载 CSV/JSON 文件。Runner 中的 Iteration 可用来实现循环。

(3) 通过 JavaScript 脚本控制实现流程控制。

(4) Request 的 Response 以及 Runner 的 Result 均可导出为 JSON 文件。

(5) 拥有团队协作功能,但需要付费。

11.4.2　Postman 的使用

下面介绍 Postman 应用程序(注意不是 Postman 的 Chrome 插件)的使用方法。

1. GET 请求

请求类型选择 GET,在其后输入 URL,这里以 https://api.github.com/search/issues 为例。然后单击 Params 按钮,输入参数 KEY=q 和 VALUE=orc,此时 Postman 会自动在 URL 后添加上"?q=orc"。GET 请求的请求头与请求参数如在接口文档中无特别声明时,可以不填。单击 Send 按钮,则会发送 GET 请求,请求的返回结果会在下方的 Body 选项卡中展示出来,如图 11-9 所示。

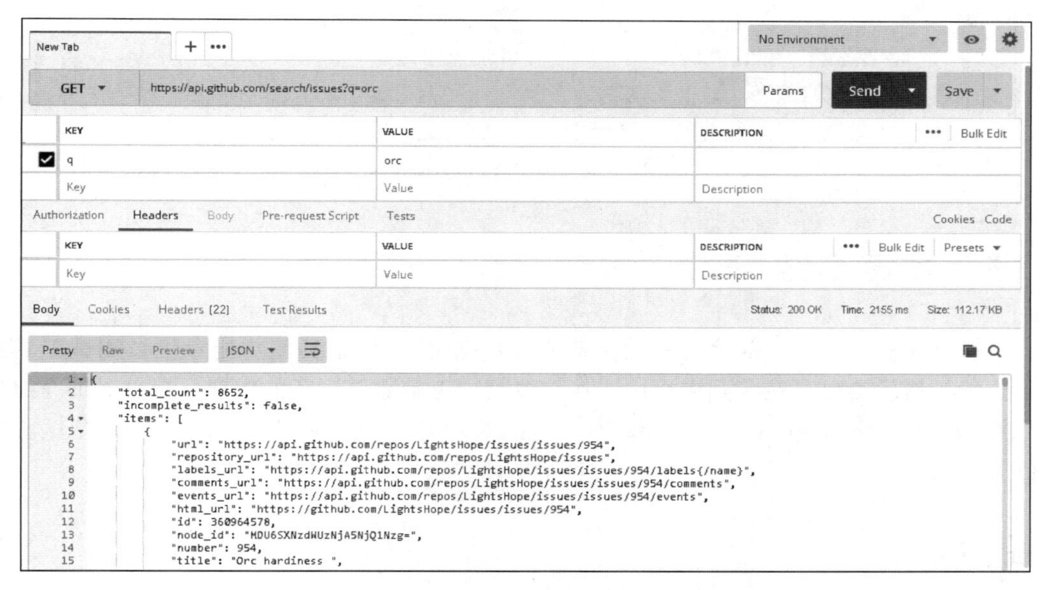

图 11-9　发送 GET 请求

2. POST 请求

请求类型选择 POST,在其后输入 URL,这里以 http://httpbin.org/post 为例。输入参数 KEY=k 和 VALUE=v。单击 Send 按钮,则会发送 POST 请求,请求的返回结果会显示在 Body 选项卡中,如图 11-10 所示。

这里说明一下 4 个单选框的含义。

(1) form-data:HTTP 请求中的 multipart/form-data,它将表单的数据处理为一条消息,以标签为单元,用分隔符分开。既可以上传键值对,也可以上传文件。

(2) x-www-form-urlencoded:HTTP 请求中的 application/x-www-form-urlencoded,会将表单内的数据转换为键值对。

(3) raw:可以发送任意格式的接口数据,可以 TEXT、JSON、XML、HTML 等格式。

(4) binary:HTTP 请求中的 Content-Type:application/octet-stream,只可以发送二进制数据,通常用于文件的上传。

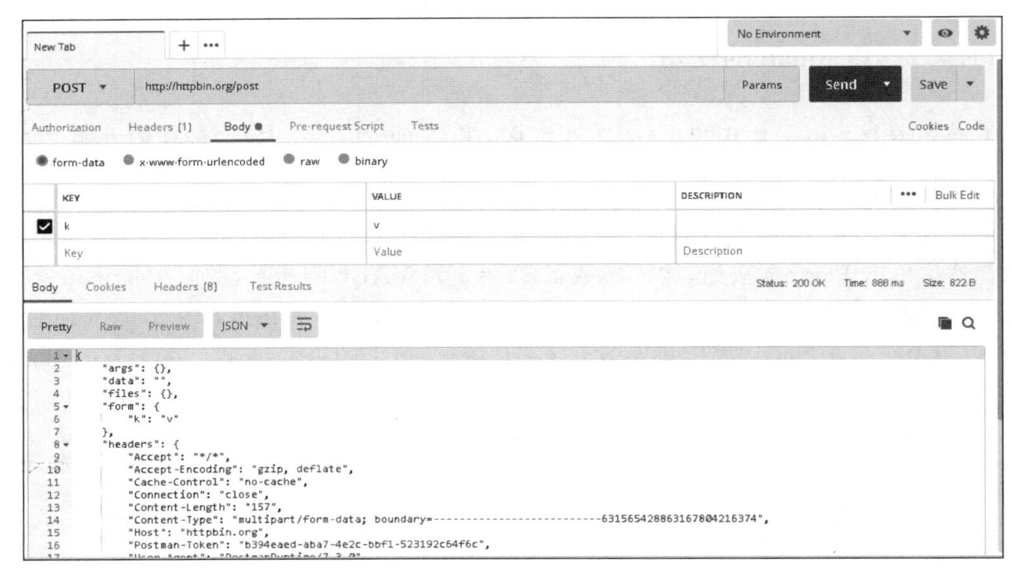

图 11-10　发送 POST 请求

11.5　本章小结

本章首先对接口测试的目的和意义做了简要说明，并按工具的功能对接口测试工具进行了分类。然后给出了在实际应用中选择接口测试工具需要注意的事项。接着详细介绍了3种接口测试工具SoapUI、JMeter和Postman，对它们的特点和各个工具的接口测试方法进行了说明。

拓展练习

习题 11

(1) 接口测试的目的是什么？

(2) 使用 SoapUI 测试 https://api.github.com/search/issues 接口。

(3) 使用 JMeter 录制任意一个网站的操作脚本。

第12章

LoadRunner性能测试

LoadRunner 是 HP 公司(原 Mercury 公司)出品的用来测试应用程序性能的工具,它通过模拟一个多用户并行工作的环境对应用程序进行负载测试。通过使用最少的硬件资源,这些虚拟用户提供一致的、可重复并可度量的负载,像实际用户一样使用所要测试的应用程序。LoadRunner 深入的报告和图表提供了评估应用程序性能所需的信息。

本章要点

- LoadRunner 的基本功能
- LoadRunner 的主要特性、组件和相关术语
- 利用 LoadRunner 进行负载测试

12.1 LoadRunner 概述

LoadRunner 是一种预测系统行为和性能的工业标准级负载测试工具。它通过以模拟大量用户实施并发负载及实时性能监测的方式来确认和查找问题,LoadRunner 能够对整个企业架构进行测试。通过使用 LoadRunner,企业能最大限度地缩短测试时间,优化性能和加速应用系统的发布。

12.1.1 LoadRunner 简介

企业的网络应用环境都必须支持大量用户,网络体系架构中包含各类应用环境且由不同供应商提供软件和硬件产品。难以预知的用户负载和越来越复杂的应用环境使公司时时担心会发生用户响应速度过慢、系统崩溃等问题。这些都不可避免地导致公司收益的损失。HP-Mercury 公司的 LoadRunner 能让企业尽可能地避免因系统性能问题带来的损失,且由于无须购置额外硬件而最大限度地利用现有的 IT 资源,可使企业减少进行性能测试所花的额外采购费用。而系统性能的提升也能让终端用户对企业产生良好的评价,提升企业形

象,带来潜在收益。

LoadRunner 支持广泛的协议和平台,包括以下几大类。

(1) Application Deployment Solutions:包括 Citrix 和 Microsoft Remote Desktop Protocol(RDP)。

(2) Client/Server:包括 DB2 CLI、DNS、Informix、Microsoft.NET、MS SQL、Sybase Dblib 和 Windows Sockets。

(3) Custom:包括 C Templates、Visual Basic Templates、Java Templates、JavaScript 和 VBScript 类型脚本。

(4) Distributed Components:包括 COM/DCOM 和 Microsoft.NET。

(5) E-Business:包括 AMF、Ajax、FTP、LDAP、Microsoft.NET、Web(Click and Script)、Web(HTML/HTTP)和 Web Services。

(6) Enterprise Java Beans(EJB)。

(7) ERP/CRM:包括 Oracle Web Applications 11i、Oracle NCA、PeopleSoft Enterprise、PeopleSoft-Tuxedo、SAP-Web、SAPGUI、SAP(Click and Script)和 Siebel(Siebel-DB2 CL1、Siebel-MSSQL、Siebel-Web 和 Siebel-Oracle)。

(8) Java:Java 类型的协议,如 Corba-Java、Rmi-Java、Jacada 和 JMS。

(9) Legacy:Terminal Emulation(RTE)。

(10) Mailing Services:包括 Internet Messaging(IMAP)、MS Exchange(MAPI)、POP3 和 SMTP。

(11) Middleware:包括 Tuxedo 6 和 Tuxedo 7。

(12) Streaming:包括 RealPlayer 和 MediaPlayer。

(13) Wireless:Multimedia Messaging Services(MMS)和 WAP。

12.1.2 LoadRunner 的主要特性

LoadRunner 的主要特性如下。

1. 轻松创建虚拟用户

使用 LoadRunner 的虚拟用户生成器(Virtual User Generator),能很简便地创立起系统负载。该生成器能够生成虚拟用户,以虚拟的方式模拟真实用户的业务操作行为。它先记录下业务流程(如下订单或机票预定),然后将其转化为测试脚本。利用虚拟用户,可以在 Windows、UNIX 或 Linux 机器上同时产生成千上万个用户访问。所以 LoadRunner 能极大地减少负载测试所需的硬件和人力资源。另外,LoadRunner 的 TurboLoad 专利技术能提供很高的适应性。

TurboLoad 可以产生每天几十万名在线用户和数以百万计的点击数的负载。用 Virtual User Generator 建立测试脚本后,可以对其进行参数化操作,这一操作能利用几套不同的实际发生数据测试应用程序,从而反映出系统的负载能力。以一个订单输入过程为例,参数化操作可将记录中的固定数据(如订单号和用户名)用可变值代替。在这些变量内随意输入可能的订单号和用户名,来匹配多个实际用户的操作行为。

LoadRunner 通过它的 Data Wizard 自动实现其测试数据的参数化。Data Wizard 直接

连接数据库服务器,从中可以获取所需的数据(如订单号和用户名)并直接将其输入到测试脚本。这样避免了人工处理数据的麻烦,Data Wizard 节省了大量的时间。

为了进一步确定虚拟用户能够模拟真实用户,可利用 LoadRunner 控制某些行为特性。例如,只要点击一下鼠标,就能轻易地控制交易的数量、交易频率、用户的思考时间和连接速度等。

2. 创建真实的负载

虚拟用户建立起后,需要设定负载方案、业务流程组合和虚拟用户数量。用 LoadRunner 的控制器(Controller),能很快地组织起多用户的测试方案。Controller 的 Rendezvous 功能提供了一个互动的环境,在其中既能建立起持续且循环的负载,又能管理和驱动负载测试方案。而且,可以利用它的日程计划服务定义用户在什么时候访问系统以产生负载。这样,就能将测试过程自动化。同样还可以用 Controller 限定负载方案,在这个方案中所有的用户同时执行一个动作(如登录到一个库存应用程序)模拟峰值负载的情况。另外,还能监测系统架构中各个组件的性能,包括服务器、数据库、网络设备等,帮助客户决定系统的配置。

LoadRunner 通过它的 AutoLoad 技术,提供了更多的测试灵活性。使用 AutoLoad,可以根据目前的用户人数事先设定测试目标,优化测试流程。

3. 实时监测器

LoadRunner 内含集成的实时监测器,在负载测试过程的任何时候,都可以观察到应用系统的运行性能。这些性能监测器实时地显示交易性能数据(如响应时间)和其他系统组件(包括 Application Server、Web Server、网络设备和数据库等)的实时性能。这样,就可以在测试过程中从客户和服务器双方面评估这些系统组件的运行性能,从而更快地发现问题。再者,利用 LoadRunner 的 ContentCheck TM,可以判断负载下的应用程序功能正常与否。ContentCheck 在虚拟用户运行时,检测应用程序的网络数据包内容,从中确定是否有错误内容传送出去。它的实时浏览器可帮助从终端用户角度观察程序性能的状况。

4. 分析结果以精确定位问题所在

一旦测试完毕,LoadRunner 就收集汇总所有的测试数据,并提供高级的分析和报告工具,以便迅速查找到性能问题并追溯缘由。使用 LoadRunner 的 Web 交易细节监测器,可以了解到将所有的图像、框架和文本下载到每个网页上所需的时间。例如,这个交易细节分析机制能够分析是否因为一个大尺寸的图形文件或是第三方的数据组件造成应用系统运行速度减慢。另外,Web 交易细节监测器可用于分解客户端、网络和服务器上端到端的反应时间,便于确认问题,定位查找真正出错的组件。例如,可以将网络延时进行分解,以判断域名系统(Domain Name System,DNS)解析时间、连接服务器或安全套接字协议(Secure Sockets Layer,SSL)认证所花费的时间。通过使用 LoadRunner 的分析工具,能很快地查找到出错的位置和原因并做出相应的调整。

5. 重复测试保证系统发布的高性能

负载测试是一个重复过程。每次处理完一个出错情况,都需要对应用程序在相同的方案下再进行一次负载测试,以此检验所做的修正是否改善了运行性能。

6. 其他特性

利用 LoadRunner 可以很方便地了解系统的性能。它的 Controller 允许重复执行与出错修改前相同的测试方案。它的基于 HTML 的报告提供了一个比较性能结果所需的基准,以此衡量在一段时间内,有多大程度的改进并确保应用成功。由于这些报告是基于 HTML 的文本,可以将其公布于公司的内部网上,便于随时查阅。

所有 HP-Mercury 公司的产品和服务都是集成设计的,能完全相容地一起运作。由于它们具有相同的核心技术,来自 LoadRunner 和 ActiveTest TM 的测试脚本,在 HP-Mercury 公司的负载测试服务项目中,可以被重复用于性能监测。借助 HP-Mercury 公司的监测功能——Topaz TM 和 ActiveWatch TM ,测试脚本可重复使用从而平衡投资收益。更重要的是,能为测试的前期部署和生产系统的监测提供一个完整的应用性能管理解决方案。

12.1.3 LoadRunner 组件和术语

LoadRunner 包含下列组件。

(1) 虚拟用户生成器,用于捕获最终用户业务流程和创建自动性能测试脚本(也称为虚拟用户脚本)。

(2) Controller,用于组织、驱动、管理和监控负载测试。

(3) 负载生成器,用于通过运行虚拟用户生成负载。

(4) Analysis,有助于查看、分析和比较性能结果。

(5) Launcher,访问所有 LoadRunner 组件的统一界面。

在学习使用 LoadRunner 之前,需要了解其中的一些术语。

(1) 场景:场景是一种文件,用于根据性能要求定义在每一个测试会话运行期间发生的事件。

(2) Vuser:在场景中,LoadRunner 用虚拟用户或 Vuser 代替实际用户。Vuser 可模拟实际用户的操作来使用应用程序。一个场景可以包含几十、几百甚至几千个 Vuser。

(3) Vuser 脚本:Vuser 脚本用于描述 Vuser 在场景中执行的操作。

(4) 事务:要度量服务器的性能,需要定义事务。事务表示要度量的最终用户业务流程。

12.1.4 LoadRunner 的工作流程

LoadRunner 包含很多组件,其中最常用的有 Visual User Generator(以下简称 VuGen)、Controller、Analysis。使用 LoadRunner 进行测试的过程可以用图 12-1 表示。

负载测试通常由 6 个阶段组成,具体介绍如下。

(1) 计划负载测试:定义性能测试要求,如并发用户的数量、典型业务流程和所需响应时间。

(2) 创建 Vuser 脚本:将最终用户活动捕获到自动脚本中。

(3) 定义场景:使用 LoadRunner Controller 设置负载测试环境。

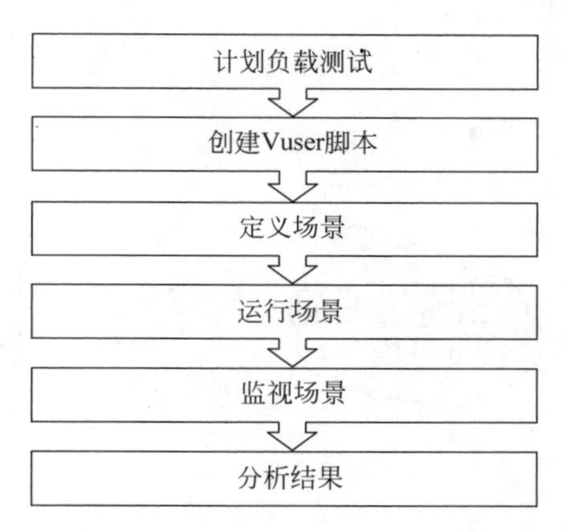

图 12-1　LoadRunner 工作流程

(4) 运行场景：通过 LoadRunner Controller 驱动、管理和监控负载测试。

(5) 监视场景：监视各个服务器的运行情况。

(6) 分析结果：使用 LoadRunner Analysis 创建图和报告并评估性能。

LoadRunner 支持 40 多种类型的应用程序，本书只介绍对基于 Web 的应用程序进行负载测试的过程。下面就按照图 12-1 所示的步骤简单地说明使用 LoadRunner 11.0 对 Web 应用程序进行测试的过程。

12.2　制订负载测试计划

在任何类型的测试中，测试计划都是必要的步骤。测试计划是成功进行负载测试的关键。任何类型的测试的第 1 步都是制订比较详细的测试计划。一个比较好的测试计划能够保证 LoadRunner 完成负载测试的目标。

制订负载测试计划一般情况下需要 3 个步骤，如图 12-2 所示。

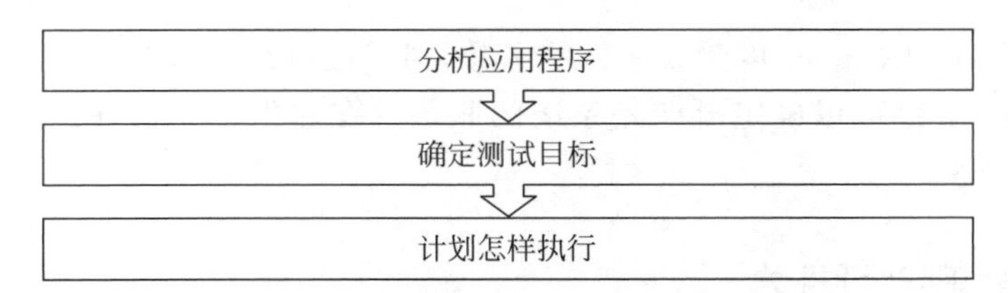

图 12-2　制订负载测试计划步骤

12.2.1　分析应用程序

制订负载测试计划的第 1 步是分析应用程序。应该对系统的软硬件以及配置情况非常熟悉，这样才能保证使用 LoadRunner 创建的测试环境能真实反映实际运行的环境。

确定系统的组成，画出系统组成图。组成图要包括系统中所有的组件，以及相互之间是如何通信的。图 12-3 是一个系统组成图的例子，可以作为参考。

描述系统配置，画出系统组成图后，试着回答以下问题，对组成图进行完善。

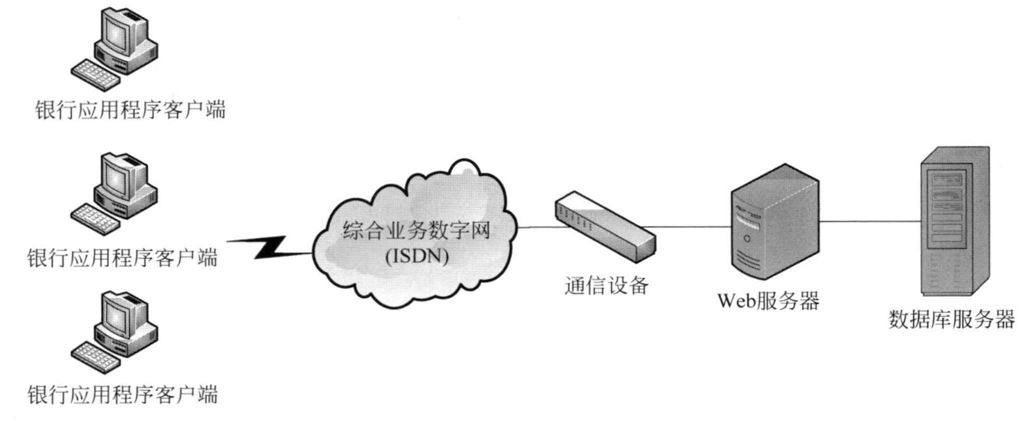

图 12-3　系统组成图示例

(1) 预计有多少用户会连到系统。

(2) 客户机的配置情况(硬件、内存、操作系统、软件工具等)。

(3) 服务器使用什么类型的数据库以及服务器的配置情况。

(4) 客户机和服务器之间如何通信。

(5) 还有什么组件会影响响应时间(Response Time)指标(如 Modem 等)。

(6) 通信装置(网卡、路由器等)的吞吐量是多少；每个通信装置能够处理多少并发用户。

分析最普遍的使用方法，了解该系统最常用的功能，确定哪些功能需要优先测试；什么角色使用该系统；每个角色会有多少人以及每个角色的地理分布情况等，从而预测负载的最高峰出现的情况。

12.2.2　制订执行计划

确定要使用 LoadRunner 度量哪些性能参数，根据测量结果计算哪些参数，从而可以确定 Vuser 的活动，最终可以确定哪些是系统的瓶颈。在这里还要选择测试环境，测试机器的配置情况，等等。

12.3　创建测试脚本

LoadRunner 使用虚拟用户的活动模拟真实用户操作 Web 应用程序，而虚拟用户的活动就包含在测试脚本中，所以说测试脚本对于测试来说是非常重要的。开发测试脚本要使用 VuGen 组件。测试脚本要完成的内容如下。

(1) 每个虚拟用户的活动。

(2) 定义结合点。

(3) 定义事务。

在测试环境中，LoadRunner 会在物理计算机上用虚拟用户(即 Vuser)代替实际用户。Vuser 通过以可重复、可预测的方式模拟典型用户的操作，在系统上创建负载。

LoadRunner 虚拟用户生成器（VuGen）采用录制并播放的机制。在应用程序中按照业务流程操作时，VuGen 可将这些操作录制到自动脚本中，以便作为负载测试的基础。

12.3.1　创建空白脚本

要开始录制用户操作，首先需要打开 VuGen 并创建一个空白脚本。通过录制事件和添加手动增强内容来填充空白脚本。打开 VuGen 并创建一个空白的 Web 脚本。

（1）启动 LoadRunner。执行“开始”→“所有程序”→HP LoadRunner→LoadRunner 命令，将打开 HP LoadRunner Launcher 窗口，如图 12-4 所示。

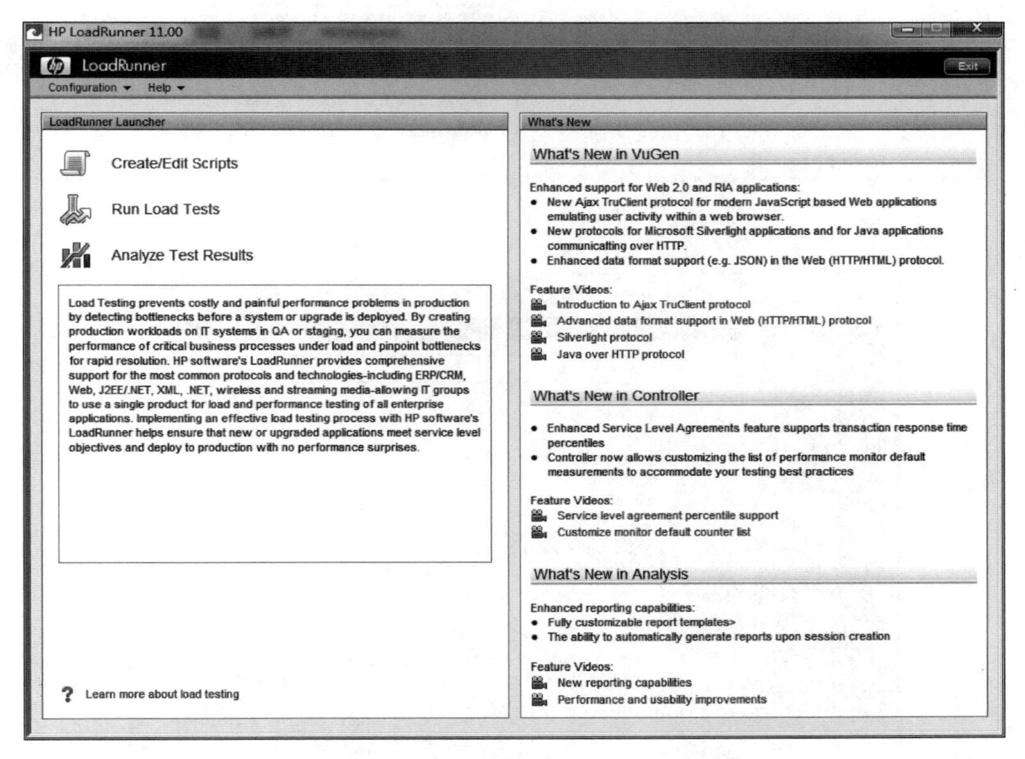

图 12-4　HP LoadRunner Launcher 窗口

（2）打开 VuGen。在 Launcher 窗口中，单击 Create/Edit Scripts，打开 VuGen 起始页，如图 12-5 所示。

（3）创建一个空白的 Web 脚本。在 VuGen 起始页执行 File→New 菜单命令，打开 New Virtual User 对话框，其中显示用于新建协议脚本的选项，如图 12-6 所示。

协议是客户端用来与系统服务端进行通信的语言。由于测试对象是基于 Web 的应用程序，因此协议选择 Web(HTTP/HTML)，再单击 Create 按钮创建一个空白的 Web 脚本。

12.3.2　VuGen 界面介绍

在创建一个空白的 Web 脚本后，系统会弹出 Start Recording 窗口，暂且先单击 Cancel

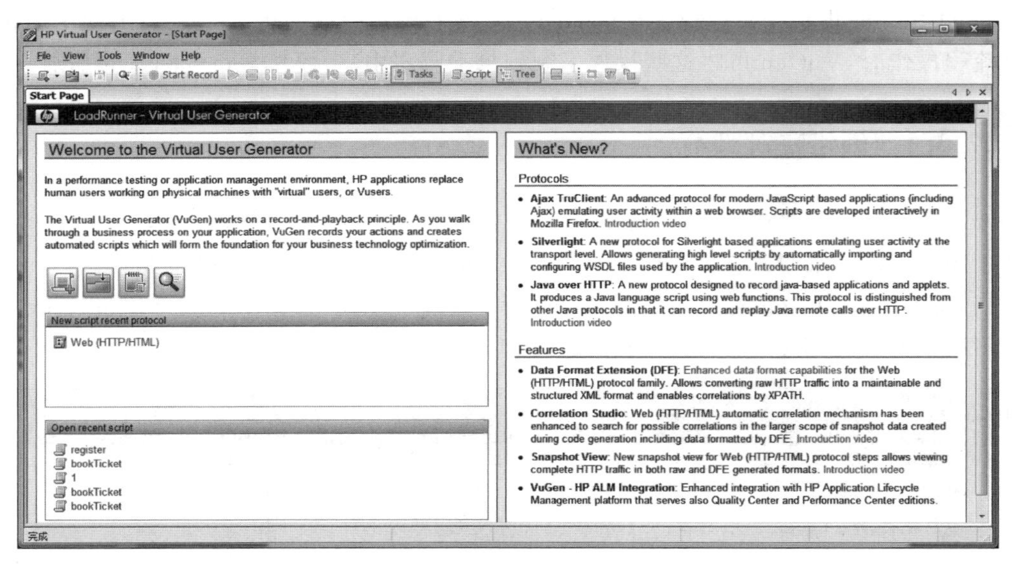

图 12-5 VuGen 起始页

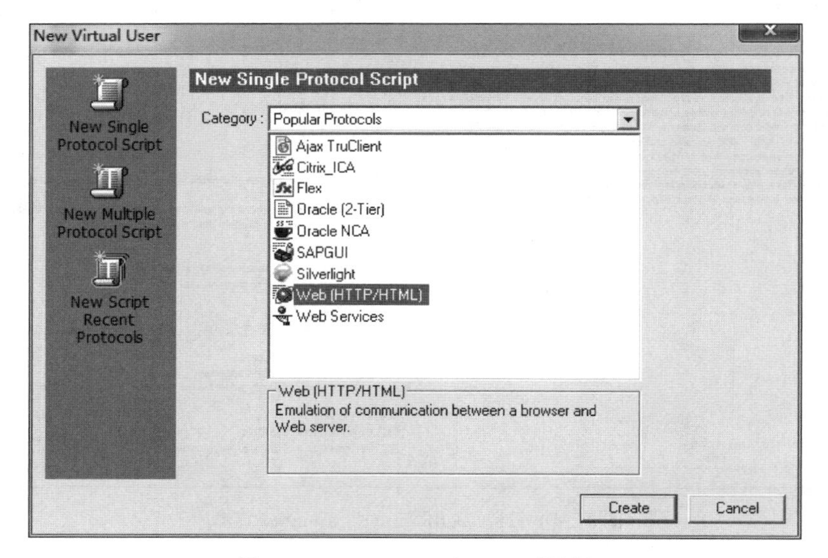

图 12-6 New Virtual User 对话框

按钮关闭该窗口，先来浏览一下 VuGen 界面。VuGen 提供了两种脚本视图方式（Script 和 Tree），可以通过工具栏的 Script 和 Tree 按钮进行切换，也可以通过 View 菜单下的选项进行切换。

1. Script 视图

在 Script 视图界面中，左侧是脚本 Action 的列表，右侧是代码部分。出于开发方便的角度考虑，一般较多使用这个视图，如图 12-7 所示。

2. Tree 视图

在 Tree 视图界面中，左侧是该脚本使用的函数列表（双击可以直接使用图形化修改函

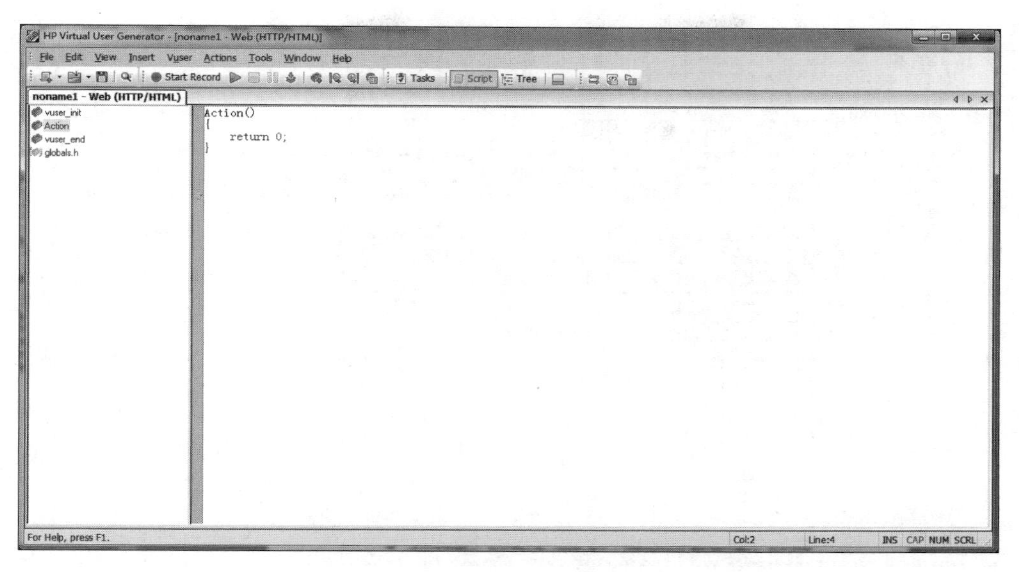

图 12-7　Script 视图

数)，右侧提供了该请求对应的截图(自行编写的脚本和部分协议不会带有截图)，如图 12-8 所示。

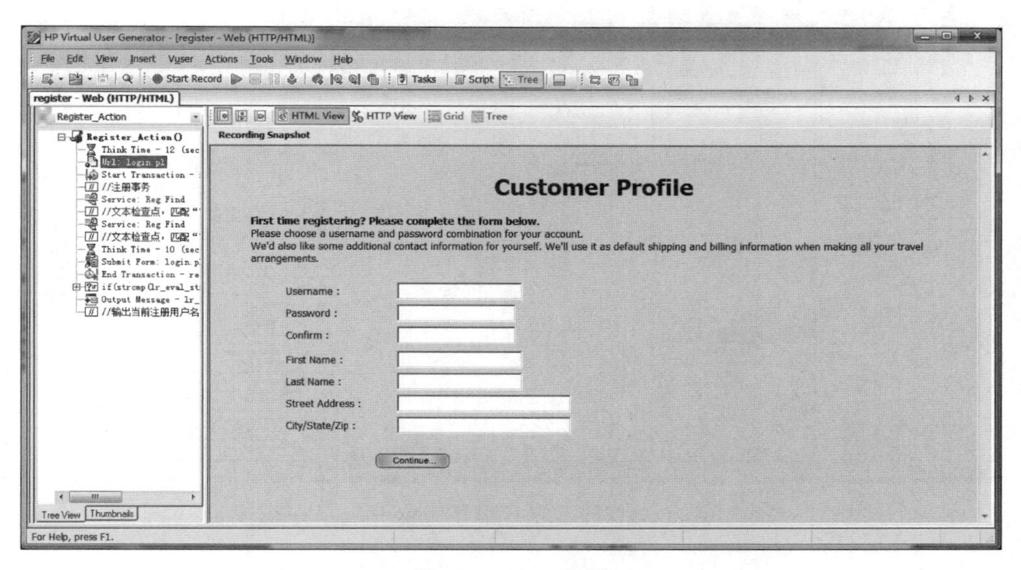

图 12-8　Tree 视图

一般通过这种视图检查录制是否正确或进行某些函数的图形化修改。该视图下的另一个子视图 HTTP View 可以提供页面刷新时所产生的所有请求，如图 12-9 所示。

这里可以看到 Grid 模式下会列出一个 HTTP Flow 列表，该列表列出了访问 HTML View 中显示的页面所产生的所有 HTTP 请求。在 HTTP Flow 下方列出了选中请求的请求数据包和应答数据包。

将 Grid 模式切换为 Tree 模式，可以更加直观地看到一个主请求下的附属请求，如图 12-10 所示。

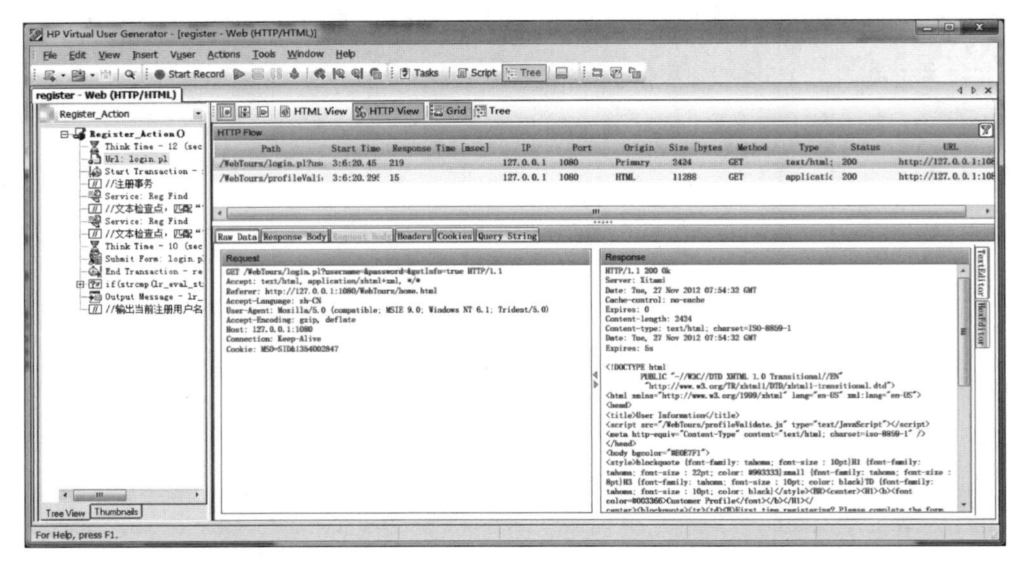

图 12-9　Tree 视图下的 HTTP View 视图 Grid 模式

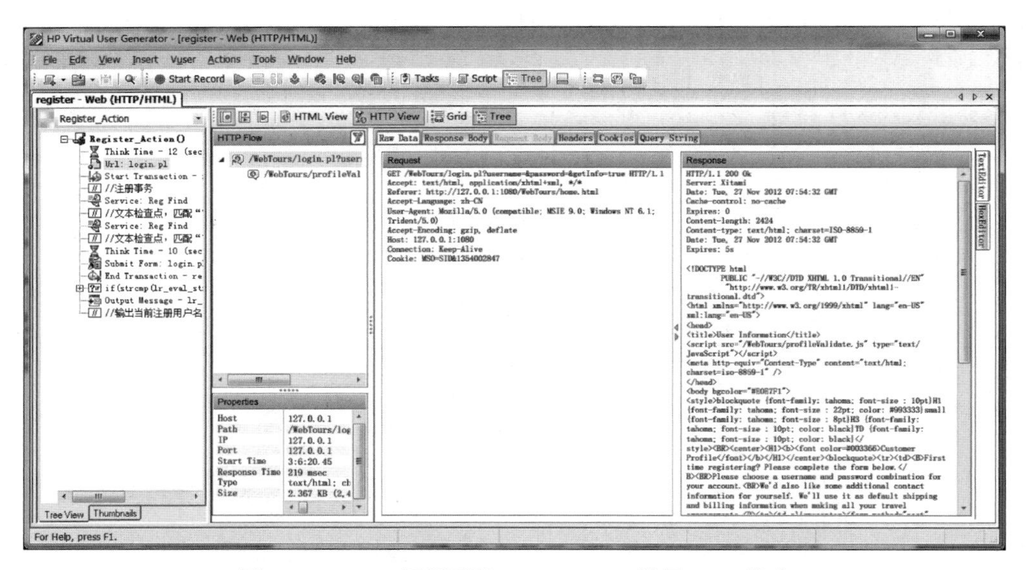

图 12-10　Tree 视图下的 HTTP View 视图 Tree 模式

3. Output Window

单击工具栏上的按钮，会在界面下方打开 Output Window（输出窗口），包含录制、回放、关联等相关信息的输出管理。

在脚本运行的时候，Output Window 还会增加 RunTime Data 标签，如图 12-11 所示。其中包含了脚本运行时的参数名和值，还有脚本迭代的次数。

4. Task 标签

单击工具栏中的 Tasks 按钮，在界面右侧会打开 Task 标签，这里提供了 HP 公司建议的脚本录制开发流程，通过一个任务流的方式指导用户进行性能测试。HP 建议使用

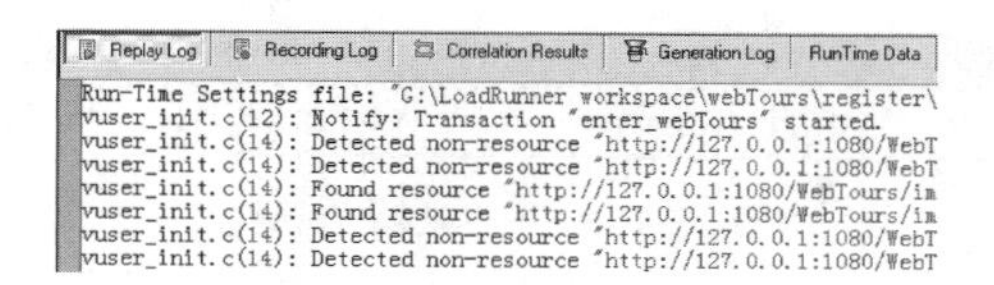

图 12-11　运行脚本时的 Output Window

Recording→Replay→Enhancements→Prepare for Load 的流程进行脚本开发。

12.3.3　录制脚本

创建测试脚本的下一步是录制实际用户执行的事件。前面创建了一个空白的 Web 脚本，现在可以开始将事件直接录制到脚本中。录制脚本过程如下。

1. 设置录制选项

在工具栏中单击 Start Record 按钮，系统会弹出 Start Recording 设置窗口，如图 12-12 所示。

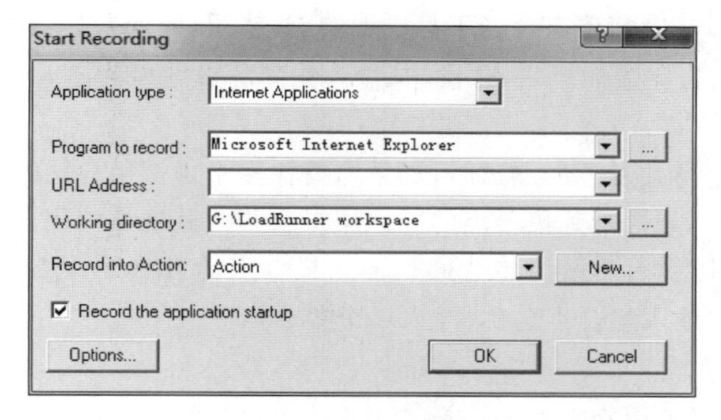

图 12-12　Start Recording 设置窗口（Web 应用）

（1）Application type：指定需要录制脚本的应用程序的类型，包括 Internet Applications 和 Win32 Applications 两个选项。由于本书介绍的是对 Web 应用程序进行测试的过程，因此这里选择 Internet Applications 选项。

（2）Program to record：指定需要录制的程序名，VuGen 默认支持的 Web 客户端是 IE，这里建议不要使用其他浏览器，避免出现不兼容。

（3）URL Address：开始录制时首先需要访问的 URL 地址，即第 1 个请求所需要访问的页面。

（4）Working directory：用来指定脚本代码的工作目录。

（5）Record into Action：录制的内容会被存放在 Action 中，Action 是 VuGen 提供的一种类似于函数的脚本块，通过将不同的操作存放在不同的 Action 中实现代码的高内聚低耦合。

上述各项设置完成后，单击 OK 按钮，LoadRunner 将自动打开 IE 浏览器，并显示在 URL Address 中设置的站点页面。同时，LoadRunner 会打开浮动录制工具栏，如图 12-13 所示。

图 12-13　浮动录制工具栏

2. 录制脚本

此时可以在网页上进行需要进行性能测试的操作。例如，如果需要测试某个列表项的删除性能，则直接在页面上进行一次删除操作，LoadRunner 会自动记录下该操作的脚本代码。

1）插入 Action

如果某些操作比较独立，需要放入一个新的 Action 中，通过单击 按钮，输入 Action 名称可以创建一个新的 Action。

2）插入事务

如果需要排除其他操作的干扰，而只查看某个或几个操作精确的执行时间，可以将这些操作放在一个事务内，在结果分析中可以查看这些事务的执行时间。插入事务的方法是：在页面上执行这些操作之前单击浮动工具栏上的 按钮，输入事务名称插入一个事务的起始点；在这些操作执行完成后单击 按钮，输入相同的事务名称插入该事务的结束点。

3）插入集合点

在对某些操作进行并发性能测试时，如果需要让多个虚拟用户同时执行这些操作，需要在脚本中设置集合点，先执行到集合点的虚拟用户会等待其他虚拟用户，当所有虚拟用户都到达集合点时，再同时执行后续脚本代码。插入集合点的方法是：在需要设置集合点的操作之前单击 按钮，输入集合点名称，插入一个集合点。

4）插入文本检查点

脚本回放时，为了能得知页面的切换是否正确，可以通过设置文本检查点进行检验。文本检查点的作用就是在某个操作执行完成后，检查服务器的返回页面上是否存在该检查点中存有的文本信息，如果存在，则认为页面响应正确，否则错误。插入文本检查点的方法是用鼠标选中页面上的某些能代表该页面的独有的文本信息，单击 按钮，插入一个文本检查点。

5）结束录制

在所有操作都执行完成后，单击 按钮结束录制，LoadRunner 会自动生成录制脚本。

3. 回放脚本

脚本生成后，可以单击工具栏上的 按钮或直接按 F5 键回放脚本。回放过程中可以在 Replay Log 日志栏中看到脚本执行的日志信息，当脚本回放完成后，如果回放出现错误，会在 Replay Log 日志栏中用红色标注错误信息。也可以打开 View 菜单下的 Test Results，如图 12-14 所示。

在这个测试结果报告中，可以得到整个脚本回放的记录，还有相关截图，Passed 状态说明脚本运行正常。但需要注意的是，Passed 只代表脚本执行没有错误，但并不代表操作在逻辑上是正确的。

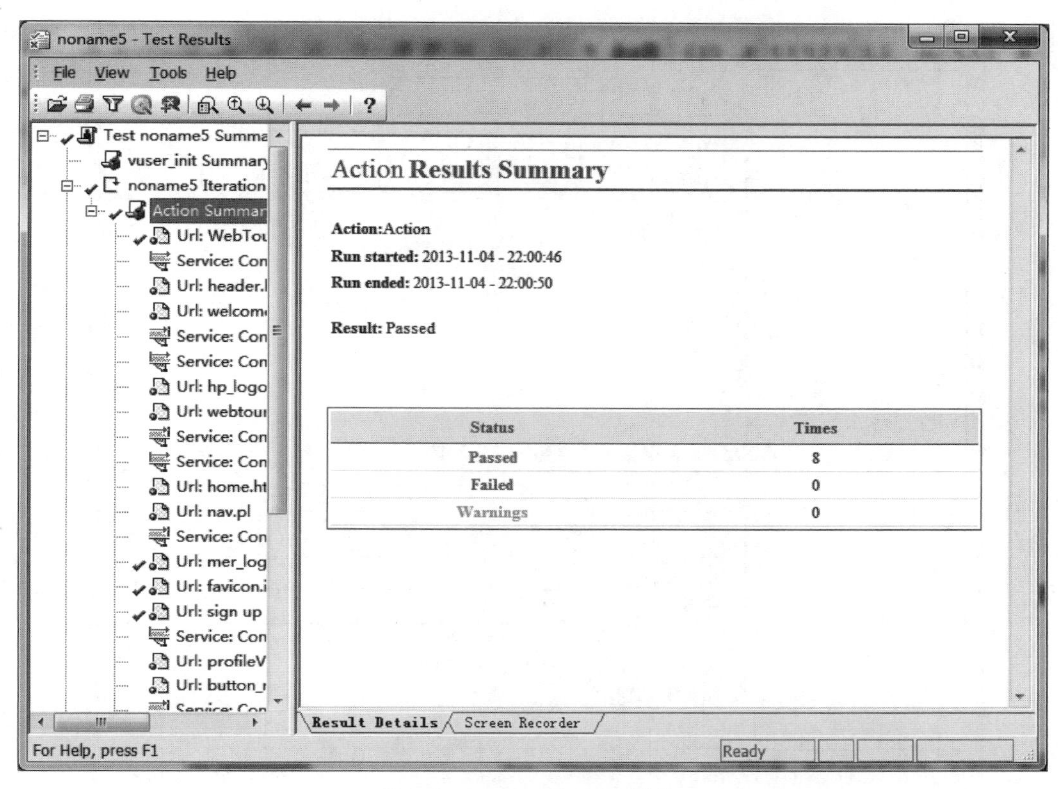

图 12-14 Test Results 报告

4. 参数化

参数在 VuGen 脚本开发中起到了非常大的作用。当一个脚本执行多次，且在每次执行时都需要变化其值的某些内容(如模拟不同用户登录，其用户名和密码不同)，可以将其设置成参数，参数值从参数列表按一定顺序获取。参数化的方法如下。

在脚本代码中选中需要参数化的字符串，然后右击，在弹出的菜单中选择 Replace with a Parameter，设置参数名称，将选中的部分替换成参数。

这样就完成了参数化的操作，参数值被保存在 Parameter List 中，单击工具栏上的 按钮或按 Ctrl+L 组合键可以打开参数列表管理界面，如图 12-15 所示。

单击 Add Row...按钮，可以为该参数添加多个值。

5. 关联

在由服务器生成动态信息，之后将这个动态信息返回给服务器进行验证的情况下，按以上步骤生成的脚本会发生回放失败的情况。这是因为脚本是死的，它只会给服务器上传在录制时从服务器接收到的动态信息，之后就不再改变，因此，当重新执行脚本时，这个信息无法在服务器验证通过，从而导致脚本回放失败。

解决这个问题的方法就是使用“关联”。关联能够将服务器返回的数据进行处理并保存为参数。而这个数据是根据该数据的左侧和右侧的字符串信息进行匹配的。关联函数如下。

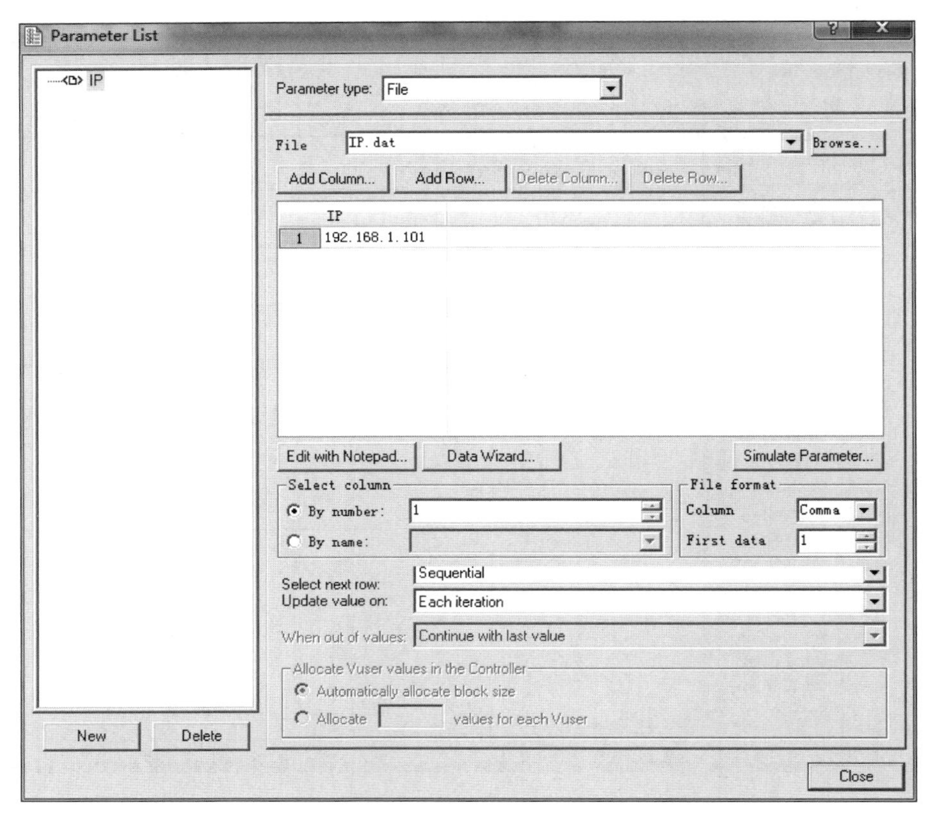

图 12-15　参数列表管理界面

```
web_reg_save_param(
"flightInfo",
"LB=<input type = radio name=outboundFlight value=",
"RB= checked >",
"Search=All",
LAST);
```

上述代码的含义是将< input type＝radio name＝outboundFlight value＝"和 checked >"代码之间的内容存储在名为 flightInfo 的参数中。

关联方法包括自动关联和手动关联两种。

1）自动关联

自动关联非常简单。其原理是对同一个脚本运行和录制时的服务器返回信息进行比较，自动查找变化的部分，并提示是否生成关联。

从原理可知，使用自动关联时需要将脚本先运行一次。运行完后单击工具栏上的按钮，VuGen 会询问是否查找需要关联的部分，单击 Yes 按钮，一段时间后会在窗口下方的 Correlation Results 中显示需要关联的部分，单击右侧的 Correlate 按钮即可进行自动关联。

自动关联有很强的局限性，无法实现特殊的动态数据捕获，如某个对象的 ID、某些表格单元值等，这时就需要通过手动关联解决它了。

2）手动关联

手动关联是关联应用的最有效手段，一个较简单的手动关联方法如下。

（1）找出脚本中来自服务器的动态数据（录制两遍相同的脚本，对比找出不同的数据），如找到“010;386;11/28/2012”，令该字段为 string。

（2）在 Generation Log 中查找 string，记录其左边的字段 x 和右边的字段 y。

（3）在 Vuser 菜单栏的 Run-Time Settings 的 Log 中选择 Extended Log 并全选其下的复选框。

（4）重新执行一遍脚本，在 Replay Log 中搜索 x，双击搜索到的那一行，脚本中选中行之前即是插入 web_reg_save_param 函数的地方。

以上是创建测试脚本的一些基本操作，掌握这些基本操作即可进行一些简单的性能测试。

12.4 设计运行场景

运行场景用来描述在测试活动中发生的各种事件。一个运行场景包括一个运行虚拟用户活动的 Load Generator 机器列表、一个测试脚本的列表以及大量的虚拟用户和虚拟用户组。可使用 Controller 设计运行场景。

Controller 是用来创建、管理和监控测试的中央控制台。使用 Controller 可以运行模拟实际用户执行操作的示例脚本，并可以通过让多个虚拟用户同时执行这些操作在系统中创建负载。

12.4.1 新建场景

场景分为目标场景和手工场景，新建场景有两种方式。

1. 通过 VuGen 直接转换当前脚本进入场景

使用管理员身份运行 LoadRunner，在 VuGen 脚本页面的 Tools 菜单栏中单击 Create Controller Scenario 选项，就可以将当前脚本转化为场景，如图 12-16 所示。

接着需要设置场景的类型、负责服务器的地址、脚本组的名称以及结果的保存地址。如果选择 Manual Scenario（手工场景），还需要设置手动场景中虚拟用户的数量，如图 12-17 所示。

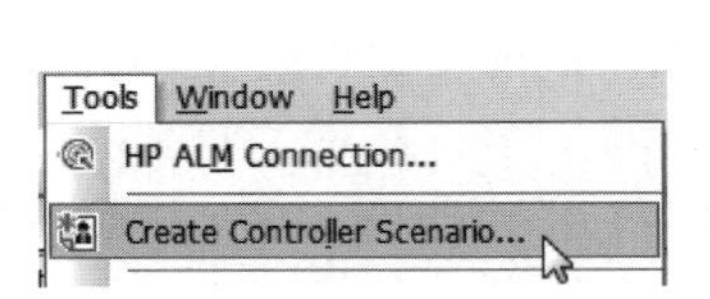

图 12-16 在 VuGen 中直接生成场景

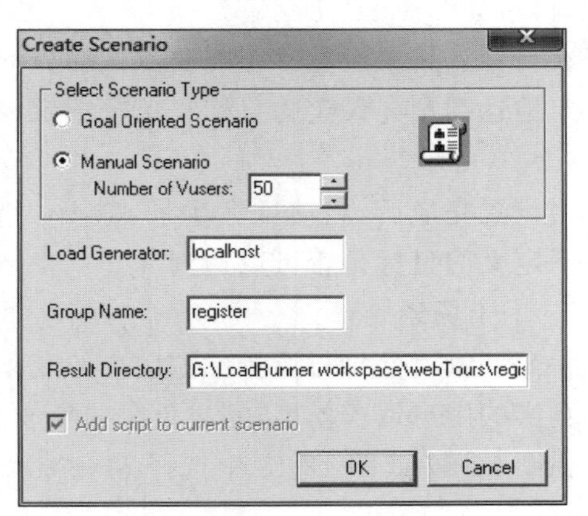

图 12-17 VuGen 中手工场景属性

2. 在 HP LoadRunner Launcher 窗口中创建场景

使用管理员身份运行 LoadRunner，在 HP LoadRunner Launcher 窗口中单击 Run Load Test。默认的情况下，LoadRunner Controller 打开时将显示 New Scenario 对话框，如图 12-18 所示。

在 Available Scripts 列表中选中需要运行的脚本，单击 Add ==>> 按钮添加到 Scripts in Scenario 列表中，也可通过单击 Browse 按钮打开已经存在的脚本。

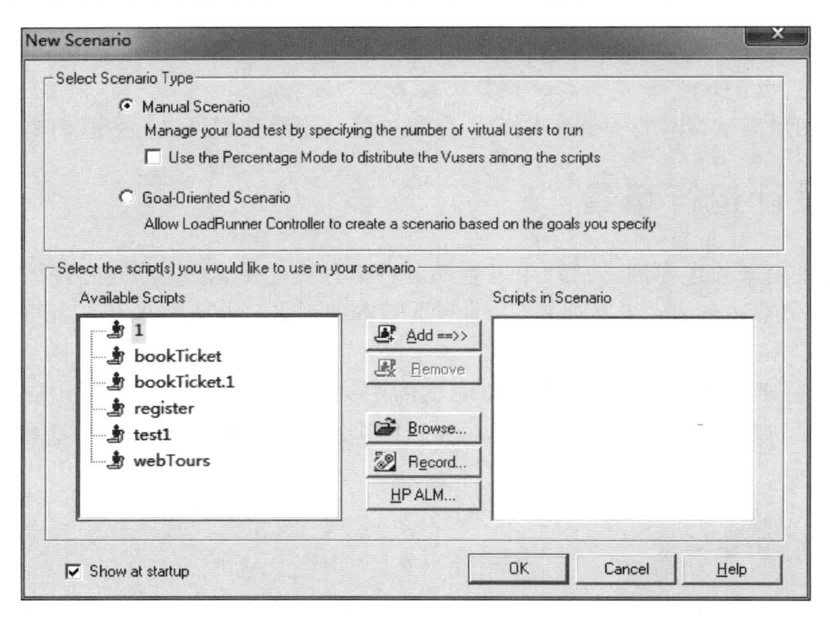

图 12-18　New Scenario 对话框

1）目标场景

目标场景就是设置一个运行目标，通过 Controller 的自动负载功能进行自动化负载，如果测试的结果达到目标，则说明系统的性能符合测试目标，否则就提示无法达到目标。

在图 12-17 或图 12-18 中选择 Goal-Oriented Scenario，再单击 OK 按钮进入目标场景设置窗口，如图 12-19 所示。

在目标场景中设置一个需要测试的目标，Controller 会自动逐渐增加负载，测试系统能否稳定地达到预先设定的目标。单击图 12-19 中的 Edit Scenario Goal 按钮编辑场景目标，如图 12-20 所示。

当设置完成后，启动目标场景，Controller 会自动调整用户个数形成负载，确认在这种负载下定义的目标是否可以达到。

2）手工场景

手工场景就是自行设置虚拟用户的变化，通过设计虚拟用户的增加、保持和减少过程，模拟真实的用户请求模型，完成负载的生成。

在图 12-17 或图 12-18 中选择 Manual Scenario，再单击 OK 按钮进入手工场景设置窗口，如图 12-21 所示。

通过设置 Global Schedule 设计虚拟用户的数量以及用户的增加、保持和减少的过程，

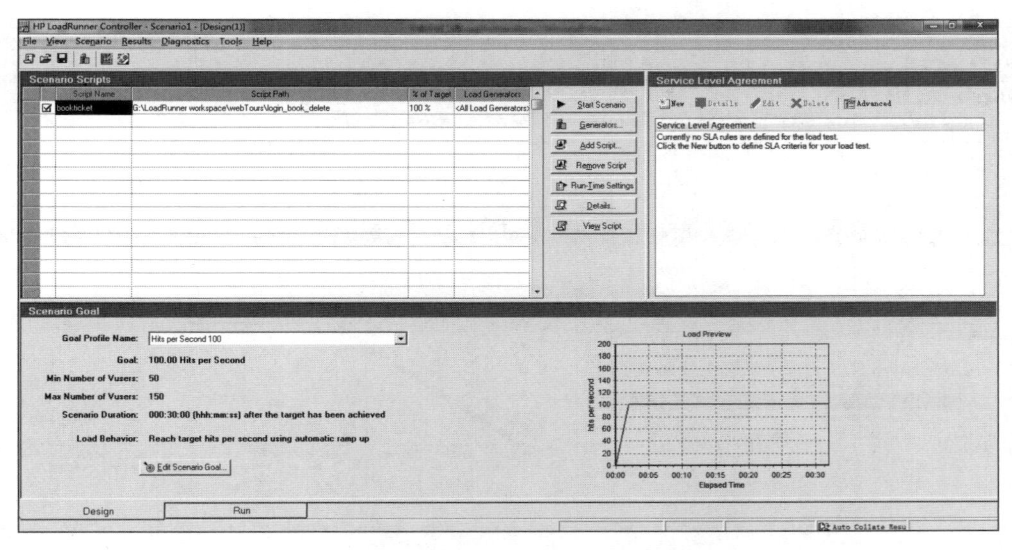

图 12-19　目标场景设置窗口

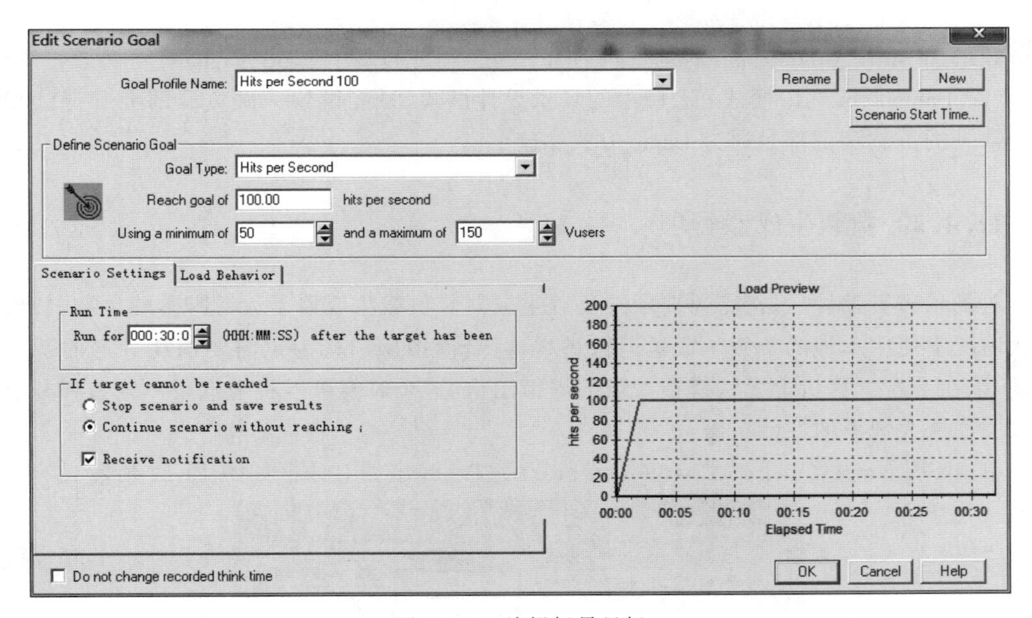

图 12-20　编辑场景目标

具体的用户负载变化情况会在右侧的 Interactive Schedule Graph 中显示出来。

手工场景在 Schedule by 中分为 Scenario 模式和 Group 模式。

(1) Scenario 模式：该模式指所有脚本都使用相同的场景模型来运行，只需要分配每个脚本所使用的虚拟用户个数即可。

(2) Group 模式：在 Group 模式下，除了可以独立设置每个脚本的开始原则，还可以通过 Start Group 为脚本之间设置前后运行关系。

手工场景在 Run Mode 中分为 Real-world schedule 模式和 Basic schedule 模式。

(1) Real-world schedule 模式：可通过 Add Action 添加多个用户变化的过程，包括多

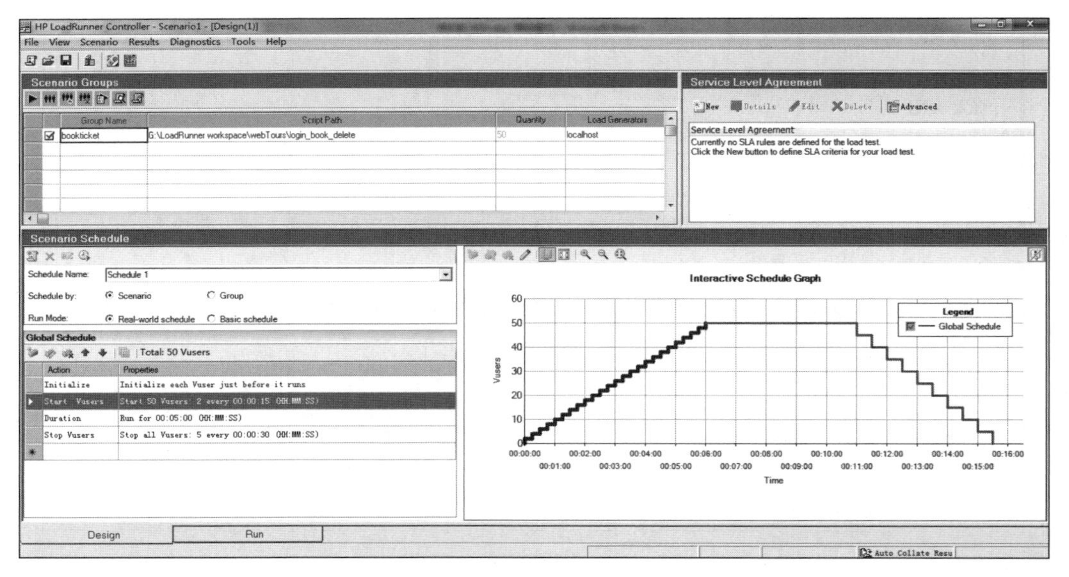

图 12-21 手工场景设置窗口

次负载增加 Start Vusers、高峰持续时间 Duration 和负载减少 Stop Vusers。

(2) Basic schedule 模式：老版本的场景设计模式，只能设置一次负载的上升持续和下降。常见的负载测试都是通过 Basic 方式实施的。

12.4.2 负载生成器管理

对场景进行设计后，接着需要配置负载生成器。负载生成器是运行脚本的负载引擎，在默认情况下使用本地的负载生成器运行脚本，但是模拟用户行为也需要消耗一定的系统资源，所以在一台计算机上无法模拟大量的虚拟用户，这个时候可以将虚拟用户分布到多个计算机上完成大规模的性能负载。

单击 Scenario 菜单下的 Load Generators 选项，弹出的对话框如图 12-22 所示。

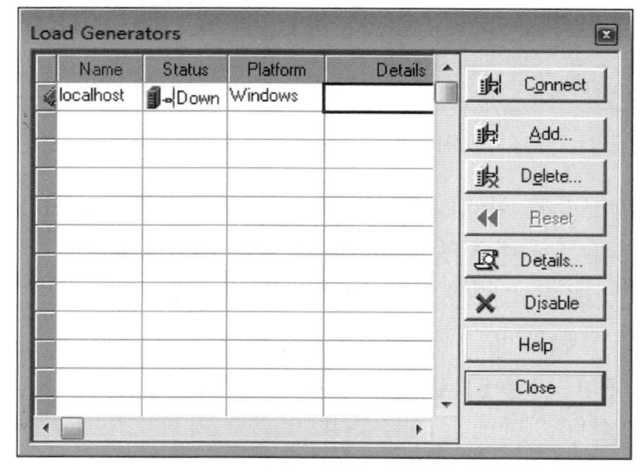

图 12-22 Load Generators 管理器

单击 Add 按钮可以添加负载生成器,然后输入需要连接的负载生成器所在的计算机 IP 和对应的平台即可(使用其他计算机作为负载生成器时要确保其他计算机上安装并启动了 Load Generator 服务),如图 12-23 所示。

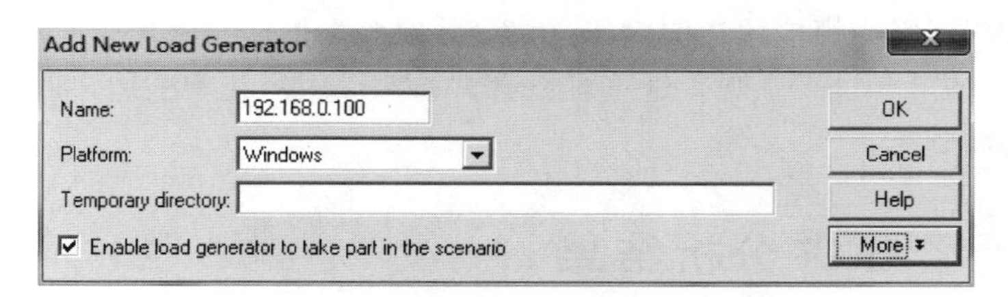

图 12-23 添加负载生成器

添加该负载生成器后,可以单击 Connect 按钮连接一下,如果出现 Ready,则说明连接正确。

当负载生成器添加完成后,可以在 Scenario Groups 中的脚本右侧选择使用哪一个负载生成器。

12.4.3 虚拟用户管理

在 Scenario Groups 中单击 按钮,弹出虚拟用户管理器,如图 12-24 所示。

Vusers(50)

ID	Status	Script	Load Generator	Elapsed Time
2	Down	bookTicket	localhost	
10	Down	bookTicket	localhost	
21	Down	bookTicket	localhost	
32	Down	bookTicket	localhost	
43	Down	bookTicket	localhost	
54	Down	bookTicket	localhost	
65	Down	bookTicket	localhost	
76	Down	bookTicket	localhost	
87	Down	bookTicket	localhost	
90	Down	bookTicket	localhost	
91	Down	bookTicket	localhost	
92	Down	bookTicket	localhost	
93	Down	bookTicket	localhost	
94	Down	bookTicket	localhost	
95	Down	bookTicket	localhost	
96	Down	bookTicket	localhost	

图 12-24 虚拟用户管理器

在这里可以添加新的虚拟用户,也可以为每个虚拟用户设置它的负载生成器。当场景运行时,可以通过该功能对某个正在运行的用户进行监控。

12.4.4 运行设置

在场景运行之前,还需要对脚本的运行策略进行设置,确保整个场景中所有用户的运行方式正确。

选中 Scenario Groups 中的脚本,单击按钮,对该脚本进行运行设置。这里主要注意设置 Run Logic 中 Action 的循环次数、Think Time 的处理策略等。

Think Time 可以模拟真实用户的操作等待,如果该时间设置得太短,那么得出的性能数据可能会比较差(因为模拟用户的操作过快会导致服务器的负载压力比正常情况大,从而结果较差),反之结果会过于乐观。这里可以尝试取熟练用户和新手用户的操作速度的平均值来设置这个值。

12.5 运行测试并分析结果

一切配置妥当,开始运行测试。

12.5.1 运行测试场景

在图 12-21 所示对话框最下面单击 Run 标签,将显示场景运行视图。在 Run 标签页中单击 Start Scenario 按钮,Controller 将开始运行场景。在 Scenario Groups 窗格中,可以看到 Vuser 逐渐开始运行并在系统上生成负载。场景运行视图包含以下几部分,如图 12-25 所示。

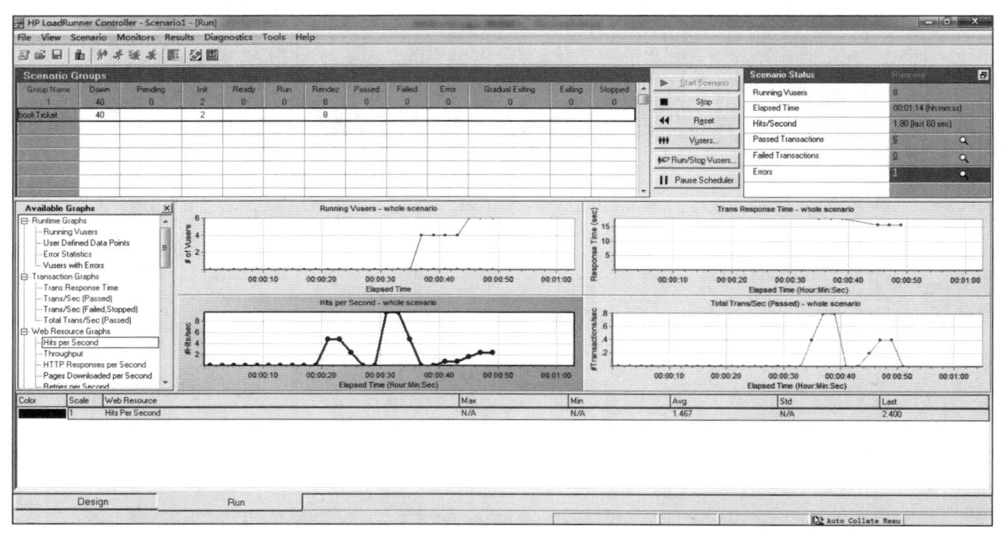

图 12-25　场景运行视图

(1) 场景组:位于左上窗格中,可以查看场景组中的 Vuser 的状态。使用该窗格右侧的按钮可以启动、停止和重置场景,查看单个 Vuser 的状态,并且可以手动添加更多的 Vuser,从而增加场景运行期间应用程序上的负载。

(2) 场景状态:位于右上窗格中,可以查看负载测试的概要,其中包括正在运行的 Vuser 数以及每个 Vuser 操作的状态。

(3) 可用图树:位于中部左侧窗格中,可以查看 LoadRunner 图列表。要打开图,请在该树中选择一个图,然后将其拖动到图查看区域中。

(4) 图查看区域：位于中部右侧窗格中，可以自定义显示以查看1～8个图(菜单命令为View→View Graphs)。

(5) 图例：位于底部窗格中，可以查看选定图中的数据。

12.5.2 监视场景

在运行过程中，可以监视各个服务器的运行情况(Database Server、Web Server 等)。监视场景通过添加性能计数器来实现。

创建应用程序中的负载的同时，了解应用程序的实时执行情况以及可能存在瓶颈的位置。使用 LoadRunner 的集成监控器套件可以度量负载测试期间每个单一层、服务器和系统组件的性能。LoadRunner 包括用于各种主要后端系统组件(其中包括 Web、应用程序、网络、数据库和 ERP/CRM 服务器)的监控器。

1. 查看默认图

默认的情况下，Controller 显示正在运行的 Vuser 图、事务响应时间图、每秒点击次数图和 Windows 资源图。前3个不需要配置。已配置了 Windows 资源监控器进行此测试。

通过正在运行的 Vuser-整个场景图，可以监控指定时间正在运行的 Vuser 数。可以看到以每分钟两个 Vuser 的速率逐渐开始运行，如图 12-26 所示。

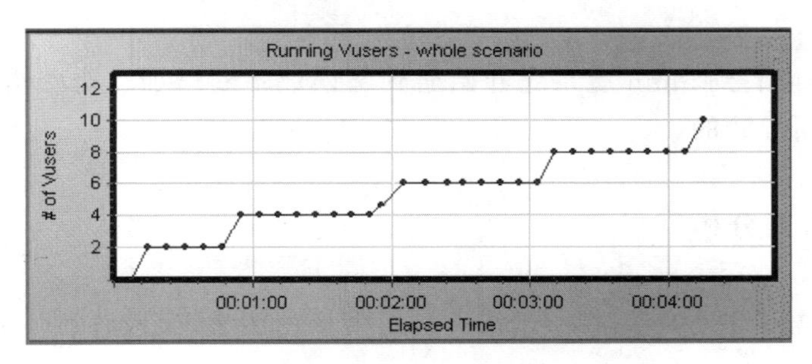

图 12-26 正在运行的 Vuser-整个场景图

通过事务响应时间-整个场景图，可以监控完成每个事务所花费的时间。可以看到客户运行系统每项任务所花费的时间，如图 12-27 所示。

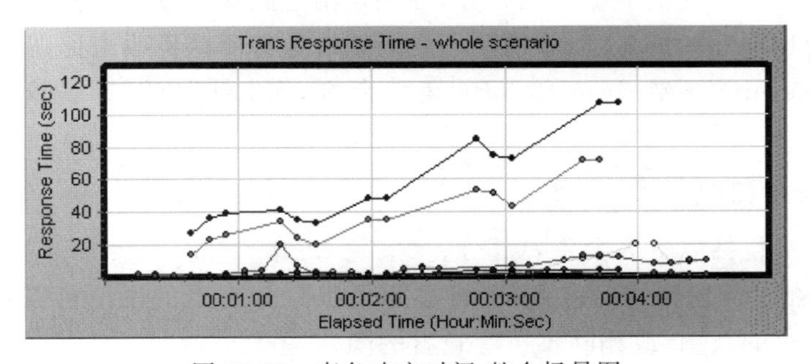

图 12-27 事务响应时间-整个场景图

可以看到，随着越来越多的 Vuser 运行接受测试的应用程序，事务响应时间将增加，并且提供给客户的服务水平将降低。

通过每秒点击次数-整个场景图,可以监控场景运行的每秒内 Vuser 在 Web 服务器上的点击次数(HTTP 请求数)。这样可以跟踪了解在服务器上生成的负载量。

通过 Windows 资源图,可以监控在场景执行期间度量的 Windows 资源使用情况(如 CPU、磁盘或内存使用率)。

2. 查看错误信息

如果计算机处理的负载很重,则可能遇到错误。在可用图树中选择错误统计信息图并将其拖入 Windows 资源图窗格中。错误统计信息图提供了有关场景执行期间发生错误的时间及错误数的详细信息。这些错误按照错误源(如在脚本中的位置或负载生成器名)分组,如图 12-28 所示。

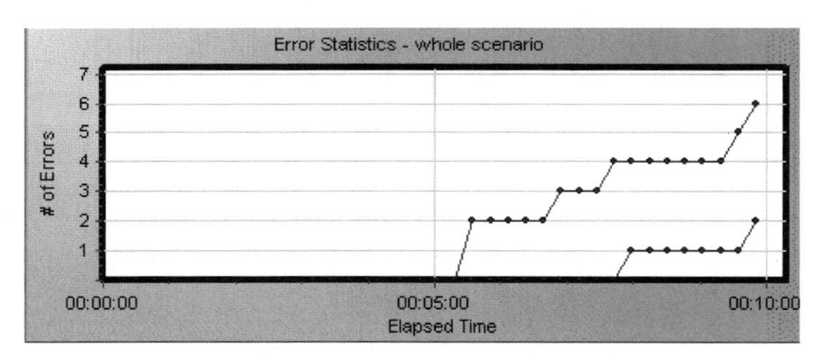

图 12-28 错误统计

在此例中,可以看到 5min 后系统开始遇到错误数不断增加。这些错误是由响应时间降低引起的超时所导致的。

12.5.3 结果分析

所有前面的准备都是为了这一步,需要分析大量的图表,生成各种不同的报告,最后会得出结论。

测试运行结束时,LoadRunner 将提供一个深入分析,该部分由详细的图和报告组成。可以将多个场景中的结果组合在一起来比较多个图,也可以使用自动关联工具将所有包含能够对响应时间产生影响的数据的图合并,并确定出现问题的原因。使用这些图和报告,可以容易地识别应用程序中的瓶颈,并确定需要对系统进行哪些更改来提高系统性能。

通过执行 Results→Analyze Results 菜单命令,可以打开带有场景结果的 Analysis 窗口。

1. Analysis 窗口概述

Analysis 窗口包括以下 3 个主要部分。

(1) 图树:在左侧窗格中,Analysis 将显示可以打开查看的图。可以在此处显示打开 Analysis 时未显示的新图,或删除不再想查看的图。

(2) 图例:位于底部窗格,可以查看选定图中的数据。

(3) 图查看区域:Analysis 在此右侧窗格中显示图。默认的情况下,当打开一个会话时,Analysis 概要报告将显示在此区域,如图 12-29 所示。

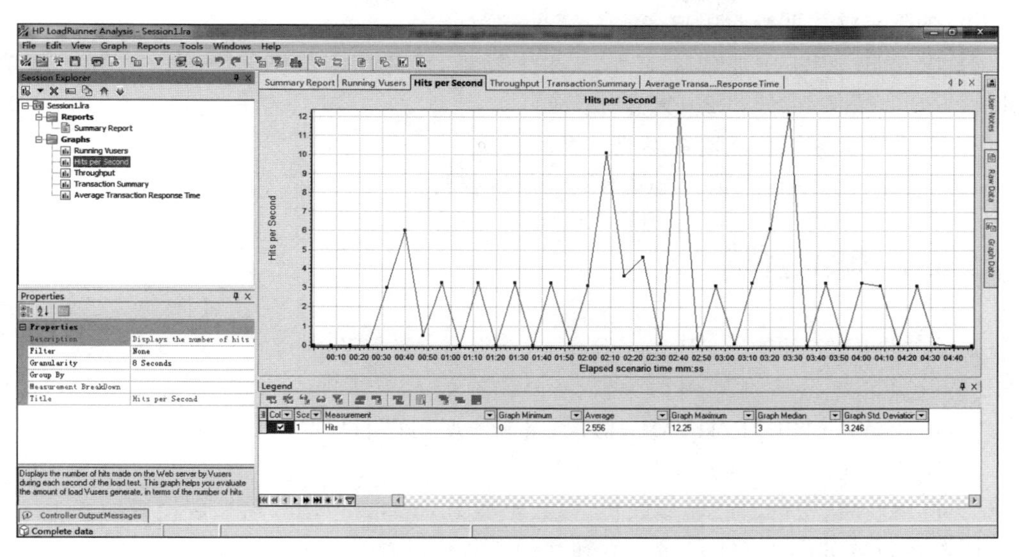

图 12-29 Analysis 窗口

2. 发布结果

可以以 HTML 或 Microsoft Word 报告的形式发布 Analysis 会话的结果。该报告使用设计者模板创建,并且包括所提供的图和数据的解释和图例。

HTML 报告可以在任何浏览器中打开和查看。要创建 HTML 报告,请执行以下操作。

(1) 在 Reports 菜单中选择 HTML Report。

(2) 选择报告的文件名和保存该报告的路径,单击 Save 按钮。

(3) Analysis 将创建报告并将其显示在 Web 浏览器中。注意 HTML 报告的布局与 Analysis 会话的布局十分类似。

(4) 单击左侧窗格中的链接可以查看各种图。每幅图的描述都提供在页面底部。

12.6 LoadRunner 综合应用

下面通过一个具体案例介绍 LoadRunner 的使用。

12.6.1 案例介绍

按下列要求编写测试脚本进行负载测试:利用 LoadRunner 自带的 HP Web Tours 系统录制订票业务,模拟 200 个用户登录并订购飞机票,每个用户先订购 10 张飞机票。

(1) 为 HP Web Tours 系统添加 200 个用户数据。

(2) 在注册成功页面校验是否注册成功。

(3) 录制上述案例中要求的业务,将登录和订票操作定义成事务。

(4) 模拟 200 个用户登录,并参数化所有用户名和密码。

(5) 模拟 200 个用户订购机票,并参数化出发城市和目的地城市。

(6) 模拟每个用户登录后迭代 10 次,每次订购一张机票。

(7) 在登录成功页校验用户名。

(8) 在 Controller 中加载脚本,设置手工场景,按 200 个用户并发,每 5s 启动 10 个用户,持续 5min,按每 5s 停止 20 个用户减压。

(9) 通过场景监视功能监视本机的系统资源。

(10) 通过 Analysis 生成 Word 形式的测试报告。

12.6.2 测试过程

(1) 执行"开始"菜单→HP LoadRunner→Samples→Web→Start Web Server 命令,启动 HP Web Tours 系统的 Web 服务器。

(2) 选择 Web(HTTP/HTML)协议,录制注册用户的脚本。

(3) 保存注册脚本文件并及时回放,关联扫描。

(4) 将用户名、密码、姓、名参数化,参数类型为 File,其中用户名参数设置如图 12-30 所示,密码参数设置如图 12-31 所示。姓和名的参数化设置类似密码。

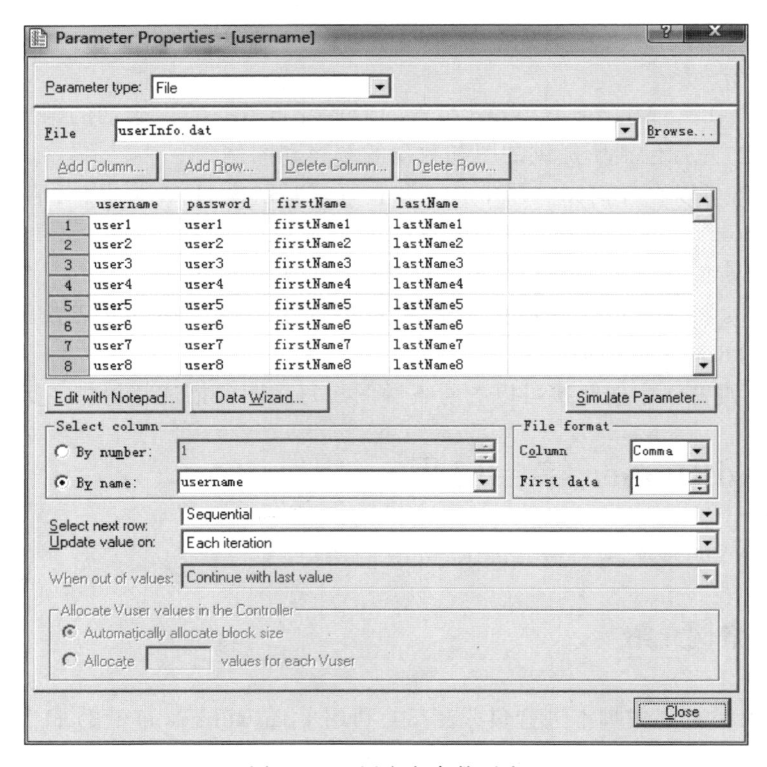

图 12-30 用户名参数列表

(5) 在注册 Action 中添加如下代码,检查用户是否添加成功。

```
//文本检查点,匹配"Thank you, <b>{username}</b>"
    web_reg_find("Text = Thank you, <b>{username}</b>", "SaveCount = success_count", LAST);
```

(6) 在 Run-time Settings 对话框中设置注册动作迭代 200 次,如图 12-32 所示。

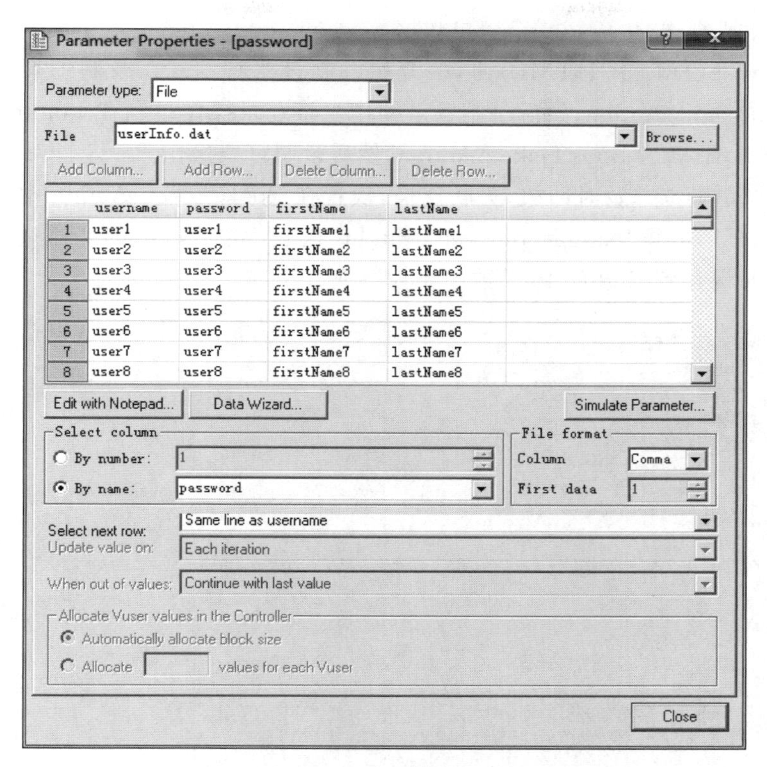

图 12-31　密码参数列表

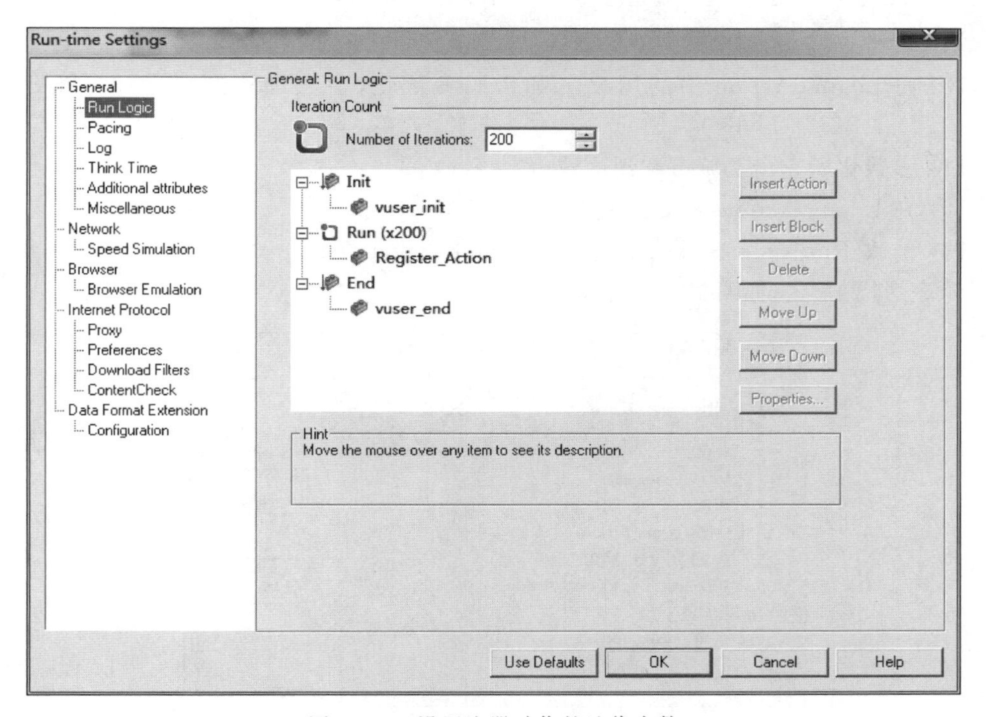

图 12-32　设置注册动作的迭代次数

(7) 运行注册脚本,生成 200 个用户数据。

(8) 选择 Web(HTTP/HTML)协议,开始录制订票脚本。在录制工具条上创建新的 Action,命名为 Login_Action,然后录制登录操作。将登录操作录制在 Login_Action 中后,创建新的 Action,命名为 BookTicket_Action,然后录制订票操作。

(9) 保存订票脚本并及时回放,关联扫描,设置在 BookTicket_Action 中关于航班信息的关联。代码如下,即将"Name=outboundFlight"这一行中 Value 的值通过关联函数找到每次的动态值并保存到 flightInfo 参数中作为替换。

```
web_reg_save_param("flightInfo",
              "LB=<input type = radio name=outboundFlight value=",
              "RB= checked >",
              "Search=All",
              LAST);
web_submit_data("reservations.pl_3",
              "Action=http://127.0.0.1:1080/WebTours/reservations.pl",
              "Method=POST",
              "RecContentType=text/html",
              "Referer=http://127.0.0.1:1080/WebTours/reservations.pl",
              "Snapshot=t29.inf",
              "Mode=HTTP",
              ITEMDATA,
              "Name=outboundFlight", "Value={flightInfo}", ENDITEM,
              "Name=numPassengers", "Value=1", ENDITEM,
              "Name=advanceDiscount", "Value=0", ENDITEM,
              "Name=seatType", "Value=Coach", ENDITEM,
              "Name=seatPref", "Value=None", ENDITEM,
              "Name=reserveFlights.x", "Value=59", ENDITEM,
              "Name=reserveFlights.y", "Value=9", ENDITEM,
              LAST);
```

(10) 将 Login_Action 中的用户名和密码参数化,参数设置如图 12-30 和图 12-31 所示。

(11) 参数化所有出发城市和到达城市。

(12) 在 Login_Action 中校验登录名。

(13) 修改 Run-time Settings 设置,将 BookTicket_Action 放入 Block 中,并设置该 Block 顺序迭代 10 次,如图 12-33 所示。

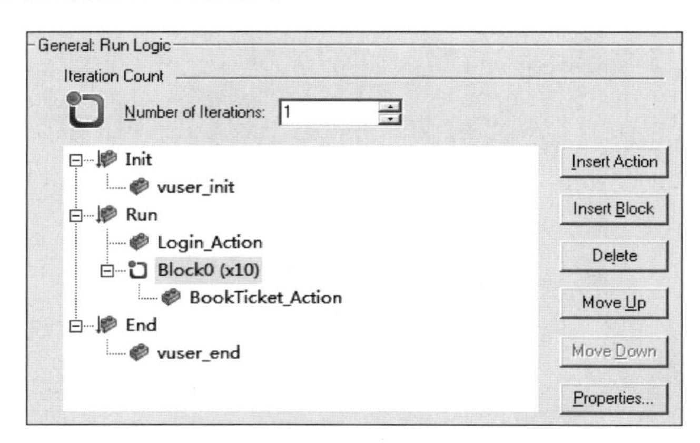

图 12-33　设置各 Action 的迭代次数

(14) 运行时设置忽略思考时间,将每个 Action 作为事务。

(15) 创建 200 个虚拟用户的手工场景,并加载订票脚本。

(16) 编辑测试计划设置按每 5s 启动 10 个用户加压,持续 5min,按每 5s 停止 20 个用户减压。

(17) 运行场景,观察测试运行过程中系统资源的使用情况。

(18) 测试完毕分析测试结果,输出 Word 形式的报告。

12.7 本章小结

本章着重介绍了负载性能测试工具 LoadRunner。首先,对 LoadRunner 进行了全面的介绍;其次,讲述了负载测试计划的制订,测试脚本的创建和维护;然后,介绍测试场景的设置和性能测试的执行;再根据测试结果进行分析,得出结论;最后对 HP Web Tours 中的订票操作进行性能测试,展示如何综合应用 LoadRunner 各项功能。

习题 12

拓展练习

(1) 请说明 LoadRunner 作为自动化测试工具,主要有哪些作用?

(2) LoadRunner 的主要特征是什么?

(3) 名词解释:场景、Vuser、Vuser 脚本、事务。

(4) 使用 LoadRunner 进行负载测试应该遵循怎样的测试步骤?主要分为哪些阶段?每个阶段的目标是什么?

(5) 怎样使用 LoadRunner 在测试过程中录制测试脚本?怎样编写测试脚本?

(6) 请对 LoadRunner 自带的 HP Web Tours 系统进行性能测试,要求测试并发 200 个用户删除一张飞机票的性能。

第13章

基于Python的自动化测试

Python 是一种面向对象的、解释性的、跨平台的高级程序设计语言，可以用于自动化测试。一方面，Python 易学，模块多，类库丰富，有独立的单元测试框架；另一方面，目前很多的自动化测试框架基本都是支持 Python 的。

本章要点

- Selenium 基础和环境搭建
- 基于 Python 的 Unittest 单元测试框架
- 基于 Python 的 Pytest 自动化测试

视频讲解

13.1 Selenium 基础和环境搭建

13.1.1 Selenium 简介

Selenium 是广泛使用的开源 WebUI(用户界面)自动化测试套件。它最初是由 Jason Huggins 开发的作为 ThoughtWorks 的内部工具。Selenium 支持多个平台，包括 Windows、Linux、Mac 等在内的主流操作系统，一份代码可以在多个平台执行。Selenium 支持的浏览器包括 IE、Firefox、Chrome、Safari。同时，Selenium 还支持多语言开发脚本，包括 C#、Java、Perl、PHP、Python 和 Ruby。因此，Selenium 是一个真正的跨平台、跨浏览器，并且支持多语言的 Web 自动化测试工具。

WebDriver 最初作为 Selenium2.0 的一部分推出。Selenium 的初始版本即 Selenium1，是由 IDE、RC 和 Grid 组成的。但是随着 Selenium3 的发布，RC 已经被弃用并转移到旧版程序包。

13.1.2 Selenium2 的工作原理

Selenium2 利用浏览器原生的 API，封装成一套更加面向对象的 Selenium WebDriver

API，直接操作浏览器页面的元素，甚至操作浏览器本身(截屏、窗口大小、启动、关闭等)。

WebDriver是针对每种浏览器开发一个对应的Driver程序，其中，每个Driver都是一个Server，启动后会监听一个默认的端口并等待测试脚本发送指令请求，并在接收到请求后根据指令进行相关的浏览器接口调用，如图13-1所示。

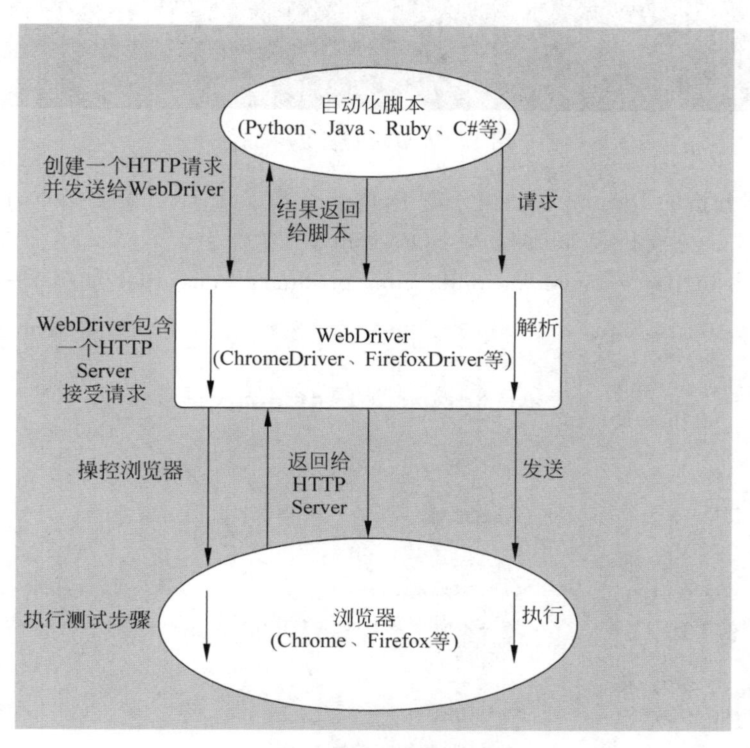

图13-1 Selenium2的工作原理

13.1.3 Python的下载与安装

(1) 登录Python官网的下载页面https://www.python.org/downloads/。

(2) 根据自己的操作系统选择合适的平台及版本。

(3) 双击下载的文件进入安装界面。

(4) 安装完成后关闭安装向导程序。

(5) 配置Python的环境变量，以Windows为例，将Python的安装路径(如C:\python36)添加到path环境变量。

(6) 将Python安装目录下的script目录(如C:\python36\Scripts)添加到path环境变量。

(7) 进入Python环境。进入命令行环境，输入python并按回车键，如果可以进入Python解释器，说明安装成功，如图13-2所示。

13.1.4 在Anaconda虚拟环境中安装Python

Anaconda是一个Python的科学计算发行版，包含了超过300个流行的用于科学、数

```
C:\Windows\system32\cmd.exe - python
Microsoft Windows [版本 6.1.7601]
版权所有 (c) 2009 Microsoft Corporation。保留所有权利。

C:\Users\ZX>python
Python 3.6.5 (v3.6.5:f59c0932b4, Mar 28 2018, 17:00:18) [MSC v.1900 64 bit (AMD6
4)] on win32
Type "help", "copyright", "credits" or "license" for more information.
>>>
```

图 13-2 成功安装 Python

学、工程和数据分析的 Python 包。由于有 Python 2 和 Python 3 两个版本，因此 Anaconda 也有相应的版本。它支持 Windows、MacOS、Linux 三大平台。

下载地址为 https://www.anaconda.com/products/individual，如图 13-3 所示。

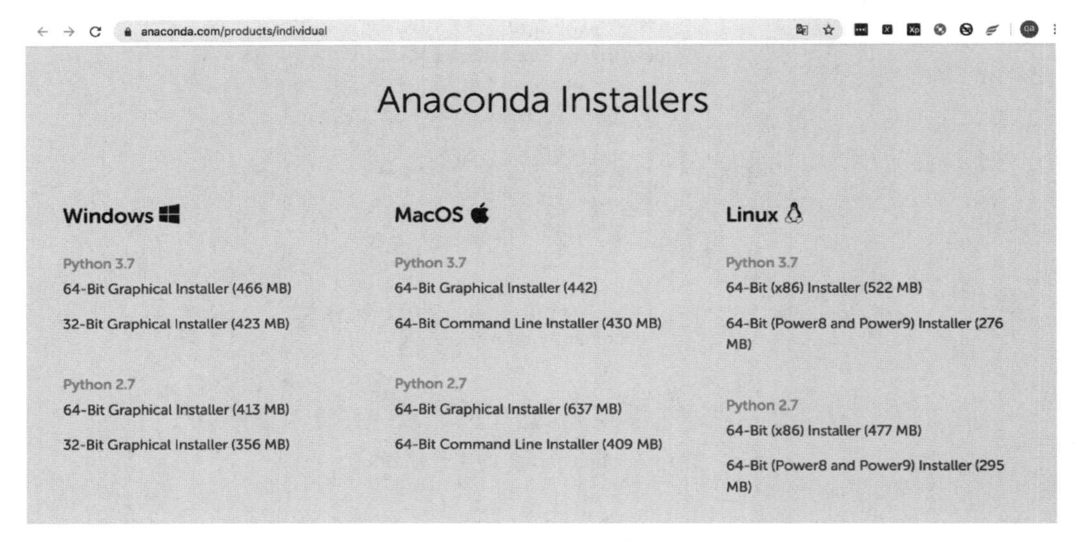

图 13-3 Anaconda 下载页面

这里选择 Windows 的 Python 3.7 版本进行下载安装，并勾选高级选项，如图 13-4 所示。

安装完毕后，在开始菜单打开。

打开 Anaconda Prompt 演示操作如下。

(1) 管理 conda，查看安装版本，如图 13-5 所示。

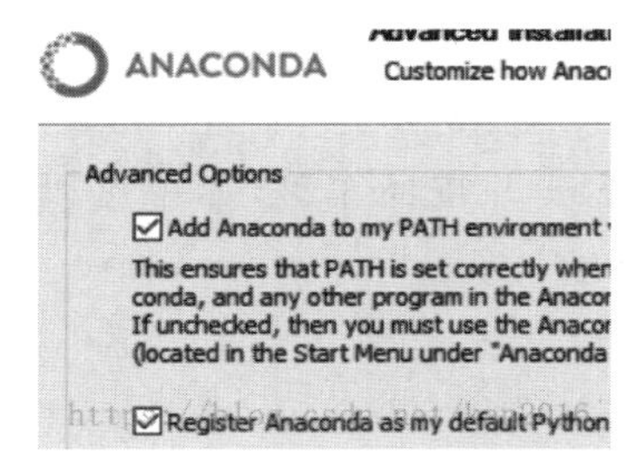

图 13-4 高级选项

```
(base) LT-E9021BMBP:~ cathy$ conda --version
conda 4.8.3
```

图 13-5 查看版本

(2) 创建自己的虚拟环境。

例如，创建一个名称为 learn 的虚拟环境并指定 Python 版本为 3(这里 conda 会自动下载 Python 3 中最新的版本)，如图 13-6 所示。

```
$ conda create -n learn python=3
```

```
The following NEW packages will be INSTALLED:

  ca-certificates    pkgs/main/osx-64::ca-certificates-2020.1.1-0
  certifi            pkgs/main/osx-64::certifi-2020.4.5.1-py38_0
  libcxx             pkgs/main/osx-64::libcxx-4.0.1-hcfea43d_1
  libcxxabi          pkgs/main/osx-64::libcxxabi-4.0.1-hcfea43d_1
  libedit            pkgs/main/osx-64::libedit-3.1.20181209-hb402a30_0
  libffi             pkgs/main/osx-64::libffi-3.2.1-h0a44026_6
  ncurses            pkgs/main/osx-64::ncurses-6.2-h0a44026_1
  openssl            pkgs/main/osx-64::openssl-1.1.1g-h1de35cc_0
  pip                pkgs/main/osx-64::pip-20.0.2-py38_1
  python             pkgs/main/osx-64::python-3.8.2-hc70fcce_0
  readline           pkgs/main/osx-64::readline-8.0-h1de35cc_0
  setuptools         pkgs/main/osx-64::setuptools-46.1.3-py38_0
  sqlite             pkgs/main/osx-64::sqlite-3.31.1-h5c1f38d_1
  tk                 pkgs/main/osx-64::tk-8.6.8-ha441bb4_0
  wheel              pkgs/main/osx-64::wheel-0.34.2-py38_0
  xz                 pkgs/main/osx-64::xz-5.2.5-h1de35cc_0
  zlib               pkgs/main/osx-64::zlib-1.2.11-h1de35cc_3


Proceed ([y]/n)? y
```

图 13-6　创建虚拟环境

切换环境，如图 13-7 所示。

```
>> $ conda activate learn
>> $ conda env list
```

```
(learn) LT-E9021BMBP:~ cathy$ conda env list
# conda environments:
#
base                     /Users/cathy/anaconda3
learn                 *  /Users/cathy/anaconda3/envs/learn
ne-python374             /Users/cathy/anaconda3/envs/ne-python374
python-ne-2.7            /Users/cathy/anaconda3/envs/python-ne-2.7
python374_new            /Users/cathy/anaconda3/envs/python374_new
python374_test           /Users/cathy/anaconda3/envs/python374_test
```

图 13-7　切换环境

13.1.5　Selenium Python Client 的下载与安装

Selenium Python Client 是 Selenium 的 Python 语言接口，同时也是开发 Selenium 脚本的基础类库，可以基于这个类库开发 Python 测试脚本并驱动 Selenium 的 WebDriver 执行测试工作。有两种安装方式，一种是源码下载安装，步骤如下。

(1) 进入 Selenium 官网下载页面。

(2) 浏览 Selenium Client 区域，单击 Python 对应的 Download 链接下载。

(3) 解压下载的 ZIP 文件。

(4) 通过 cmd 命令进入解压的目录,执行命令:

```
>> python setup.py install
```

安装 Python 的 Selenium 库。

另一种方式是通过 pip 命令进行安装,直接在命令行中执行命令:

```
>> pip install selenium
```

安装完成后,可通过 pip 命令查看 Python 安装包中是否有 Selenium 包,命令为:

```
>> pip list
```

13.1.6 Selenium WebDriver 的下载与安装

Selenium Webdriver 是针对每个浏览器特定的驱动程序。例如,IE 的驱动程序是 IEDriverServer.exe; Chrome 的驱动程序是 chromedriver.exe。

(1) 进入下载页面 https://chromedriver.chromium.org/downloads。

(2) 根据当前使用的 Chrome 版本选择相应的 ChromeDriver 版本,如图 13-8 所示。

(3) 解压 ZIP 包并将它放到系统环境变量中,如 C:/python36/Scripts 目录下。

chromedriver.storage.googleapis.com/index.html?path=80.0.3987.106/

Index of /80.0.3987.106/

Name	Last modified	Size	ETag
Parent Directory		-	
chromedriver_linux64.zip	2020-02-13 19:21:31	4.71MB	caf2eb7148c03617f264b99743e2051c
chromedriver_mac64.zip	2020-02-13 19:21:32	6.68MB	675a673c111fdcc9678d11df0e69b334
chromedriver_win32.zip	2020-02-13 19:21:34	4.17MB	d5fee78fdcb9c2c3af9a2ce1299a8621
notes.txt	2020-02-13 19:21:35	0.00MB	ba68a595cc67cb7a7a606b58deb0d259

图 13-8 Chrome WebDriver 下载

13.1.7 PyCharm 的下载与安装

PyCharm 是 Python 的一个开源的 IDE,其安装步骤如下。

(1) 进入 PyCharm 官网下载页面 https://www.jetbrains.com/pycharm/download,选择下载 Community 版本,如图 13-9 所示。

(2) 双击下载的可执行程序进行默认安装。

(3) 完成安装后可双击 PyCharm 快捷方式启动 IDE。

Download PyCharm

Windows Mac Linux

Professional

For both Scientific and Web Python development. With HTML, JS, and SQL support.

Free trial

Community

For pure Python development

Free, open-source

图 13-9 PyCharm 下载

（4）创建基于 Anaconda 虚拟环境的 PyCharm 项目。

首先打开 PyCharm，执行 File→Settings→Project→Project Interpreter 命令，单击旁边的设置齿轮图标，选中 Add，就会出现如图 13-10 所示的页面，选择 System Interpreter，就能看到 Anaconda 环境自动导入。如果没有自动导入，就手动找到 Anaconda 安装目录下的 python. exe 运行，然后就大功告成了，以后的项目都会在 Anaconda 环境下运行了。

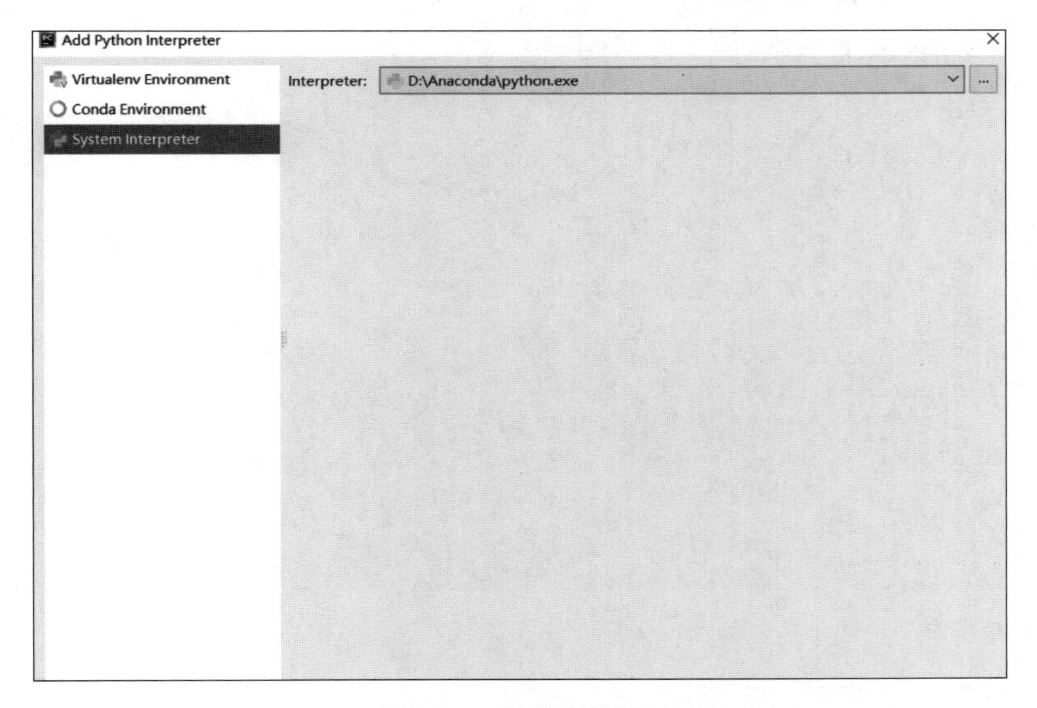

图 13-10 项目解释器设置

13.1.8 第1个Python+Selenium测试用例

```
# -*- coding:utf-8 -*-
#@project : 基于 Python + Selenium 测试用例
#@Date    : 2020-05-01 22:22
#@Author  : Cathy

from selenium import webdriver
from selenium.webdriver.support.ui import WebDriverWait
from selenium.webdriver.support import expected_conditions as EC
import time

# 创建一个 chrome driver 实例
driver = webdriver.Chrome()

# 进入百度页面
driver.get("http://www.baidu.com")
print(driver.title)
assert "百度" in driver.title

# 获取搜索输入框
inputElement = driver.find_element_by_id("kw")

# 在搜索输入框中输入"北京"
inputElement.send_keys("北京")

# 单击搜索按钮
driver.find_element_by_id("su").click()

try:
    # 等待页面刷新直到标题中出现要搜索的 "北京"
    wait = WebDriverWait(driver, 10)
    wait.until(EC.title_contains("北京"))
    print(driver.title)

finally:
    #固定等待 5s 后退出
    time.sleep(5)
    driver.quit()
```

运行结果为：

```
百度一下,你就知道
北京_百度搜索
```

13.1.9　Webdriver的常用命令

1. 对浏览器的常用管理操作

```
driver.get("https://www.xxx.com/")                        #打开一个页面
driver.maximize_window()                                  #窗口最大化
driver.get_window_size()                                  #获取窗口的大小
driver.set_window_size(400, 800)                          #设置窗口大小
driver.get_screenshot_as_file("/Screenshots/foo.png")     #将当前窗口保存png文件
driver.get_screenshot_as_base64()  #将当前窗口保存为base64 encoding格式,常用于HTML中
driver.forward()                                          #在浏览历史中前进
driver.back()                                             #在浏览历史中后退
```

2. 对页面元素常用管理操作

1）查询单个元素

```
find_element_by_id
find_element_by_name
find_element_by_xpath
find_element_by_link_text
find_element_by_partial_link_text
find_element_by_tag_name
find_element_by_class_name
find_element_by_css_selector
```

2）查询多个元素(以下方法返回list列表)

```
find_elements_by_name
find_elements_by_xpath
find_elements_by_link_text
find_elements_by_partial_link_text
find_elements_by_tag_name
find_elements_by_class_name
find_elements_by_css_selector
```

3）基于控件的调用方法

(1) input控件

```
inputElement.send_keys("北京")          #输入框输入
inputElement.clear()                    #输入框清空
```

(2) 超链接a控件

```
aElement.click()                        #单击超链接
aElement. get_attribute()               #获取超链接属性
```

下面是一个 Select 控件的例子，需要选中“未参加”。

```
< select id = "status" class = "form - control valid" onchange = "" name = "status">
    < option value = ""></option >
    < option value = "0">未参加</option >
    < option value = "1">初试通过</option >
    < option value = "2">复试通过</option >
    < option value = "3">不通过</option >
</select >
```

Select 控件具体操作如下。

```
from selenium.webdriver.support.ui import Select              # 导入 Select 类

select = Select(driver.find_element_by_name('status'))
select.select_by_index(1)                                     #索引值从 0 开始
select.select_by_value("0")  #value 是 option 标签的属性值，不是显示在下拉框中值
select.select_by_visible_text("未参加") #visible_text 是显示在下拉框中的值
#全部取消选择
select.deselect_all()
```

Radio 和 Checkbox 控件如下。

```
element.click()                  #点击
element.isSelected               #已选中
```

获取文本值。

```
element.text
```

3. 常用切换操作

```
driver.switch_to_alert()           #处理弹出对话框
#在窗口和 Frame 间切换
driver.switch_to_frame()
driver.switch_to_window()
```

4. Selenium 页面等待的几种方式

1）固定等待

```
time.sleep(3)                      #强制等待 3s
```

2）隐式等待

```
driver.implicitly_wait(10)         #设置脚本在查找元素时的最大等待时间为 10s
```

3）显式等待

设置一个条件，当页面满足该条件时，等待完成。

调用的模块如下。

```
from selenium.webdriver.support import expected_conditions as EC
from selenium.webdriver.support.wait import WebDriverWait
from selenium.webdriver.common.by import By
```

创建等待对象，代码如下。

```
wait = WebDeiverWait(driver, 10)
element = wait.until(EC.presence_of_element_located (By.ID, "someid"))
#presence_of_element_located 等待条件
```

13.1.10 PageObject 设计模式

PageObject 就是页面对象，就是将页面元素定位和页面元素操作分开；体现在对界面交互细节的封装，测试在更上层使用页面对象，在底层的属性或操作的更改不会中断测试；减少代码重复，提高测试代码的可读性和可维护性。

PageObject 在实战过程中会对脚本实现进行分层，通常做法是分为 3 层：对象层、逻辑层、业务层。

对象层用于存放我们的页面元素和一些特殊控件操作；逻辑层则是一些封装好的功能用例模块；业务层则是我们真正的测试用例的操作。

当然，如果我们的测试数据量大时，我们还可以在 3 层基础上再加一层数据层，用于存放我们的测试数据，这也是比较常规的做法。

使用 PageObject 模式的前后对比如图 13-11 所示。

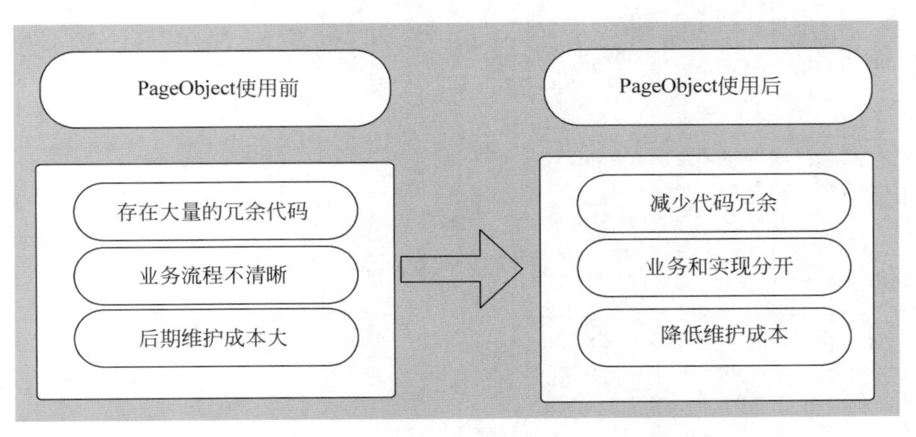

图 13-11 使用 PageObject 的前后对比

PageObject 的具体使用方法如下。

（1）创建一个页面的类。

(2) 在类的构造方法中,传递 WebDriver 参数。

(3) 在测试用例的类中,实例化页面的类,并且传递在测试用例中已经实例化的 WebDriver 对象。

(4) 在页面的类中,编写该页面的所有操作的方法。

(5) 在测试用例的类中,调用这些方法。

下面是一个百度搜索的测试例子,通过 PageObject 设计模式来实现。

```
#!/usr/bin/env python
# -*- coding: utf-8 -*-

from selenium import webdriver
from selenium.webdriver.common.by import By
from time import sleep

# 创建基础类
class BasePage(object):
    # 初始化
    def __init__(self, driver):
        self.base_url = 'http://www.baidu.com'
        self.driver = driver
        self.timeout = 30

    # 定义打开首页
    def _open(self):
        url = self.base_url
        self.driver.get(url)

    # 定义 open_url()方法,调用_open()进行打开
    def open_url(self):
        self._open()

    # 定位方法封装
    def find_element(self, *loc):
        return self.driver.find_element(*loc)

    # 定义获取页面标题的方法
    def get_url_title(self):
        return self.driver.title

# 创建 HomePage 类
class HomePage(BasePage):
    input_box = (By.ID, 'kw')
    search_submit_btn = (By.XPATH, "//*[@id='su']")

    # 文本内容输入
    def type_search(self, text):
        self.find_element(*self.input_box).clear()
        self.find_element(*self.input_box).send_keys(text)
```

```
    # 单击按钮
    def send_submit_btn(self):
        self.find_element( * self.search_submit_btn).click()

# 创建 test_baidu_search()函数
def test_baidu_search(driver, search_text):
    try:
        homepage = HomePage(driver)
        homepage.open_url()
        homepage.type_search(search_text)
        homepage.send_submit_btn()
        sleep(2)
        try:
            assert search_text in homepage.get_url_title()
            print("Test Passed")
        except Exception as e:
            print("Test Failed", e)
    except Exception as e:
        print("Test Failed2:", e)

# 创建 main()函数
def main():
    driver = webdriver.Chrome()
    text = 'selenium'
    test_baidu_search(driver, text)
    sleep(3)

    driver.quit()

if _name_ == '_main_':
    main()
```

BasePage：基础类，又称为通用类，用于给页面类使用。在初始化方法_init_()中定义驱动(driver)、基本的 URL(base_url)和超时时间(timeout)等。定义 open_url()方法用于打开 URL，这里由_open()方法实现，而 find_element()方法用于元素定位。

HomePage：具体页面类，主要存放页面的元素定位和简单的操作函数。页面类主要是将元素定位和页面操作写成函数，以供测试类使用。通常一个页面为一个类。

test_baidu_search()：测试函数，将单个元素操作组成一个完整的动作，包括打开浏览器、输入搜索关键字，将 driver 和 search_text 作为函数的入参，这样的函数具有很强的可重用性。

main()函数进行用户操作行为，现在只关心用哪个浏览器，搜索关键字是什么，至于搜索框和按钮如何定位，则不用关心。

13.2　Python 的 Unittest 单元测试框架

视频讲解

与 Java 语言的 JUnit 类似，Unittest 是 Python 的单元测试工具包，可以使用 Unittest 做单元测试用例的开发，也可以将这种执行测试用例的逻辑移植到自动化测试中。

单元测试框架对自动化测试的意义如下。

(1) 提供测试用例的组织与执行。

(2) 提供测试用例运行的结果。

(3) 提供方便的断言方法。

13.2.1 Unittest 单元测试框架的使用

下面介绍 Unittest 框架中核心的 4 部分。

(1) TestCase:单元测试用例。一个测试用例就是一个完整的测试单元,包含测试前准备环境的搭建、实现过程的代码和测试后环境的还原工作。

(2) TestSuite:测试套件,即单元测试用例的集合。一个功能往往有多个测试用例验证,用例的集合称为测试套件。可通过 addTest()方法加载 TestCase 到 TestSuite 中,从而返回一个 TestSuite 实例。

(3) TestRunner:测试运行器。执行单元测试,是测试用例执行的基本单元。

(4) TestFixture:初始化和清理测试环境,通常在 setUp()和 tearDown()函数中执行,如打开和关闭浏览器、连接和关闭数据库等。

测试流程如图 13-12 所示。

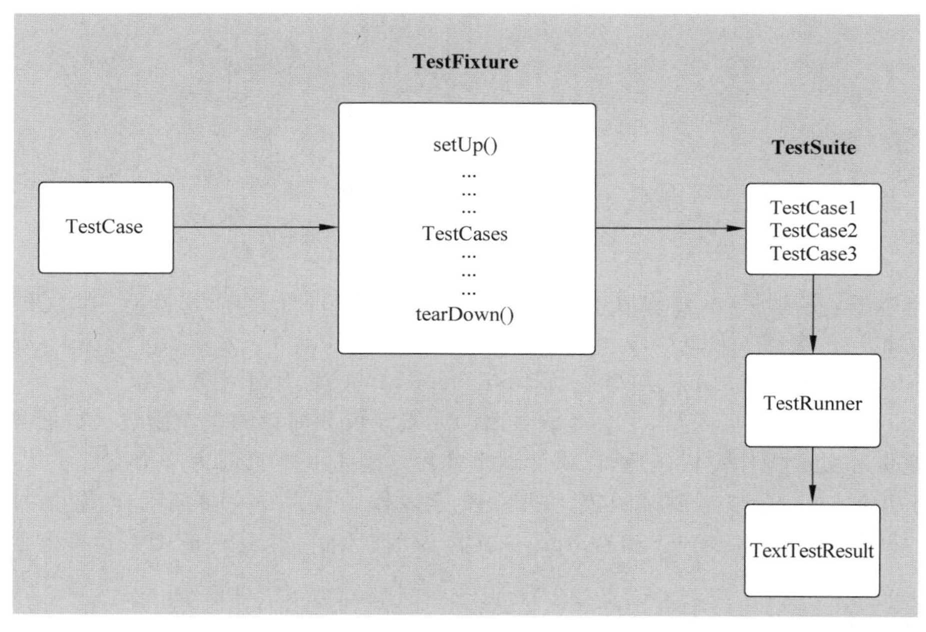

图 13-12 Unittest 测试流程

(1) 创建一个类,此类继承 unittest.TestCase 类,每个测试用例是一个无参的成员方法,方法名以 test_开头。

(2) 通过显示或隐式的方法调用 TestLoader 加载 TestCase 类或方法。

(3) 加载完之后,再添加到 TestSuite 中。

(4) 由 TestRunner 运行 TestSuite 中的测试用例(通过命令行或 unittest.main()执行

时,main()会调用 TextTestRunner 中的 run()方法来执行。)

(5) 运行结果保存在 TextTestResult 中。

setUp()方法用于测试用例执行前的初始化工作。例如,测试用例需要访问数据库,可以在 setUp()中建立数据库连接并进行初始化;测试用例需要登录 Web,可以先实例化浏览器。

tearDown()方法用于测试用例执行之后的工作,如关闭浏览器等。

assert * ()是一些断言方法,在执行测试用例的过程中,最终用例是否执行通过,是通过判断测试得到的实际结果和预期结果是否相等决定的。若成功,没有未处理的异常,并且断言全部成功;若失败,抛出任何未知的或者未捕获的异常,或者至少一个断言失败。

Unittest 原始断言如下。

```
assertEqual(a, b)              # 判断 a == b
assertNotEqual(a, b)           # 判断 a != b
assertTrue(x)                  # 判断 bool(x) is True
assertFalse(x)                 # 判断 bool(x) is False
assertIs(a,b)                  # 判断 a is b
assertIsNot(a, b)              # 判断 a is not b
assertIsNone(x)                # 判断 x is None
assertIsNotNone(x)             # 判断 x is not None
assertIn(a, b)                 # 判断 a in b
assertNotIn(a, b)              # 判断 a not in b
assertIsInstance(a, b)         # isinstance(a, b)
assertNotIsInstance(a, b)      # not isinstance(a, b)
```

下面详细介绍测试用例的编写。

(1) 设置编码,utf-8 可支持中英文,一般放在第 1 行。

```
# - * - coding: utf - 8 - * -
```

(2) 以下注释用来记录项目名称、测试模块名称、创建用例时间和创建人。

```
#@project : 搜索自动化测试项目
# @File    : test_baidu_search
#@Date     : 2020 - 05 - 01 22:22
#@Author   : Cathy
```

(3) 导入 Unittest 模块。

(4) 定义测试类,父类为 unittest. TestCase。可继承 unittest. TestCase 的方法,如 setUp()和 tearDown()方法,不过此方法可以在子类重写,覆盖父类方法。

(5) 定义 setUp()方法用于测试用例执行前的初始化工作。

(6) 定义测试用例,以“test_”开头命名的方法,方法入参为 self。

(7) 定义 tearDown()方法用于测试用例执行之后的工作,方法入参为 self。

```
# -*- coding: utf-8 -*-
# @Project    : 搜索自动化测试项目
# @File       : test_baidu_search
# @Date       : 2020-05-01 18:17
# @Author     : Cathy

import unittest
from selenium import webdriver
import time
from logs.logger import Logger

logger = Logger(logger="TestBaiduSearch").getlog()
class TestBaiduSearch(unittest.TestCase):
    def setUp(self):
        '''测试准备工作'''
        self.driver = webdriver.Chrome()          # 初始化浏览器
        self.driver.maximize_window()             # 最大化浏览器窗口
        self.driver.implicitly_wait(10)           # 隐式等待,会等到当前页面元素加载完毕
        self.base_url = 'https://www.baidu.com/'

    def test_case1(self):
        '''测试搜索用例 1'''
        self.driver.get(self.base_url)
        self.driver.find_element_by_id('kw').clear()
        self.driver.find_element_by_id('kw').send_keys('selenium')
        self.driver.find_element_by_id('su').click()
        time.sleep(2)
        try:
            self.assertIn('selenium', self.driver.title)
            logger.info("case1 Test Pass")
        except Exception as e:
            logger.error("Test Failed: %s" % e)

    def test_case2(self):
        '''测试搜索用例 2'''
        self.driver.get(self.base_url)
        self.driver.find_element_by_id('kw').clear()
        self.driver.find_element_by_id('kw').send_keys('python')
        self.driver.find_element_by_id('su').click()
        time.sleep(2)
        try:
            self.assertIn('python', self.driver.title)
            logger.info("case2 Test Pass")
        except Exception as e:
            logger.error("Test Failed: %s" % e)

    def tearDown(self):
        '''资源释放'''
        self.driver.quit()
```

(8) 测试执行。

- 方案 1

#unittest.main()方法会搜索该模块下所有以 test 开头的测试用例方法,并自动执行它们。执行顺序为:先执行 test_case1,再执行 test_case2。

```
if _name_ == '_main_':
    unittest.main()
```

- 方案 2

构建测试集,实例化测试套件,将测试用例加载到测试套件中。

执行顺序是加载顺序,下面的例子中,先执行 test_case2,再执行 test_case1。

执行测试用例,实例化 TextTestRunner 类,使用 run()方法运行测试套件(即运行测试套件的所有用例)。

```
if _name_ == '_main_':
    testsuite = unittest.TestSuite()
    testsuite.addTest(Test('test_case2'))
    testsuite.addTest(Test('test_case1'))
    runner = unittest.TextTestRunner()
    runner.run(testsuite)
```

- 方案 3

构造测试集,执行顺序是命名顺序,先执行 test_case1,再执行 test_case2。

执行测试用例,实例化 TextTestRunner 类,使用 run()方法运行测试套件(即运行测试套件中的所有测试用例)。

```
if _name_ == '_main_':
    test_dir = './'
    discover = unittest.defaultTestLoader.discover(test_dir, pattern='test_*.py')
    runner = unittest.TextTestRunner()
    runner.run(discover)
```

13.2.2　Python 中的日志记录模块

Python 中记录日志所用的模块 logging 是内置模块,无须安装即可直接使用。logging 模块可以为日志输出提供多种日志等级,从高到低依次为 critical、error、warning、info、debug。

```
import logging
logging.critical("This is a critical message!")
# output => CRITICAL:root:This is a critical message!
logging.error("This is an error message!")
# output => ERROR:root:This is an error message!
logging.warning("This is a warning message!")
```

```
# output  => WARNING:root:This is a warning message!
logging.info("This is an info message!")
# output  =>
logging.debug("This is a debug message!")
    # output  =>
```

上述代码会把日志打印到控制台,logging 模块的 info 和 debug 等级的信息没有被打印出来,这是因为默认的 logging 模块日志等级为 warning。

如果想把日志打印到特定的文件中,改变日志输出等级等,可以进行如下修改。

```
import logging
logging.basicConfig(level = logging.DEBUG,
format = '%(asctime)s %(filename)s %(levelname)s %(message)s',
                    datefmt = '%Y-%m-%d %H:%M:%S',
                    filename = "test.log",
                    filemode = 'w')
logging.debug('This is debug message')
logging.info('This is info message')
logging.warning('This is warning message')

#输出到 test.log 文件中的 message 如下
2020-04-14 22:55:07 logging_demo.py DEBUG This is debug message
2020-04-14 22:55:07 logging_demo.py INFO This is info message
    2020-04-14 22:55:07 logging_demo.py WARNING This is warning message
```

搜索自动化测试项目的 logger.py,可以参考以下示例。

```
# -*- coding: utf-8 -*-
#@Project      : 搜索自动化测试项目
#@File         : logger
#@Date         : 2020-05-01 22:22
#@Author       : Cathy

import logging
import os.path
import time

class Logger(object):

    def getlog(self):
        return self.logger

# 初始化加载
    def __init__(self, logger):
        # 创建 logger 对象
        self.logger = logging.getLogger(logger)
        self.logger.setLevel(logging.DEBUG)            # 设置日志模式为调试模式
```

```
    # 创建一个 handler,用于写入日志文件
    ct = time.strftime('%Y%m%d%H%M', time.localtime(time.time())) #设置日期格式
    log_path = os.path.dirname(os.getcwd()) + '/log/'
    isExists = os.path.exists(log_path)

    if not isExists:
        try:
            os.makedirs(log_path)
        except Exception as e:
            print("创建文件夹失败!")

    log_name = log_path + ct + '.log'

    fh = logging.FileHandler(log_name)
    fh.setLevel(logging.INFO)

    # 创建一个 steam handler,用于输出到控制台
    ch = logging.StreamHandler()
    ch.setLevel(logging.INFO)

    # 定义一个 handler 的输出格式
    formatter = logging.Formatter(
        '%(asctime)s - %(name)s - %(levelname)s -  %(message)s'
    )
    fh.setFormatter(formatter)
    ch.setFormatter(formatter)

    self.logger.addHandler(fh)
        self.logger.addHandler(ch)
```

运行之后,会在 log 文件夹下生成 202005012235.log 文件,内容如下。

```
2020-05-01 22:57:31,191 - TestBaiduSearch  - INFO  -  case1 Test Pass
2020-05-01 22:57:36,926 - TestBaiduSearch  - INFO  -  case2 Test Pass
```

13.2.3　测试报告的输出

测试报告是测试结果展示的平台工具,HTMLTestRunner 易于生成 HTML 测试报告,它是 Python 标准库 UnitTest 模块的扩展。

原生版下载地址为 http://tungwaiyip.info/software/HTMLTestRunner.html(仅支持 Python2)。

改进优化版本为 https://github.com/findyou/HTMLTestRunnerCN/tree/dev(支持 Python2 和 Python3)。

下载文件,将其放在 python Lib/site-packages 目录下。

```
import HtmlTestRunner
#or
import HtmlTestRunnerCN
```

在本示例中，将 HTMLTestRunnerCN 放在 utils 包下面。

```
from utils.HTMLTestRunnerCN import HTMLTestReportCN
```

新建 TestRunner.py 的模块，实现测试执行和测试报告的生成，参考代码如下。

```
# -*- coding: utf-8 -*-
# @Project    : 搜索自动化测试项目
# @File       : TestRunner
# @Date       : 2020-05-01 18:17
# @Author     : Cathy

import unittest
from utils.HTMLTestRunnerCN import HTMLTestReportCN
from tests.test_baidu_search import TestBaiduSearch
import os
import time

suite = unittest.TestSuite()
suite.addTest(TestBaiduSearch('test_case1'))
suite.addTest(TestBaiduSearch('test_case2'))

# 测试报告标题
xxx_title = "搜索自动化测试项目报告"

# 定义测试报告存放路径
report_path = os.path.dirname(os.path.abspath('.')) + '/test_report/'

# 获取当前系统时间
ct = time.strftime("%Y-%m-%d-%H_%M_%S", time.localtime(time.time()))
# 定义测试报告名称
HTMLFile = report_path + ct + "_HTMLtemplate.html"

isExists = os.path.exists(report_path)
if not isExists:
    try:
        os.makedirs(report_path)
    except Exception as e:
        print("创建文件夹失败: ", e)

if _name_ == '_main_':
    with open(HTMLFile, "wb") as report:
        runner = HTMLTestReportCN(stream = report, title = xxx_title, description = '用例执行
情况')    # 定义测试报告
        runner.run(suite)    # 执行测试用例
```

运行结束，会在 test_report 文件夹下生成测试报告，如 2020-05-01-22_57_25_HTMLtemplate.html，在浏览器中查看测试报告，如图 13-13 所示。

搜索项目测试报告

测试人员：QA

开始时间：2020-05-01 18:37:09

合计耗时：0:00:12.339035

测试结果：共 2，通过 2，通过率= 100.00%

用例执行情况

概要{ 100.00% }　通过{ 2 }　失败{ 0 }　错误{ 0 }　所有{ 2 }

用例集/测试用例	总计	通过	失败	错误	详细
tests.test_baidu_search.TestBaiduSearch	2	2	0	0	收起
test_case1: 测试搜索用例1				通过	
test_case2: 测试搜索例子2				通过	
总计	2	2	0	0	通过率：100.00%

图 13-13　测试报告

此项目的组织形式如图 13-14 所示。

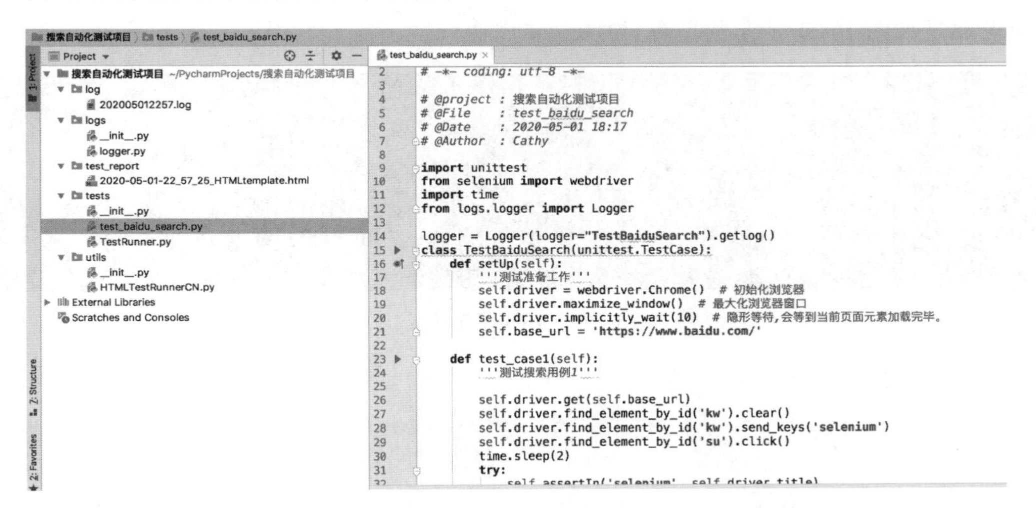

图 13-14　项目组织形式

13.3　基于 Pytest+Allure 的自动化测试

视频讲解

13.3.1　Pytest 简介

Pytest 是基于 Python 语言的自动化测试框架，可以用于单元测试或功能测试，相比其他测试框架具有以下优点。

(1) 简单灵活，容易上手。

(2) 支持测试用例的参数化。

(3) 能支持简单的单元测试和复杂的功能测试。

(4) 具有较多第三方插件，可以自定义扩展，比较好用的有 pytest-selenium(集成 Selenium)、pytest-html(完美 HTML 测试报告生成)、pytest-rerunfailures(失败 case 重复执行)。

(5) 执行测试过程中可将某些测试跳过,或对某些预期失败的用例标记成失败。

(6) 支持多种格式的测试报告,可以很好地与 Jenkins 集成。

基于上述优点,Pytest 已将成为 Python 中最流行的测试框架之一。

13.3.2 Pytest 和 Allure 的安装

可使用 pip 命令安装 Pytest。

```
>> pip install pytest
```

查看 Pytest 是否安装成功。

```
>> pip show pytest
```

若出现如图 13-15 所示的信息,说明安装成功。

```
(learn) LT-E9021BMBP:~ cathy$ pip show pytest
Name: pytest
Version: 5.4.1
Summary: pytest: simple powerful testing with Python
Home-page: https://docs.pytest.org/en/latest/
Author: Holger Krekel, Bruno Oliveira, Ronny Pfannschmidt, Floris Bruynooghe, Brianna Laugher, Florian Bruhin and others
Author-email: None
License: MIT license
Location: /Users/cathy/anaconda3/envs/learn/lib/python3.8/site-packages
Requires: py, attrs, more-itertools, packaging, pluggy, wcwidth
Required-by:
```

图 13-15 Pytest 安装成功

可使用 pip 命令安装 allure-pytest 插件。

```
>> pip install allure - pytest
```

Windows 下载安装 Allure 的步骤如下。

(1) 在官网 https://allure.qatools.ru/ 下载对应版本到本地并解压。

(2) 添加 path 环境变量,打开\allure-2.8.0\bin 文件夹,会看到 allure.bat 文件,将此路径设置为系统环境变量 Path,如图 13-16 所示。

在 Mac 下安装 Allure,使用以下命令。

```
>> brew install allure
```

13.3.3 基于 Pytest 自动化测试实例

1. 测试实例

创建一个项目,命名为 autotest,在该项目下添加 Python package: tests,并创建 test_search.py 的测试文件。

下面是一个 test_search.py 测试文件。

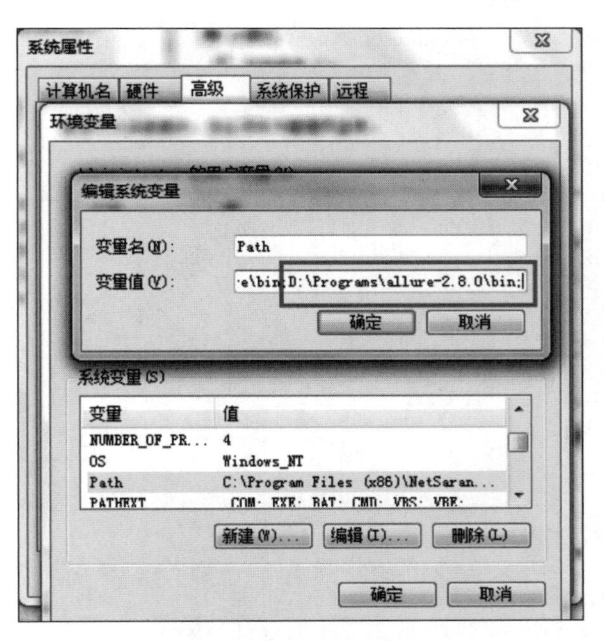

图 13-16 设置环境变量

```
# -*- coding: utf-8 -*-
# @Project    : autotest
# @File       : test_search
# @Date       : 2020-05-02 11:09
# @Author     : Cathy

import pytest
from selenium import webdriver
import allure
import time


@allure.feature("搜索功能")
class TestSearch(object):

    def setup(self):
        '''测试准备工作'''
        global driver
        global base_url
        with allure.step("初始化浏览器,并最大化浏览器窗口"):
            driver = webdriver.Chrome()
            driver.maximize_window()
            driver.implicitly_wait(10)        # 隐式等待,会等到当前页面元素加载完毕
        with allure.step("打开百度 url"):
            base_url = 'https://www.baidu.com/'
            driver.get(base_url)
        with allure.step("校验结果"):
```

```
            assert "百度一下" in driver.title

    @allure.story('搜索关键字 - pytest')
    def test_search_case1(self):
        '''测试搜索用例 1'''
        with allure.step("清空输入框,并输入搜索关键字 - pytest,单击搜索按钮"):
            driver.find_element_by_id('kw').clear()
            driver.find_element_by_id('kw').send_keys('pytest')
            driver.find_element_by_id('su').click()
            time.sleep(2)
        with allure.step("校验结果"):
            assert "pytest" in driver.title
            allure.attach("测试用例 1", "成功")

    @allure.story('搜索关键字 - python')
    def test_search_case2(self):
        '''测试搜索用例 2'''
        with allure.step("清空输入框,并输入搜索关键字 - python,单击搜索按钮"):
            driver.find_element_by_id('kw').clear()
            driver.find_element_by_id('kw').send_keys('python')
            driver.find_element_by_id('su').click()
            time.sleep(2)
        with allure.step("校验结果"):
            assert "python" in driver.title
            allure.attach("测试用例 2", "成功")

    @allure.story('搜索关键字 - selenium')
    @pytest.mark.skipif(reason = "本次不执行")
    def test_search_case3(self):
        '''测试搜索用例 3'''
        with allure.step("清空输入框,并输入搜索关键字 - selenium,单击搜索按钮"):
            driver.find_element_by_id('kw').clear()
            driver.find_element_by_id('kw').send_keys('selenium')
            driver.find_element_by_id('su').click()
            time.sleep(2)
        with allure.step("校验结果"):
            assert "selenium" in driver.title

    @allure.story('搜索关键字 - automation')
    def test_search_case4(self):
        '''测试搜索用例 4'''
        with allure.step("清空输入框,并输入搜索关键字 - automation,并单击搜索按钮"):
            driver.find_element_by_id('kw').clear()
            driver.find_element_by_id('kw').send_keys('automation')
            driver.find_element_by_id('su').click()
            time.sleep(2)
        with allure.step("校验结果"):
            assert "automation test" in driver.title

    def teardown(self):
        driver.quit()
```

2. Allure 测试报告

上述代码使用了 Allure 的几个特性。

(1) @allure.feature：用于描述被测试产品需求。

(2) @allure.story：用于描述 feature 的用户场景，以及测试需求。

(3) with allure.step：用于描述测试步骤，会输出到报告中。

(4) allure.attach：用于向测试报告中输入一些附加信息，通常是一些测试数据、截图等。

测试脚本中添加了 Allure 特性之后，可以通过以下两步生成测试报告。

1) 生成测试报告数据

在 Pytest 执行测试的时候，指定--alluredir 选项及结果数据保存的目录。

```
>> pytest tests/ --alluredir ./result
```

./result/中保存了本次测试的结果数据。

2) 生成测试报告页面

通过下面的命令将./result/目录下的测试数据生成测试报告页面。

```
>> allure generate ./result/ -o ./report/ --clean
```

指定--clean 选项的目的是先清空测试报告目录，再生成新的测试报告。

打开测试报告后，浏览器被自动调起，展示测试报告，下面分别介绍报告的几个页面。

(1) 首页

如图 13-17 所示，首页展示了本次测试的测试用例数量，成功用例、失败用例、跳过用例的比例，测试环境，SUITES，FEATURES BY STORIES 等基本信息，当与 Jenkins 做了持续集成后，TREND 区域还将显示历次测试的通过情况。首页的左边栏还从不同维度展示了测试报告的基本信息。

图 13-17　Allure 首页

(2) Behaviors 页面

如图 13-18 所示,进入 Behaviors 页面,这个页面按照 Features 和 Stories 展示测试用例的执行结果。从此页面可以看到"搜索功能"这个 Features 包含 4 个 Stories 的测试用例执行情况。

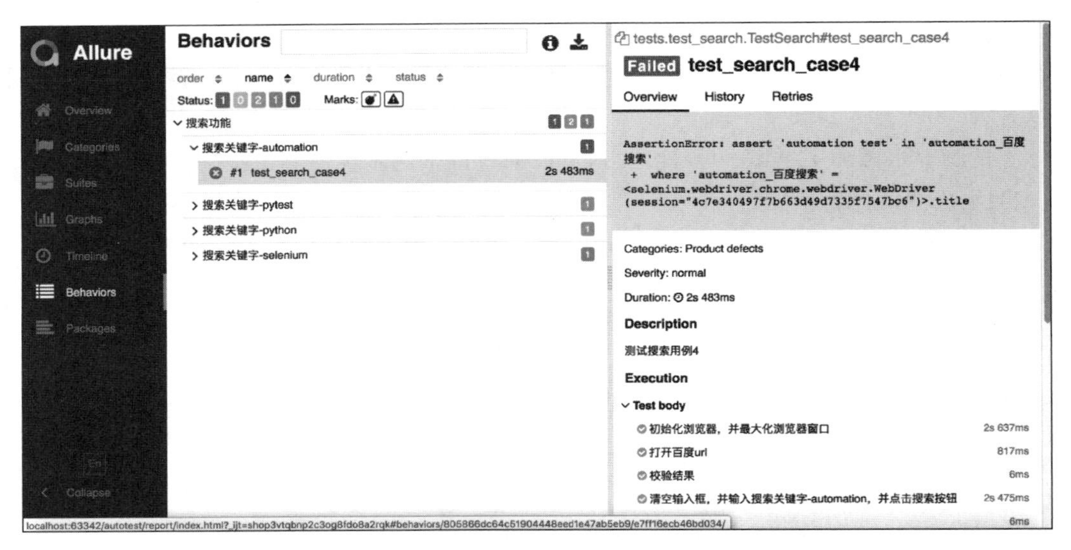

图 13-18 Behaviors 页面

(3) Suites 页面

Allure 测试报告将每个测试脚本作为一个 Suite。在首页单击 Suites 区域下面的任何一条 Suite,都将进入 Suites 页面,如图 13-19 所示。这个页面以脚本的目录结构展示所有测试用例的执行情况,如图 13-20 所示。

图 13-19 Suites 页面

页面右侧是测试用例详情页面,可以看到测试用例执行的每个步骤,以及每个步骤的执行结果,每个步骤可以添加附件,作为重要信息补充。

图 13-20　测试用例详情页面

（4）Graphs 页面

如图 13-21 所示，Graphs 页面展示了本次测试结果的统计信息，如测试用例执行结果状态、测试用例重要等级分布、测试用例执行时间分布等。

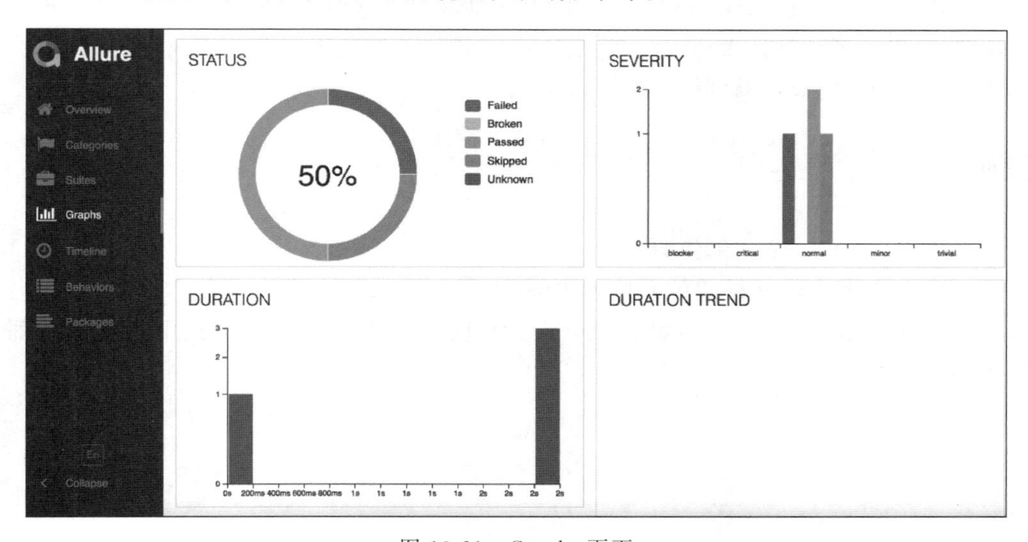

图 13-21　Graphs 页面

3. Pytest HTML 测试报告

Pytest 借助 pytest-html 插件生成测试报告，可以用 pip 命令安装。

```
$ pip install pytest-html
$ pip list          #查看 pytest-html 安装成功版本为 2.1.1
```

测试执行命令如下。

```
$ pytest -s tests/test_search.py --html=./report/自动化测试报告.html
```

在 report 文件夹下会生成一个 HTML 文件，名为自动化测试报告. html，在浏览器中打开显示，如图 13-22 所示。

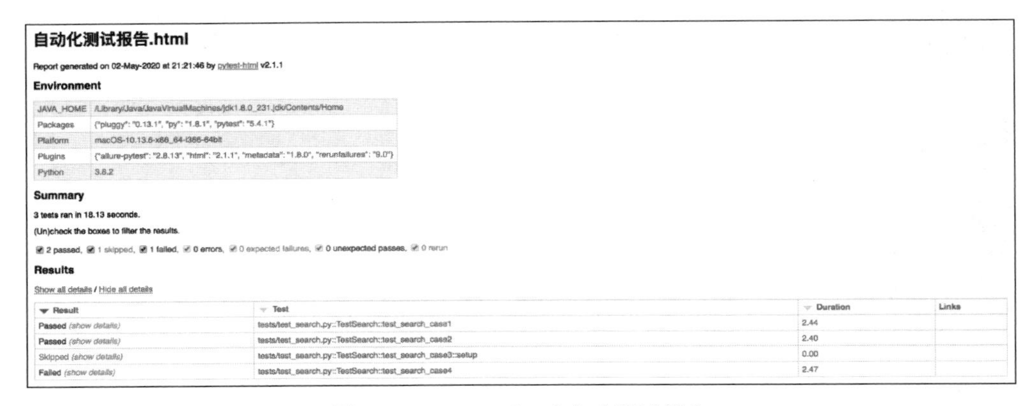

图 13-22　pytest-html 自动测试报告

13.4　本章小结

本章着重介绍了 Selenium2 的工作原理以及 PageObject 页面对象原理；介绍了 Python 原生单元测试框架 Unittest 的测试流程、测试日志的编写及测试报告生成；还介绍了基于 Python 的 Pytest 测试框架的测试流程。

拓展练习

习题 13

（1）简述 Selenium2 的工作原理。

（2）简述 PageObject 模式的原理和优势。

（3）利用 Unittest 或 Pytest 测试框架设计百度文库登录、退出的测试用例，并用一种测试报告展示出来。

第三部分　案例实践

软件测试的理论、方法、技术和工具使用最终都要应用到实际工作中，通过实践来检验，也只有通过不断实践获取经验，才能真正提高自己的测试实践能力。本书第三部分为“案例实践”，将结合3个较大的实际案例介绍软件测试活动在实际项目中如何实施。网上书店系统的测试主要是针对B/S结构的软件系统的测试，对互联网电商平台的测试也具有很强的参考价值；微服务接口测试则主要面向前后台分离的产品，尤其目前很多互联网产品，很多应用都是依赖中后台的接口实现的；手机播放器软件的测试主要是针对移动终端软件的测试。希望可以通过3个不同特点的软件的测试使读者全方位地了解软件测试在实际项目中的实施过程。

第14章

网上书店系统测试

在面向对象的众多实际应用当中,最重要也是最普遍的就是网站系统的应用。网站系统的测试也是面向对象测试方法的一种重要体现和实践,网站应用系统的测试是对之前的各种测试方法以及面向对象测试特点的一个综合实践。本章通过对网站测试方法的介绍和网上书店系统实例的说明,来对面向对象软件测试方法进一步说明,让读者更好地掌握面向对象软件测试方法。

网站测试是一组相关的活动,这些活动具有共同的目标:发现网站的内容、功能、可用性、导航性、性能、容量以及安全方面存在的错误。为实现这个目标,要将同时包括评审及可运行测试的测试策略应用于整个网站系统的开发过程。参与测试的人员包括所有参加网站测试的网站开发工程师,以及项目的经理、客户和最终用户。

本章要点

- 网站测试的内容
- 网站测试的过程
- 网站测试计划的安排
- 网站测试用例的设计
- 网站测试结果的记录

14.1 网站测试概述

14.1.1 网站测试的概念

之前讲到的测试是为了发现并最终改正错误而运行软件的过程。这个基本原理对于网站测试也是同样的。并且,由于基于网络的系统和应用位于网络上,并与很多不同的操作系统、浏览器、硬件平台、通信协议以及应用系统进行交互作用,查找错误对于网站系统工程师是一个重大的挑战。

为了了解网站工程环境中的测试目标，必须考虑网站质量的多种维度。在此讨论与网站工程测试工作特别相关的质量维度，同时，也讨论作为测试结果所碰到的错误的特性以及为发现这些错误所采用的测试策略。

良好的设计应当将质量集成到网站应用系统中。通过对设计模型中的不同元素进行一系列的技术评审，并应用本章所讨论的测试过程对质量进行评估。评估和测试都要检查质量维度中的一项或多项。

(1) 内容：在语法和语义层对内容进行评估。在语法层，对基于文本的文件进行拼写、标点和文法方面的评估；在语义层，对正确性、一致性和清晰性都要评估。

(2) 功能：对功能进行测试，试图发现与客户需求不一致的错误。对每项网站功能，评定其正确性、稳定性及与相应的现实标准(如 Java 或 XML、JavaScript 语言标准)的总体符合程度。

(3) 结构：对结构进行评估，以保证能正确地表示网站的内容及功能是可扩展的，以及支持新内容、新功能的增加。

(4) 可用性：对可用性进行测试，以保证接口支持各种类型的用户，各种用户都能够学会及使用所有的导航语法和语义。

(5) 导航性：对导航性进行测试，以保证检测所有的导航语法和语义，发现任何导航错误(如死链接、不合适的链接、错误链接等)。

(6) 性能：在各种不同的操作条件、配置和负载下，对性能进行测试，以保证系统响应用户的交互并处理极端的负载情况，而且没有出现不可接受的操作上的性能降低。

(7) 兼容性：在客户端和服务器端，在各种不同的主机配置下，通过运行网站对兼容性进行测试，目的是发现针对特定主机配置的错误。

(8) 互操作性：对互操作性进行测试，以保证网站与其他系统和数据库有正确接口。

(9) 安全性：对安全性进行测试，通过评定可能存在的弱点，试图对每一个弱点进行攻击。任何成功的突破尝试都被认为是一个安全漏洞。

网站测试策略采用所有软件测试所使用的基本原理，并建议使用面向对象系统所使用的策略。下面的步骤对此方法进行了总结。

(1) 对网站的内容模型进行评审，以发现错误。

(2) 对接口模型进行评审，以保证适合所有的用例。

(3) 评审网站的设计模型，以发现导航错误。

(4) 测试用户界面，以发现表现机制和导航机制中的错误。

(5) 对选择的功能构件进行单元测试。

(6) 对贯穿体系结构的导航进行测试。

(7) 在各种不同的环境下，实现网站运行，并测试网站对于每一种配置的兼容性。

(8) 进行安全性测试，试图攻击网站或其所处环境的弱点。

(9) 进行性能测试。

(10) 通过可监控的最终用户群体对网站进行测试；通常对他们与系统的交互结果进行评估，包括内容和导航错误、可用性、兼容性、网站的可靠性及性能等方面的评估。

由于很多网站在不断进化，所以网站测试是网站支持人员的一项持续活动，他们使用回归测试，这些测试是从首次开发网站时所开发的测试中导出的。

14.1.2　网站测试的过程

在对网站项目进行测试时，首先测试最终用户能够看到的内容和界面。随着测试的进行，再对体系结构和导航设计的各方面进行测试。最后，测试的焦点转到测试技术能力——网站基础设施及安装或实现方面的问题，这些方面对最终用户并不是可见的，如图 14-1 所示。

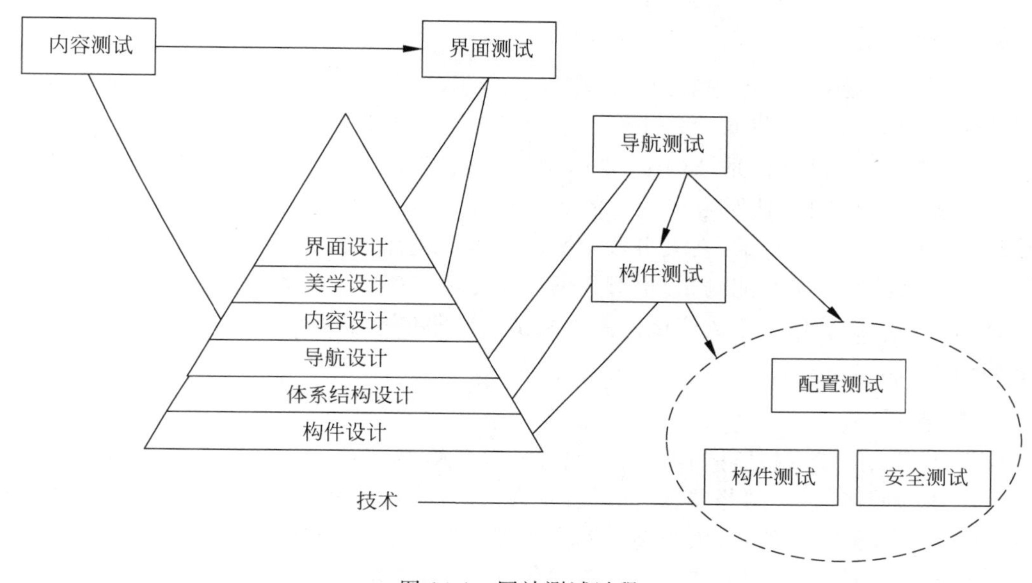

图 14-1　网站测试过程

下面对测试的各个环节按照测试顺序的要求进行详细描述。

1. 内容测试

内容测试试图发现内容方面的错误。这项测试活动在很多方面类似于对已写文档的审稿。内容测试的目标如下。

(1) 发现基于文本的文档、图形表示和其他媒体中的语法错误(如打字错误、文法错误)。

(2) 发现当导航出现时所展现的任何内容对象的语义错误。

(3) 发现展示给最终用户的内容的组织或结构方面的错误。

2. 界面测试

界面测试验证用户界面的交互机制及美学方面，目的是发现由于实现糟糕的交互机制而导致的错误，或由于不小心而产生的遗漏、不一致或歧义等。界面测试的目标如下。

(1) 发现与特定的界面相关的错误(如未能正确执行菜单链接的错误，或者输入数据格式的错误)。

(2) 发现界面实现导航语义方式的错误、网站的功能性错误或内容显示错误。

(3) 对界面要素进行测试，确保设计原则、美学和相关的可视化内容对用户有效，且没有错误。

(4) 采用与单元测试类似的方法测试单个界面机制。

(5) 对于特殊的用户类别,在用例环境中测试每种界面机制。

(6) 对全部的界面进行测试,发现界面的语义错误。

(7) 在多种环境中对界面进行测试,确保其兼容性。

3. 导航测试

导航测试在测试用例的设计中使用从分析活动者所到处的用例,这些测试用例对照导航设计检查每个使用场景。

4. 构件测试

构件测试检查网站中的内容及功能单元。在测试网站时,单元的概念发生了变化。在内容体系结构中,单元是网页。每个网页包括内容、导航链接和处理元素(表单、脚本、Java或C#小程序)。在网站体系结构中的单元可能是定义的功能构件,直接向最终用户提供服务;或者基础结构构件,使网站实现它的所有功能。每个构件的测试方法与传统软件中单个模块的测试方法是一样的,在大多数情况下,使用黑盒测试。然而,如果处理程序复杂,也可使用白盒测试。除了功能测试,也对数据库能力进行测试。随着网站体系结构的建立,导航测试和构件测试被用于集成测试。集成测试的策略依赖于所选择的内容体系结构和网站体系结构。

5. 配置测试

配置测试试图发现特定的客户端或服务器环境中的错误。生成一个交叉引用矩阵,定义所有可能的操作系统、浏览器、硬件平台及通信协议,然后进行测试,发现与每种可能配置相关的错误。值得指出的是,因为现在不同的浏览器对于HTML和JavaScript以及对网站样式的翻译是不同的,不同浏览器执行不同的标准,需要对浏览器的兼容性格外注意,这种错误可能会导致网站的可用性差等问题。

6. 安全性测试

安全性测试包括一系列测试,设计这些测试用来评估以下内容。

(1) 网站的响应时间和可靠性如何受增长的用户通信量影响?

(2) 哪些网站构件与性能降级有关?哪些使用特点造成了降级的发生?

(3) 性能降级是如何影响整个网站的目标和需求的?

接下来将对测试过程中的重要环节进行详细的说明。

14.1.3 数据库测试

现代的网站应用系统比较静态的内容对象能做更多的事情,在很多应用领域中,网站要与复杂的数据库系统连接,并构建动态的内容对象,这种对象是使用从数据库中获取的数据创建的。

例如,用户教务系统信息管理的网站能够对不同身份的用户(学生、教师、教务人员等)进行统一的信息管理,包括学籍信息、成绩信息、用户基本身份信息、选课信息和考试信息等。当用户申请了考试信息之后,就能自动创建表示这种信息的符合内容对象。为了完成此任务,需要完成以下步骤。

（1）查询信息管理数据库。

（2）从数据库中抽取相关的数据。

（3）将抽取的数据组织为一个内容对象。

（4）将这个内容对象（代表某个最终用户请求的指定信息）传送到客户环境显示。

每个步骤的结果都可能发生错误。数据库测试的目标是发现这些错误。导致网站数据库测试的复杂性以及网站数据库测试的重要性的主要有以下因素。

（1）客户端请求的原始信息很少能够以被输入到数据库管理系统中的形式表示出来。

（2）数据库可能离装载网站的服务器很远。因此，应该设计测试，用来发现网站和远程数据库之间的通信所存在的问题。

（3）从数据库中获取的原始数据一定要传递给网站服务器，并且这些原始数据要被正确地格式化，以便接下来传递给客户端。因此，应该设计测试，用来证明网站服务器接收到的原始数据的有效性，并且还要生成另外的测试，证明转换的有效性，将这种转换应用于原始数据，能够生成有效的内容。

（4）动态内容对象一定要以能够显示给最终用户的形式传递给客户端。因此，应该设计一系列的测试，用来发现内容对象格式方面的错误；以及测试与不同的客户环境配置的兼容性。

考虑到以上4个因素，对于图14-2中记录的每个“交互层”，都应该设计相应的测试用例。测试应该保证：

（1）有效信息通过界面层在客户端与服务器之间传递；

（2）网站正确地处理脚本，并且正确地抽取或格式化用户数据。

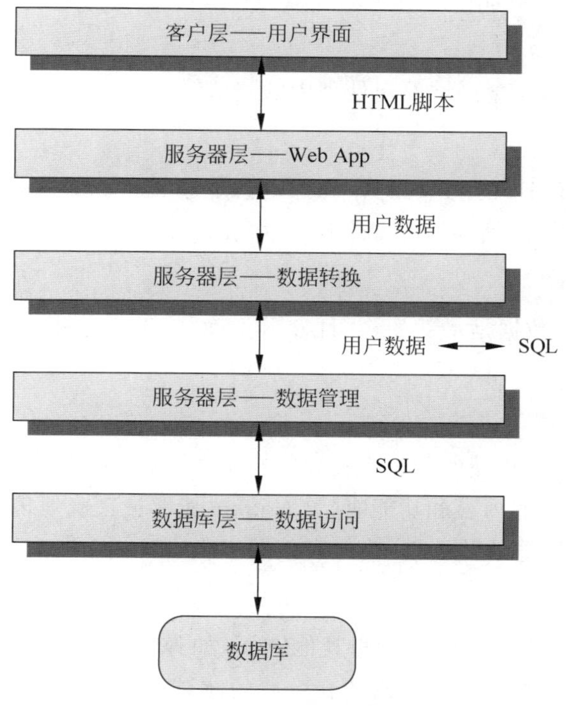

图14-2 交互层示意图

(3) 用户数据被正确地传递给服务器端的数据转换功能,此功能将合适的查询格式化(如 SQL)。

(4) 查询被传递到数据管理层,此层与数据库访问程序通信。

应该对用户界面层进行测试,确保对每个用户查询都正确地构造了 HTML 脚本,并且正确地传输给了服务器端。还应该对服务器端的网站应用层进行测试,确保能够从 HTML 脚本中正确地抽取出用户数据,并且正确地传输给服务器端的数据转换层。

应该对数据转换功能进行测试,确保创建了正确的 SQL 查询语句,并且传递给了合适的数据管理构件。

14.1.4 用户界面测试

当用户与网站应用交互时,通过一种或多种的界面机制发生交互,下面对每种界面机制简要地介绍测试时需要考虑的内容。

1. 链接

对每个导航链接进行测试,确保获得了正确的内容对象或功能。

2. 表单

测试应该确保:表单域有合适的宽度和数据类型;表单建立了合适的安全措施,防止用户输入的文本字符串长度大于某预先定义的最大值;对下拉菜单中的所有合适的选项进行详细说明,并按照对最终用户有意义的方式排列;浏览器“自动填充”特性不会导致数据输入错误;Tab 键或其他键能够实现焦点在表单域之间的正确移动。

3. 客户端脚本

当脚本运行时,使用黑盒测试发现处理中的一些错误。

4. 动态 HTML

运行保护动态 HTML 的每个网页,确保动态显示正确。另外,应该进行兼容性测试,确保动态 HTML 在支持网站环境配置中正常执行。

5. 流动内容

测试应该证明流动数据是最新的,并且显示正确,能够无错误地暂停,而且很容易重新启动。

6. Cookie

服务器端的测试和客户端的测试都需要。在服务器端,测试应该确保一个 Cookie 被正确构造,并且当请求特定的内容和功能时,该 Cookie 能够被正确地传送到客户端。此外,测试此 Cookie 是否具有合适的持续性,确保有效期正确。

7. 其他

对于用户界面的测试还包括了一些其他方面,如弹出窗口测试、特定于界面机制的应用、界面语义测试等。这些测试方法需要在今后的测试实践中结合实际的应用进行探索和研究。

14.1.5　构件级测试

构件级测试又称为功能测试，它集中了一系列的测试，试图发现网站功能方面的错误。每个网站功能都是一个软件模块(由多种程序设计语言或脚本语言实现的)，并且可用之前讨论的黑盒测试和白盒测试技术进行测试。

构件级测试使用的测试用例通常是受表单级的输入驱动的。一旦定下表单数据，用户就可以选择按钮或其他控件机制来启动运行。下面是典型的测试用例设计方法。

1. 等价类划分

将功能的输入域划分成输入类，可由从这些输入类中导出测试用例，通过对输入表单进行评估，可决定哪些数据类与功能有关。对于每个输入类，都导出它的测试用例并运行，而其他的输入类保持不变。例如，一个电子商务应用系统可能实现一个计算运输费用的功能。在通过表单提供的多种运输信息中，由用户的邮政编码就可以设计测试用例，通过说明邮政编码的值试图发现邮政编码处理中的错误，这种方法可以发现不同的错误类。

2. 边界值分析

对表单数据的边界值进行测试。例如，前面提到的运费计算功能需要指出产品运输所需要的最多天数，在表单中记录的最少天数是2天，最多天数是14天。然而，边界值测试可能输入值0、1、2、13、14和15，来确定功能如何对有效输入边界之内和之外的数据做出相应的处理。在这种情况下，一个较好的输入设计会排除潜在的错误。最多天数如果可从下拉菜单中选择，则可排除指定禁止的输入。

3. 路径测试

如果功能测试的逻辑复杂性较高，可使用路经测试确保程序中的每条独立路径都可以被执行。

除了这些测试用例设计方法，还可以使用称为强制错误测试的技术导出测试用例，这些测试用例故意使网站构件进入错误条件，目的是发现在错误处理过程中发生的错误。每个构件级测试用例详细说明了所有的输入值和由构件提供的预期的输出。可将测试过程中产生的实际输出数据记录下来，以供将来的支持和维护阶段参考。

在很多情况下，网站功能的正确运行依赖于与数据库的正确接口，其中数据库可能位于网站的外部。因此，数据库测试是构件测试中不可分割的一部分。

14.1.6　配置测试

配置的可变性和不稳定性是网站工程师面临挑战的重要因素。硬件、操作系统、浏览器、存储容量、网络通信速度和多种其他的客户端因素对每个用户都是很难预料的。另外，某个用户的配置可能会有规律地改变，使用户客户端容易出错，这些错误也非常重要。如果两个用户不是在相同的客户端配置中工作，一个用户对网站的印象及与网站交互时可能与另一个用户的体验有很大不同。

配置测试工作不是去检查每个可能的客户端配置，而是测试一组可能的客户端和服务器配置，确保用户在所有配置中的体验都是一样的，并且将特定于特殊配置的错误分离出来。

在服务器端，设计配置测试用例来验证所计划的服务器配置(即网站服务器、数据库服务器、操作系统、防火墙软件、并发应用系统)能够支持网站系统，而不会发生错误。实质上，网站被安装在服务器端环境，并进行测试，目的是发现与配置有关的错误。

当设计服务器端的配置测试时，网络工程师应该考虑服务器配置的每个构件。在服务器端的配置测试期间要询问以及回答以下问题。

(1) 网站与服务器操作系统完全兼容吗?

(2) 当网站运行时，系统文件、目录和相关的系统数据是否被正确创建?

(3) 系统安全措施(如防火墙或加密)允许网站运行，并对用户提供服务，而不发生冲突或性能下降吗?

(4) 是否已经对所选择的具有分布式服务器配置的网站进行了测试?

(5) 对网站是否与数据库软件进行了适当的集成? 是否对数据库的不同版本敏感?

(6) 服务器端的网站脚本运行正常吗?

(7) 系统管理员的错误对网站运行的影响是否已经被检查?

(8) 如果使用了代理服务器，在端点测试时，是否已经明确了这些代理服务器在配置方面的差异?

在客户端，配置测试更多地集中在网站与配置的兼容性，这些配置包括以下构件的一种或多种改变。

(1) 硬件：CPU、内存、存储器和打印设备。

(2) 操作系统：Linux、Macintosh 操作系统、Microsoft Windows、基于移动的操作系统。

(3) 浏览器软件：Internet Explorer、Mozilla、Opera、Chrome 等。

(4) 用户界面构件：ActiveX、Java applets、Flash 等。

(5) 插件：QuickTime、RealPlayer 等。

(6) 连接性：电缆、数字用户线路(Digital Subscriber Line，DSL)、常规的调制解调器等。

除了这些构件，其他配置变量包括网络软件、互联网服务提供商(Internet Service Prorider，ISP)的难以预测的变化和并发运行的应用系统。

为了设计客户端配置测试，网络工程团队必须将配置变量的数量减少到可管理的数目，因为在每种可能的配置构件的组合中运行测试是非常耗时的。为了实现这一点，要对每类用户进行评估，以确定此类用户可能遇到的配置。

14.1.7 安全性测试

网站的安全性测试是一个重要的阶段，在有效地完成安全性测试之前，需要对该阶段有充分的了解。网站和其所处的客户端和服务器环境对于外部的计算机黑客、对单位不满的员工、不诚实的竞争者以及其他想偷窃敏感信息、个人信息、恶意修改内容、降低性能、破坏功能或者给个人、组织、公司制造麻烦的任何人，都是一个有吸引力的攻击目标。

应该设计安全测试用例去探查在某些方面所存在的弱点，如客户端环境，当数据从客户端传到服务器并从服务器再传回客户端时所发生的网络通信及服务器端的环境变化。这个过程中的每方面都可能受到攻击。发现可能会被怀有恶意的人利用的弱点，这是安全性测试人员的任务。

在客户端，弱点通常可以追溯到早已存在于浏览器、电子邮件程序或通信软件中的缺陷。对客户端的另一个可能的攻击是对在浏览器中的 Cookie 的未授权访问。怀有恶意创建的网站能够获取包含着合法的 Cookie 中的信息，并且用此信息危害用户的隐私，或者为偷窃行为提供便利。

客户端和服务器之间通信的数据易受电子欺骗行为的攻击，当通信路径的一段被怀有恶意的实体暗中破坏时，电子欺骗行为就发生了。例如，用户会被恶意网站所欺骗，它看起来好像是合法的网站服务器，其目的是窃取密码、私有信息或者信用数据等。

在服务器端，攻击包括拒绝服务攻击和恶意脚本，这些脚本可以被传到客户端，或者用来使服务器操作丧失能力。另外，服务器端数据库能够在没有授权的情况下被访问，发生数据被窃取的情况。

为了防止这些攻击，可以实现以下一种或多种安全机制。

(1) 防火墙：硬件和软件相结合的过滤机制，它能检查每个进来的信息包，确保信息包来自合法的信息源，阻止任何可疑的信息包。

(2) 鉴定：确认所有客户和服务器身份的一种验证机制，只有当两端都通过检验才允许通信。

(3) 加密：保护敏感数据的一种编码机制，通过对敏感数据进行某种方式的修改，使怀有恶意的人不能读懂。通过使用数字证书，加密得到了增强，因为数字证书允许客户端对数据传输的目标地址进行检验。

(4) 授权：一种过滤机制，只有那些具有合适的授权码(如用户 ID 和密码)的人，才允许访问客户端或服务器环境。

安全性测试的目的是揭露这些安全机制中的漏洞，这些漏洞能够被怀有恶意的人所利用。在设计安全性测试时，需要深入了解每种安全机制内部的工作情况，并充分理解所用的网络技术。

14.1.8　系统性能测试

如果一个网站要花好几分钟刷新界面或下载内容，而竞争者的网站刷新页面瞬间完成，下载相似内容也只需要几秒，那么这将给前者带来巨大的打击；如果用户需要登录一个网站，而输入登录信息之后返回的却是服务器忙的提醒，会大大降低用户体验；甚至用户在填写好某些表单并提交信息时，返回的却是提交失败或是陷入无限等待，那么用户可能会丢失大量信息或因为重新填报浪费很多时间，这给用户带来了烦恼。所有这些事情，每天都在网络上发生，并且所有这些都是与性能相关联的。

使用性能测试发现性能问题，这些问题可能是由以下原因产生的：服务器端缺乏资源、不合适的网络带宽、不适当的数据库容量、不完善或不牢固的操作系统能力，这将影响网站功能，以及可能导致客户-服务器性能下降的其他硬件或软件问题。

设计性能测试来模拟现实世界的负载情形。随着同时访问网站的用户数量的增加，在线事务数量也随之增加，性能测试往往是回答以下问题。

(1) 服务器响应时间是否降到了值得注意的或不可接受的程度？

(2) 在什么情况下，性能变得不可接受？

(3) 哪些系统构件应对性能下降负责？

(4) 在多种负载的条件下，对用户的平均响应时间是多少？

(5) 性能下降是否影响系统的安全性？

(6) 当系统的负载增加时，网站的可靠性和精确性是否会受影响？

(7) 当负载大于服务器容量的最大值时，会发生什么情况？

为了得到这些问题的答案，要进行两种不同的性能测试。

(1) 负载测试：在多种负载级别和多种组合下，对真实世界的负载进行测试。

(2) 压力测试：将负载增加到强度极限，以此确定网站环境能够处理的容量。

1. 负载测试

负载测试的目的是确定网站和服务器环境如何响应不同的负载条件。当进行测试时，下面变量的排列定义了一组测试条件：N 为并发用户数量；T 为每用户、每单位时间在线事务数量；D 为每次事务服务器的数据负载。

每种情况下，在系统的正常操作范围内定义这些变量。当每种测试条件运行时，收集下面的一种或多种测量数据：平均用户响应时间、下载标准数据单元的平均时间或处理一个事务的平均时间。网站工程团队对这些测量进行检查，以确定性能的急剧下降是否与 N、T 和 D 的特殊组合有关。

负载测试也可以用于网站用户估测建议连接速度。以下面的方式计算总的吞吐量 P。

$$P = N \times T \times D$$

现在考虑一个新闻网站，在某一给定的时刻，20 000 个用户平均每 2min 提交一次请求(事务 T)。每次事务都需要网站下载一篇长为 3KB 的新文章，因此，用下面的公式计算吞吐量。

$$P = \frac{20\,000 \times 0.5 \times 3}{60} = 500\text{KB/s}$$

因此，服务器的网络连接将不得不支持这种数据传输速度，应对其进行测试，确保它至少能够达到所需要的数据传输速度。

2. 压力测试

压力测试是负载测试的继续，但是，在压力测试中，需要使变量 N、T 和 D 满足操作极限，然后超过操作极限。这些测试的目的是要回答以下问题。

(1) 系统“逐渐”降级吗？或者当容量超出时，服务器会停机吗？

(2) 服务器软件会给出“服务器不可用”的提示信息吗？更一般地说，用户知道他们不能访问服务器吗？

(3) 服务器队列请求增加资源吗？一旦容量要求减少，会释放队列所占用的资源吗？

(4) 当容量超出时，事务会丢失吗？

(5) 当容量超出时，数据的完整性会受影响吗？

(6) N、T 和 D 的哪些值可迫使服务器环境失效？如何证明失效了？自动通知会被发送到位于服务器站点的技术支持那里吗？

(7) 如果系统失效，需要多长时间才能够恢复呢？

(8) 当容量达到80%或90%时，某些网站功能会被停止吗？

在这种测试中，增加负载，达到最大容量，然后迅速回落到正常操作条件，然后再增加。通过回弹系统负载，测试者能够确定服务器如何调度资源满足非常高的要求，当一般条件再现时释放资源以便为下次脉冲做好准备。

14.2　案例概述

顾名思义，网上书店是网站式的书店，是一种高质量、更快捷、更方便的购书渠道。

14.2.1　用户简介

网上书店的使用者主要有经销商和用户群两种。

相对于实体书店，网络经销商有以下特点。

(1) 营业时间不受限制，与传统的8小时营业时间不同，借助互联网，网上书店可以24小时全天候营业。这种不间断的服务方式对于巩固和扩大读者群、培育潜在的顾客具有重大意义。

(2) 不受营业场地限制。因为网上书店是虚拟书店，所以它无需门市，只要维持面积有限的库房即可正常运转，并以最低的成本经营最多的品种。

(3) 供需双方之间信息交流的广度、深度和速度有了质的飞跃。可提供的图书信息与用户需求信息的相互沟通及匹配一直是制约图书销量增长的瓶颈，网上书店以其直观的界面、丰富的信息、灵活的检索方式和个性化的定制服务，成功地解决了这一难题。

(4) 经营管理更加科学。现代信息技术的大量运用使网上书店能够快捷地对业务数据进行采集、统计、分析和应用，这有助于克服传统营销模式中的主观性和盲目性，对于提高经营管理水平大有裨益。

网上书店的用户群有以下特征。

(1) 主流人群为经常上网的读书爱好者，拥有能够上网的条件，以青年和中年人为主。

(2) 部分用户持有信用卡，可在网上直接付款；无信用卡的用户可以汇款进行交易。

(3) 从职业划分来看，一部分用户是高校学生，追求时尚快捷的购物方式，购买力有限；另一部分则为工作人群，追求高效经济的购物方式，购买力较强。

14.2.2　项目的目的与目标

本项目的目的是通过网上书店系统实现图书销售的电子商务模式并满足经销商和用户进行电子交易的需求，充分发挥网上交易的优势。

项目需要达到的最终目标如下。

(1) 网上书店各个功能完整。

(2) 整个系统可以稳定运行。
(3) 用户之间信息渠道畅通。
(4) 用户可以迅速找到自己所需要的图书。
(5) 付款渠道畅通。

14.2.3 目标系统功能需求

网上书店系统的功能概述如图 14-3 所示。

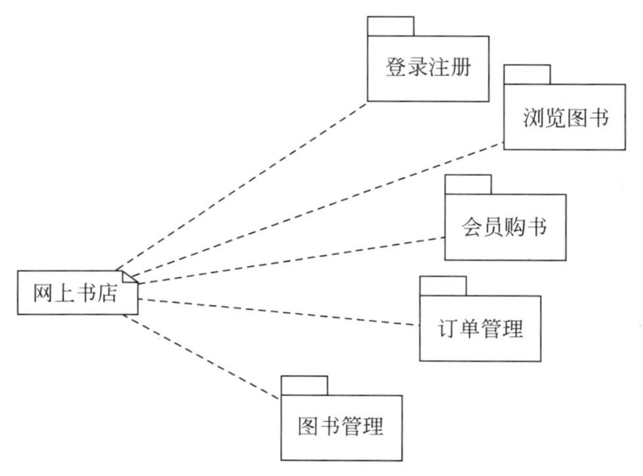

图 14-3 网上书店系统的功能概述

1. 登录注册

会员登录和游客注册的用例图如图 14-4 所示。

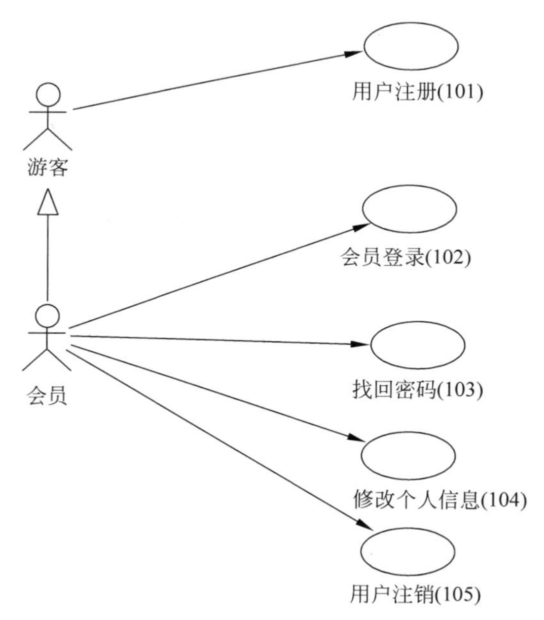

图 14-4 登录注册模块的用例图

对用例的说明如表 14-1 所示。

表 14-1　登录注册模块用例说明

编号	功能名称	使用部门	输入	系统响应	输出	功能描述
101	用户注册	游客	用户注册时的基本信息	系统将用户注册时的信息全部存入数据库中	用户可用注册时输入的用户名和密码进行登录	前置条件：游客申请注册 后置条件：游客注册成功成为会员 活动步骤： (1) 游客选择“用户注册” (2) 系统返回一个注册页面 (3) 游客根据提示输入相应的注册信息 (4) 系统验证游客输入成功 (5) 游客提交注册信息 (6) 系统提示注册成功并返回首页(默认已登录) 扩展点：无 异常处理： (1) 游客输入信息和系统验证不一致(如字段长度超过系统设置等)，系统给出相应的提示信息并返回注册页面 (2) 游客输入用户名是已注册用户名，系统给出提示并返回注册页面 (3) 系统异常，无法注册，并给出相应的信息(如网站维护等)
102	会员登录	会员	用户注册时的用户名和密码	用户的登录时间等相关信息存入数据库中	相关会员的页面	前置条件：该会员必须是本系统已注册的会员 后置条件：该会员登录成功 活动步骤： (1) 该会员选择“会员登录” (2) 系统返回一个登录页面 (3) 会员输入用户名、密码和验证码并提交 (4) 系统进行系统验证，验证成功，记录该用户为登录用户并返回主页面(表明该会员已登录) 扩展点：无 异常处理： (1) 用户忘记密码，选择“找回密码”功能，进入找回密码用例 (2) 系统验证用户登录信息有错，提示用户重新登录 (3) 系统处理异常，系统给出相应的提示信息

续表

编号	功能名称	使用部门	输入	系统响应	输出	功能描述
103	找回密码	会员	用户注册时的邮箱或密码提示问题	系统根据注册邮箱或密码提示问题找到相应的用户，并返回其对应的密码设置页面	用户重新设置自己的密码	前置条件：用户必须是本系统的成功注册用户 后置条件：系统返回设置密码页面，让用户重新设置密码 活动步骤： (1) 会员选择"找回密码" (2) 系统返回一个密码找回页面(要求用户输入注册时的邮箱号，系统自动发送邮件到用户的邮箱中，用户再根据邮箱中设置的链接重新设置密码) (3) 用户输入新的密码并提交 (4) 系统进行验证，验证成功，提示修改成功并自动跳转至登录页面 扩展点： (1) 与活动步骤中的步骤(1)相同 (2) 系统返回一个密码找回页面(要求用户输入用户名，并根据密码提示问题让用户输入密码提示答案) (3) 用户输入用户名和密码提示问题并提交 (4) 系统进行验证，验证成功，并返回密码重新设置页面 (5) 用户输入新的密码并提交 (6) 与活动步骤中的步骤(4)相同 异常处理： (1) 在扩展点中，若用户输入错误的用户名或密码提示答案，则系统提示验证错误并返回登录页面 (2) 系统处理异常，系统给出相应的提示信息
104	修改个人信息	会员	用户输入个人的相关信息	系统在数据库中用用户现在的个人信息替换以前的个人信息	用户的个人信息显示被修改了	前置条件：该用户必须是本系统成功注册并且已成功登录的用户 后置条件：该用户修改个人信息成功 活动步骤： (1) 会员选择"修改个人信息" (2) 系统返回一个信息修改页面 (3) 会员修改相关信息并提交 (4) 系统进行系统验证，验证成功，提示修改成功 扩展点：无 异常处理： (1) 系统验证会员输入有误，提示重新输入并返回"修改信息"页面 (2) 系统处理异常，系统给出相应的提示信息

续表

编号	功能名称	使用部门	输入	系统响应	输出	功能描述
105	用户注销	会员	系统自动转换，不需要输入	系统自动修改用户在数据库中的相应状态	显示用户未登录	前置条件：该用户必须是本系统成功注册并且已成功登录的用户 后置条件：用户成功注销 活动步骤： (1) 会员选择“用户注销” (2) 系统提示用户成功注销并返回网站首页 扩展点：无 异常处理：系统异常，并给出相应的提示信息

2. 浏览图书

浏览图书模块的用例图如图 14-5 所示。

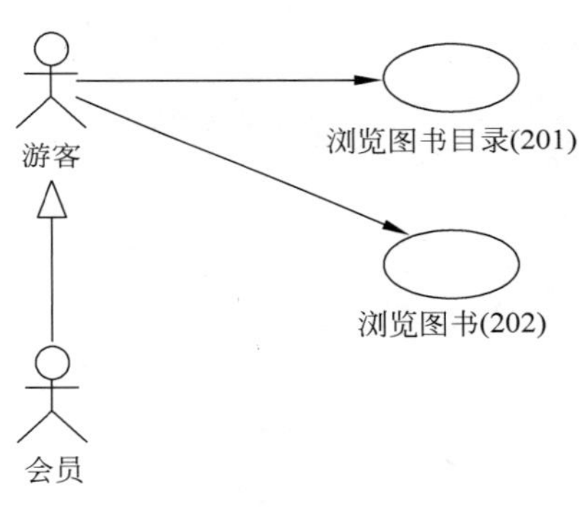

图 14-5　浏览图书模块的用例图

对用例的说明如表 14-2 所示。

表 14-2　浏览图书模块用例说明

编号	功能名称	使用部门	输入	系统响应	输出	功能描述
201	浏览图书目录	游客、会员	系统自动转换，不需要输入	系统自动切换页面	显示相应的图书目录页面	前置条件：用户在本系统中选择了“浏览图书目录” 后置条件：用户成功浏览图书目录 活动步骤： (1) 用户选择浏览图书目录，或者输入查看的图书信息 (2) 系统处理用户请求成功并返回用户查看的相应的图书目录页面 扩展点：无 异常处理：系统在数据库中没有找到与用户输入相关的信息，系统返回提示信息

续表

编号	功能名称	使用部门	输入	系统响应	输出	功能描述
202	浏览图书	游客、会员	系统自动转换，不需要输入	系统自动切换页面	显示相应的图书信息页面	前置条件：用户必须在浏览商品目录时查看某个商品的详细信息 后置条件：用户查看图书 活动步骤： (1) 用户选择查看图书的详细信息 (2) 系统返回图书的详细信息 扩展点：无 异常处理：该书暂时无详细信息，系统给出相应的提示

3. 会员购书

会员购书模块的用例图如图 14-6 所示。

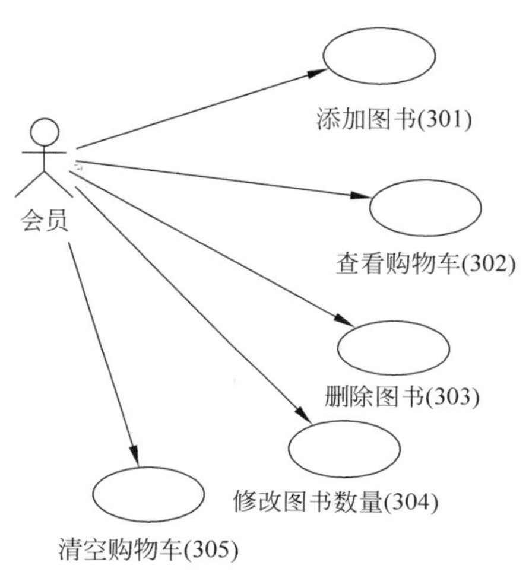

图 14-6　会员购书模块的用例图

对用例的说明如表 14-3 所示。

表 14-3　会员购书模块用例说明

编号	功能名称	使用部门	输入	系统响应	输出	功能描述
301	添加图书	会员	系统自动转换，不需要输入	系统将相应的图书信息添加到数据库中	购物车页面中新增相应的图书信息	前置条件：用户必须是已注册并已登录的会员 后置条件：用户添加图书成功 活动步骤： (1) 用户在选中的图书中选择“添加图书” (2) 系统返回添加成功，并弹出结账还是继续购物的提示窗口 (3) 用户选择结账 (4) 系统返回购物车页面 扩展点：用户选择继续购物，系统返回购买图书的页面 异常处理： (1) 用户未登录，返回登录页面 (2) 系统异常，系统给出相应的提示信息

续表

编号	功能名称	使用部门	输入	系统响应	输出	功能描述
302	查看购物车	会员	系统自动转换，不需要输入	系统自动切换页面	相应会员的购物车页面	前置条件： (1) 用户选择“查看购物车” (2) 系统返回购物车页面 后置条件：用户打开购物车页面 活动步骤： (1) 用户选择“查看购物车” (2) 系统返回购物车页面 扩展点：无 异常处理： (1) 该用户不是会员，系统给出提示，要求此用户先登录，并返回登录页面 (2) 系统给出一个提示：购物车内没有图书 (3) 系统异常，系统给出相应的提示信息
303	删除图书	会员	系统自动转换，不需要输入	系统将相应的图书信息从数据库中删除	购物车界面中相应的图书信息消失	前置条件： (1) 用户是已登录的会员 (2) 购物车中含有图书 (3) 在购物车管理页面中选择删除图书 后置条件：相应的图书被删除 活动步骤： (1) 会员选择购物车管理，选中相应的图书，删除图书 (2) 系统提示会员删除成功并返回购物车页面 扩展点：无 异常处理：系统异常，系统给出相应的提示信息
304	修改图书数量	会员	会员输入要修改的图书的数量	系统对数据库中相应图书的数量进行修改	购物车页面内相应图书的数量被修改	前置条件： (1) 用户是已登录的会员 (2) 购物车内不能为空 后置条件：购物车内相应图书的数量被成功修改 活动步骤： (1) 用户进入购物车页面并对相关图书的数量进行修改 (2) 系统返回确认修改信息 (3) 用户选择确认 (4) 系统提示修改成功并返回购物车 扩展点：无 异常处理： (1) 用户修改的图书数量没有改变，提示无更改并返回购物车页面 (2) 用户取消修改 (3) 系统异常，系统给出相应的提示信息

续表

编号	功能名称	使用部门	输入	系统响应	输出	功能描述
305	清空购物车	会员	系统自动转换，不需要输入	系统将所有图书信息从相应的数据库中删除	购物车页面中的图书为空	前置条件： (1) 用户是已登录的用户 (2) 购物车内不能为空 后置条件：购物车被成功清空 活动步骤： (1) 用户选择购物车管理并清空购物车 (2) 系统提示购物车已清空并返回购物车页面 扩展点：无 异常处理： (1) 购物车为空，系统给出相应的提示信息 (2) 系统异常，系统给出相应的提示信息

4. 订单管理

订单管理模块的用例图如图 14-7 所示。

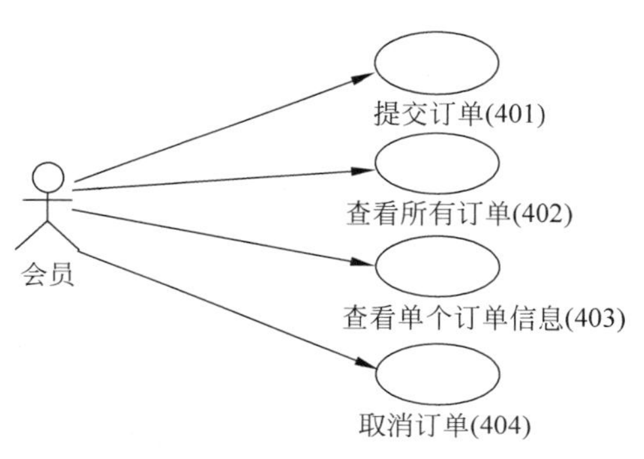

图 14-7 订单管理模块的用例图

对用例的说明如表 14-4 所示。

表 14-4 订单管理模块用例说明

编号	功能名称	使用部门	输入	系统响应	输出	功能描述
401	提交订单	会员	系统自动转换，不需要输入	系统自动修改数据库中相应的信息	订单信息存在相应的订单中	前置条件： (1) 用户是已登录的会员 (2) 会员购物车不能为空 后置条件：会员提交订单成功 活动步骤： (1) 会员确认购买，提交订单 (2) 系统返回支付页面（如收货人信息、送货方式、信用卡号、密码、是否开发票和备注说明等）

续表

编号	功能名称	使用部门	输入	系统响应	输出	功能描述
401	提交订单	会员	系统自动转换，不需要输入	系统自动修改数据库中相应的信息	订单信息存在相应的订单中	(3) 会员填写并提交 (4) 系统处理支付并提示结账成功,然后给出购买信息 扩展点：无 异常处理： (1) 购物车为空,系统给出相应的提示 (2) 信用系统处理支付失败,系统给出相应的提示 (3) 系统处理异常,系统给出相应的提示
402	查看所有订单	会员	系统自动转换，不需要输入	系统返回订单目录页面	系统显示订单目录页面	前置条件： (1) 用户是已登录的会员 (2) 该会员在该系统中下过订单 后置条件：会员查看所有订单成功 活动步骤： (1) 会员选择“查看所有订单” (2) 系统返回订单目录页面 扩展点：无 异常处理： (1) 系统提示无订单 (2) 系统处理异常,系统给出相应的提示
403	查看单个订单信息	会员	系统自动转换，不需要输入	系统返回相应的订单信息页面	系统显示相应的订单信息	前置条件： (1) 用户是已登录的会员 (2) 会员拥有该订单 后置条件：会员查看该订单成功 活动步骤： (1) 会员选择相应的订单 (2) 系统返回该订单的详细信息 扩展点：无 异常处理：系统处理异常,系统给出相应的提示
404	取消订单	会员	系统自动转换，不需要输入	系统对数据库中相应的订单信息进行删除	系统显示相应的订单被取消	前置条件： (1) 用户是已登录的会员 (2) 会员拥有该订单 后置条件：会员取消该订单成功 活动步骤： (1) 会员选择“取消订单” (2) 系统返回确认取消提示 (3) 会员确认取消 (4) 系统提示已经取消该订单并返回订单目录页面 扩展点：无 异常处理： (1) 该订单取消的时间已过,会员不能取消该订单 (2) 系统处理异常,系统给出相应的提示

5. 图书管理

图书管理模块的用例图如图 14-8 所示。

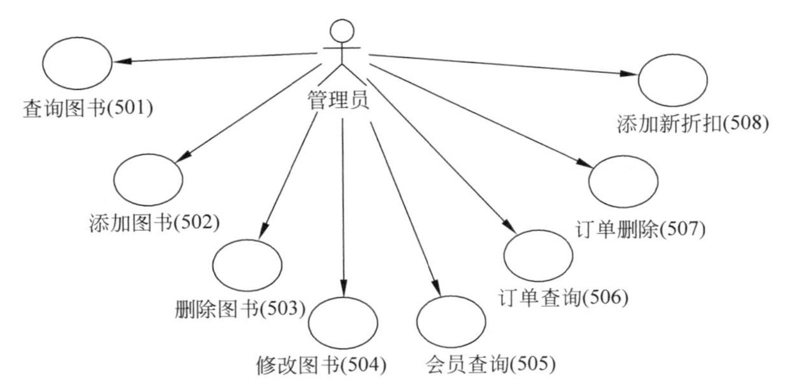

图 14-8 图书管理模块用例图

对用例的说明如表 14-5 所示。

表 14-5 图书管理模块用例说明

编号	功能名称	使用部门	输入	系统响应	输出	功能描述
501	查询图书	管理员	图书的相关信息	系统在数据库中查找相关的图书	系统查找成功返回相应的图书信息页面或提示用户未找到	前置条件：用户必须是已登录的管理员且拥有此权限 后置条件：管理员查询图书信息成功 活动步骤： (1) 管理员选择“查看图书” (2) 系统处理，返回相应图书页面(如图书名称、图书作者、图书价格、出版社、入库时间和库存等数据库中具有的相应信息) 扩展点：无 异常处理： (1) 系统提示暂无此图书 (2) 系统提示查询异常，并给出相应的提示信息
502	添加图书	管理员	图书的相关信息	系统将相关图书的信息存入数据库	系统提示用户添加成功或失败	前置条件： (1) 用户必须是已登录的管理员且拥有此权限 (2) 数据库中无此图书信息 后置条件：管理员添加此图书信息成功 活动步骤： (1) 管理员提交添加图书信息(如图书名称、图书作者、图书价格、出版社、入库时间和库存等数据库中具有的相应信息) (2) 系统处理并提示添加图书信息成功 扩展点：无 异常处理： (1) 添加失败，数据库中已存在该图书信息 (2) 系统处理异常，系统给出相应的提示信息

续表

编号	功能名称	使用部门	输入	系统响应	输出	功能描述
503	删除图书	管理员	相关图书的关键信息	系统将数据库中相应的图书信息删除	系统提示用户删除成功或失败	前置条件： (1) 用户必须是已登录的管理员且拥有此权限 (2) 数据库中有此图书的相应信息 后置条件：管理员删除相应的图书信息成功 活动步骤： (1) 管理员提交要删除的图书名称或ISBN等有关图书的关键信息 (2) 系统处理请求并提示删除成功 扩展点： (1) 管理员选中要删除的图书，单击“删除”按钮 (2) 系统处理请求并提示删除成功 异常处理： (1) 系统返回删除失败，数据库中已无此图书信息 (2) 系统处理异常，系统给出相应的提示信息
504	修改图书	管理员	要修改图书的相关信息	系统在数据库中用修改后的信息替换原来相应图书的信息	系统提示用户修改成功或失败	前置条件： (1) 用户必须是已登录的管理员且拥有此权限 (2) 数据库中有此图书的相应信息 后置条件：管理员修改相应的图书信息成功 活动步骤： (1) 管理员提交修改图书信息(图书信息包括图书名称、图书作者、图书价格、出版社、入库时间和库存等数据库中具有的相应信息) (2) 系统处理请求并提示修改成功 扩展点：无 异常处理：系统返回修改失败，相应的图书信息没有修改
505	会员查询	管理员	相关会员的关键信息	系统在数据库中查找相关的会员	系统返回查找到的相关会员的页面或提示用户未找到	前置条件： (1) 用户必须是已登录的管理员且拥有此权限 (2) 数据库中已注册有该会员信息 后置条件：管理员查询到该会员信息 活动步骤： (1) 管理员选择“会员查询”，并输入相关会员的关键信息(如会员用户名、系统内部编号) (2) 系统处理请求，返回查询结果页面(查询结果包括会员用户名和会员名称等) 扩展点：无 异常处理： (1) 数据库中无相应的会员信息，系统提示查询失败 (2) 系统处理异常，系统给出相应的提示信息

续表

编号	功能名称	使用部门	输入	系统响应	输出	功能描述
506	订单查询	管理员	订单关键信息	系统在数据库中查找此订单	系统返回相关订单的页面或提示用户未找到	前置条件： (1) 用户必须是已登录的管理员且拥有此权限 (2) 数据库中有相应的订单信息 后置条件：相应的订单查询成功 活动步骤： (1) 管理员选择“订单查询”，并输入相关订单的关键信息(如订单号)，根据某会员信息查询其订单 (2) 系统处理，返回相应的查询订单结果页面 扩展点：无 异常处理： (1) 没有相应的订单 (2) 系统处理异常，系统给出相应的提示信息
507	订单删除	管理员	相关订单的关键信息	系统在数据库中将相关订单的内容删除	系统提示用户删除成功或失败	前置条件： (1) 用户必须是已登录的管理员且拥有此权限 (2) 数据库中有相应的订单信息 后置条件：相应的订单删除成功 活动步骤： (1) 管理员选择“订单删除”，并输入相关订单的关键信息(如订单号)，根据某会员信息删除该订单 (2) 系统处理，提示订单删除成功 扩展点：无 异常处理： (1) 系统提示没有相应的订单或相应的订单已经被删除 (2) 系统处理异常，系统给出相应的提示信息
508	添加新折扣	管理员	相关新折扣的信息	系统在数据库中相应图书的折扣上添加新的折扣	系统返回相关图书的页面，包含相关的新折扣的信息	前置条件： (1) 用户必须是已登录的管理员且拥有此权限 (2) 数据库中有相应的图书信息 后置条件：相应的图书添加新折扣成功 活动步骤： (1) 管理员选择“添加新折扣” (2) 系统显示添加折扣页面 (3) 管理员填写并提交折扣信息(包括折扣类别名、打折原因、折扣价格以及对应图书等关键信息) (4) 系统处理，提示添加成功 扩展点：无 异常处理： (1) 添加新折扣信息失败，系统给出相应的提示 (2) 信息填写失败，系统返回错误页面 (3) 系统处理异常，系统给出相应的提示信息

14.2.4 目标系统性能需求

性能需求点列表如表 14-6 所示。

表 14-6 性能需求点列表

编号	功能名称	使用部门	输入	系统响应	输出	功能描述
1	相应的图书查询	游客、会员、管理员	在数据库中查找相应的图书	图书的相关信息(如图书名称、ISBN、作者等)	在 3s 内列出所有的记录	输出符合要求的记录
2	信息的录入、修改、删除	会员、管理员	在数据库中录入、修改、删除相应的信息	录入、修改、删除的信息	在 0.5s 内对数据进行录入、修改和删除并输出提示信息	输出提示信息
3	检查信息的规范性	游客、会员、管理员	检查录入、修改、删除的信息的正确性	输入各种信息	在 0.1s 内对信息进行检查	输出信息是否符合规范
4	报表输出	会员、管理员	用报表形式显示出数据库中的所有记录	输入需要显示的报表	在 10s 内显示出所有数据库中的记录	输出需要显示的报表

14.2.5 目标系统界面需求

(1) 输入设备：键盘、鼠标。
(2) 输出设备：显示器。
(3) 显示风格：Chrome 界面。
(4) 显示方式：1920x1080pz
(5) 输出格式：网页方式。

14.2.6 目标系统的其他需求

1. 安全性

尽量提高数据传输的安全性,使用安全链接加强保密性,通过防火墙加强网站的安全性。

2. 可靠性

使网站管理人员和用户访问网站时都能正常操作。

3. 灵活性

支持多种付款方式、多种货物搜索方式以及多种送货方式。网站支持后续更新。

14.2.7 目标系统的假设与约束条件

该系统面向中小型网上书店,以整个企业为单位,不涉及企业内部业务以及部门之间的业务交流。

14.3 项目测试计划

14.3.1 测试项目

以该系统边界为界限，该企业消息中心平台系统作为测试对象，主要测试网站的逻辑正确性、安全性、稳定性、并发性等系统属性。

14.3.2 测试方案

由于项目需求明确，项目实现相对简单，本项目采用了传统的软件开发过程，即瀑布模型，分为需求定义、概要设计、详细设计、实现、测试和发布几个阶段。其中测试阶段采用V模型，与开发阶段相对应。

测试采用传统软件测试策略，包括单元测试、集成测试、系统测试和验收测试几个阶段。

14.3.3 测试资源

1. 测试人员

系统测试所需人员如表14-7所示。

表14-7 测试所需人员角色及职责说明

角　　色	专职角色数量	具体职责
项目经理	1	组织测试计划和活动
单元测试人员	5	进行单元测试，并完成《单元测试报告》
集成测试人员	2	进行集成测试，并完成《集成测试报告》
确认测试人员	2	进行确认测试，并完成《确认测试报告》
系统测试人员	2	进行系统测试，并完成《系统测试报告》

2. 测试环境

系统测试软、硬件的环境如表14-8所示。

表14-8 测试环境说明

软件环境	
操作系统	Windows XP/Vista/7/8.1/10/11
浏览器	Chrome 89以上版本
硬件环境	
设备	CPU：Intel P4 1.6G或以上，内存：512MB或以上
网络	100Mbit/s网卡

14.4 测试用例设计

根据测试计划、项目规约和源代码编写各个测试阶段的测试用例。下面给出单元测试和系统测试阶段的测试用例的设计示例。

14.4.1 单元测试用例

对于单元测试用例，主要采用白盒测试方法进行设计。本书使用白盒测试方法中的逻辑覆盖法设计测试用例。逻辑覆盖法主要以程序内部的逻辑结构为基础设计测试用例。

下面对添加图书函数进行介绍。

```
protected void Button1_Click(object sender, EventArgs e){
        if (fileBpicture.HasFile){
                string savePath = Server.MapPath("~/images/") + fileBpicture.FileName;
                fileBpicture.SaveAs(savePath);
        }
        int count = ((int)(sqlHelp.ExecuteScalar(sqlHelp.ConnectionStringLocalTransaction,
                 CommandType.Text, checksql, checkparam)));
        if (count > 0){
                Label1.Text = "ISBN已经存在";
                Label1.Visible = true;
        }else{
                int effectLines = sqlHelp.ExecuteNonQuery(sqlHelp.ConnectionStringLocalTransaction,
                                 CommandType.Text, sql, param);
                if (effectLines > 0){
                        Label1.Text = "图书添加成功";
                        Label1.Visible = true;
                }else{
                        Label1.Text = "数据库操作失败";
                        Label1.Visible = true;
                }
        }
}
```

该函数的流程图如图 14-9 所示，其简化流程图如图 14-10 所示。

条件 C1＝fileBpicture. HasFile；

条件 C2＝count ＞ 0；

条件 C3＝effectLines ＞ 0。

从图 14-10 可以看出，该函数有 6 条不同的路径。

R1：C1—A1—C2—A2(C1 And C2)。

R2：C1—A1—C2—C3—A3(C1 And ！C2 And C3)。

R3：C1—A1—C2—C3—A4(C1 And ！C2 And ！C3)。

R4：C1—C2—A2(！C1 And C2)。

R5：C1—C2—C3—A3(！C1 And ！C2 And C3)。

R6：C1—C2—C3—A4(！C1 And ！C2 And ！C3)。

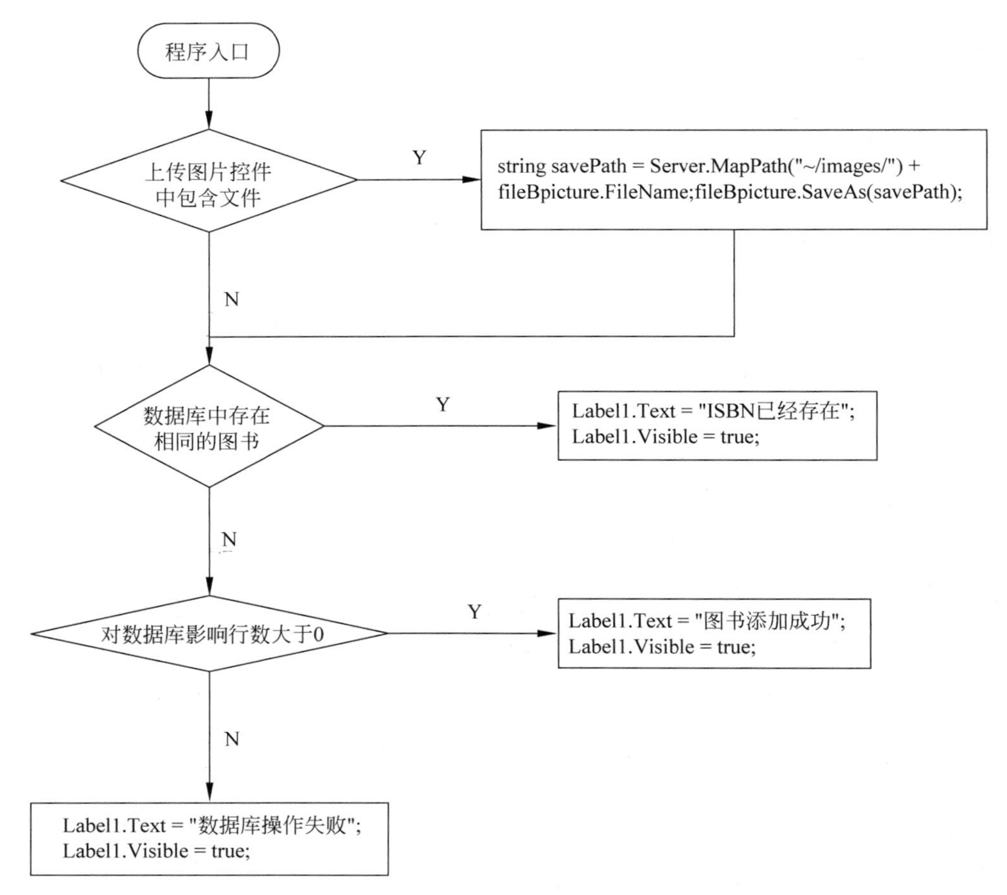

图 14-9 添加图书函数流程图

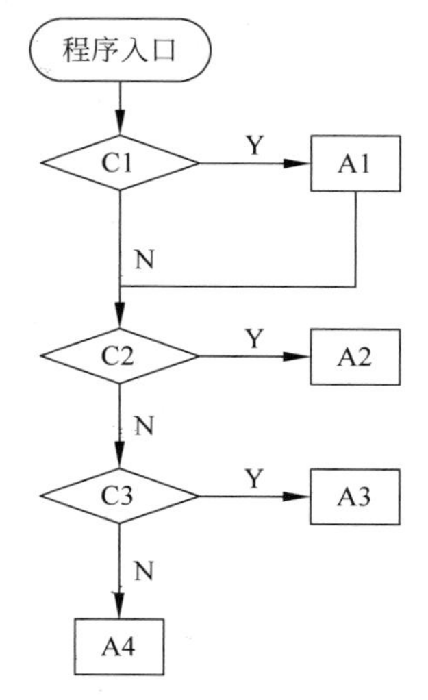

图 14-10 添加图书简化流程图

1. 语句覆盖

语句覆盖是指设计足够的测试用例,使被测试程序中每条语句至少执行一次。

从图 14-10 中可以看出,想要覆盖所有语句,只需要执行 R2、R4、R6 这 3 条路径。因此,只需要设计一组测试用例,覆盖这 3 条测试路径即可。语句覆盖法测试用例列表如表 14-9 所示。

表 14-9　语句覆盖法测试用例列表

编号	输入数据	通过路径
用例 1	fileBpicture. FileName="D://book. jpg"; count=0 effectLines>0	C1—A1—C2—C3—A3
用例 2	fileBpicture. FileName=" "; count>0	C1—C2—A2
用例 3	fileBpicture. FileName=" "; count=0; effectLines<0	C1—C2—C3—A4

2. 判定覆盖

判定覆盖是指设计足够的测试用例,使被测程序中每个判定表达式至少获得一次"真"值和"假"值,从而使程序的每个分支至少都通过一次,因此判定覆盖也称为分支覆盖。

本函数的测试用例要达到判定覆盖,需要执行 R1、R5、R6 这 3 条路径,判定覆盖法测试用例列表如表 14-10 所示。

表 14-10　判定覆盖法测试用例列表

编号	输入数据	通过路径
用例 1	fileBpicture. FileName="D://book. jpg"; count>0	C1—A1—C2—A2
用例 2	fileBpicture. FileName=" "; count=0; effectLines>0	C1—C2—C3—A3
用例 3	fileBpicture. FileName=" "; count=0; effectLines<0	C1—C2—C3—A4

3. 条件覆盖

条件覆盖是指设计足够的测试用例,使判定表达式中每个条件的各种可能的值至少出现一次。由于本函数的每个判定表达式中只有一个条件,所以条件覆盖测试用例与判定覆盖测试用例相同。

4. 条件判定覆盖

条件判定覆盖是指设计足够的测试用例,使判定表达式的每个条件的所有可能取值至少出现一次,并使每个判定表达式所有可能的结果也至少出现一次。

5. 条件组合覆盖

条件组合覆盖是比较强的覆盖标准，它是指设计足够的测试用例，使每个判定表达式中条件的各种可能值的组合都至少出现一次，并且每个判定的结果也至少出现一次。

与条件覆盖的区别是，它不是简单地要求每个条件都出现"真"和"假"两种结果，而是要求这些结果的所有可能组合都至少出现一次。

由于本函数的每个判定表达式中只有一个条件，所以多条件覆盖测试用例与条件覆盖测试用例相同。

6. 路径覆盖

路径覆盖是指设计足够的测试用例，覆盖被测程序中所有可能的路径。

从图 14-10 中可以看出一共有 6 条路径，路径覆盖法测试用例列表如表 14-11 所示。

表 14-11 路径覆盖法测试用例列表

编号	输入数据	通过路径
用例 1	fileBpicture. FileName="D://book. jpg"; count>0	C1—A1—C2—A2
用例 2	fileBpicture. FileName="D://book. jpg"; count=0; effectLines>0	C1—A1—C2—C3—A3
用例 3	fileBpicture. FileName="D://book. jpg"; count=0; effectLines<0	C1—A1—C2—C3—A4
用例 4	fileBpicture. FileName=" "; count>0;	C1—C2—A2
用例 5	fileBpicture. FileName=" "; count=0; effectLines>0	C1—C2—C3—A3
用例 6	fileBpicture. FileName=" "; count=0; effectLines<0	C1—C2—C3—A4

14.4.2 功能测试用例

单元测试完成后，采用自底向上的增量式集成策略进行系统集成和集成测试，按照属于的类和类之间的关系进行集成顺序的选择。集成完成后，进行系统测试，其中功能测试用例采用黑盒测试方法进行用例设计，如下所示。

1. 等价类划分法

在本案例中，首先分析该系统中哪些功能可以用等价类划分方法设计测试用例。如"添加图书"功能中的"单价"输入框就可以使用这个方法，如图 14-11 所示。

根据系统需求定义，单价的取值应该是至多两位小数的非负数。按等价类划分方法，可

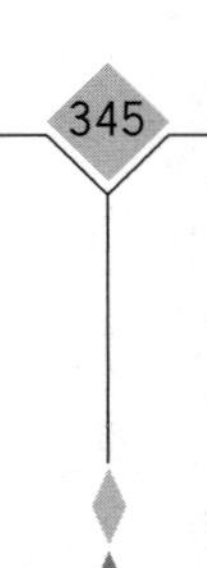

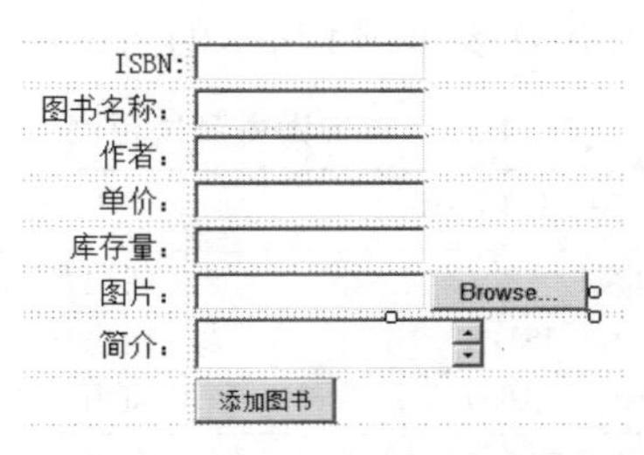

图 14-11　“添加图书”功能

以把它划分成一个有效等价类，3 个无效等价类。等价类列表如表 14-12 所示。

表 14-12　等价类列表

输入条件	有效等价类	无效等价类
至多两位小数的非负数	①12	
	②12.1	
	③12.11	
负数		④－12
大于两位小数的非负数		⑤12.1111
非数值类型		⑥十二

从表 14-12 可以看出，对于“单价”输入框，使用等价类划分法，可以设计出 6 条测试用例。每个标号代表一条测试用例。这 6 条测试用例基本可以满足这个功能的测试需求。

2. 边界值分析法

仍以“添加图书”功能中的“单价”输入框为例，由于单价的取值是至多两位小数的非负数，按边界值分析法，其中两位小数的正数和 0 是有效边界值，而 3 位小数的正数是无效边界值，如表 14-13 所示。

表 14-13　边界值列表

输入条件	有效边界值	无效边界值
两位小数的正数	①12.11	
0	②0	
3 位小数的正数		③12.111

3. 因果图法

以“查询图书”功能为例，根据系统需求定义，在“图书查询”部分要支持按 ISBN、图书名称查询两种查询方法，其对应的因果图如图 14-12 所示。

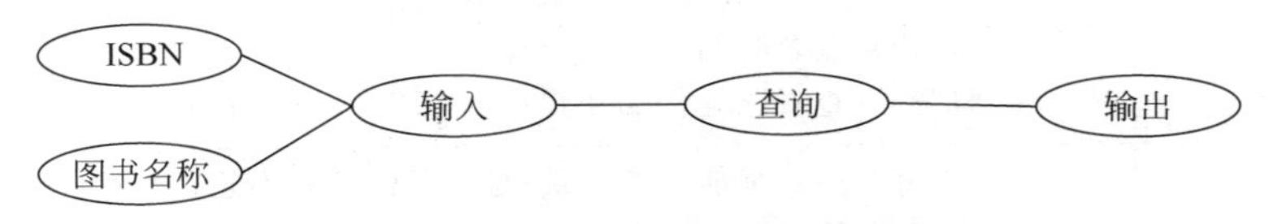

图 14-12　查询图书因果图

根据以上的因果图可以设计出如表 14-14 所示的测试用例。

表 14-14 查询图书测试用例

序号	输入条件	测 试 用 例	期望测试结果
1	ISBN	① ISBN 为空	列出所有图书
		② 输入正确的 ISBN	列出匹配该 ISBN 的图书
		③ 输入模糊的 ISBN	列出所有模糊匹配该 ISBN 的图书
		④ 输入不符合要求的 ISBN	未查询出任何图书
2	图书名称	① 图书名称为空	列出所有图书
		② 输入正确的图书名称	列出匹配该图书名称的图书
		③ 输入模糊的图书名称	列出所有模糊匹配该图书名称的图书
		④ 输入不符合要求的图书名称	未查询出任何图书

14.4.3 性能测试用例

在设计性能测试用例之前，需要了解被测模块要达到的性能目标。例如，对于“添加图书”功能进行性能测试，测试之前需要确定以下信息，如表 14-15 所示。

表 14-15 性能测试信息收集

测 试 功 能	需 求 信 息
添加图书	① 至少支持××用户并发 ② 每个用户请求响应时间不超过×秒 ③ ××用户并发持续××小时添加图书，用户请求响应时间不超过×秒，服务器端与客户端 CPU 负载、内存使用没有超过限制 ④ 用户终端最低配置要求

在收集了设计性能测试用例所需的信息后，可以根据不同的测试目的设计相应的测试用例。

对于“用户登录”功能，主要测试在短时间内有大量用户登录情况下的登录时间，所以设计如表 14-16 所示的测试用例。

表 14-16 用户登录性能测试用例

所属用例	××用户同时登录系统
目的描述	测试多人同时登录系统时服务器的响应时间
先决条件	终端满足系统最低配置要求
输入数据	用户名、密码
步骤	① ××终端同时发起登录请求 ② 查看登录时间 ③ 分别查看服务器端和客户端 CPU 负载、内存使用
预期输出	① 每个用户都能正常登录，且登录的时间不超过×秒 ② 服务器端与客户端 CPU 负载、内存使用没有超过限制

对于"添加图书"功能，主要测试长时间添加图书时系统的响应时间，所以设计如表 14-17 所示的测试用例。

表 14-17　添加图书性能测试用例

所属用例	连续××小时添加图书
目的描述	测试连续多个小时添加图书时服务器的响应时间
先决条件	终端满足系统最低配置要求，系统拥有××本图书信息
输入数据	图书信息
步骤	① ××终端并发连续××小时执行添加图书功能 ② 查看页面响应时间 ③ 分别查看服务器端和客户端 CPU 负载、内存使用
预期输出	① 页面响应时间不超过×秒 ② 服务器端与客户端 CPU 负载、内存使用没有超过限制

对于"查询图书"功能，主要测试大数据量下多用户同时查询时系统的响应时间，所以设计如表 14-18 所示的测试用例。

表 14-18　查询图书性能测试用例

所属用例	系统拥有××图书信息，××个用户查询图书
目的描述	测试大数据量下多用户同时查询时系统的响应时间
先决条件	终端满足系统最低配置要求，系统拥有××本图书信息，××个用户查询图书
输入数据	查询条件
步骤	① 当系统存在××图书时，××个用户执行查询图书操作 ② 查看页面响应时间 ③ 分别查看服务器端和客户端 CPU 负载、内存使用
预期输出	① 页面响应时间不超过×秒 ② 服务器端与客户端 CPU 负载、内存使用没有超过限制

14.5　测试进度

该系统测试采用 V 形方法，与项目开发各阶段相对应，测试进度计划如图 14-13 所示。相应阶段可以同步进行相应的测试计划编制，而测试设计也可以结合在开发过程中实现并行，测试的实施即执行测试的活动可以在开发之后连贯进行。

14.5.1　单元测试

单元测试的测试内容是对软件设计的最小单元(即模块)的正确性进行验证，主要测试模块在语法、格式和逻辑上可能存在的错误。不同的软件形式、不同的开发技术中，单元的具体含义可能不同。一般来说，单元指的是软件中最小的、可以独立执行编码的单位。

单元测试的测试条件是需要系统设计阶段完成的设计模型，以及已经实现的每个模块的代码。

单元测试进度安排如表 14-19 所示。

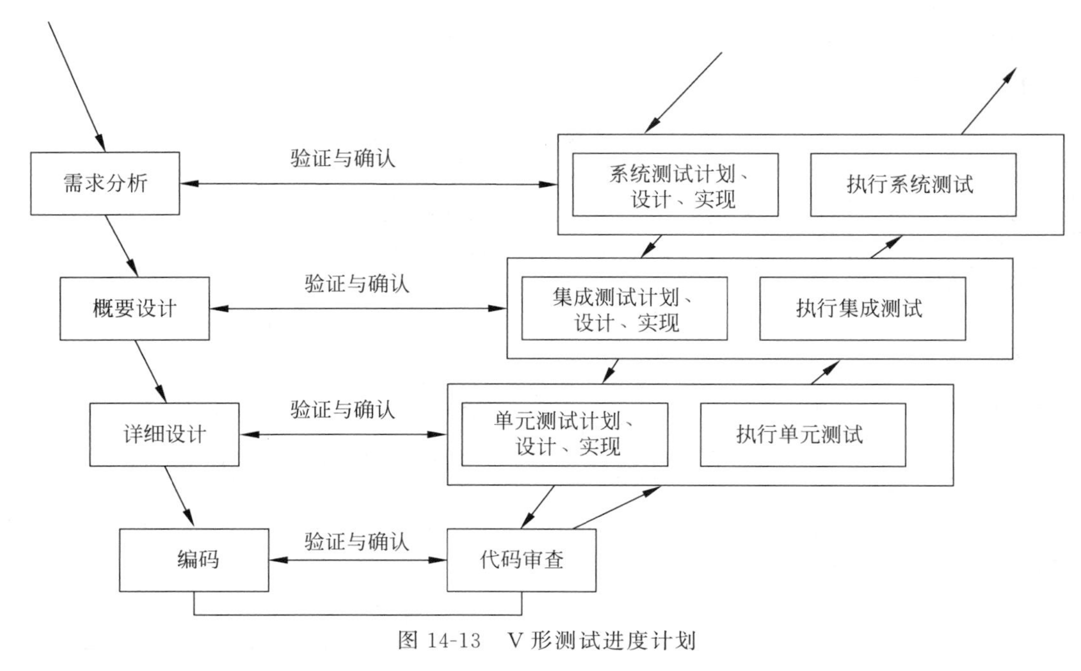

图 14-13 V 形测试进度计划

表 14-19 单元测试进度安排

测试时间	单元测试所在模块	测试时间	单元测试所在模块
2021/10/20-2021/10/21	登录注册模块	2021/10/24-2021/10/26	订单管理模块
2021/10/21-2021/10/22	浏览图书模块	2021/10/26-2021/10/28	图书管理模块
2021/10/22-2021/10/24	会员购书模块		

14.5.2 集成测试

集成测试主要是测试软件单元的组合能否正常工作。

测试条件是在单元测试完成之后，需要系统的概要设计文档，在软件装配的同时进行测试，主要用来发现与接口相联系的错误。

集成测试的进度安排如表 14-20 所示。

表 14-20 集成测试进度安排

测试时间	集成阶段
2021/10/28-2021/10/30	会员相关功能测试
2021/10/30-2021/11/1	管理员相关功能测试
2021/11/1-2021/11/3	界面集成

14.5.3 系统测试

1. 功能测试

功能测试主要根据软件需求规格说明书和测试需求列表，验证系统的功能实现是否符合需求规格，是否有不正确或遗漏的功能，是否满足用户需求和系统设计的隐含需求，是否正确接收输入、正确输出结果等。

在该系统中，测试要求验证界面所有功能的实现。

2. 性能测试

性能测试的过程是一个负载测试和压力测试的过程，即逐渐增加负载，直到系统的瓶颈或不能接受的性能点，通过综合分析执行指标和资源监控指标确定系统并发性能的过程。

在该系统中，使用性能测试工具模拟多个客户端同时打开时系统运行的效果。

3. 兼容性测试

兼容性测试检查软件在一个特定的硬件、软件、操作系统、网络等环境下是否能够正常地运行，检查软件之间是否能够正确地交互和共享信息，以及检查软件版本之间的兼容性。

4. 安全测试

全局的安全性考虑，如会员信息无法被其他会员修改、会员购买图书前需要先支付、验证第三方支付系统的安全性等。

5. 大数据量测试

大数据量测试的关键是测试数据的准备，可以依靠工具准备测试数据。

在该系统中，验证不同数据量、不同数据容量数据给系统带来的性能影响。

14.5.4 验收测试

验收测试由用户参与，考查软件是否达到了验收的标准和要求。该系统的验收测试主要由开发组成员模拟用户行为进行。

14.6 评价

14.6.1 范围

本测试计划主要包括单元测试、集成测试、系统测试和验收测试。测试用例能够检查的范围如下。

(1) 模块设计和功能是否正确。

(2) 接口关系是否正确。

(3) 用例是否全部实现。

(4) 是否达到需求规格中的性能要求。

14.6.2 数据整理

对测试数据进行整理，使测试结果可以与预期结果进行比较，便于测试结果的分析和评价。

该系统需要对各个测试用例的输入参数和输出结果进行总结，并根据实际运行情况进行比较，得到最终测试结果。

14.6.3 测试质量目标

本节说明用来判断测试结果的测试质量目标，作为检查被测试的软件是否已达到预期目标所允许的范围。具体测试质量目标如表 14-21 所示。

表 14-21 测试质量目标

测试质量目标	确 认 者
所有的测试案例已经执行过	张三
所有的自动测试脚本已经执行通过	张三
所有的重要等级为高/中的 Bug 已经解决并由测试验证	张三
每部分的测试已经被 Test Leader 确认完成	张三
重要的功能不允许有等级为高/中/低的 Bug	张三
一般的功能或与最终使用者不直接联系的功能不允许有等级为高/中的 Bug	张三
轻量的功能允许有少量等级为中/高等级的错误	张三
发现错误等级为高/中/低的 Bug 的速率正在下降并且接近 0	张三
在最后的 3 天内没有发现错误等级为高/中/低类的 Bug	张三

14.7 测试分析报告

14.7.1 引言

1. 编写目的

编写本测试报告的目的是为“网上书店系统”项目提交测试活动实施结果、测试用例运行结果、软件评价等，作为测试工作的总结。

本文档的正式版本将供本项目的项目经理、系统设计师、测试部门经理等人员查阅和使用。

2. 背景

网上书店是一种高质量、更快捷、更方便的购书方式。网上书店用于图书的在线销售，而且对图书的管理更加合理化、信息化。管理员在后台可维护网上书店销售的图书、用户订单等。网上书店会员则可通过该系统查看购买图书。

3. 参考文档

(1)《网上书店系统项目开发计划》

(2)《网上书店系统项目组规约》

(3)《网上书店系统需求规格说明书》

(4)《网上书店系统概要设计说明书》

(5)《网上书店系统详细设计说明书》

(6)《网上书店系统测试计划》

(7)《网上书店系统测试用例设计》

4. 术语和缩写词

暂无。

14.7.2 测试计划实施

1. 单元测试计划实施

单元测试任务的实际执行情况如表14-22所示。

表14-22 单元测试任务的实际执行情况

测试时间	单元测试所在模块	测试时间	单元测试所在模块
2021/10/20-2021/10/21	登录注册模块	2021/10/24-2021/10/26	订单管理模块
2021/10/21-2021/10/22	浏览图书模块	2021/10/26-2021/10/28	图书管理模块
2021/10/22-2021/10/24	会员购书模块		

实际测试进度与测试计划一致,单元测试阶段的全部测试用例执行正常,无缺陷发现。

2. 集成测试计划实施

集成测试任务的实际执行情况如表14-23所示。

表14-23 集成测试任务的实际执行情况

测试时间	集成阶段
2021/10/28-2021/10/30	会员相关功能测试
2021/10/30-2021/11/1	管理员相关功能测试
2021/11/1-2021/11/6	界面集成

在界面集成阶段,比测试计划多花了3个工作日,因为在界面方面进行了修改。此修改已对应更新到需求、概要设计、详细设计和测试计划中,并在实际集成工作中进行了回归测试。

3. 系统测试和验收测试计划实施

系统测试对系统的功能、性能、兼容性、安全性和大数据量处理能力进行了测试。

(1) 系统满足了软件规约的全部功能需求。

(2) 在性能上,当存在大量图书时对图书名称的模糊匹配查询时间较长,影响了界面显示效果和用户使用效果,建议对此部分进行改进。

(3) 系统安全性良好。

(4) 能够存储大数据量的图书信息并正确进行增删改查。

14.7.3 评价

1. 软件能力

测试结果表明,软件能够满足系统的基本需求,对需求中要求的各模块功能均能正常执行,并具有良好的错误处理能力。当存在大量图书时,对图书名称的模糊匹配查询时间较长,在后续阶段可进行改进。

2. 性能评估

(1) 登录性能:系统从0到20逐步增加同时登录的用户数,发现登录时间基本平稳在4s左右,未受同时登录的人数影响。

(2) 添加图书性能:系统连续3h用20个用户添加图书,发现图书添加时间基本稳定在2s左右,未受时间长短影响。

(3) 查询图书性能:在系统具有10万本图书的情况下,20个用户连续5min同时执行查询操作,发现查询时间稳定在0.5s左右,未受图书数量、连续查询时间的影响。

(4) 其他模块功能的性能测试也基本符合要求。

3. 测试结论

本软件的开发已达到预定的目标,修正以上缺陷后能交付使用。

14.8 本章小结

本章首先介绍了如何进行基于B/S结构的网站系统的测试,然后结合"网上书店系统"对整个测试环节进行详细的描述。

对"网上书店系统"的测试主要包括测试计划、测试进度安排、测试准备的评价、测试用例的设计、测试结果及分析等内容,每个环节都结合前面章节介绍的基本概念和内容进行,方便读者有针对性地去实践,同时又能很好地在一个实际项目中体会整个项目的测试是如何进行的。

习题 14

(1) "网上书店系统"主要模块划分有哪些?

(2) "网上书店系统"的系统性能有哪些要求?

(3) "网上书店系统"项目是怎样对测试用例进行设计的?

(4) 请针对本案例中"添加图书"功能中的ISBN输入框使用黑盒测试方法设计相应的测试用例。

(5) 在系统测试阶段需要对哪些方面进行测试?又有哪些注意事项?

第15章

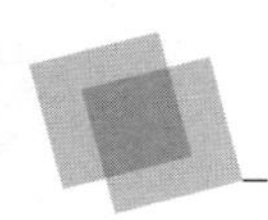

生活小工具微服务测试

随着微服务架构的兴起，原先的单体应用已经渐渐转变为微服务应用，随着系统的不断解耦，服务间的接口势必越来越多。那么，在目前互联网公司的测试中，完整的系统级别测试已经很少见了，都是随着产品不断迭代而产生的诸多的接口测试。

本章要点

- 微服务架构的发展
- 微服务架构的优缺点
- 接口测试的流程
- 如何进行接口的功能和性能测试

15.1　微服务架构概述

微服务架构（Microservice Architecture）是一种架构概念，旨在通过将功能分解到各个离散的服务中以实现对解决方案的解耦，并提供更加灵活的服务支持。微服务的基本概念是指把一个大型的单个应用程序和服务拆分为数个甚至数十个的支持微服务，它可扩展单个组件而不是整个的应用程序堆栈，从而满足服务等级协议。

围绕业务领域组件创建应用，这些应用可独立地进行开发、管理和迭代。在分散的组件中使用云架构和平台式部署、管理和服务功能，使产品交付变得更加简单。其本质是用一些功能比较明确、业务比较精练的服务去解决更大、更实际的问题，是一种软件开发中常见的化繁为简的思想。

15.1.1　微服务架构的出现和发展

首先，我们通过一个场景看为什么要考虑使用微服务。假设我们正准备开发一款与Uber和Hailo竞争的出租车调度软件，经过初步会议和需求分析，可能会手动或使用基于

Rails、Spring Boot、Play、Maven 的生成器开始这个新项目，它的六边形架构是模块化的，架构图如图 15-1 所示。

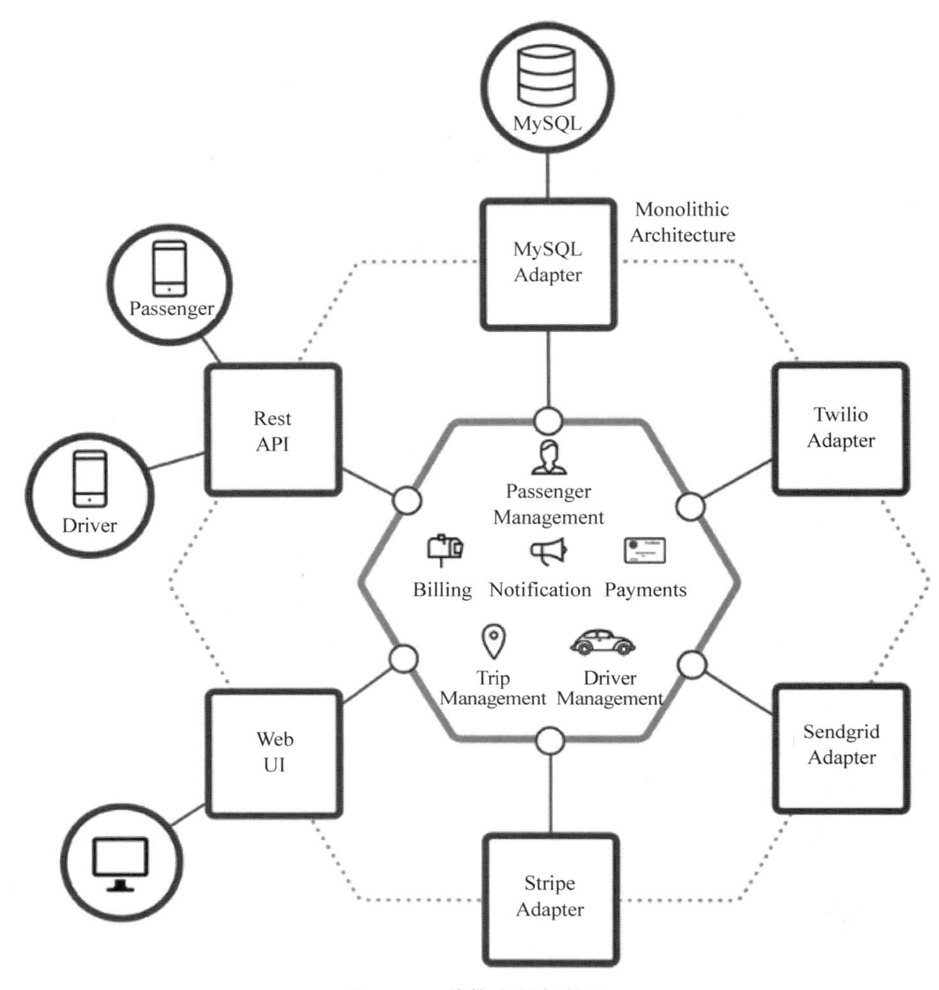

图 15-1 单体应用架构图

应用核心是业务逻辑，由定义服务、域对象和事件的模块完成。围绕着核心的是与外界打交道的适配器。适配器包括数据库访问组件、生产和处理消息的消息组件，以及提供 API 或 UI 访问支持的 Web 模块等。

尽管也是模块化逻辑，但是最终它还是会打包并部署为单体式应用。具体的格式依赖于应用语言和框架。例如，许多 Java 应用会被打包为 WAR 格式，部署在 Tomcat 或 Jetty 上，而另外一些 Java 应用会被打包成自包含的 JAR 格式，同样，Rails 和 Node.js 会被打包成层级目录。

这种应用开发风格很常见，因为 IDE 和其他工具都擅长开发一个简单应用，这类应用也很易于调试，只需要简单运行此应用，用 Selenium 链接 UI 就可以完成端到端测试。单体式应用也易于部署，只需要把打包应用复制到服务器端，通过在负载均衡器后端运行多个副本就可以轻松实现应用扩展。

虽然这类应用在早期运行得很好，但是这种简单方法却有很大的局限性。一个简单的应用会随着时间推移逐渐变大。在每次迭代中，开发团队都会面对新"故事"，然后开发许多新代码。几年后，这个小而简单的应用会变成一个巨大的"怪物"。这儿有一个例子，某个开发者正在写一个工具，用来分析他们一个拥有数百万行代码的应用中JAR文件之间的依赖关系。一般人都会认为确信这个代码正是很多开发者经过多年努力开发出来的一个怪物。

一旦应用变成一个又大又复杂的"怪物"，那么开发团队肯定很痛苦。敏捷开发和部署举步维艰，其中最主要问题就是这个应用太复杂，以至于任何单个开发者都不可能搞懂它。因此，修正Bug和正确地添加新功能变得非常困难，并且很耗时。另外，团队士气也会下降。如果代码难于理解，就不可能被正确地修改，最终会走向巨大的、不可理解的泥潭。

单体式应用也会降低开发速度。应用越大，启动时间会越长。例如，最近的一个调查表明，有时应用的启动时间居然超过了12min，某些应用甚至需要40min的启动时间。如果开发者需要经常重启应用，那么大部分时间就要在等待中度过，生产效率受到极大影响。

另外，复杂而巨大的单体式应用也不利于持续性开发。今天，软件即服务(Software-as-a-Service，SaaS)应用常态就是每天会改变很多次，而这对于单体式应用模式非常困难。另外，这种变化带来的影响并没有很好地被理解，所以不得不做很多手工测试，那么接下来持续部署也会很艰难。

单体式应用在不同模块发生资源冲突时，扩展将非常困难。例如，一个模块完成一个CPU敏感逻辑，应该部署在AWS EC2 Compute Optimized Instances，而另外一个内存数据库模块更适于EC2 Memory-Optimized Instances。然而，由于这些模块部署在一起，因此不得不在硬件选择上做一个妥协。

单体式应用的另外一个问题是可靠性。因为所有模块都运行在一个进程中，任何一个模块中的一个Bug，如内存泄漏，有可能搞垮整个进程。除此之外，因为所有应用实例都是唯一的，这个Bug将影响到整个应用的可靠性。

最后，单体式应用会采用新架构和语言非常困难。例如，设想有两百万行采用XYZ框架写的代码，如果想改成ABC框架，无论是时间还是成本都是非常昂贵的，即使ABC框架更好。因此，这是一个无法逾越的鸿沟。

总结一下，一开始我们有一个很成功的关键业务应用，后来就变成了一个巨大的、无法理解的"怪物"。因为采用过时的、效率低的技术，令雇佣有潜力的开发者很困难，应用无法扩展，可靠性很低，最终敏捷性开发和部署无法完成。

那么如何应对呢？许多公司(如Amazon、eBay和NetFlix)通过采用微处理结构模式解决了上述问题。其思路不是开发一个巨大的单体式应用，而是将应用分解为小的、互相连接的微服务。一个微服务一般完成某个特定功能，如下单管理、客户管理等。每个微服务都是微型六角形应用，都有自己的业务逻辑和适配器。一些微服务还会发布API给其他微服务和应用客户端使用。其他微服务完成一个Web UI，运行时，每个实例可能是一个云VM或Docker容器。例如，上面描述的出租车调度系统可能的分解如图15-2所示。

每个应用功能区都使用微服务完成，另外，Web应用会被拆分成一系列简单的Web应用(如一个对乘客，一个对出租车驾驶员)。这样的拆分对于不同用户、设备和特殊应用场景部署都更容易。

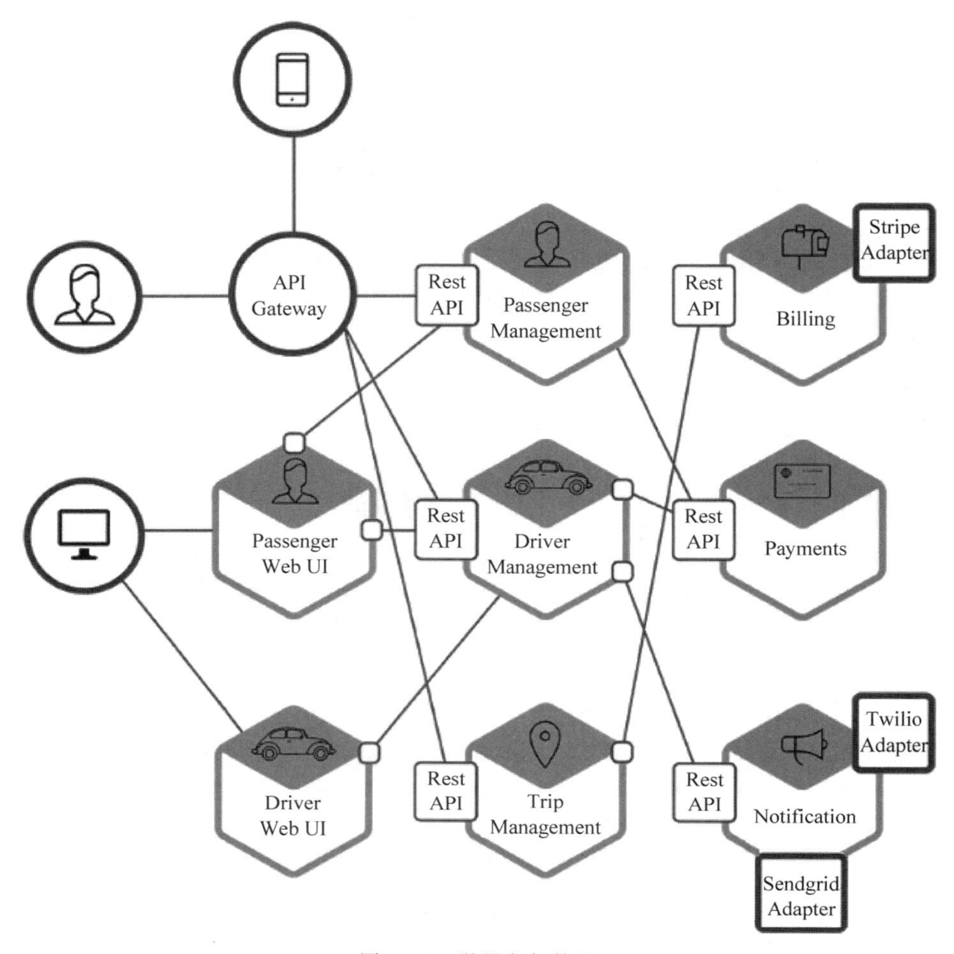

图 15-2 微服务架构图

每个后台服务开放一个 REST API,许多服务本身也采用了其他服务提供的 API。例如,驾驶员管理使用了告知驾驶员一个潜在需求的通知服务。UI 服务激活其他服务来更新 Web 页面。所有服务都是采用异步的基于消息的通信。微服务内部机制相关内容将在后续系列中讨论。

一些 REST API 也对乘客和驾驶员采用的移动应用开放。这些应用并不直接访问后台服务,而是通过 API Gateway 传递中间消息。API Gateway 负责负载均衡、缓存、访问控制、API 计费监控等任务,可以通过 NGINX 方便实现。

这种微服务架构模式深刻影响了应用和数据库之间的关系,不像传统多个服务共享一个数据库,微服务架构中每个服务都有自己的数据库。另外,这种思路也影响到了企业级数据模式。同时,这种模式意味着多份数据,但是,如果我们想获得微服务带来的好处,每个服务独有一个数据库是必须的,因为这种架构需要这种松耦合。图 15-3 所示为微服务应用数据库架构。

每种服务都有自己的数据库,另外,每种服务可以用更适合自己的数据库类型,也称作多语言一致性架构。例如,驾驶员管理(发现哪个驾驶员更靠近乘客)必须使用支持地理信

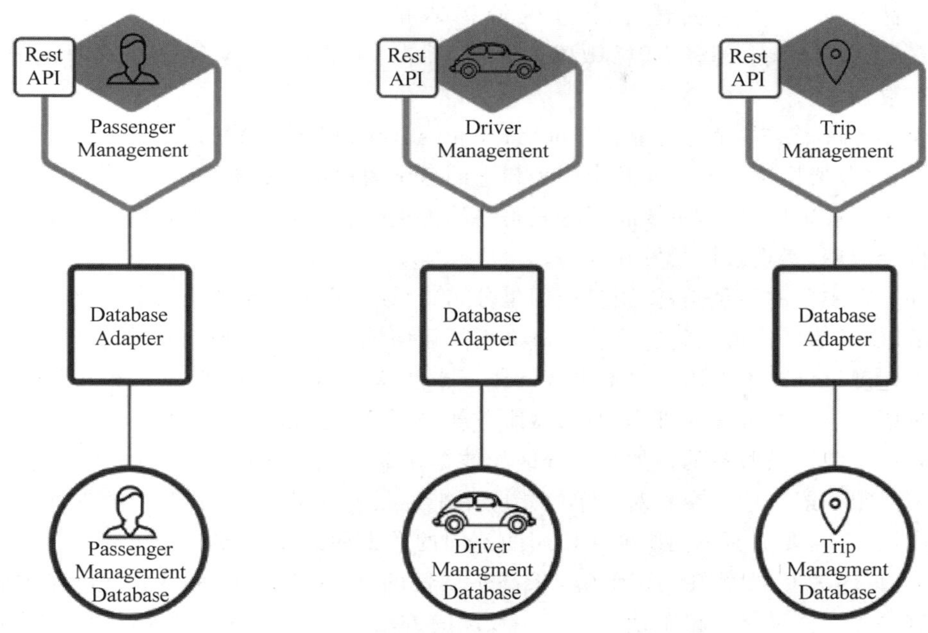

图 15-3　微服务应用数据架构

息查询的数据库。

表面上看，微服务架构模式有点像面向服务的架构（Service-Oriented Architecture，SOA），它们都由多个服务构成。但是，可以从另外一个角度看此问题，微服务架构模式是一个不包含 WebService 服务和企业服务总线（Enterprise Service Bus，ESB）服务的 SOA。微服务应用乐于采用简单轻量级协议，如 REST，而不是 WebService，在微服务内部避免使用 ESB 以及 ESB 类似功能。微服务架构模式也拒绝使用 Canonical Schema 等 SOA 概念。

15.1.2　微服务架构的优缺点

微服务架构模式有很多好处。首先，通过分解巨大单体式应用为多个服务方法解决了复杂性问题。在功能不变的情况下，应用被分解为多个可管理的分支或服务。每个服务都有一个用远程过程调用（Remote Procedure Calls，RPC）或消息驱动 API 定义清楚的边界。微服务架构模式为采用单体式编码方式很难实现的功能提供了模块化的解决方案，由此，单个服务很容易开发、理解和维护。

其次，这种架构使每个服务都可以由专门开发团队开发。开发者可以自由选择开发技术，提供 API 服务。当然，许多公司试图避免混乱，只提供某些技术选择。然后，这种自由意味着开发者不需要被迫使用某项目开始时采用的过时技术，他们可以选择现在的技术。甚至因为服务都相对简单，即使用现在的技术重写以前的代码也不是很困难的事情。

第三，微服务架构模式是每个微服务独立的部署。开发者不再需要协调其他服务部署对本服务的影响。这种改变可以加快部署速度。UI 团队可以采用 AB 测试，快速地部署变化。微服务架构模式使持续化部署成为可能。

最后，微服务架构模式使每个服务独立扩展。可以根据每个服务的规模部署满足需求的规模；甚至可以使用更适合服务资源需求的硬件。例如，可以在 EC2 Compute Optimized Instances 上部署 CPU 敏感的服务，而在 EC2 Memory-Optimized Instances 上部署内存数据库。

Fred Brooks 在 30 年前写道："There are no silver bullets"（没有银弹）。像任何其他科技一样，微服务架构也有不足。其中一个与它的名字类似，"微服务"强调了服务大小。尽管小服务更乐于被采用，但是不要忘了这只是终端的选择，而不是最终的目的。微服务的目的是有效拆分应用，实现敏捷开发和部署。

另外一个主要的不足是，微服务应用是分布式系统，由此会带来固有的复杂性。开发者需要在 RPC 或消息传递之间选择并完成进程间通信机制。甚至，他们必须写代码来处理消息传递中速度过慢或不可用等局部失效问题。当然这并不是什么难事，但相对于单体式应用中通过语言层级的方法或进程调用，微服务架构下这种技术显得更复杂一些。

另外一个关于微服务的挑战来自分区的数据库架构。商业交易中同时给多个业务分主体更新消息很普遍。这种交易对于单体式应用来说很容易，因为只有一个数据库。在微服务架构应用中，需要更新不同服务所使用的不同的数据库。使用分布式交易并不一定是好的选择，不仅因为 CAP 理论，还因为今天高扩展性的 NoSQL 数据库和消息传递中间件并不支持这一需求。最终不得不使用一个一致性的方法，从而对开发者提出了更高的要求和挑战。

测试一个基于微服务架构的应用也是很复杂的任务。例如，采用流行的 Spring Boot 架构，对一个单体式 Web 应用，测试它的 REST API，是很容易的事情。反过来，同样的服务测试需要启动和它有关的所有服务（至少需要这些服务的 Stubs）。再重申一次，不要低估采用微服务架构带来的复杂性。

另外一个挑战在于，微服务架构模式应用的改变会波及多个服务。例如，假设在完成一个案例时，需要修改服务 A、B 和 C，而 A 依赖 B，B 依赖 C。在单体式应用中，只需要改变相关模块，整合变化，部署就好了。对比之下，微服务架构模式就需要考虑相关改变对不同服务的影响。例如，需要更新服务 C，然后是 B，最后才是 A。幸运的是，许多改变一般只影响一个服务，而需要协调多服务的改变很少。

部署一个微服务应用也很复杂，一个分布式应用只需要简单地在复杂均衡器后面部署各自的服务器就好了。每个应用实例需要配置数据库和消息中间件等基础服务。相比之下，一个微服务应用一般由大批服务构成。例如，根据 Adrian Cockcroft，Hailo 由 160 个不同服务构成，NetFlix 有大约 600 个服务，每个服务都有多个实例。这就造成许多需要配置、部署、扩展和监控的部分，除此之外，还需要完成一个服务发现机制，用来发现与它通信服务的地址（包括服务器地址和端口）。传统的办法不能用于解决这么复杂的问题。成功部署一个微服务应用需要开发者有足够的控制部署方法，并高度自动化。

一种自动化方法是使用平台即服务（Platform-as-a-Service，PaaS），如 Cloud Foundry。PaaS 为开发者提供一个部署和管理微服务的简单方法，它把所有这些问题都打包内置解决了。同时，配置 PaaS 的系统和网络专家可以采用最佳实践和策略简化这些问题。另外一个自动部署微服务应用的方法是开发对于我们来说最基础的 PaaS 系统。一个典型的开始点是使用一个集群化方案，如配合 Docker 使用 Mesos 或 Kubernetes。后续我们会看看如何基于软件部署方法（如 NGINX）方便地在微服务层面提供缓存、权限控制、API 统计和监控。

15.2　接口测试技术

接口，一般又称为 API。API 的全称 Application Programming Interface，这里我们其实不用关注 AP，只需要关注 I。一个 API 就是一个 Interface。我们无时无刻不在使用接口。电梯里面的按钮是一个接口；开车踩油门也是一个接口；计算机操作系统也是有很多接口。

接口位于复杂系统之上并且能够提供简化任务的功能，它就像一个中间人使我们不需要了解详细的所有细节。我们今天要讲的 Web API 就是这么一类东西。如谷歌搜索系统，它提供了搜索接口，简化了搜索任务；再如用户登录页面，只需要调用登录接口，就可以达到登录系统的目的。

接口测试是测试系统组件间接口的一种测试。接口测试主要用于检测外部系统与系统之间以及内部各个子系统之间的交互点。测试的重点是要检查数据的交换、传递和控制管理过程，以及系统间的相互逻辑依赖关系等。

现在很多系统前后端架构是分离的，安全层面上，只依赖前端进行限制已经完全不能满足系统的安全要求，因为绕过前端比较容易，所以需要后端同样进行控制，在这种情况下就需要在接口层面进行验证。

如今的系统越来越复杂，传统的靠前端测试已经大大降低了效率，而且现在都推崇测试前移，希望测试能更早介入，接口测试就是一种及早介入的方式。例如，要等前后端都完成才能进行传统的测试，才能进行自动化代码编写；而如果是接口测试，只需要前后端定义好接口，这时就可以介入编写接口自动化测试代码，手工测试只需要后端代码完成就可以介入测试后端逻辑而不用等待前端工作完成。

15.2.1　接口类型

关于接口的协议也有非常多的种类。

1. HTTP 接口

HTTP 协议是建立在传输控制协议（Transmission Control Protocol，TCP）基础上的，当浏览器需要从服务器获取网页数据的时候，会发出一次 HTTP 请求，HTTP 会通过 TCP 建立起一个到服务器的连接通道，当本次请求需要的数据传输完毕后，HTTP 会立即将 TCP 连接断开，这个过程是很短的。所以，HTTP 连接是一种短连接，是一种无状态的连接。

2. Webservice 接口

Webservice 是系统对外的接口。例如，要从别的网站或服务器上获取资源或信息，别人肯定不会把数据库共享给我们，只能提供一个他们写好的方法获取数据，我们引用他提供的接口就能使用他写好的方法，从而达到数据共享的目的。

3. RPC 接口

远程过程调用（Remote Procedure Calls，RPC）是一种协议，程序可使用这种协议向网络中的另一台计算机上的程序请求服务。由于使用 RPC 的程序不必了解支持通信的网络协议的情况，因此 RPC 提高了程序的互操作性。在 RPC 中，发出请求的程序是客户程序，而提供服务的程序是服务器。RPC是一项广泛用于支持分布式应用程序的技术。RPC的主要目的是为组件提供一种相互通信的方式，使这些组件之间能够相互发出请求并传递这些请求的结果。

4. RMI接口

远程方法调用(Remote Method Invocation，RMI)是针对Java语言的，RMI允许使用Java编写分布式对象。

5. RESTful接口

简称REST，是描述了一个架构样式的网络系统，其核心是面向资源。REST专门针对网络应用设计和开发方式，可以降低开发的复杂性，提高系统的可伸缩性。REST提出设计概念和准则如下。

(1) 网络上的所有事物都可以被抽象为资源(Resource)。

(2) 每个资源都有唯一的资源标识(Resource Identifier)，对资源的操作不会改变这些标识。

(3) 所有的操作都是无状态的。

由于RESTful风格的大行其道，现在软件行业尤其是互联网行业都开始倾向于使用HTTP接口，而只有在兼容一些老系统时才会不得已考虑使用Webservice等接口。

在RESTful风格的约束中，又对接口类型进行了细分。常见的HTTP请求方式包括Get(查)、Post(增)、Put(改)、Delete(删)等。

1) Get型接口

请求数参数写在网址后面，用"?"连接，多个参数之间用"&"连接。

Get型接口用于获取信息，多用于查询数据，如列表查询功能，单击"查询"按钮就调用一个Get接口，然后返回信息。

Get型接口请求数据量小，参数暴露于URL地址中，故存在安全隐患。

2) Post型接口

向指定资源位置提交数据(如提交表单、上传文件)进行请求，Post请求可能会导致新资源的建立。

Post型接口应用场景为：注册、上传、发帖等功能，如用户在豆瓣网站对某本书进行收藏、写笔记、发表评论。

Post型接口请求数据量大，安全性高。

3) Put型接口

Put请求用于向指定资源位置上传最新内容，如用户在豆瓣网站修改对某本书的收藏、修改某篇笔记或修改评论。

4) Delete型接口

请求服务器删除请求中URL所标识的资源，如用户在豆瓣网站取消对某本书的收藏、删除某篇笔记或删除评论。

15.2.2 接口测试类型和流程

接口测试是一种完整的测试体系，分为接口功能测试、接口性能测试、接口稳定性测试、接口安全性测试等。

接口测试也可以分为参数测试和场景测试。参数测试就是对单个接口的入参和出参进行详细的测试，包括入参默认值、必传项、非必传项、业务逻辑、兼容性测试(是否兼容不同版本的前端)、错误码、异常类型、安全加密等。场景测试就是指单个接口组成的连续的场景，如注册功能，需要包括发送验证码接口、注册接口，其中注册接口包含的功能有验证注册账号和注册验证码功能。

怎么做接口测试呢？接口测试的流程其实和功能测试流程类似，即接口测试计划→接口测试用例→接口测试执行→接口测试报告。测试用例设计的依赖对象主要是需求说明书和接口文档。

因接口测试不是针对普通用户，而是针对另外一个系统组件，所以不能直接测试，需要使用工具测试。例如，服务端 HTTP 接口测试，常用的工具有 Jmeter、Postman、Httpclient 等。用工具测试，所以目标就是准备要测试数据测试脚本后直接执行即可，在进行测试执行编写时，有以下原则。

(1) 不同的接口参数覆盖不同的业务场景。

(2) 在后台构造合适的数据以满足接口的测试用例。

(3) 根据接口的返回值，断言其是否返回期望结果，并查看数据库验证。

(4) 测试用例涉及多个步骤的，应对涉及的步骤都验证。

(5) 删除测试过程中产生的结果，确保每个用例执行前都是一个清洁的环境。

15.3 案例概述

我们希望开发一款应用，该应用的一个模块中整合了很多生活小工具，包括天气查询、日历查询等功能。因为我们无法产出天气信息、日历信息等，所以需要找一个第三方服务提供天气服务。在产品开发之前，我们需要对所选的服务接口进行全面充分的测试。

15.3.1 项目概述

选取“SOJSON 在线”网络的免费查询服务作为第三方服务，对该网站提供的天气查询、日历查询等接口进行全面测试，保证满足我们的功能和性能需求。

此外，第三方服务一般都会对请求频次有一定的限制，甚至作为计费手段。我们接入的服务虽然是免费的，但也对请求频次做了限制，所以需要在本地缓存数据，这样不必每次请求都前往第三方服务获取，大大减少第三方服务的调用量。

15.3.2 功能需求

接口的功能测试也是接口测试的重点，对于不能满足功能需求的接口，需要提前发现，尽早替换别家产品。

在本案例中，功能比较简单，主要包括两个功能接口的查询，如表 15-1 所示。

表 15-1 生活小工具接口功能需求

模块	编号	功能	功能点
天气查询	S_001	请求天气查询接口,可以返回指定的天气信息。	(1) 接口参数,参数类型,是否必填等 (2) 返回内容,异常 case 的覆盖等
日历查询	S_002	请求日历查询接口,可以返回指定的日历信息	(1) 接口参数,参数类型,是否必填等 (2) 返回内容,异常 case 的覆盖等

15.3.3 性能需求

除了基本的功能需求之外,为使用户使用方便,还需要对接口的性能进行规定,如表 15-2 所示。

表 15-2 生活小工具接口性能需求

模块	编号	性能要求
天气查询	S_001	每秒钟不少于 100 查询。QPS 不小于 100 次。
日历查询	S_002	QPS(每秒查询数)不小于 100 次

15.4 测试计划

15.4.1 测试目标

对照功能需求和性能需求,逐一测试软件的功能和性能,要求准确设计测试用例,执行并记录测试用例执行情况,记录测试结果。同时,也对软件的性能进行评测。

15.4.2 测试方案

由于项目需求明确、项目实现相对简单,本项目直接利用工具对目标接口进行功能和性能测试,并将结果体现在测试报告中。

15.4.3 测试资源

接口测试所需人员及其职责说明如表 15-3 所示。

表 15-3 测试所需人员角色及其职责说明

角色	专职角色数量	具体职责
项目经理	1	组织测试计划和活动
接口测试人员	1	进行接口测试,并完成测试报告

测试软、硬件的环境如表 15-4 所示。

表 15-4　测试环境说明

PC 软件环境	
操作系统	Windows XP/Vista/7/8.1/10/11
集成开发环境	Ecilpse-2022.03
PC 硬件环境	
设备	CPU：Intel P4 1.6G 或以上，内存：512MB 或以上
网络	100Mbit/s 网卡
手机软件环境	
操作系统	Android 4.0.4，处理器 1.0GHz 以上，内存：512MB 或以上

15.5　测试用例

15.5.1　功能测试用例

针对功能需求设计测试用例，如表 15-5 和表 15-6 所示。

表 15-5　S_001 测试用例

序号	测试步骤	期望结果	结果	备注
1.1	在 Postman 中输入地址，选择 Get 方式，设置 city 参数为"北京"，观察返回结果	能按要求正常返回指定位置的天气信息，包括：温度、最高温度、最低温度、风、天气、空气质量指数，以及一周内天气情况等		
1.2	改变 city 参数为"北京市""深圳""其他"，观察返回结果	city 在传参的时候，支持的类型可以带上"市、县、区"之类的字，如深圳市、顺德区、长沙市等。 城市不在列表中时，返回参数异常		

表 15-6　S_002 测试用例

序号	测试步骤	期望结果	结果	备注
1.1	在 postman 中输入地址，选择 get 方式，直接请求，观察返回结果。	能按要求正常返回当天农历信息，包括：农历、黄历、禁忌、星期、生肖、当月的节气、是否闰月、是不是大月等。		
1.2	添加参数 date = 2021-09-13，请求，观察返回结果。	能按要求正常返回 2021-09-13 这一天的农历信息。		

15.5.2　性能测试用例

针对性能需求设计测试用例，如表 15-7 和表 15-8 所示。

表 15-7 S_021 测试用例

序号	测 试 步 骤	期望结果	结果	备注
1.1	利用 Jmeter 对接口进行压力测试	可以满足 QPS 为 100		

表 15-8 S_022 测试用例

序号	测 试 步 骤	期望结果	结果	备注
1.1	利用 Jmeter 对接口进行压力测试	可以满足 QPS 为 100		

15.6 测试分析报告

15.6.1 引言

1. 编写目的

编写本测试分析报告的目的是把通过测试得到的结果写成文档，为修改生活小工具接口服务的错误提供依据，使用户对服务接口运行建立信心。

2. 背景

此应用的一个模块中整合了很多生活小工具，包括天气查询、日历查询等功能，利用了第三方提供的天气服务，最终将这些服务包装后对外提供。

3. 参考资料

(1)《天气查询 API 接口说明文档》

(2)《农历查询 API 接口说明文档》

(3)《测试分析报告》

15.6.2 测试概要

测试过程严格按照测试用例执行，并未发现严重 Bug，接口服务性能也能满足要求。

15.6.3 测试结果及发现

1. 功能测试

对服务接口进行全覆盖测试，并未发现严重 Bug。

2. 性能测试

对系统的性能测试基本符合预期要求。

15.6.4 分析摘要

1. 能力

本接口服务总体满足了需求中所提到的全部基本功能，总体满足需求。

2. 缺陷和限制

在测试活动中发现了一个不足之处。

天气查询时，city 参数输入不完整时也可以查询，但是不知道查询属于哪个城市。

3. 评价

经测试和评估，本应用已基本达到预定目标，修复相应的缺陷后，可以交付使用。

15.7　本章小结

本章首先介绍了微服务架构的起源和发展，介绍了从传统单体应用发展到现在流行的微服务架构的必然性，同时也介绍了微服务架构的优缺点，指出微服务架构也不是完美的方案，也存在实施上的困难；其次介绍相关接口的测试技术，包括接口的类型、接口测试类型和测试的大致流程等；最后结合“生活小工具微服务”接口的实例，介绍在微服务环境下如何进行接口测试，主要介绍利用 Postman 进行功能测试、利用 Jmeter 进行压力测试等内容。

习题 15

(1) 微服务架构相较传统的单体应用架构有何优点和缺点？

(2) 接口类型有哪些？ 有何异同？

(3) 接口测试的流程大致是如何组织的？

(4) “生活小工具微服务”接口主要包括哪些功能要求？ 如何进行测试？

(5) “生活小工具微服务”接口主要包括哪些性能要求？ 如何进行测试？

第16章

手机视频播放App测试

随着计算机产业的发展，如今移动通信已逐渐成为人们更加热衷的形式，继而引发了新的产业革命。其中最为引人注目的要数移动智能终端的飞速发展，而智能手机又是移动智能终端中的代表。本章将对手机的软件测试进行介绍。

本章要点

- 手机软件测试与PC软件测试的异同
- 手机软件测试的基本过程
- 现有几大手机平台及其特点
- 手机软件测试如何执行

16.1 手机软件测试概述

随着移动通信网络的发展，移动终端不仅可以用来打电话、发消息，还可以上网，使用多种多样的数据业务，而且多种在计算机领域中应用成熟的技术也出现在移动终端上。移动终端不仅是一部无线电话，也是集通信、娱乐、办公等多功能于一体的智能终端。

与此同时，这些智能终端上运行的软件系统也日益丰富起来，所以有关这类软件系统的开发、测试、部署等问题也越来越受到人们的重视。

手机测试，一般是指手机软件测试，说明了软件在手机上的重要性，也说明了手机测试的难度。因为其他的测试都有明确的指标和严格的操作规程，还有各种仪器辅助，但是手机软件测试具有其特定的问题，使测试活动必须具有细致的规划才能做到行之有效。

16.1.1 移动终端介绍

移动终端（或称为移动通信终端）是指可以在移动中使用的计算机设备，广义地讲，包括手机、笔记本电脑、平板电脑、POS机，甚至包括车载计算机，但是大部分情况下是指手机或具有多种应用功能的智能手机和平板电脑。随着网络技术朝着越来越宽带化的方向发展，移动通信产业将走向真正的移动信息时代。另外，随着集成电路技术的飞速发展，移动终端也已经拥有了强大的处理能力，移动终端正在从简单的通话工具转变为一个综合信息处理平台。这也给移动终端提供了更加宽广的发展空间。

现代移动终端已经拥有极强大的处理能力(CPU 主频已经接近 2GHz)、内存、固化存储介质以及像计算机一样的操作系统，是一个完整的超小型计算机系统，可以完成复杂的处理任务。移动终端也拥有非常丰富的通信方式，既可以通过 GSM、CDMA、WCDMA、EDGE、3G、4G、5G 等无线运营网进行通信，也可以通过无线局域网、蓝牙和红外进行通信。

今天的移动终端不仅可以通话、拍照、听音乐、玩游戏，还可以实现包括定位、信息处理、指纹扫描、身份证扫描、条码扫描、RFID 扫描、IC 卡扫描以及酒精含量检测等丰富的功能，成为移动执法、移动办公和移动商务的重要工具，有的移动终端还将对讲机集成到移动终端上。移动终端已经深深地融入我们的经济和社会生活中，为提高人民的生活水平、提高执法效率、提高生产的管理效率、减少资源消耗和环境污染以及突发事件应急处理增添了新的手段。国外已将这种智能终端用于快递、保险、移动执法等领域。最近几年，移动终端也越来越广泛地应用于我国的移动执法和移动商务领域。

当然，移动终端中最受关注的要数智能手机(Smart Phone)。智能手机是指“像个人计算机一样具有独立的操作系统，可以由用户自行安装软件、游戏、导航等第三方服务商提供的程序，通过此类程序不断对手机的功能进行扩充，并可以通过移动通信网络实现无线网络接入的这样一类手机的总称”。智能手机的涉及范围已经布满全世界，因为智能手机具有优秀的操作系统、可自由安装各类软件、全触屏式操作这三大特性，所以完全终结了前些年的键盘式手机。其中，苹果、三星、诺基亚、黑莓这四大品牌在全世界最广为皆知，而我国的联想(Lenovo)、华为、小米、步步高(VIVO)、中兴(ZTE)、酷派(Coolpad)、魅族、欧珀(OPPO)、金立、天语 K-Touch 十大品牌也备受关注。

16.1.2 手机软件测试用例设计

1. 用例设计考虑因素

从理论上讲，手机软件规模越大，模块间的关系越复杂，组合的情况越多，测试用例数目占的比例也就越大，因而总是很难设计出“足够”的测试用例。

虽然理论上缺陷空间(测试空间上所有可能发生的缺陷构成的集合)可以接近无限大，但实际情况中存在的缺陷只是缺陷空间的一个很小的子集。测试中最重要的是要找到已经存在的缺陷，但在进行测试之前，手机软件中存在多少缺陷却是不知道的。

从理论上讲，测试是不能穷尽的，就意味着不存在一种方法能将所有的缺陷都找出来，找到缺陷问题注定是一个概率问题，将那些发生概率较大的缺陷找出来就成了测试的主要任务。

测试用例是为特定的目的而设计的一组测试输入、执行条件和预期的结果。测试用例是执行的最小实体。简单地说，测试用例就是设计一个场景，使测试程序在这种场景下运行并且达到程序所设计的执行结果。

设计测试用例首先要考虑以下几个问题。

(1) 为什么要设计测试用例？

(2) 谁来写测试用例？这些写测试用例的人的测试技术如何？以及对被测试产品了解有多深入？

(3) 测试用例写给谁看？多少人将使用测试用例文档？

(4) 分配给编写测试用例的时间是多长？要安排几个人来写？

(5) 怎么在测试用例的成本、质量和效率方面达到平衡？

目前的手机市场对于新推出的功能和应用程序有着迫切的需要，产品周期非常短。然而，只有回答上述问题，才能确定测试用例的具体写作方法和表现形式。一般而言，手机软件测试项目中分配写测试用例的时间并不长，而且提供的文档也不全面，所以写测试用例要符合测试部门的当前现状和项目的测试特点。

对于测试设计工程师，设计测试用例需要考虑以下几个方面。

(1) 测试用例设计必须考虑有效，容易发现并呈现错误。

(2) 测试用例设计必须覆盖全面又不冗余，数量上不应有重复的、多余的用例，对软件规格说明书和设计功能点有全面的覆盖，不仅包括功能测试用例，还包括性能测试用例和外场测试、易用性等测试用例。

(3) 测试用例设计必须明确粒度和测试分类的程度。粒度越细，测试成本就越高，测试周期就越长；分类越多，测试成本相应增加，测试周期就越长。

(4) 测试用例设计完成后必须经过评审，以帮助进一步补充用例，提高测试覆盖率，提高用例质量。

对于测试执行工程师，测试用例的内容应包括以下几个方面。

(1) 测试用例的测试目标。

(2) 测试用例的被测功能点描述。

(3) 测试用例的测试运行环境。

(4) 测试用例的执行方法(包括测试步骤、输入测试数据或测试脚本)。

(5) 测试期望的结果。

(6) 执行测试的实际结果。

(7) 其他辅助说明。

2. 用例设计基本原则

手机应用软件测试用例的设计要遵循以下原则。

(1) 测试用例的代表性：能够代表并覆盖各种合理的和不合理的、合法的和非法的、边界的和越界的以及极限的输入数据、操作和环境设置等。

(2) 测试用例的可执行特点：在测试前提符合的情况下，依照测试步骤，每个测试用例都能够顺利地使程序运行，同时呈现相应的期望结果。

(3) 测试结果的可判定性：即测试执行结果的正确性是可判定的，每个测试用例都应有相应的期望结果。

(4) 测试结果的可再现性：即对同样的测试用例，系统的执行结果应当是相同的。

3. 用例设计常用方法

一个好的测试用例是指可能找到迄今为止尚未发现的错误的测试，由此可见，测试用例设计工作在整个测试过程中占有十分重要的地位，所以我们不能只凭借一些主观或直观的想法设计测试用例,而应该要以一些比较成熟的测试用例设计方法为指导,再加上设计人员个人的经验积累设计测试用例。

手机软件测试与传统的PC端软件测试在用例设计的方法上基本相同,主要方法有等价类划分方法、边界值分析方法、判定表分析方法、因果图分析方法、正交试验设计方法、功能图分析方法等。这些测试方法在黑盒测试章节已经进行详细介绍,这里不再赘述。

16.1.3 手机软件测试的基本流程

手机软件测试的基本流程与PC端软件测试也大致相同,目前常用的仍然是用例驱动,即按照测试V模型,首先设计测试用例;然后在执行条件下用输入数据运行被测试程序;最后检查实际输出结果与预期的输出结果是否一致,若不一致,则认为程序有错误。

与传统的测试V模型稍有差别的地方是测试介入开发的时机。图16-1所示为Nokia手机软件测试介入开发的时间,描述了从测试推进的角度安排测试活动的过程。此外,对于手机软件测试,还会有外场测试和一致性测试等内容,这些是传统的PC端软件测试所强调较弱的部分。

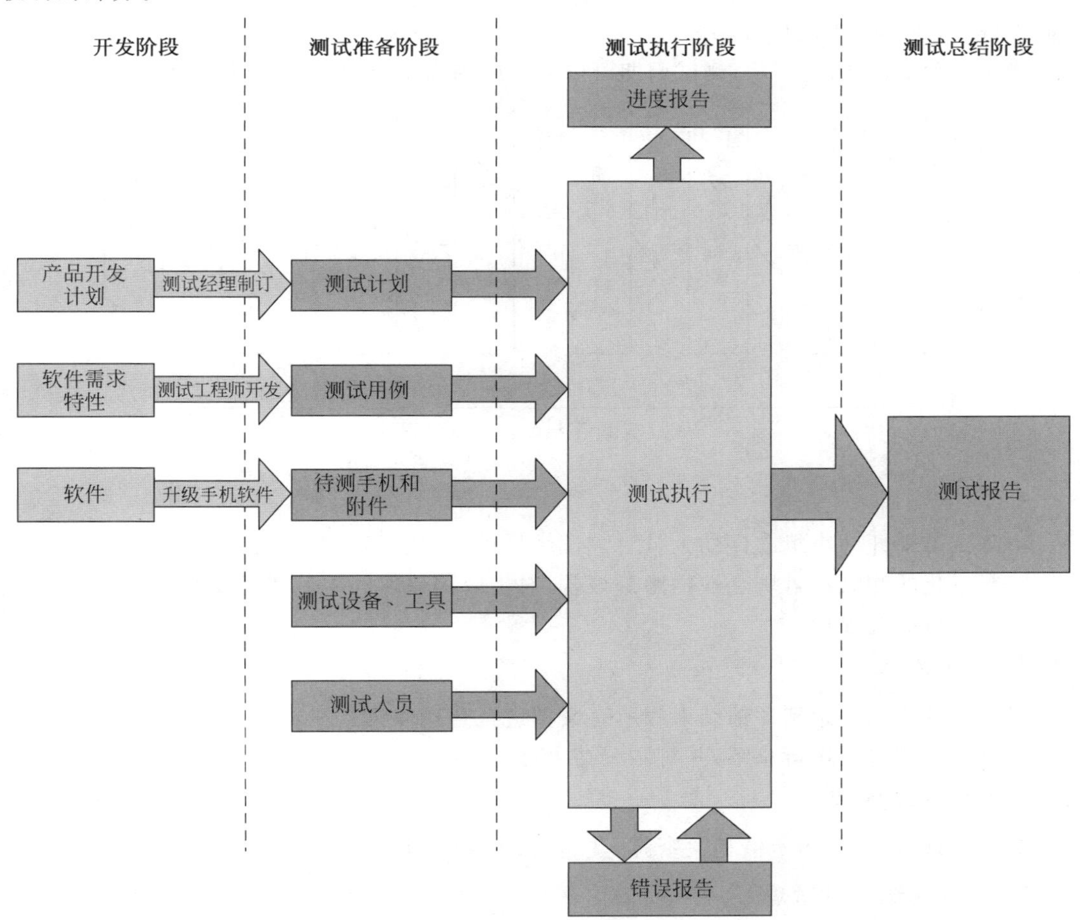

图16-1 Nokia手机软件测试介入开发的时间

1. 制订测试计划

测试计划的制订标志着测试项目的启动。项目经理或项目测试负责人会根据用户需求报告中关于功能要求和性能指标的规格说明书，定义相应的测试需求报告，即确定黑盒测试的最高标准，以后所有的测试工作都将围绕着测试需求进行，符合测试需求的应用程序即是合格的，反之则是不合格的。同时，还要适当选择测试内容，合理安排测试人员、测试时间和测试资源等。

2. 测试准备

在计划制订好之后，在执行之前，必须将测试所需的人力资源、硬件资源、软件资源、文档资源以及环境和人文资源准备充分。

将测试计划阶段制定的测试需求分解、细化为若干个可执行的测试过程，并为每个测试过程选择适当的测试用例，测试用例选择的好坏将直接影响到测试结果的有效性。

3. 测试执行

测试组根据测试计划和测试日程安排进行测试，并输出测试结果。

执行测试开发阶段建立的测试过程，并对所发现的缺陷进行跟踪管理。测试执行一般由单元测试、组合测试、集成测试、系统测试及回归测试等步骤组成，测试人员应本着科学负责的态度，一步一个脚印地进行测试。

测试流程如图 16-2 所示，测试周期可以为日或周为单位，视项目具体情况而定。

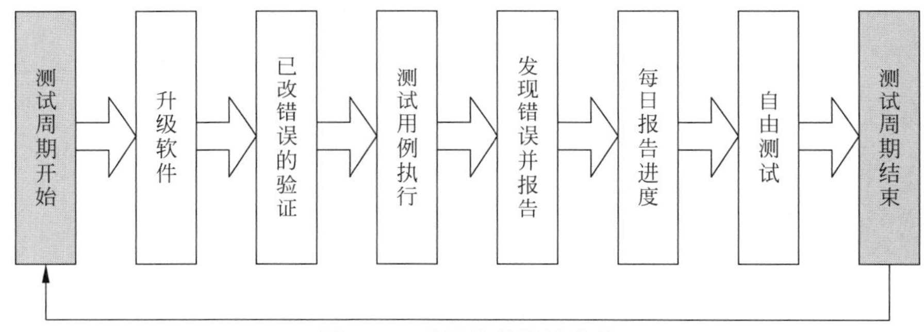

图 16-2 手机软件测试流程

4. 测试评估

由测试结果评估小组或评估人员对测试结果进行评测和分析，并输出分析结果。

结合量化的测试覆盖域和缺陷跟踪报告，对于应用软件的质量和开发团队的工作进度、工作效率进行综合评价。

5. 文档收集

将从测试计划开始到评估结束的所有文档进行整理收集。

对整个测试过程进行总结，并对测试结果进行总结。

6. 测试总结报告

提交测试结果，归还所借相关资源，文档入库，关闭测试项目。

7. 软件测试文件管理

在测试周期之外，还需要注重项目的配置管理，用以管理软件测试的相关文件资料等。

16.1.4　测试环境搭建实例

下面以 Android 平台开发和测试环境的搭建为例进行实例介绍。

在开始进行 Android 测试之前，需要准备好所需要的测试环境，一般来说，Android 的测试环境也分为两种：仿真器(或称为模拟器)测试和移动通信终端(或称为真机)测试。仿真器测试方面，本书采用 Android SDK 自带的仿真器，移动通信终端则利用普通的智能手机充当。

Android 平台的测试开发环境的搭建主要分为以下几步。

1) JDK 的下载与安装

如果还没有 JDK(Java Developmet Kit)的话，需要去官网下载 JDK、安装并配置环境变量。笔者撰写本章时 JDK 版本最新为 18。

2) Eclipse 的下载与安装

如果需要整合集成开发环境进行开发，推荐使用 Eclipse，也可以使用之前介绍的 NetBeans 或 IntelliJ IDEA 等支持 Android 开发的集成开发环境。笔者在本章后续内容中将使用 Eclipse 进行讲解，截至撰稿之时，最新的 Eclipse 版本为 android-studio-2021.1.1.22-windows.exe。

3) Android SDK 的下载与安装

要进行 Android 开发或测试，Android SDK 是必不可少的工具，笔者撰写本章时 Android SDK 版本为 adt-bundle-windows-x86_64-20131030.zip。

16.2　案例概述

在介绍了手机软件测试的基本技术后，从本节开始，将对 Android 手机平台上的一款视频播放器 App——Viplayer 进行测试，并结合测试过程介绍手机软件测试的实施。

16.2.1　项目概述

视频播放器是指能播放以数字信号形式存储的视频的软件，也指具有播放视频功能的电子器件产品。除了少数波形文件外，大多数视频播放器携带解码器以还原经过压缩的媒体文件，视频播放器还要内置一整套转换频率和缓冲的算法。当然，大多数的视频播放器还能支持播放音频文件。而手机视频播放器是指运行在移动智能手机终端的视频播放器，随着智能手机终端的普及而日益得到人们的青睐。

Viplayer 是一款基于 Vitamio 开发的 Android 万能播放器，是一个全能多媒体开发框架，全面支持硬件解码与 GPU 渲染。Vitamio 凭借其简洁易用的 API 赢得了全球众多开发者的青睐。目前，全球已经有超过 1800 种应用在使用 Vitamio，覆盖用户超过 2 亿。Vitamio 能够流畅播放 720P 甚至 1080P 高清 MKV、FLV、MP4、MOV、TS、RMVB 等常见格式的视频，还可以在 Android 与 iOS 上跨平台支持 MMS、RTSP、RTMP、HLS(m3u8)等常见的多种视频流媒体协议，包括点播和直播。

Viplayer 在 Vitamio 的基础之上又添加了电视直播、视频点播等功能，使视频播放器更加易于使用，符合大众的普遍需求。

16.2.2 功能需求

Viplayer手机视频播放器的功能需求如表16-1所示。

表16-1 Viplayer手机视频播放器的功能需求

模块	编号	功 能	功 能 点
菜单	S_001	各级子菜单的显示以及快捷键	(1) 菜单的顺序、文字描述(菜单图标、TIP显示) (2) 菜单的快捷键 (3) 菜单的OK键映射 (4) 左、右软键的显示变化
视频播放器主页面	S_002	测试视频播放器主页面的显示以及一些主要操作,如播放、暂停、停止、返回	(1) 无视频文件情况下的界面显示 (2) 有视频文件且文件名超长的情况下,播放前、播放中、暂停时、停止后的各界面显示。注意测试暂停/播放的不同路径:用OK键或从菜单选择 (3) 退出视频播放器再进入,关注默认播放的视频
视频播放器主页面	S_003	测试视频播放器的其他一些基本操作,包括调节音量、快进/快退、切换视频文件、切换播放状态、全屏播放等	(1) 有侧键或无侧键的情况下,调节音量的测试 (2) 对支持的视频格式,进行快进、快退测试(如MP4) (3) 用左右方向键进行切换视频的测试,注意不同播放状态下切换视频后,播放状态的变化 (4) 测试用*键切换播放的模式,关注模式的有效性 (5) 有侧键时,测试下方向键进行全屏的切换;无侧键时,测试#键进行全屏的切换 (6) 全屏播放时,测试视频的暂停、播放功能,测试播放模式的切换,测试#键返回标准屏幕 (7) 有侧键时,测试上方向键快速进入当前播放列表,并在列表中进行简单操作
播放列表	S_004	默认播放列表、新建、保存、导入、查看列表的测试	(1) 观察第1次进入视频播放器的默认播放列表和视频,以及视频播放器中播放视频后,退出视频播放器再进入时所用的播放列表和视频 (2) 导入不同存储介质上的默认列表,观察默认列表的来源,注意列表条数的限制 (3) 当前列表为默认列表时,对列表进行修改后,重新导入默认列表的测试 (4) 新建列表的新增、移除、保存测试,注意加入不同存储介质上的视频,注意视频的格式和大小限制,注意新列表的数目限制 (5) 导入新列表的测试,注意导入不同存储介质上的列表,注意导入正确和不正确的列表 (6) 查看、新增、移除当前播放列表视频的测试,注意视频名超长的显示 (7) 当前列表为非默认列表时,对列表进行修改后,重新导入列表的测试(包括从手机上修改列表和从PC机上直接修改列表文件的情况)

续表

模块	编号	功　　能	功　能　点
播放列表	S_005	列表的播放测试	(1) 默认列表或新建列表中,随机挑选视频进行播放。对支持的格式,进行快进、快退的抽测 (2) 默认列表或新建列表中,用左右方向键进行视频的切换 (3) 测试各种支持格式和不支持格式的视频的播放,注意时长信息是否正确 (4) 列表中包含不能播放的视频时,列表顺序播放或切换视频播放时的表现,如原视频被删除、改名、移动位置、格式不支持等情况 (5) 列表导入视频播放器后,列表所在的存储介质被移除,此时的视频播放
播放列表	S_006	列表的更新测试	(1) 当列表中包含已被删除、移动或更名的视频时,验证列表的更新功能 (2) 开机时使用默认列表,关机后对默认列表的目录进行视频的添加、删除操作,验证再次开机后自动导入默认列表时,列表的更新
视频文件	S_007	对视频库中的视频文件进行遍历播放测试	对视频库中的视频文件进行遍历播放测试
视频文件发送	S_008	视频文件发送的测试	(1) 通过蓝牙发送视频文件,注意支持的格式和大小的限制(若支持) (2) 通过蓝牙发送视频文件(若支持) (3) 通过电子邮件发送视频文件,注意大小的限制(若支持)
设为开关机动画	S_009	视频文件设为开关机动画的测试	(1) 将视频文件设为开关机动画,注意支持的格式和大小的限制 (2) 通过开关机操作来验证设置的有效性
视频设置	S_010	视频设置的测试	(1) 遍历播放模式的设置,测试其有效性 (2) 遍历其他视频设置,测试其有效性
与其他模块的交互	S_011	与其他模块的交互测试	视频播放的过程中,来电、来信息、闹铃时间到、进行USB连接的测试
恢复出厂设置	S_012	视频播放器模块的恢复出厂值测试	视频播放器模块的恢复出厂设置测试
一键删除	S_013	视频播放器模块的一键删除测试	视频播放器模块的一键删除测试
电源键返回	S_014	在视频播放器模块的操作中,按电源键返回的抽测	(1) 视频播放过程中,按电源键 (2) 查看当前列表的过程中,按电源键 (3) 菜单操作的过程中,按电源键 (4) 视频设置的过程中,按电源键 (5) 详情查看的过程中,按电源键 (6) 视频发送的过程中,按电源键

续表

模块	编号	功能	功能点
英文下的操作	S_015	语言为英文时，视频播放器模块中的主要操作抽测	(1) 视频的播放、暂停、停止、快进、快退、切换视频的抽测 (2) 视频设置的抽测 (3) 菜单的浏览 (4) 列表的新建、导入、修改 (5) 视频属性的查看
触摸屏操作	S_016	选项内容的切换操作	(1) 单击三角形滚动条 (2) 直接对选项内容进行单击
菜单	S_017	视频发送菜单的显示测试	无发送至蓝牙、电子邮件菜单
视频播放器主页面	S_018	在播放视频时测试视频播放器主页面的显示以及一些主要操作	在播放视频过程中进行播放、暂停、停止、调节音量、快进快退、切换视频、切换模式、全屏播放等操作
视频播放器选项菜单	S_019	对视频播放器选项菜单各项进行简单遍历验证	对视频播放器选项菜单各项进行简单遍历验证
视频格式	S_020	验证手机可支持的所有视频格式	对手机所有支持格式的视频进行播放验证

16.2.3 性能需求

除了基本的功能需求之外，为了发现软件系统存在的性能瓶颈，从而优化软件，使用户使用方便，还需要对软件系统的性能做如下规定，如表 16-2 所示。

表 16-2 Viplayer 手机视频播放器性能需求

模块	编号	性能要求
视频播放	S_021	播放较大容量的视频时，从选中到开始播放的时间延迟
视频播放	S_022	播放较大容量的视频时来电，并且来电播放的是容量较大的自定义铃声或自定义视频，从停止播放到播放来电铃声或视频的时间延迟
视频播放	S_023	播放较大容量的视频时，自动接收大容量彩信时的成功率

16.3 测试计划

16.3.1 测试目标

根据功能需求，准确设计测试用例，执行测试用例，记录测试用例执行情况和测试结果。根据性能需求，对软件的安全性、稳定性等系统性能进行评测。

16.3.2 测试方案

测试过程遵循基本的测试 V 模型，首先根据需求确定测试用例。在单元测试时，利用

IDE 的 JUnit 进行测试开发。集成测试与系统测试时严格按照用例执行，并记录测试结果。

16.3.3 测试资源

测试所需人员及其职责说明如表 16-3 所示。

表 16-3 测试所需人员角色及其职责说明

角色	专职角色数量	具体职责
项目经理	1	组织测试计划和活动
单元测试人员	5	进行单元测试，并完成单元测试报告
集成测试人员	2	进行集成测试，并完成集成测试报告
系统测试人员	1	进行系统测试，并完成系统测试报告
验收测试人员	1	进行验收测试，并完成验收测试报告

系统测试软、硬件的环境如表 16-4 所示。

表 16-4 测试环境说明

模拟器软件环境	
操作系统	Windows XP/Vista/7/8.1/10/11
集成开发环境	Ecilpse-2022.03
模拟器硬件环境	
设备	CPU:Intel P4 1.6G 或以上，内存:512MB 或以上
网络	100Mbit/s 网卡
手机软件环境	
操作系统	Android 4.0.4，处理器 1.0GHz 以上，内存:512MB 或以上

16.4 测试用例

16.4.1 功能测试用例

针对功能需求对系统测试设计用例，如表 14-5～表 16-24 所示。（注：现在很多手机都没有记忆卡了，这里举的例子假定手机还有记忆卡）。

表 16-5 S_001 测试用例

序号	测试步骤	期望结果	结果	备注
1.1	从主菜单进入“视频播放器”界面，查看菜单	能按要求正常操作，并且菜单项依次为当前播放列表、播放/暂停、查看详情、发送、设为开机动画、设为关机动画、视频设置、导入存储卡默认列表、导入手机默认列表、导入新播放列表、新建播放列表，而且图标显示正确		
1.2	进入“当前播放列表”界面，查看菜单	能按要求正常操作，并且菜单项依次为播放、查看详情、发送、设为开机动画、设为关机动画、添加、移除、全部移出、更新列表，而且图标显示正确		

续表

序号	测试步骤	期望结果	结果	备注
1.3	进入"发送"界面,查看菜单	显示能够发送视频的所有途径方式,若有不支持的途径,则不显示该途径选项		
1.4	进入"视频设置"界面,查看菜单	能按要求正常操作,并且菜单项依次为:亮度、对比、播放方式(顺序播放、循环播放、随机播放),而且图标显示正确		
2.1	在视频播放器界面,按#键	按#键可切换到全屏播放界面		
3.1	在测试过程中,在各种菜单使用中,用OK键代替左软键使用	能够正常操作,而且界面正常刷新		
4.1	查看各个界面的左右软键显示	在播放器播放或暂停界面,左软键显示为选项,右软键显示为停止; 在播放器停止界面,左软键显示为选项,右软键显示为返回; 在各个选择菜单界面,左软键显示为确定,右软键显示为返回; 在查看详情界面,左软键无显示,右软键显示为返回; 在对话框提示界面,左软键显示为是,右软键显示为否		

表16-6　S_002测试用例

序号	测试步骤	期望结果	结果	备注
1.1	无视频情况下进入视频播放器界面查看	无视频名、时间显示为0、播放模式均衡器音量大小显示正确、左软键为选项、右软键为返回		
1.2	无视频情况下进入"视频播放器"界面查看	菜单项为当前播放列表、视频设置、导入存储卡默认列表、导入手机默认列表、导入新播放列表、新建播放列表,而且图标显示正确		
2.1	导入一文件名超长的视频,选择该视频进行播放,之后在视频播放界面执行播放、暂停、继续、停止等操作,观察界面显示是否正确	视频名滚动显示;播放时进度条和时间显示正确,按钮变为暂停按钮且高亮;暂停时进度条和时间暂停显示,按钮变为播放按钮且高亮;停止后进度条恢复到起点位置,时间恢复为0,按钮变为播放按钮但不高亮		
3.1	退出视频播放器再进入后,关注默认播放的视频	退出后再进入,当前视频为刚才退出前最后播放的视频		

表16-7　S_003测试用例

序号	测试步骤	期望结果	结果	备注
1.1	有侧键或无侧键的情况下,进行调节音量的测试	可调节音量大小,最小时为无声,音量图标显示正确		
2.1	分别在视频播放、暂停、停止状态下,执行长按左或右方向键对视频进行快退快进操作	长按左方向键后可快退视频,操作过程中视频暂停,进度条和时间相应快退,快退到起点后进度条和时间停止,放开后视频状态保持之前状态,进度条和时间及歌词均显示正确;长按右方向键则可快进视频		

续表

序号	测试步骤	期望结果	结果	备注
3.1	分别在视频播放、暂停、停止状态下,执行按上或下方向键将视频切换到上一个或下一个视频操作	在播放时和暂停时按上或下方向键,均可切换到上一个或下一个视频并进行播放；在停止时按上或下方向键,则可切换到上一个或下一个视频但不播放,仍为停止状态；其他显示应符合当前场景		
4.1	在播放器界面按*键切换播放模式,并验证设置后的有效性	按*键可切换播放模式,模式提示图标显示正确,且设置后的值均有效		
5.1	有侧键时,测试按下方向键可进行全屏的切换；无侧键时,测试#键进行全屏的切换	可正常实现相应功能		
6.1	全屏播放时,测试视频的暂停、播放、播放模式的切换和测试#键返回标准屏幕	可正常实现相应功能		
7.1	有侧键时,测试按上方向键可快速进入当前播放列表,并在列表中进行简单操作	可正常实现相应功能		

表 16-8　S_004 测试用例

序号	测试步骤	期望结果	结果	备注
1.1	下载软件后第1次进入娱乐多媒体视频播放器	进入视频播放器界面,此时无视频显示(默认播放列表是选取手机存储器里Video文件夹下的视频)		
1.2	从选项菜单中选择“导入记忆卡默认播放列表”,退出播放器,之后再进入播放器查看当前列表	当前列表显示的是刚才导入的记忆卡默认列表,当前视频为刚才退出播放器之前最后播放的视频		
2.1	分别交替执行“导入记忆卡默认播放列表”和“导入手机默认播放列表”,并进入当前列表查看	当前列表中的标题和列表清单均显示正确		
3.1	导入手机默认播放列表,之后进入“我的文档”对手机下的视频进行新增、删除、重命名、移动操作,之后进入播放器重新执行“导入手机默认播放列表”,并进入当前列表查看	当前列表已更新为最新的列表(即有新增的视频、无已删除的视频、名称为重命名后的视频、无已移动的视频)		
3.2	导入记忆卡默认播放列表,之后进入“我的文档”对手机下的视频进行新增、删除、重命名、移动操作,之后进入播放器重新执行“导入记忆卡默认播放列表”,并进入当前列表查看	当前列表已更新为最新的列表(即有新增的视频、无已删除的视频、名称为重命名后的视频、无已移动的视频)		
4.1	验证新建播放列表功能：进入“新增列表”界面,分别新增手机和记忆卡中的几个视频,并对新增列表中的视频进行移除、全部移除等操作；然后将列表分别存储在手机和记忆卡中,存储时简单验证列表名称编辑功能	可正常新增、移除、全部移除列表中的视频,列表文件可存储在各个存储介质中的任意目录下,名称显示正确,且列表文件的扩展名为.lml		

续表

序号	测试步骤	期望结果	结果	备注
5.2	验证导入新播放列表功能：选择上步骤存储的列表文件导入到播放器，之后到当前列表查看，并对列表的各个选项菜单进行简单验证	可正确导入新播放列表，且列表显示正确，列表菜单功能可正常实现		
6.1	进入视频播放器播放任意一个视频，之后进入当前列表界面，高亮一个视频后对其选项菜单的各项进行功能性验证	选项菜单的功能均可正常实现		
7.1	导入一个新播放列表到播放器，在手机端进入"我的文档"对该列表文件进行重命名操作，之后返回播放器当前列表查看	当前列表恢复为手机默认列表		
7.2	导入一个新播放列表到播放器，在手机端进入"我的文档"对该列表文件进行删除操作，之后返回播放器当前列表查看	当前列表恢复为手机默认列表		
7.3	导入一个新播放列表到播放器，在手机端进入"我的文档"对该列表文件进行移动操作，之后返回播放器当前列表查看	当前列表恢复为手机默认列表		
7.4	参照上面的3个步骤，先导入一个新播放列表到播放器，在PC端对列表文件分别进行删除、重命名、移动操作，之后返回播放器当前列表查看	当前列表均恢复为手机默认列表		

表 16-9　S_005 测试用例

序号	测试步骤	期望结果	结果	备注
1.1	分别导入手机默认播放列表、记忆卡默认播放列表、新播放列表到播放器，对列表中的视频随机选择播放，并进行调节音量、快进、快退等操作	均可正常实现相应操作		
2.1	分别导入手机默认播放列表、记忆卡默认播放列表、新播放列表到播放器，对列表中的视频进行切换到上一个或下一个视频的操作	可正确切换到上一个或下一个视频，且播放状态正确		
3.1	对手机所有支持格式的视频一一进行播放、查看详情验证（关注播放时播放的时间和总时间的显示是否正确，详情中的各项信息是否正确），对不支持格式的视频也选几个进行播放操作	手机支持格式的视频均能正常播放，且时长和详细信息均显示正确。对于不支持格式的视频不能播放，并弹出友好提示		
4.1	导入一个播放列表到播放器，进入"我的文档"对该列表中的部分视频进行重命名、删除、移动操作，之后进入播放器选择这些被操作过的视频进行播放	不能播放，但应弹出友好提示，且提示消失后能自动跳至下一个视频，播放器状态保持之前状态		

续表

序号	测 试 步 骤	期 望 结 果	结果	备注
5.1	导入一个 MKV 视频文件(该文件存储在记忆卡中,且该文件中的视频均取自于手机存储器)至播放器并背景播放,之后在视频播放过程中拔出记忆卡,然后进入播放器当前列表查看	拔出记忆卡时提示“移除记忆卡”,背景视频仍然在播放,进入播放器后视频停止,当前列表界面显示的是手机默认播放列表		
5.2	导入一个 MKV 视频文件(该文件存储在手机存储器中,但该文件中的视频均取自于记忆卡)至播放器并播放视频,在播放过程中拔出记忆卡,然后进入播放器当前列表查看	拔出记忆卡的同时视频停止,并弹出“音效内容错误”提示,稍后自动消失,进入播放器的当前列表界面,显示的仍是刚才导入的 MKV 视频文件中的视频		
5.3	导入一个 MKV 视频文件(该文件存储在记忆卡中,且该文件中的视频均取自于记忆卡)至播放器并播放视频,在播放过程中拔出记忆卡,然后进入播放器当前列表查看	拔出记忆卡的同时视频停止,并弹出“音效内容错误”提示,稍后自动消失,进入播放器的当前列表界面,显示的是手机默认播放列表		

表 16-10　S_006 测试用例

序号	测 试 步 骤	期 望 结 果	结果	备注
1.1	导入一个播放列表到播放器,进入“我的文档”对该列表中的视频进行重命名、删除、移动操作,之后进入播放器当前列表查看	列表没有自动更新		
1.2	执行上一步骤后,从当前列表的选项菜单中选择“更新列表”操作	列表被更新(列表中已无刚才被重命名、删除、移动的文件)		
2.1	导入一个播放列表到播放器,关机,在 PC 端进入“我的文档”对该列表中的视频进行新增重命名、删除、移动操作,开机进入播放器当前列表查看	列表自动更新为最新列表(列表中有名称为重命名后的视频、无被删除或移动的视频)		

表 16-11　S_007 测试用例

序号	测 试 步 骤	期 望 结 果	结果	备注
1.1	对视频库中的视频文件进行遍历播放测试	对可播放的视频应正常播放,对不能播放的视频应给出友好提示,但不能出现重启、死机等严重情况		

表 16-12　S_008 测试用例

序号	测 试 步 骤	期 望 结 果	结果	备注
1.1	通过蓝牙发送视频文件,注意支持的格式和大小的限制(若支持)	可正常实现相应操作或给出合理提示		
2.1	通过蓝牙发送视频文件(若支持)	可正常实现相应操作或给出合理提示		
3.1	通过电子邮件发送视频文件,注意大小的限制(若支持)	可正常实现相应操作或给出合理提示		

表 16-13 S_009 测试用例

序号	测试步骤	期望结果	结果	备注
1.1	分别选择一个支持的视频文件和不支持的视频文件进行设为开关机动画操作,注意大小的限制	对支持的可设置成功,对不支持的应给出合理提示		
2.1	将支持的视频文件成功设置为开关机动画后,要进行开关机操作验证	可实现		

表 16-14 S_010 测试用例

序号	测试步骤	期望结果	结果	备注
1.1	进入视频设置,遍历验证各设置项的各个设置值的有效性	各设置值均有效		

表 16-15 S_011 测试用例

序号	测试步骤	期望结果	结果	备注
1.1	在视频播放状态下,来电、来信息、闹铃时间到、进行 USB 连接的测试	中断结束后可自动继续播放视频		
1.2	在视频暂停状态下,来电、来信息、闹铃时间到、进行 USB 连接的测试	中断结束后返回视频播放界面,视频仍然为暂停状态		
1.3	在视频停止状态下,来电、来信息、闹铃时间到、进行 USB 连接的测试	中断结束后返回视频播放界面,视频仍然为停止状态		

表 16-16 S_012 测试用例

序号	测试步骤	期望结果	结果	备注
1.1	根据恢复出厂设置规范将相关值修改为非默认值,之后执行恢复出厂设置操作	恢复出厂后的值符合规范要求		

表 16-17 S_013 测试用例

序号	测试步骤	期望结果	结果	备注
1.1	根据一键规范将相关值修改为非默认值,之后执行一键删除操作	一键删除后的值符合规范要求		

表 16-18 S_014 测试用例

序号	测试步骤	期望结果	结果	备注
1.1	分别在视频播放过程中、查看当前列表过程中、菜单操作过程中、视频设置过程中、详情查看过程中、视频发送过程中,执行按电源键操作	停止视频播放或发送,并返回到待机界面		

表 16-19 S_015 测试用例

序号	测试步骤	期望结果	结果	备注
1.1	参照以上相关验证方法,在英文状态下对视频进行播放、暂停、停止、快进、快退、切换等操作的抽测	均可正确实现相应功能,且英文显示无错误、无超出显示框等异常现象		
1.2	参照以上相关验证方法,在英文状态下对视频进行视频设置的抽测	均可正确实现相应功能,且英文显示无错误、无超出显示框等异常现象		
1.1	参照以上相关验证方法,在英文状态下对视频进行菜单的浏览	均可正确实现相应功能,且英文显示无错误、无超出显示框等异常现象		
1.2	参照以上相关验证方法,在英文状态下对视频进行列表的新建、导入、修改	均可正确实现相应功能,且英文显示无错误、无超出显示框等异常现象		
1.2	参照以上相关验证方法,在英文状态下对视频进行视频属性的查看	均可正确实现相应功能,且英文显示无错误、无超出显示框等异常现象		

表 16-20 S_016 测试用例

序号	测试步骤	期望结果	结果	备注
1.1	参照 S_001～S_015,所有交互操作替换为触屏模式,再测试一次	与 S_001～S_015 的期望结果相同		

表 16-21 S_017 测试用例

序号	测试步骤	期望结果	结果	备注
1.1	在不插入 SIM 卡的情况下,进入视频播放器播放一个支持电子邮件的视频进行播放,之后从“选项”菜单中选择“发送”,进入“发送”界面查看	发送列表界面无发送电子邮件等需要网络支持的功能菜单		

表 16-22 S_018 测试用例

序号	测试步骤	期望结果	结果	备注
1.1	在播放有歌词和无歌词视频过程中进行播放、暂停、停止、调节音量、快进/快退、切换视频、切换模式、全屏播放等操作(测试方法同有 SIM 卡时一致)	显示正确,相关操作也能正常实现		

表 16-23 S_019 测试用例

序号	测试步骤	期望结果	结果	备注
1.1	对选项菜单各项进行简单的功能性遍历验证(测试方法同有 SIM 卡时一致)	相关功能可正常实现		

表 16-24 S_020 测试用例

序号	测试步骤	期望结果	结果	备注
1.1	将手机所支持的所有格式视频导入播放器进行播放	手机支持的格式视频均能正常播放		

16.4.2 性能测试用例

针对性能需求设计测试用例,如表16-25~表16-27所示。

表16-25 S_021测试用例

序号	测试步骤	期望结果	结果	备注
1.1	播放较大容量的视频时,从选中到开始播放的延时	延时较短,用户感受较好		

表16-26 S_022测试用例

序号	测试步骤	期望结果	结果	备注
1.1	播放较大容量的视频时来电,并且来电播放的是容量较大的自定义铃声或自定义视频,从停止播放到播放来电铃声或视频的延时	延时较短,用户感受较好		

表16-27 S_023测试用例

序号	测试步骤	期望结果	结果	备注
1.1	播放较大容量的视频时,自动接收大容量视频时的成功率	成功率较高,用户感受较好		

16.5 测试过程

16.5.1 单元测试

Android手机视频播放器Viplayer测试案例中的单元测试利用Android JUnit Test进行,在代码级别进行功能点的单元测试。目录结构如图16-3所示。

16.5.2 集成测试

集成测试利用Android JUnit Test结合模拟器进行。对于不需要交互的接口集成,利用Android JUnit Test设置用例的输入输出,并断言运行结果的真假;对于需要交互的接口集成,利用模拟器模拟交互的输入,并人为判定输出的结果是否符合预期。

16.5.3 系统测试

系统测试利用模拟器进行,创建多种安卓虚拟设备(Android Virtual Device,AVD)测试软件的兼容性,测试界面如图16-4所示。

图 16-3　Android JUnit Test 目录结构

图 16-4　Android 模拟器测试界面

1）功能测试

在 Android 手机视频播放器 Viplayer 测试案例中，测试要求实现图 16-1 中的所有功能。

2）性能测试

测试要求达到表 16-2 中的所有性能。

3）兼容性测试

测试要求利用多种模拟器情况下均能有效实现预期的功能，达到预期的性能。

16.5.4　验收测试

验收测试由用户参与，考查软件是否达到了验收的标准和要求。Android 手机视频播放器 Viplayer 测试案例中的系统测试利用实体手机智能终端 HTC G11(Incredible S)进行测试。针对原始需求进行测试，手机终端测试界面如图 16-5 所示。

图 16-5　Android 手机终端测试界面

16.6　测试分析报告

16.6.1　引言

1. 编写目的

编写本测试分析报告的目的是把通过测试得到的结果写成文档，为修改手机视频播放软件 Viplayer 的错误提供依据，使用户对系统运行建立信心。

2. 背景

Viplayer 是一款基于 Vitamio 开发的 Android 万能播放器。在 Vitamio 的基础上添加了电视直播、视频点播等功能。

3. 参考资料

(1)《手机视频播放器需求分析说明书》

(2)《手机视频播放器概要设计说明书》

(3)《手机视频播放器详细设计说明书》

(4)《测试分析报告》

16.6.2　测试概要

测试过程严格按照测试用例执行，本手机软件在模拟器段测试共持续两天，测试功能点

20 个，执行 325 个测试用例，平均每个功能点执行测试用例 16.25 个，测试共发现 23 个 Bug，其中严重级别的 Bug 有 3 个，无效 Bug 有 5 个，平均每个测试功能点有 1.15 个 Bug。

16.6.3 测试结果及发现

1. 功能测试

对系统的各项功能点进行测试，统计结果如表 16-28 所示，Bug 主要集中在以下几方面。

(1)与其他模块的交互不友好。

(2) 英文界面存在较多拼写错误。

(3) 视频检索时用户体验不好。

表 16-28 功能测试结果

模 块	编号	功 能	测试结果
菜单	S_001	各级子菜单的显示以及快捷键	通过
视频播放器主页面	S_002	测试视频播放器主页面的显示以及一些主要操作，如播放、暂停、停止、返回	通过
视频播放器主页面	S_003	测试视频播放器的其他一些基本操作，包括调节音量、快进/快退、切换视频文件、切换播放状态、全屏播放等	通过
播放列表	S_004	默认播放列表、新建、保存、导入、查看列表的测试	通过
播放列表	S_005	列表的播放测试	通过
播放列表	S_006	列表的更新测试	通过
视频文件	S_007	对视频库中的视频文件进行遍历播放测试	通过
视频文件发送	S_008	视频文件发送的测试	通过
设为开关机动画	S_009	视频文件设为开关机动画的测试	通过
视频设置	S_010	视频设置的测试	通过
与其他模块的交互	S_011	与其他模块的交互测试	不通过
恢复出厂设置	S_012	视频播放器模块的恢复出厂设置测试	通过
一键删除	S_013	视频播放器模块的一键删除测试	通过
电源键返回	S_014	在视频播放器模块的操作中，按电源键返回的抽测	通过
英文下的操作	S_015	语言为英文时，视频播放器模块中的主要操作抽测	不通过
触摸屏操作	S_016	选项内容的切换操作	通过
菜单	S_017	视频发送菜单的显示测试	通过
视频播放器主页面	S_018	在播放视频时测试视频播放器主页面的显示以及一些主要操作	通过
视频播放器选项菜单	S_019	对视频播放器选项菜单各项进行简单遍历验证	通过
视频格式	S_020	验证手机可支持的所有视频格式	不通过

2. 性能测试

对系统的性能测试，统计结果如表 16-29 所示，基本符合预期要求。

表 16-29 性能测试结果

模　块	编号	性能要求	测试结果
视频播放	S_021	播放较大容量的视频时，从选中到开始播放的时间延时	符合预期要求
视频播放	S_022	播放较大容量的视频时来电，并且来电播放的是容量较大的自定义铃声或自定义视频，从停止播放到播放来电铃声或视频的延时	符合预期要求
视频播放	S_023	播放较大容量的视频时，自动接收大容量彩信时的成功率	符合预期要求

16.6.4 分析摘要

1. 能力

本手机软件总体满足了需求规格说明书中所提到的全部基本功能，运行性能良好，界面也较美观、简介、易操作，总体满足需求。

2. 缺陷和限制

尽管如此，在测试活动中还是发现了一些不足之处。

(1) 网络播放时，没有根据当前接入互联网的形式进行有针对性的提醒，需要在移动联网的模式下提醒使用 WiFi。

(2) 本地视频的检索速度较慢，也没有进度条显示搜索的程度，不方便用户使用。

3. 评价

本手机软件已基本达到预定目标，在修复相应的缺陷后，可以交付使用。

16.6.5 测试资源消耗

本次测试的资源消耗情况如表 16-30 所示。

表 16-30 系统测试资源消耗

测试资源	消耗情况
测试时间	2021 年 11 月 2 日—2021 年 11 月 6 日
测试人力	1 人×5 天+2 人×2 天=9 人天
硬件资源	模拟器：PC 两台 终端：HTC G11 两台

16.7 本章小结

本章首先介绍了手机软件测试的基本原理与技术，详细介绍了手机软件测试用例设计的注意事项和手机软件测试的基本流程。并以 Android 平台的开发测试环境的搭建为例进行演示，介绍了在手机终端一般的业务应用测试规范。

结合案例——手机视频播放器 Viplayer,对整个手机软件测试进行实例讲解,依次从应用的测试计划到测试用例的制订,再到测试过程的描述,最后到测试结果的统计,进行全程剖析。希望读者能够在实例中体会手机软件测试的过程。

习题 16

(1) 手机软件测试与 PC 软件测试有何相同之处和不同之处?

(2) 手机软件测试的基本过程是什么?各步骤有哪些注意事项?

(3) Viplayer 主要模块划分有哪些?

(4) 请针对 Viplayer 中"导入一文件名超长的视频,系统给出提示"功能,设计单元测试的 JUnit 代码。

(5) 请利用其他型号手机对某手机软件进行测试。

附录A

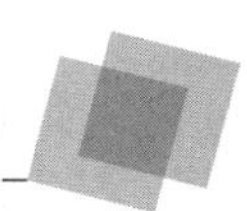

实　　验

实验一：前端测试分析

本实验使用浏览器自带的开发者工具，进行监控。实验要求掌握HTTP的结构和工作过程。

本实验的过程可参看其微课视频和文档。

视频讲解

文档

实验二：使用 Fiddler 工具测试

本实验使用Fiddler工具对APP，网页进行测试。本实验不涉及脚本开发，是测试工作中常用的手工测试手段，对于定位和分析问题非常重要，是非常重要的测试辅助工具。

本实验的过程可参看其微课视频和文档。

视频讲解

文档

实验三：使用 Postman 测试天气预报接口

本实验使用接口测试工具Postman测试天气预报webservice接口。实验内容包括Postman调用SOAP协议和HTTP协议，并对返回的接口数据加以验证，编写测试用例，以及利用测试集合的方式运行测试用例。

本实验的过程可参看其微课视频和文档。

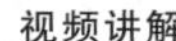
视频讲解

文档

实验四：运用 Python+requests 类库编写脚本测试天气预报接口

本实验使用 Python 语言和第三方类库 requests 编写测试脚本测试接口。实验内容包括，测试环境 Anaconda，Pycharm 和 Python 的安装和相关的配置，requests 类库的安装，编写 python 脚本结合 requests 类库发送请求，添加断言加以验证。

本实验的过程可参看其微课视频和文档。

视频讲解

文档

实验五：使用 SoapUI 测试 WebService 协议或 HTTP 协议

本实验使用 SoapUI 完成基于 HTTP 协议/Soup 协议的接口测试。实验内容是使用 SoapUI 提供的核心功能，完成针对 WebService 或 HTTP 协议的接口测试。

本实验的过程可参看其微课视频和文档。

视频讲解

文档

实验六：界面自动化测试工具 Selenium IDE 录制回放功能

本实验使用界面自动化测试工具 Selenium IDE 录制界面，生成测试脚本。实验内容包括 Selenium IDE 的安装，使用 Selenium IDE 进行页面的录制与回放。添加必要的断言，生成测试用例脚本。

本实验的过程可参看其微课视频和文档。

视频讲解

文档

实验七：使用 JMeter 测试 WebService 协议或 HTTP 协议

本实验使用 JMeter 完成基于 HTTP 协议/Soup 协议的接口测试。实验内容包括

JMeter 的安装和基本使用,使用 JMeter 完成基于协议的接口测试。

本实验的过程可参看其微课视频和文档。

视频讲解

文档

实验八:Selenium webdriver 自动化测试——浏览器兼容性测试

本实验使用 Web UI 自动化测试工具 Selenium 进行多种浏览器(Chrome,Safari,Firefox 等主流界面浏览器)的兼容性测试。实验内容包括 Selenium Webdriver 的安装和使用,编写脚本测试网页。通过获取 web 元素的坐标地址(id、class、xpath 等),对坐标对应的属性进行 click、input、link 等相应的操作,从而实现前后端数据响应和页面跳转变化,最后通过断言的方式检查当前测试结果。本实验使用同一个脚本,在不同的浏览器中运行,从而实现浏览器兼容性测试。

本实验的过程可参看其微课视频和文档。

视频讲解

文档

实验九:使用 pytest+selenium 进行 UI 自动化测试

本实验使用 Python 测试框架 pytest,与 UI 测试工具 selenium 结合编写测试用例。实验内容包括测试环境的搭建,pytest 的测试用例的组织形式,pytest 的运行方式,以及 pytest-html 测试报告生成插件的使用。

本实验的过程可参看其微课视频和文档。

视频讲解

文档

实验十:pytest+requests 接口自动化测试框架

本实验使用 Python 的第三方单元测试框架 pytest,结合 python 的第三方库 requests 编写测试用例。实验内容包括测试环境的搭建,使用 requests 发送请求,并验证响应,用 pytest 组织运行测试用例,以及利用 python 的第三方插件 pytest-html 生成测试报告。

本实验的过程可参看其微课视频和文档。

视频讲解

文档

实验十一：使用 Appium 测试 Android 应用程序

本实验主要练习使用 Appium 完成对一个 Android 上的 APP 进行测试。实验内容包括 Appium 测试环境的安装和配置，Android SDK 和 Android 模拟器的使用。

本实验的过程可参看其微课视频和文档。

视频讲解

文档

实验十二：Newman 与持续集成工具 Jenkins 的结合

本实验使用 Newman 工具，执行 Postman 导出来的项目。Newman 提供了控制台命令执行方式。通过与持续集成工具 Jenkins 结合进行持续集成测试。实验内容包括 Newman 的安装，通过 Newman 命令行执行 Postman 项目，Jenkins 的搭建，创建自由风格的 Job，利用 Jenkins 构建 Job 并定时构建触发器，使用 HTML 报告推送器插件，将测试报告推送到 Jenkins 前端。

本实验的过程可参看其微课视频和文档。

视频讲解

文档

实验十三：使用 Java 对象 HttpURLConnection 发送 GET 请求获取页面源文件

本实验使用 Java 内置的处理 HTTP 请求的基础类库 HttpURLConnection 发送请求。实验内容包括使用 Java 对象 HttpURLConnection 发送 GET 请求并获取响应中的源文件，提取所有超链接。

本实验的过程可参看其微课视频和文档。

视频讲解

文档

实验十四：移动 App 的非功能性测试

本实验使用常用的 adb 命令测试移动 APP 的非功能性需求。实验内容包括测试 App

的启动时间、流量、电量和CPU占用率。

本实验的过程可参看其微课视频和文档。

视频讲解

文档

实验十五：使用unittest框架对sort函数进行单元测试

本实验使用python自带单元测试框架unittest对Sort函数进行单元测试。实验内容包括使用unittest框架编写多个测试用例，并对多个测试用例进行管理、封装、运行以及输出测试结果。

本实验的过程可参看其微课视频和文档。

视频讲解

文档

实验十六：使用pytest框架对Calculator函数进行单元测试

本实验使用Python的第三方单元测试框架pytest对Calculator函数进行单元测试。实验内容包括使用pytest框架编写多个测试用例，并对测试用例进行组织运行，使用pytest —html生成HTML测试报告。

本实验的过程可参看其微课视频和文档。

视频讲解

文档

实验十七：构建Postman+Newman+Jenkins接口测试框架

本实验使用Postman、Newman和Jenkins对接口进行测试。实验内容包括使用Postman添加测试用例对接口进行测试，使用Newman以命令行的格式在控制台运行接口测试并生成测试报告，使用Jenkins构建定时任务实现自动化构建并运行接口测试任务。

本实验的过程可参看其微课视频和文档。

视频讲解

文档

实验十八：使用unittest框架对线性查找函数进行单元测试

本实验使用unittest单元测试框架对线性查找函数进行单元测试。实验内容包括使用

unittest 框架编写针对线性查找函数的测试用例,并对测试用例进行组织运行,生成测试报告等。

本实验的过程可参看其微课视频和文档。

视频讲解

文档

实验十九:使用 pytest 框架对冒泡排序函数进行单元测试

本实验使用 pytest 单元测试框架对冒泡排序函数进行单元测试。实验内容包括使用 pytest 测试框架编写针对冒泡排序函数的测试用例,并对测试用例进行组织运行,生成测试报告。

本实验的过程可参看其微课视频和文档。

视频讲解

文档

实验二十:使用 Postman 对 getWeather 接口进行关联测试

本实验使用 Postman 对接口 getWeather 进行关联接口的测试。实验内容包括使用 Postman 接口测试工具中的关联测试技术,并通过 Postman 工具中的 Collection 组织测试用例的运行和输出结果。

本实验的过程可参看其微课视频和文档。

视频讲解

文档

实验二十一:使用 Python+Selenium+unittest 完成对登录页面的自动化测试

本实验使用 Python 语言结合 Selenium UI 测试工具,使用 unittest 组织测试用例完成自动化测试。实验内容包括使用 Python 语言和 Selenium 工具对页面元素进行定位和操作,使用 unittest 框架编写对登录页面的测试用例,运行测试用例并输出测试报告。

本实验的过程可参看其微课视频和文档。

视频讲解

文档

实验二十二：使用 JMeter 录制一个网页的操作脚本

本实验使用 JMeter 录制对一个网页的基本操作脚本。实验内容包括录制前的准备操作、录制页面的多个跳转请求操作、查看结果树、查看聚合报告等。

本实验的过程可参看其文档。

文档

实验二十三：SoapUI 接口测试工具的使用

本实验使用 SoapUI 对接口进行测试。实验内容包括使用 SoapUI 编写测试用例，运行测试用例和查看测试结果。

本实验的过程可参看其文档。

文档

实验二十四—实验三十三

扫码查看相关文档

参考文献

[1] Myers G J. 软件测试的艺术[M]. 王峰,陈杰,译. 北京:机械工业出版社,2006.

[2] Ron Patton. 软件测试[M]. 张小松,王珏,曹跃,等译. 北京:机械工业出版社,2007.

[3] 佟伟光. 软件测试[M]. 北京:人民邮电出版社,2008.

[4] 宫云战. 软件测试教程[M]. 北京:机械工业出版社,2008.

[5] 李军国,吴昊,郭晓燕,等. 软件工程案例教程[M]. 北京:清华大学出版社,2013.

[6] 郭宁,马玉春,邢跃,等. 软件工程实用教程[M]. 北京:人民邮电出版社,2011.

[7] 朱少民. 软件测试方法和技术[M]. 北京:清华大学出版社,2014.

[8] 李龙,李向涵,冯海宁,等. 软件测试实用技术与常用模板[M]. 北京:机械工业出版社,2010.

[9] 赵翀,孙宁. 软件测试技术基于案例的测试[M]. 北京:机械工业出版社,2011.

[10] 殷人昆,郑人杰,马素霞,等. 实用软件工程[M]. 北京:清华大学出版社,2010.

[11] 宋光照,傅江如,刘世军. 手机软件测试最佳实践[M]. 北京:电子工业出版社,2009.

[12] 林广艳,姚淑珍. 软件工程过程[M]. 北京:清华大学出版社,2009.

[13] 吴洁明,方英兰. 软件工程实例教程[M]. 北京:清华大学出版社,2010.

[14] 王晓鹏,许涛,张兴,等. 软件测试实践教程[M]. 北京:清华大学出版社,2013.

[15] 魏金岭,韩志科,周苏,等. 软件测试技术与实践[M]. 北京:清华大学出版社,2013.

[16] 徐光侠,韦庆杰. 软件测试技术教程[M]. 北京:人民邮电出版社,2011.

[17] 郑人杰,许静,于波. 软件测试[M]. 北京:人民邮电出版社,2011.

[18] 吕云翔,王洋,肖咚. 软件测试案例教程[M]. 北京:机械工业出版社,2011.

[19] 邹晨,阮征,朱慧华. Web 2.0 动态网站开发:ASP 技术与应用[M]. 北京:清华大学出版社,2008.

[20] 邓文渊. 挑战 ASP. NET2.0 for C# 动态网站开发[M]. 北京:机械工业出版社,2008.

[21] 汪孝宜,徐宏杰. 精通 ASP. NET2.0+XML+CSS 网络开发混合编程[M]. 北京:电子工业出版社,2007.

[22] 黄军宝. 网站设计指南:通过 Dreamweaver CS3 学习 HTML+DIV+CSS[M]. 北京:科学出版社,2008.

[23] 周元哲. 软件测试使用教程[M]. 北京:人民邮电出版社,2013.

[24] 佟伟光,郭霏霏. 软件测试[M]. 北京:人民邮电出版社,2015.

[25] Whittaker J A. 探索式软件测试[M]. 方敏,张胜,钟颂东,等译. 北京:清华大学出版社,2010.

[26] Janet G,Lisa C. 深入敏捷测试:整个敏捷团队的学习之旅[M]. 徐毅,夏雪,译. 北京:清华大学出版社,2017.

[27] 乔冰琴,等. 软件测试技术及项目案例实战—微课视频版[M]. 北京:清华大学出版社,2020[28] 朱少民. 全程软件测试(第3版)[M]. 北京:清华大学出版社,2019[28] 王蓁蓁. 软件测试——原理、模型、验证与实践[M]. 北京:清华大学出版社,2021

图书资源支持

感谢您一直以来对清华版图书的支持和爱护。为了配合本书的使用，本书提供配套的资源，有需求的读者请扫描下方的“书圈”微信公众号二维码，在图书专区下载，也可以拨打电话或发送电子邮件咨询。

如果您在使用本书的过程中遇到了什么问题，或者有相关图书出版计划，也请您发邮件告诉我们，以便我们更好地为您服务。

我们的联系方式：

清华大学出版社计算机与信息分社网站：https://www.shuimushuhui.com/

地　　址：北京市海淀区双清路学研大厦 A 座 714

邮　　编：100084

电　　话：010-83470236　010-83470237

客服邮箱：2301891038@qq.com

QQ：2301891038（请写明您的单位和姓名）

资源下载：关注公众号“书圈”下载配套资源。

资源下载、样书申请

书圈

图书案例

清华计算机学堂

观看课程直播